高等职业教育航空装备类专业新形态教材

U0394085

航空发动机修理技术

主　编　熊　纯　黄宇生
副主编　陈　律　王林林　邱清竣　周　毅
参　编　郭　俊　周　竑　文　成　张　锐
　　　　金德玉　舒　毅
主　审　贺东京　都昌兵

北京理工大学出版社
BEIJING INSTITUTE OF TECHNOLOGY PRESS

内 容 简 介

本书按照《国家职业教育改革实施方案》的新任务和新要求编写，面向航空发动机修理的岗位和职业发展方向，探索岗课赛证融合，对标"1+X"证书和航空发动机装配工职业技能标准要求，发挥"1+X"证书第三方评价机构作用，明晰了本专业学生应具备的航空发动机维护、入场验收、拟定维修方案、分解、清洗、故检、修理、装配、试车和常见故障排除等职业技能，聚焦于提升学生的综合职业能力，培养适应行业企业需求的复合型、创新型高素质技术技能人才。本书共分 3 个项目，项目 1 讲解航空发动机修理基础，项目 2 讲解航空发动机大修，项目 3 讲解航空发动机排故基础。每个项目分若干任务，每个任务由学习目标、理论学习、知识拓展、课堂练习、素养提升组成。

本书可作为高等职业院校、职工大学航空发动机维修技术、航空发动机装配调试技术、飞行器维修技术等航空装备类相关专业的教材；也可供从事发动机故障分析、诊断与排除技术工作及从事航空维修与综合保障的工程技术人员阅读；还可以作为高职院校相关专业师生和航空维修机构航空发动机维修人员的学习参考书。

图书在版编目（CIP）数据

航空发动机修理技术 / 熊纯，黄宇生主编.--北京：
北京理工大学出版社，2023.1（2023.2重印）
ISBN 978-7-5763-1717-6

Ⅰ.①航…　Ⅱ.①熊…②黄…　Ⅲ.①航空发动机—
故障修复　Ⅳ.①V263.6

中国版本图书馆CIP数据核字（2022）第172360号

出版发行 / 北京理工大学出版社有限责任公司
社　　址 / 北京市海淀区中关村南大街5号
邮　　编 / 100081
电　　话 / （010）68914775（总编室）
　　　　　　（010）82562903（教材售后服务热线）
　　　　　　（010）68944723（其他图书服务热线）
网　　址 / http://www.bitpress.com.cn
经　　销 / 全国各地新华书店
印　　刷 / 河北鑫彩博图印刷有限公司
开　　本 / 787毫米×1092毫米　1/16
印　　张 / 24
字　　数 / 537千字
版　　次 / 2023年1月第1版　2023年2月第2次印刷
定　　价 / 59.00元（含训练手册）

责任编辑 / 孟祥雪
文案编辑 / 孟祥雪
责任校对 / 周瑞红
责任印制 / 边心超

前　言

随着经济和技术的不断发展，全球民用航空发动机的维修需求在不断增加。中国的航空发动机更新换代速度加快，航空发动机维修产业正在稳步快速发展，迫切需要大批新时代高素质的航空发动机维修人员。

本书参考高职院校航空发动机维修技术专业优秀人才培养方案和教学标准，紧密联系行业实际，突出职业特色。结合现阶段人才实际需求，对接机械员、航空发动机修理、航空发动机故检、航空发动机试车、航空发动机装配等岗位，应用了长沙航空职业技术学院举办全国职业院校技能大赛高职组"飞机发动机拆装调试与维修赛项"和建设飞行器维修技术国家资源库的资源，融入《1+X 航空发动机修理职业技能等级》和《航空发动机装配工职业标准》的内容，按照维修机构典型的修理流程，以源于维修实际的航空发动机修理和典型故障排除实践技能为主线，由简单到复杂，由易到难，既体现了案例理论体系的完整性和系统性，又注重以实践技能为教学目的的内容设置，还包括操作规范、安全知识、职业素养等知识，从而提高学员的职业技能基础能力。本书通过案例分析巩固和提升学习者对理论知识的理解，突出了理论联系维修实践、实训巩固理论的特点；以故障的发生机理为引导，重点讲述典型的通用零部件修理实例，兼顾相关机型案例；反映了维修实际中的新知识、新技术、新工艺和新方法。本书力求通过典型故障的学习，提高学习者对理论知识的综合理解和应用能力，使学生深刻理解航空发动机维修基本理论、各种修理方法、工艺和技术，获得故障分析、诊断和排除的科学方法和基本理念，以更好地适应新时代、新装备和新技术的发展需要。另外，请各位读者注意：书中案例仅供学习参考，不作为具体机型的维修工艺指导。

学习者在学习本书后，能达到如下目的：了解航空发动机维修的目的和内容；熟悉航空发动机修理的典型工艺、方法和技术；了解航空发动机维修的新方法、新工艺、新技术和新设备；熟悉航空发动机排故的典型流程；理解航空发动机典型故障的排除思路、方法和理念；通过技能训练任务的练习，提高学生的职业素养、技能水平和综合素质，加深对维修相关理论的理解，具备进入航空发动机维修行业的基本条件。本书的出版有助于填补大专院校、技校及发动机修理厂航空发动机修理教材的空白。

本书主要由全国职业院校技能大赛高职组"飞机发动机拆装调试与维修赛项"指导团

队、企业人员组成的结构化课程团队编写。全书三个项目岗课赛证资源融合如下：

对应岗位	航空发动机修理工、航空发动机装配工
对应证书技能	"1+X 航空发动机修理职业技能等级"证书
对应赛项要求	全国职业院校技能大赛高职组"飞机发动机拆装调试与维修赛项"的 АИ–24BT 型发动机高压燃油泵拆装和标准线路施工模块
资源	飞行器维修技术专业国家资源库、长沙航空职业技术学院数字化工卡

　　本书由熊纯、黄宇生任主编，陈律、王林林、邱清竣和周毅任副主编，郭俊、周竑、文成、张锐、金德玉和舒毅等参编，贺东京和都昌兵主审。在编写过程中，本书得到了长沙航空职业技术学院航空发动机维修教研室、飞机维修教研室和继续教育培训处各位老师的大力支持与帮助，得到了川西机器厂、海翔机械厂、锦江机械厂和航泰动力机器厂高级工程师和技术员的大力指导与支持，张海天、林藏龙、浦克旋为资料整理、编辑付出了辛勤的劳动。本书参考了原中国人民解放军第一航空学院、部分航空修理工厂和装备用户的装备技术说明书等资料，珠海摩天宇航空发动机维修有限公司的优秀毕业生们对初稿的审阅提出了宝贵建议，在此一并表示衷心感谢。

　　由于编写时间仓促和编者水平有限，有不足、不妥和错误之处在所难免，请各位专家、学者和读者给予批评指示，以便再版时予以纠正。希望本书在经过不断修订和完善后成为一本航空发动机维修技能培训的经典教材，为提高航空发动机维修人员的素质和产品维修质量做出更大的贡献。若有任何意见和建议请发至：hehuangaviation@qq.com 邮箱。

编　者

目 录 Contents

航空发动机修理基础

【项目简介】

本项目主要介绍航空发动机维修的基础内容，包括航空发动机维修技术概述，航空发动机的寿命和航空维修机构，航空发动机的常见故障及发生机理，航空发动机修理工艺，以及技术管理。目的是初步了解航空发动机维修技术的过去和现在，能分析常见故障及其发生机理，了解航空发动机的修理工艺，为学习后续的航空发动机大修内容打基础。

任务 1　航空发动机维修技术概述

【学习目标】

【知识目标】

（1）理解航空发动机的维修策略；

（2）熟悉航空发动机维修技术的现状；

（3）了解航空发动机维修技术的发展。

【能力目标】

（1）能讲述航空发动机的几种维修策略；

（2）能选择航空发动机的合适维修策略；

（3）能讲述航空发动机维修策略的发展历程；

（4）能讲述航空发动机维修技术的现状和发展。

【素质目标】

（1）树立学历史（航空发动机维修事业）、悟初心和树目标的学习态度；

（2）培养对航空发动机维修事业发展规律的客观理性认识；

（3）培养热爱、追求奉献航空发动机维修事业的种子；

（4）树立航修报国、航修服务的人生目标。

航空发动机在"高温、高压、高转速和高负荷"条件下工作，要求具有高可靠性、长寿命、低油耗、低成本和易维护等特性。随着航空发动机向高增压比、高涡轮前温度、高推重比方向发展，压气机、涡轮的级数越来越少，涡轮入口处的燃气温度越来越高，发动机核心零部件的工作条件变得更加恶劣。此外，为了提高发动机的整机性能，不断地采用新材料、新工艺和新技术，加大了航空发动机维修时为维持或超过其零部件原有安全性、可靠性和耐久性等进行的维修保障技术难度，增加了维修费用。

据美国国家航空航天局（NASA）的统计资料，民用领域发动机故障在所有飞机机械故障中的比例占1/3，发动机的日常维护占航空公司维修费用的31%，飞机和发动机的翻修占航空公司维修费用的27%，每年有近10%的航班由于非计划维修而被取消。军用领域，发动机的维修成为影响战备完好性和任务可靠性的首要因素，1963—1975年，美国空军战斗机发生事故3 824起，由于发动机原因导致的有1 664起，占比43.5%。美国国防部每年用于采购发动机的费用约13亿美元，维护现有发动机的费用却达35亿美元。航空发动机维修是一项系统工程，技术复杂，涉及众多学科理论，要求维修后的发动机无故障性、具备耐久性和带故障工作的安全性。一旦维修不当极易诱发各种故障，从而加剧系统的损坏，甚至威胁人机安全，因此对发动机维修工艺、技术等提出了更高的要求。

1.1　航空发动机的维修策略

航空装备技术的发展，促进了维修策略的改进，带来了维修思想的变化。航空发动机的维修策略主要有基于故障的维修、基于时间的维修（定时维修）、基于状态的维修和视情维修，也有学者把基于状态的维修称为视情维修。我国现役航空发动机的维修方式以定时维修为主，部分发动机则是定时维修和视情维修相结合。

1.1.1　基于故障的维修

基于故障的维修是指零件用到出现故障时才检查与维修，所有维修工作都是非计划的，也称为失效维修。这种维修策略主要基于当时的时代背景而产生，目前应用在对发动机安全性影响不大的零部件上。

1.1.2　定时维修

以材料静强度设计为依据，基于零部件的寿命及可靠性规律，根据整机持久试车和领先使用的方法来确定发动机的总使用寿命和翻修时限，按照固定的修理周期安排维修工作，这种方法称为定时维修。定时维修以使用时间为基础，体现了以预防事故为中心的维修思想，以维修手册为依据，凭借个人经验做维修决策。但不能有效地预防与使用时间没有直接关系的故障。由于故障预测性不强，相对容易造成无效拆解、"维修不足"或"维修过剩"现象，影响了发动机的工作精度和有效寿命。

1.1.3 基于状态的维修和视情维修

基于状态的维修是指通过获取装备的工作状态，构建一套装备的维修策略，以预计装备在未来工作是否正常。状态维修的目的是将以信息技术为代表的各种高新技术应用到维修的全过程，从而提高维修工作的效率与效益，实现维修方式的全面变革。如美国F-22战斗机的机载维修系统具备了状态监控、预兆、故障诊断与隔离、故障恢复、故障评估与报告等功能，在飞行过程中精确定位故障，科学评估故障对当前飞行任务的影响，通过改变路径、降低功能等方式减少故障的影响。同时，该系统还能将评估结果传送给地面的自动化维修保障系统，并通过联合分布式信息系统传输给工业部门、装备管理机构和维修中心，由后者共同协商并做出维修决策，进而在故障发生之前排除故障，是实现航空装备精确维修的重要途径。

视情维修是以可靠性为中心的维修数据分析程序，根据定期或连续的状态监测结果所实施的预防维修策略，通过随时监测和掌握装备的技术状况，对其可能发生的功能性故障做必要的预防维修或避免故障后果。理论上可以避免因"过修"和"失修"问题而导致的严重后果，可以更准确地权衡安全和经济的矛盾，最大限度地降低维修风险，优化维修成本，提高装备的可用度。相对于定时预防性维修，视情维修针对性强，保障规模小，维修成本相对低，可以充分使用发动机，不会造成明显的浪费，可以预防偶然故障，因而使维修的有效性、经济性大为提高，目前已成为民用航空发动机的主要维修方式。

国外开发的预测性趋势监测与诊断程序，透过飞机的数据系统监控到辅助动力装置的关键性能参数，监测其使用情况及周期，跟踪其衰退与性能情况，分析发动机附件和控制元件的可靠性。一些民航维修基地在维修发动机之前，使用软件工具计算投资回报的预算，最大限度地降低发动机维修成本。通过将发动机状态监控数据和发动机的历史数据等现有方案综合在一起确定最佳工作范围。在视情维修策略下开发的航空发动机性能管理系统，一定计划期内可以达到机队缺发时间最少、缺发损失成本最低、备件保障率最高、备用发动机数量合理的目的。

总的来说，视情维修和新的监控技术用来确定发动机维修策略、最佳维修工作范围，提高可靠性，降低维修成本。但维修策略的选择，需要考虑型号发动机的特点、国家工业发展水平和企业的技术能力等。视情维修是航空装备维修策略发展的重要方向，视情维修技术既可以为修理厂维修型号发动机提供一定的技术支持、降低成本和提高维修效率，也可以根据故障的发生规律，形成相应的发动机维修策略，为发动机设计部门和用户的维护检查提供参考。

1.2　航空发动机修理技术的现状

　　维护和修理是贯穿发动机全寿命期的工作，修理技术的开发追求高质量、短周期及低成本。对于军用发动机修理，要求零件寿命至少与原件一样耐久，确保下一个大修寿命期内安全、可靠、稳定工作，修理成本和使用成本不是最关注的。维修策略、维修技术、维修工艺、维修设备以及维修工程管理等，对发动机维修后的性能有一定影响。

　　采用新的维修技术或手段完全恢复零件的使用功能，甚至改善零件的耐久性，已越来越受到航空发动机用户的欢迎，而不是以代换件为主的维修方式，以提高产品的维修性、可靠性、保障性，用更短的维修时间、更少的人力物力及费用获得发动机全寿命期的最大可用率。航空公司优先选用修理件，用维修代替更换，选用了先进的机器设备，树立了成本效益型的经营理念。

　　航空发动机是一种先进而复杂的综合装置，它集中了机械、电子、液压、化工、动力等许多领域的先进技术，修理时需要先进的工艺、技术和设备。航空发动机修理过程中常见的修理工艺有氩弧焊焊接修复涡轮叶片叶冠磨损，焊接修复导向器掉块、局部缺口，去除毛刺提高表面粗糙度优化零件表面性能，镀铬、镀铜修复零件尺寸，表面镀铜防止零件发生粘连，尼龙修补附件机匣密封面的磨损，使用双氧水对附件机匣损伤表面进行防护处理，去掉旧的蜂窝层焊接新蜂窝层，更换叶片涂层，叶片型面校正，整体车削压气机叶片外径获得理想尺寸。封严装置的性能恢复技术，如等离子喷涂封严涂层；钎焊焊接整流器叶片蒙皮，对腐蚀严重的整流器组件叶片，从报废的整流器组件中取出好的叶片钎焊焊接替换，恢复整流器组件性能。燃烧室的焊修、止裂、校正、补片，使用螺栓修补附件机匣的穿孔技术，喷砂去除零件表面油漆。

1.3　航空发动机修理技术的发展

1.3.1　航空发动机维修新工艺

　　日常检查和维护中，通过内窥镜无损探伤、计算机辅助技术扫描发动机内部缺陷。使用孔探仪观察发动机内部，探头穿过观察孔将发动机内部的情况传输到外部环境中，评估分析发动机的状态，简化维护和故检程序，图 1-1-1 所示为孔探仪。

　　使用等离子弧焊、真空钎焊修理封严装置，热影响区极小的钨极惰性气体焊堆焊刀刃封严件。激光堆焊修理压气机叶片，清理及去除高压涡轮叶片涂层

图 1-1-1　孔探仪

而保持原有壁厚，物理气相沉积处理涡轮叶片及高温部件热障涂层。脉冲等离子焊接技术焊接滤油网组件等薄壁零件，冷喷涂技术恢复铝合金零件尺寸，三坐标非接触式测量等。

1.3.2　虚拟维修技术

虚拟维修技术起源于20世纪80年代，综合计算机图像技术、传感器技术、人工智能等高新技术，具有强大的三维显示功能、丰富的人机交互手段。其主要发展方向有与纯虚拟环境的浅层交互，所有零部件均是仿真的；利用增强现实技术把发动机实物数据和发动机零部件的仿真模型结合的深层交互，如装配压气机叶片时，压气机的数据是实测数据，选择虚拟的叶片装于真实压气机上，检验装配合理性；利用VR技术，把发动机的修理环节或过程搭建成逼真的学习情境，提供关于视觉、听觉和触觉等感官的模拟，提升学习沉浸感和效率。

利用虚拟维修技术开发的虚拟维修培训系统，具备分解、装配、干涉检查、仿真和故障诊断等功能模块，如故障诊断模块提供所有部件的故障查询、模型、演示、故障范例图片、文字说明和故障解决办法。图1-1-2所示为建立模型并进行虚拟装配。选择模块操作完成后与标准操作流程进行对比，可显示差异和错误。通过虚拟维修培训系统建立发动机虚拟样机，便于维护人员掌握发动机构造、拆装、故障类型和维修方法等知识，降低耗材消耗，提高培训效率。

图1-1-2　建立模型并进行虚拟装配

【知识拓展】

航空发动机健康管理

发动机健康管理是指通过获取发动机相关数据信息，对发动机信息进行辨别、获取、处理和融合。主动监视发动机的健康状态，对发动机整机、各系统和部件进行综合监测分析，预测发动机性能变化趋势、故障发生时机及剩余使用寿命。采取措施缓解发动机性能衰退、部件故障或失效，评估发动机的健康状态并提出维修建议，以实现对发动机的视情维修。发动机健康管理技术主要体现在故障诊断、故障预测、性能评估、状态健康及远程诊断与监控技术等方面。

健康管理系统的重点是将各种算法和智能模型以及先进的传感器集成在一起，实现发动机状态监视、故障诊断及预测、趋势分析、寿命管理功能，使维修思想从以预防为主向以可靠性为中心转变，维修策略从事后维修和定期维修向基于状态的视情维修及预测维修转换，该技术可以进一步降低维修成本，优化和缩短维修周期，提升发动机的可靠性和安全性。

健康管理系统通常由机载子系统和地面子系统组成。机载子系统为飞行员提供告警信息，地面子系统为地面维修人员提供维修建议，为维修保障提供规划。机载子系统通过对发动机数据的采集、处理、分析和记录，实现对发动机状态实时监测、故障诊断和寿命统计分析等功能。在地面子系统中，将机载和地面各种健康管理分析算法生成的信息进行融合，生成综合检查、维护和修理综合报告，评估发动机的健康状态，提出维修建议，并通过网络发送给维修厂、备件中心等单位，进行维修前准备。同时，健康管理地面子系统还根据发动机健康状况，对发动机进行维修排队，为飞机更换发动机、发动机维修提供支持，从而保证发动机安全可靠运行，提高维修效率，提高飞机出勤率。

国外发动机健康管理系统应用情况：军机方面，F119 发动机、F135 发动机和 EJ200 发动机均配备了健康管理系统；民机方面，早期的波音 777、波音 747-400、空客 A320、空客 A330 等配备了飞机健康管理系统，具有发动机健康管理功能；波音 787、空客 A380 配装的 GEnx、Trent 900 等发动机均配备了独立的发动机健康管理系统。

国内军机、民机独立的发动机健康管理系统尚处于研制阶段，目前成熟应用的发动机 FADEC 系统具备状态监控、故障诊断和隔离等功能，通过收集发动机工作数据进行地面二次分析，可初步实现寿命管理、使用统计分析等功能，故障预测等工作尚处于研发过程中。

发动机健康管理技术的发展趋势主要体现在：一是智能化，从简单检查、监视向智能检测、诊断、预诊方向发展；二是综合化，从简单监视向机载 – 地面网络综合监视、保障方向发展；三是实时化，从事后检查向实时监视、诊断、预诊、视情维修和预测维修方向发展；四是通用化，从针对单一型号的系统架构向开放系统构架、通用软硬件模块方向发展。

【课堂练习】

一、简答题

1. 什么是定时维修？定时维修产生的时代背景是什么？它有什么特点？

2. 什么是视情维修？进行视情维修的基本条件是什么？

3. 我国军用航空发动机能使用视情维修策略进行修理吗？为什么？

4. 信息化、自动化、数字化和人工智能正在快速发展，航空发动机维修技术未来将如何发展？

二、拓展训练题

1. 通过查阅相关资料，从功能、应用及发展趋势等方面，谈谈对虚拟维修的理解。

2. 通过查阅相关资料，讲述什么是航空发动机的健康管理技术，介绍其在航空发动机维修工作中的应用及未来发展趋势。

3. 通过查阅资料，详细了解国内和国外航空发动机维修事业的历史和现状，找出典型的时代人物，结合我国的经济社会发展情况及发展趋势，预测航空发动机维修事业的未来，并编写一份个人职业规划。

【素养提升】

阅读习近平总书记在 2020 年全国劳动模范和先进工作者表彰大会上的讲话内容，认真学习领会，谈谈感想。作为新时代航空发动机维修事业的接班人，结合航空发动机维修产业、行业的现状，根据个人情况，写出个人职业目标和职业规划，并在以后的学习、生活和工作中深入贯彻落实。

习近平总书记在 2020 年全国劳动模范和先进工作者表彰大会上的讲话节选

第一，大力弘扬劳模精神、劳动精神、工匠精神。"不惰者，众善之师也。"在长期实践中，我们培育形成了爱岗敬业、争创一流、艰苦奋斗、勇于创新、淡泊名利、甘于奉献的劳模精神，崇尚劳动、热爱劳动、辛勤劳动、诚实劳动的劳动精神，执着专注、精益求精、一丝不苟、追求卓越的工匠精神。劳模精神、劳动精神、工匠精神是以爱国主义为核心的民族精神和以改革创新为核心的时代精神的生动体现，是鼓舞全党全国各族人民风雨无阻、勇敢前进的强大精神动力。

社会主义是干出来的，新时代是奋斗出来的。这次受到表彰的全国劳动模范和先进工作者，是千千万万奋斗在各行各业劳动群众中的杰出代表。他们在平凡的岗位上创造了不平凡的业绩，以实际行动诠释了中国人民具有的伟大创造精神、伟大奋斗精神、伟大团结精神、伟大梦想精神。希望大家珍惜荣誉、保持本色，谦虚谨慎、戒骄戒躁，继续发挥示范带头作用。

劳动是一切幸福的源泉。新形势下，我国工人阶级和广大劳动群众要继续学先进赶先进，自觉践行社会主义核心价值观，用劳动模范和先进工作者的崇高精神和高尚品格鞭策自己，焕发劳动热情，厚植工匠文化，恪守职业道德，将辛勤劳动、诚实劳动、创造性劳动作为自觉行为。各级党委和政府要尊重劳模、关爱劳模，贯彻好尊重劳动、尊重知识、尊重人才、尊重创造方针，完善劳模政策，提升劳模地位，落实劳模待遇，推动更多劳动模范和先进工作者竞相涌现。全社会要崇尚劳动、见贤思齐，加大对劳动模范和先进工作者的宣传力度，讲好劳模故事、讲好劳动故事、讲好工匠故事，弘扬劳动最光荣、劳动最崇高、劳动最伟大、劳动最美丽的社会风尚。要开展以劳动创造幸福为主题的宣传教育，把劳动教育纳入人才培养全过程，贯通大中小学各学段和家庭、学校、社会各方面，教育引导青少年树立以辛勤劳动为荣、以好逸恶劳为耻的劳动观，培养一代又一代热爱劳动、勤于劳动、善于劳动的高素质劳动者。

第二，充分发挥工人阶级和广大劳动群众主力军作用。人民是历史的创造者。工人阶级是我国的领导阶级，是先进生产力和生产关系的代表，是坚持和发展中国特色社会主义的主力军。全面建设社会主义现代化国家，符合全国各族人民根本利益和共同愿望，我国工人阶级和广大劳动群众要坚定不移听党话、矢志不渝跟党走，当好主人翁，建功新时代。

我国工人阶级和广大劳动群众是国家的主人，要加强政治理论学习，加强党史、新中国史、改革开放史、社会主义发展史学习，自觉做中国特色社会主义的坚定信仰者、忠实实践者。要发扬优良传统，承担历史使命，把党和国家确定的奋斗目标作为自己的人生目标，以民族复兴为己任，自觉把人生理想、家庭幸福融入国家富强、民族复兴的伟业之中，做新时代的追梦人。要立足党和国家各项事业发展全局，立足党中央对改革发展稳定各项工作的决策部署，围绕国家重大战略、重大工程、重大项目、重点产业，广泛深入持久开展劳动和技能竞赛，积极参加群众性创新活动，汇聚起众志成城的磅礴力量。要增强历史使命感和责任感，深刻认识国家好、民族好大家才会好，正确处理个人和集体、当前和长远、局部和整体的利益关系，自觉维护大局、服务大局，最大限度增加和谐因素、最大限度减少不和谐因素。要深刻认识团结就是力量、团结才能前进的道理，发扬团结协作、互助友爱的精神，加强工人阶级的团结，加强工人阶级同其他劳动群众的团结，坚定战胜各种困难的信心和决心，始终做党执政的坚实依靠力量。

第三，努力建设高素质劳动大军。劳动者素质对一个国家、一个民族发展至关重要。当今世界，综合国力的竞争归根到底是人才的竞争、劳动者素质的竞争。我国工人阶级和广大劳动群众要树立终身学习的理念，养成善于学习、勤于思考的习惯，实现学以养德、学以增智、学以致用。要适应新一轮科技革命和产业变革的需要，密切关注行业、产业前沿知识和技术进展，勤学苦练、深入钻研，不断提高技术技能水平。要完善现代职业教育制度，创新各层次各类型职业教育模式，为劳动者成长创造良好条件。技术工人是支撑中国制造、中国创造的重要基础。要完善和落实技术工人培养、使用、评价、考核机制，提高技能人才待遇水平，畅通技能人才职业发展通道，完善技能人才激励政策，激励更多劳动者特别是青年人走技能成才、技能报国之路，培养更多高技能人才和大国工匠。要增强创新意识、培养创新思维，展示锐意创新的勇气、敢为人先的锐气、蓬勃向上的朝气。要推进产业工人队伍建设改革，落实产业工人思想引领、建功立业、素质提升、地位提高、队伍壮大等改革措施，造就一支有理想守信念、懂技术会创新、敢担当讲奉献的宏大产业工人队伍。

第四，切实实现好、维护好、发展好劳动者合法权益。让人民群众过上更加幸福的好日子是我们党始终不渝的奋斗目标，实现共同富裕是中国共产党领导和我国社会主义制度的本质要求。

任务 2　航空发动机的寿命和航空维修机构

【学习目标】

【知识目标】

（1）了解中国的航空维修机构；

（2）熟悉航空维修机构的任务；

（3）熟悉航空发动机修理生产线；

（4）熟悉航空发动机的寿命表示方法；

（5）掌握航空发动机大修次数的计算方法。

【能力目标】

（1）能讲述主要的航空维修机构；

（2）能讲述航空维修机构的主要任务；

（3）能讲述航空发动机修理生产线的主要工艺内容；

（4）能计算航空发动机的寿命参数；

（5）能计算航空发动机的大修次数。

【素质目标】

（1）培养服务航空发动机维修事业的信心和决心；

（2）培养服务、奉献航空发动机维修事业的使命感和责任感；

（3）培养航修报国、服务航空发动机维修事业的情怀；

（4）增强服务航空发动机维修事业的自我调节能力；

（5）增强服务航空发动机维修事业的适应能力。

【理论学习】

2.1　航空发动机的寿命

航空发动机的寿命是指发动机能在飞机上正常运转的持续时间，即其主要结构件在工作中的磨损、蠕变变形过大、应力断裂或高、低循环疲劳裂纹造成机件失效之前，整机能够安全可靠地工作的时间或工作循环次数。

2.1.1　航空发动机的寿命表示方法

我国在 20 世纪 50 年代仿制苏联的老机型寿命以工作小时数确定；20 世纪 70 年代以后，苏联逐渐以主要零部件寿命使用的工作小时和循环次数来表示发动机寿命，或根据使用条件同时规定使用日历年限和循环次数，两者只要一个达到规定值，该零部件和整机就算达到寿命。

西方国家则普遍采用单元体或大部件的寿命管理机制，只规定关键件及单元体或大部件的寿命，没有发动机总寿命的概念，实际使用寿命与飞机相当，可达几千小时。对于单元体或大部件寿命管理，要求同一单元体或大部件内各关键件的使用寿命尽量一致，若不同则取其中最小者作为单元体或大部件的翻修寿命。基于维修过程中大部件的相互串装及经济性的考虑，规定了单元体或大部件的最小剩余寿命。最小剩余寿命是指使用一定时间的零部件剩余寿命必须大于某一最小值，否则维修经济性不好。如斯贝发动机，规定大部件的最小剩余寿命不得低于 400 h，这个最小剩余寿命的确定综合了维修、制造成本及使用安全等因素。

民航发动机寿命主要按照循环数来计算，飞机完成一次从起飞到着陆的过程，称为发动机的一次工作循环。发动机每工作一个循环，就经历了启动—高速运转—关闭这个过程，许多部件受力经历了从零到最大再到零的过程。民航发动机和欧美军用发动机有总寿命的零部件主要是旋转件，而非旋转零部件基本无规定的总寿命。CFM56 系列发动机一般使用 7 ～ 10 年（15 000 ～ 20 000 个循环）进行第一次大修，大修时更换到寿零件，其他零件视情修理。

2.1.2　航空发动机寿命的分类

航空发动机的寿命可分为发动机总寿命、修理间隔寿命、发动机工作寿命、剩余寿命、发动机日历寿命。

1．发动机总寿命

发动机总寿命是指发动机从出厂服役到报废时的总工作时数或工作循环次数，主要由总工作时间、循环寿命（低循环疲劳次数）和大状态工作时间来规定。对于在总工作寿命期内允许大修的发动机，因其绝大多数的零部件均可以得到更换，故整机总工作寿命可以得到持续发展。采用总寿命指标，主要是基于经济性、管理和技术更新的需要，目前我国现役发动机总工作寿命一般用小时给定，采用总工作寿命、翻修寿命和发动机日历寿命三个指标对整机寿命实施控制。民航发动机一般不是直接报废，而是替换下来大修、封存。若没有修复价值、经济上完全不合算时，交由专业的发动机分解公司进行分解再利用，出售有用的零部件。

2．修理间隔寿命

修理间隔寿命是指发动机从出厂到第一次翻修，或两次翻修间的工作时数或工作循环次数，也称为发动机的一个寿命期或一次翻修间隔寿命。确定翻修间隔期限主要参考工作寿命最短的零部件，也考虑了发动机在使用中的可靠性。

3．发动机工作寿命

发动机工作寿命是指发动机从生产出厂服役到查证时的全部安全工作时数之和，也称发动机的已工作寿命。

4．剩余寿命

剩余寿命是指用发动机设计时给定的总寿命，减去发动机的工作寿命所得的寿命。

5．发动机日历寿命

发动机日历寿命是指发动机制造出来后的累积日历时间，在寿命控制中，它通常与工作小时指标并用，以先到者为准进行翻修。由于通常在设计时已考虑了主体材料的腐蚀防护和控制问题，到了日历寿命期，仅需对发动机易腐蚀件进行维护或更换，因此日历寿命通常较少制约发动机总工作寿命的发挥。

相对于发动机的间隔寿命，总寿命都是由发动机的设计部门给定参考值。随着修理厂技术水平的提升，采取一定的技术措施，通过零部件的深度修理及试验验证，也可以把发动机或发动机的零部件进行延寿使用。

2.2　航空维修机构概述

航空发动机维修机构需要通过原始设备制造商的授权，才能获得维修资质认证。国内航空维修机构主要有军工修理厂、航空发动机集团公司修理厂、中外合资的维修企业和民营维修企业。主要的军工航空发动机修理厂有国营川西机器厂、锦江机器厂、海翔机械厂、航泰动力机器厂、国营四达机械制造公司，其特点主要是修理深度深、修理范围广，大部分修理技术自主可控。

军工修理工厂实行厂长负责制，厂长在上级党委、工厂管理部门、工厂党委的领导下，履行规定的责任和职权，全面负责工厂的生产行政工作，对工厂发展生产、完成国家生产任务、保证生产安全和不断提高生产经营管理水平负责。

工厂各级行政主管人员，按级负责履行职责，贯彻党和国家的方针、政策，遵守法律、法令，服从指挥，执行条令、条例和规章制度，完成任务。做好所属人员的管理教育工作，关心爱护职工，熟悉员工政治思想状况、技术业务水平和工作能力，发现和培养选拔干部，努力学习政治、技术、业务和科学管理知识，不断提高理论政策水平、技术业务和领导能力，深度调查研究，不断总结经验，改进工作作风和工作方法，使自己成为精通本行业技术业务和企业经营管理的专家。

国内的民航发动机维修机构，主要有珠海摩天宇航空发动机维修有限公司、厦门太古发动机服务有限公司、四川斯奈克玛航空发动机维修公司和上海普惠飞机发动机维修有限公司等，具备CFM56、PW4000、RB211和V2500等型号发动机的修理能力，但仍然有2/3以上的发动机整机翻修、绝大部分热端部件修理需送国外完成。

2.3 航空维修机构的任务

航空发动机工作一段时间后，由于磨损、腐蚀、振动、疲劳等原因，固有可靠性逐渐下降，性能指标发生偏离，零件可能出现损伤、老化、断裂、漏油、漏气等现象，需要航空维修机构组织专业技术人员进行维护和修理。维修手册的规定时间或航空发动机工作运行前后，对发动机进行检查、清洁、准备保证飞行安全的定期工作称为维护。当出现维护不能排除的故障或到规定的期限时，必须返回修理生产线、机库或者维修基地进行分解、故检、排故和试验等内容，合格后再出厂工作一个规定期限，称为修理，维护和修理统称为维修。维护主要由地勤人员在机场进行，修理主要在修理厂、维修基地进行。

修理厂和维修基地主要进行发动机的大修、检修、针对性排故、加改装和维护，确保发动机全寿命周期内安全、可靠和经济地工作。对发动机进行有效维护，可以减少检修前的故障发生率。检修时通过各种措施预先检查和排除潜在故障，可把故障扼杀在萌芽状态，避免一些不必要的故障，甚至降低故障发生的深度、广度，缩短修理周期，节约维修成本，使发动机始终处于比较好的状态。修理厂的任务如下。

2.3.1 大修

大修是指发动机工作到一个修理周期后，把发动机分解到不能分解为止，经过洗涤、故检、修理、装配和试车，合格后油封包装出厂的整个过程，也称为翻修，即排除发动机出现的各项故障，恢复发动机的固有可靠性。发动机大修合格后，不是"大修如新"，而是把大修合格后的发动机状态称为"拟新"状态。大修具有下面几个特征。

1. 拆开性

由于航空发动机的大修，最终要将发动机的固有可靠性恢复到可以接受的水平，即"拟新"状态，因此需要对发动机做全面彻底的检查、测试，对有故障的部位进行修理，更换无法修理、不值得修理或规定要更换的零件、部件，甚至附件。往往由于结构的开敞性不好，可达性差或者无有效的测试、大修手段而无法实现原位或整体的检查、修理，或不能满足大修的全部要求，必须把发动机分解，因此分解是大修的显著特征。

2. 工厂性

大修是恢复和提高发动机固有可靠性的维修作业，技术复杂、涉及知识面广，需要一定的修理设备、检测和大修工艺，并要有具备一定技术水平或持有相关从业证书的修理人员，因此必须送往具有主管部门颁发维修执照的修理机构进行大修，确保大修质量，达到大修的根本目的。

3. 修理性

大修具有最高的故障修理深度和广度，是维修机构修理能力的体现。大修首先要恢复和提高发动机固有可靠性；其次在成本尽可能低的条件下进行，大修应当以修为主，以换件为辅。当换件比修理更经济或修理工艺规定必须换件时才予以换件，否则变成了以换件为主的修理思路，这样既不利于企业提升技术能力，也不利于降低生产成本，因此需要维修机构开发维修技术，提升企业的修理能力。

发动机翻修，是采用先进技术和设备，使用新材料、新工艺，对发动机进行全面分解、洗涤、检查、修理，并进行必要的加改装，装配试车合格后油封包装出厂，从而达到：

（1）通过有效的工艺手段，排除机件故障，调整性能故障，修复原设计性能水平；

（2）停止故障的发生和发展，保证故障件工作寿命；

（3）预防故障，或延长机件的使用寿命；

（4）更换故障或延长机件的使用寿命。

总之，大修是采用先进技术和设备，使用新材料、新工艺，对发动机进行全面分解、洗涤、检查、修理，装配试车合格后油封包装出厂，使发动机的零、部件具备更好的技术性能而良好协调地工作，从而达到以下目的：

（1）停止故障的发生和发展，保持或延长零部件的寿命、可靠性。

（2）预防故障的发生。

（3）排除故障或延长机件的使用寿命。

（4）排除发动机整机故障，调整整机性能，修复原设计性能水平。

随着大修理论的发展、发动机维修性的改善、大修技术的提高和检测手段的进步，大修前进行性能监测、其他指标监测和调整的项目越来越多，可通过这些手段实现对发动机状态的摸底。允许发动机经过维护或者检修即可出厂，而不是除了维护就是大修。

2.3.2 检修

把发动机分解为部、附件状态，对发动机进行预防性的检查和修理称为检修。目的是检查并处理潜在故障，确保发动机在下一个检修周期内正常工作。在检修过程中，对于那些维修性、可检性不好的，故障随时间增长而又危险的部位，即使送厂时没有显现出明显故障，也要认真、细致地按照工艺进行预防性检修。发现故障预兆或故障，必须采取有效措施，对有故障的零件进行修理，保持零部件的使用可靠性。修理完成后，装配试车合格则出厂。如罗罗公司的 MK202 发动机，到了一个规定的工作时间进行检修，分解发动机至部、附件状态，检查零部件外观、工作灵活性等。对有故障的零部件转入大修，无异常则装配试车，试车合格后即可出厂再工作一个规定时间。发动机的检修是大修前预防故障发生的重要工序，因此是修理工厂十分重要的任务之一。

2.3.3 针对性排故

排故机修理主要分为两类：第一类是发动机在修理厂修理合格后出厂交由客户签收，发动机由用户使用或未使用时出现外厂无法排除的故障，需要再次送往修理厂进行针对性排除故障的现象。第二类是发动机在修理厂经过一次或多次维修后，试车不合格，返回修理生产线再次排除故障的修理。

2.3.4 外厂排故

维修机构组织有经验的技术人员和师傅，带齐必要的零备件和轻便的工具设备，排除用户维护、保养人员不能排除的故障，称为外厂排故。外厂排故主要排除一般性故障，从而避免发动机一有问题就返回修理厂修理，因此外厂排故的能力和水平对修理成本有重要影响。

2.3.5　发动机加、改装

部分发动机零、部件和附件的固有可靠性不符合设计要求时，应对其进行合理的加、改装。加、改装工作通常放在制造厂进行，部分具有相应实力的修理厂也可以按照规定实施，不管加、改装项目的范围大小及工作量的多少，只要采用合适的方法，取得足够的试验数据，进行充分的理论分析、计算和试验验证，并通过相应部门组织的评审及批准，就可按要求进行加改、装，满足用户的需求。

2.3.6　维护

检查发动机外观，利用孔探设备检查叶片表面及航空发动机内部其他零部件，查看油液是否泄漏等保障飞行安全的工作是维护的重要内容。

2.4　修理生产线

修理生产过程中，各个修理工序之间的先后次序以及相互联系，称为大修工艺流程，简称大修流程。大修流程包括入厂验收、拟定修理方案、分解、洗涤、故检、修理、装配、试车及调试、油封包装和运输出厂，这是一个技术转移过程，也是生产组织的依据，如图 1-2-1 所示。按照发动机的修理工艺流程进行生产安排的修理作业路线，称修理生产流水作业线，简称修理生产线。发动机修理时，其零部件在修理生产线上进行周转，实现技术状态的转移，如图 1-2-2 所示。修理生产线的设计考虑机型修理工序、修理节拍、修理设备、工具、工作环境、经济效果等因素，是发动机修理质量的流程保障。修理生产线主要有以任务为导向和以流程为中心两种生产管理方式，合适的修理生产线可缩短发动机的修理周期，提高发动机修理各流程的完成效率，也可以将生产线设计为灵活的、可根据修理任务进行调整的柔性修理生产线。图 1-2-3 所示为航空发动机分解后的检查。

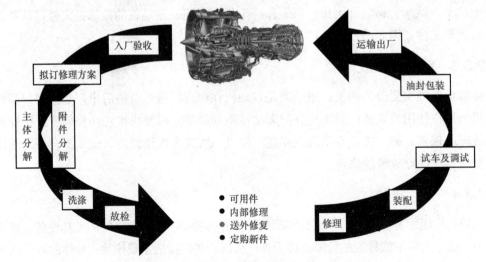

图 1-2-1　航空发动机大修生产线流程

图 1-2-2　航空发动机修理生产流水线　　　　图 1-2-3　航空发动机分解后的检查

【知识拓展】

大涵道比涡扇航空发动机维修简介

为了保证飞行安全，需定期和不定期对航空发动机进行检查、保养、维护和修理，必须保证发动机经常处于良好状态。民航的维修可分为三种维修等级：一般性检查维护、检修和大修。一般性检查维护不需要对发动机进行分解；检修需要对发动机分解，针对分解过程中发现的问题实施相应的维修；大修则是彻底分解到零部件级别，所有的零件都要检查、修理或更换。

特种维修（维护），即由于某种特殊原因而进行的维修，有些理论也把这类维修归入航线维修或定期维修。这类维修一般包括经过雷击、重着陆或颠簸飞行后对某些设备、飞机结构的特定部位进行的特别检查和修理，受外来物撞击、碰伤后的修理，发现飞机某部位发生不正常腐蚀后的除锈、防腐处理，按适航部门或制造厂家的要求对飞机进行加、改装工作。

1. 航线维护

航线维护也称为外场维修，包括日检和周检。发动机航线维护的主要工作内容有检查发动机是否有故障信息，滑油量、燃油量是否正常，更换油滤，排除一般故障，以及更换油封等，由航空公司机务人员实施。

（1）日检。日检是指每个飞行日的航线维修，包括飞机航前和航后检查、每日或过夜检查、过境维护及飞行前后检查等。

航行前维护：每次执行飞行任务前的维护工作。飞行前维护工作的目的是对发动机的可靠程度进行最后鉴定，保证飞机准时进入准备飞行状态。它的主要内容有飞行前检查、补足燃料和滑油等，检查中发现的故障和缺陷，须经彻底排除后才能批准飞行。

航行后维护：每次执行飞行任务后的维护工作。飞行后的维护工作一般在每个飞行日结束后进行，内容包括飞行后检查、添加燃料和滑油、擦洗、润滑等保养工作。飞行后检查是各种检查中最基本的，其质量好坏直接影响下一个飞行日发动机的准备工作。飞行前后检查的内容由发动机的使用维护说明书规定。

过站短停维护：执行过一次飞行任务，经过过站维护到再次执行任务之间的维护工作。

（2）周检。周检是每 7～10 d 所做的定期维护工作。定期维护工作是在发动机使用到一定时限后（例如 50 h、100 h 等）进行的周期性检查、保养工作。其内容包括：检查发动机技术状况，及时发现机件磨耗、损伤，彻底排除故障和缺陷，并进行调整、清洗、润滑等保养工作。

2. 定期检修

定期检修属于较高级别的维修，发动机经过一定时间的飞行之后，可能发生磨损、松动、断裂、腐蚀等现象，所以隔一段时间之后要进行一些检查和修理。经定期检修的发动机，要求能在下一周期内可靠地工作。定期检修的周期、工作内容和技术要求由维护规程规定。

3. 大修（D 检）

D 检是最高级别的修理，称为大修，又称为翻修。航空发动机达到规定的大修使用循环数后，由具有维修资质的专业维修机构实施大修，对各部件进行仔细检查，按规定更换寿命到期或出现问题的零件。在进行完部件的检查、修理后，将零部件重新装配进行出厂试车，试车合格后出厂交由用户使用，大修一般在维修基地进行。

随着故障探测技术的发展和设计、制造技术的提高，部分维修工作逐渐改为对机件进行周期性检查和"视情"维修，并根据磨耗和恶化程度确定机件是否能继续使用。一般依据客户要求和发动机的状态，按下列数据预测发动机可靠性降低的程度和故障临近的情况，确定发动机大修时间：

（1）对发动机性能的记录数据，如燃料和滑油消耗量。

（2）由机匣上的小孔插入光学孔探仪检测发动机内部零件的结果数据。

（3）飞行中自动记录或由仪表监视发动机工作状况的数据等。

【课堂练习】

一、选择题

1. 关于航空发动机寿命的表达，不正确的是（　　）。

A. 军机有固定的公历时间寿命　　　　B. 民机没有固定的公历时间寿命

C. 所有航空发动机都有公历时间寿命　　D. 所有航空发动机零件都具有工作寿命

2. 某型航空发动机总寿命 900 h，已工作 299 h，剩余工作寿命是（　　）。

A. 900 h

C. 701 h

B. 299 h

D. 601 h

3. 某型航空发动机总寿命 1 200 h，翻修寿命为 300 h，首次翻修已工作 10 h，则翻修后的剩余工作寿命是（　　）。

A. 900 h

B. 299 h

C. 701 h
D. 290 h

4. 某型航空发动机总寿命 1 200 h，翻修寿命为 300 h，第二次翻修后已工作 10 h，则发动机的剩余工作寿命是（　　）h。

A. 900
B. 299

C. 701
D. 590

5. 某型航空发动机总寿命 1 200 h，大修寿命为 300 h，第一次大修后已工作 99 h，则发动机在此维修周期内的剩余工作寿命是（　　）h。

A. 201
B. 299

C. 701
D. 801

6. 某型航空发动机总寿命 1 200 h，翻修寿命为 300 h，第一次维修出厂后已工作 300 h，第二次工厂维修出厂后已工作 0 h，则发动机的剩余工作寿命是（　　）h。

A. 900
B. 299

C. 701
D. 600

7. 某型航空发动机总寿命 1 500 h，翻修寿命为 500 h，发动机制造出厂后已工作 5 h，则发动机的剩余工作寿命是（　　）h。

A. 900
B. 299

C. 701
D. 1 495

8. 某型航空发动机总寿命 1 500 h，大修寿命为 300 h，第一次大修后出厂已工作 300 h，则发动机的剩余工作寿命是（　　）h。

A. 900
B. 299

C. 701
D. 600

9. 某型航空发动机总寿命 1 500 h，翻修寿命为 300 h，第一次翻修后出厂已工作 300 h 未进行大修，则发动机还可以翻修（　　）次。

A. 1
B. 4

C. 2
D. 3

10. 某型航空发动机总寿命 1 500 h，翻修寿命为 300 h，第一次翻修后出厂已工作 22 h，发动机由于故障需返厂维修，则加上此次返厂维修发动机还可以翻修（　　）次。

A. 1
B. 2

C. 3
D. 4

11. 某型航空发动机总寿命 1 500 h，翻修寿命为 300 h，第二次翻修后出厂已工作 300 h 未大修，则发动机还可以翻修（　　）次。

A. 4
B. 3

C. 2
D. 1

12. 某型航空发动机总寿命 1 500 h，翻修寿命为 300 h，第三次到寿维修后出厂已工作 0 h，则发动机还可以大修（　　）次。

A. 4
B. 3

C. 2
D. 1

二、简答题

1. 航空发动机的日常维护包括哪些内容？

2. 修理厂的任务是什么？各项任务分别有什么特点？

3. 航空公司地勤人员的主要工作内容是什么？

4. 什么是航空发动机的检修？

5. 什么是航空发动机的大修？

6. 在我国，军用发动机和民航发动机的维修方式有何不同？

7. 民航发动机维修包含哪些内容？

8. 写出航空发动机的大修流程图。

9. 航空发动机的寿命有哪几种表示方法？这些方法的应用有何不同？

10. 什么是航空发动机的公历寿命？

【素养提升】

联系时代背景，仔细阅读如下部分中国航修事业发展历史，挖掘其中的宝贵精神。结合新时代强军兴军的历史机遇、民用航空维修事业的发展趋势，谈谈如何更好地坚定自己的人生目标、坚定职业信念、坚定奉献航修事业。

南苑航空修理工厂

1910 年 9 月，留学亚洲某国的刘佐成、李宝焌学成回国，在北京南苑庑甸毅军操场建筑厂棚，创建飞机修造厂，主要负责飞机的保养与维修。这是中国近代史上官办航空的开端。

新中国成立之后，南苑飞机修理厂更名为南苑航空修理工厂。1952 年，南苑飞机修理厂归属于新成立的第二机械工业部，主要承担修理米格喷气式飞机的任务，并于 1957 年 6 月改名国营京都机械厂。同年 11 月，南苑飞机修理厂首次承担乌米格 -15 高级喷气教练机的制造任务。从飞机的维修到研制，是南苑修理厂历史发展的重要转折。

在当时缺少图纸等各种不利条件下，修理厂工程师采用自学、自研等方式对飞机进行了成功的改装、设计工作，制造出一架具备更多优势的乌米格 -15 飞机。此后，京都机械厂在短短两个多月内，又自行设计出一架多用途轻型运输机并试飞成功，被命名为"首都一号"。

从简单的零件修理，到实现飞机改造，再到运输机的成功研制，南苑飞机修理厂在技术创新领域取得了重大进展。如今，我国的航空发动机修理机构，既维修国内的发动机，也维修外贸机。工程师们走出国门，被派往巴基斯坦、缅甸等国进行技术指导、支援等工作。

任务 3 发动机的常见故障及发生机理

【学习目标】

【知识目标】

（1）熟悉航空发动机的裂纹故障特点、分类及其发生机理；

（2）理解航空发动机的断裂故障及其发生机理；

（3）熟悉航空发动机的过热故障及其发生机理；

（4）熟悉航空发动机的变形故障特点、分类及其发生机理；

（5）理解航空发动机的磨损故障特点、分类及其发生机理；

（6）理解航空发动机的腐蚀故障特点、分类及其发生机理。

【能力目标】

（1）能识别航空发动机的常见裂纹故障；

（2）能识别航空发动机的常见断裂故障；

（3）能识别航空发动机的常见过热故障；

（4）能识别航空发动机的常见变形故障；

（5）能识别航空发动机的常见磨损故障；

（6）能识别航空发动机的常见腐蚀故障。

【素质目标】

（1）培养认真观察、冷静分析的思维理念；

（2）培养裂纹、断裂、过热、变形、磨损和腐蚀故障的逻辑分析能力；

（3）培养裂纹、断裂、过热、变形、磨损和腐蚀故障发生机理的推理能力；

（4）培养对相关故障的收集、归纳和总结能力；

（5）培养对典型故障举一反三的能力。

【理论学习】

3.1 裂纹

零件在应力和环境的作用下产生的局部破断称为裂纹。裂纹是零件薄弱部位的一种不稳定缺陷。从断裂力学的观点来看，材料内部存在的夹杂、气孔和发纹等各种缺陷可视为裂纹。在焊接应力及其他致脆因素共同作用下，焊接接头局部区域的金属原子结合力遭到破坏而产生的缝隙也称为裂纹。

通过光学显微镜观察，裂纹两侧凹凸不平，耦合自然，绝大多数裂纹末端呈尖锐状。划伤没有尖端和裂变深度，两侧平滑，不能自然耦合。裂纹的出现和扩展，使材料的力学性能明显变差。抗裂纹性是材料抵抗裂纹产生及扩展的能力，是材料的重要性能指标之一。

裂纹的修理方法主要有将尖端变圆钝、打止裂孔和提槽等。

3.1.1 裂纹的类型

裂纹根据尺寸大小，可分为宏观裂纹、微观裂纹和超显微裂纹，如图 1-3-1 ～图 1-3-3 所示。宏观裂纹是指目视可见的裂纹，一般宽度大于 0.05 mm。裂纹按形成机理不同，可以划分为如下类型：

 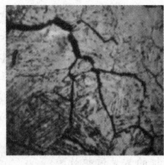 

图 1-3-1　宏观裂纹　　　　　图 1-3-2　微观裂纹　　　　　图 1-3-3　超显微裂纹

（1）线状裂纹。垂直于结构主应力的一种纵向裂纹，称线状裂纹，简称线裂。线裂呈单条分布，主要由发纹、划痕或夹杂在应力作用下扩展而成，易发展成断裂破坏。

（2）网状裂纹。一般情况下，深度较浅，裂纹呈龟壳网状的表面宏观裂纹称网状裂纹，也称为龟裂。

（3）应力裂纹。应力作用引发的裂纹，称应力裂纹。

（4）蠕变裂纹。在一定的温度下，受持续应力作用而引起的缓慢塑性变形称金属的蠕变。引起蠕变的应力称蠕变应力。在蠕变应力作用下，蠕变变形逐渐增加而产生的裂纹称蠕变裂纹。

（5）腐蚀裂纹。高变应力作用下，破坏了金属的保护层，产生了微观腐蚀孔，微孔处产生了尖锐的裂纹，称腐蚀裂纹。

（6）疲劳裂纹。金属零件在高变荷载应力的作用下产生的裂纹，称疲劳裂纹。

3.1.2 疲劳裂纹的发生机理

部分零件满足静强度要求，但在低于屈服极限，甚至弹性极限以下的高变应力反复作用下，由高变应力反复作用导致的破断称为疲劳破坏。根据荷载和环境条件，疲劳可分为低应力、高循环次数的高周疲劳，由于热应力反复作用而发生的热疲劳，表面在接触应力反复作用下产生的接触疲劳，由于循环荷载和腐蚀介质同时作用而发生的腐蚀疲劳。疲劳破坏时最大主应力低于材料的抗拉强度，无论是脆性材料还是塑性材料，疲劳破坏时均显示脆性断裂的特征，无明显的塑性变形。疲劳破坏断口可分为疲劳源区、裂纹扩展区和瞬断区三部分。

零件的疲劳破坏分为四个阶段：裂纹成核（萌生）、微裂纹形成（裂纹扩展的第一阶段）、裂纹扩展的第二阶段和瞬时断裂。裂纹始于疲劳源位置，一般形成于零件表面的应力集中区域，当零件内部有缺陷时，疲劳源产生在零件内部。在交变荷载作用下，零件的局部产生应力集中，多次交变应力作用后形成裂纹。零件疲劳初期，先发生疲劳强化，随后软化。如铁丝正常力值拉伸不能拉断，但反复弯曲后，产生疲劳裂纹，则断裂较快。应变疲劳过程中，由于应力和应变的循环作用，一些材料发生抗变形能力增加的疲劳强化现象，一些材料则出现疲劳软化现象。

3.2 断裂

零件局部破裂后，改变了原来的应力分布，裂纹尖端出现应力集中。在交变应力和持续增加的应力作用下，裂纹缓慢扩展。当裂纹扩展到临界尺寸时，失稳破坏形成断裂。

3.2.1 断裂的分类

断裂可分为疲劳断裂、超强裂纹扩展断裂、环境断裂、应力腐蚀断裂、氢脆断裂、高温蠕变断裂、热疲劳断裂和腐蚀疲劳断裂等。

1．疲劳断裂

疲劳断裂按荷载类型可分为交变单向弯曲荷载断裂、交变双向弯曲荷载断裂、旋转弯曲荷载断裂、轴向交变拉压荷载断裂、交变扭转荷载断裂。

2．超强裂纹扩展断裂

超强裂纹扩展断裂是指应力超过材料强度极限，材料经裂纹成核、扩展失稳断裂。

3．环境断裂

环境断裂是指金属材料与某种特殊环境相互作用而引起的具有一定环境特征的断裂。

4．应力腐蚀断裂

金属在拉应力和特定腐蚀介质的共同作用下发生的脆断称为应力腐蚀断裂。

5．氢脆断裂

氢元素进入零件表面、近表面或内部后，达到一定的含量，在力的共同作用下引起的断裂称为氢脆断裂。

6．高温蠕变断裂

在高温蠕变应力的作用下，金属材料发生蠕变变形出现裂纹，扩展后最终断裂称为高温蠕变断裂。

7．热疲劳断裂

热疲劳断裂是一种因交变热应力和热应变作用而产生的疲劳破坏。

8．腐蚀疲劳断裂

在腐蚀介质和低于拉伸强度极限的交变荷载共同作用下，发生的疲劳断裂称为腐蚀疲劳断裂。

3.2.2　裂纹的扩展–断裂机理

1．裂纹的第一扩展阶段

在拉压交变荷载的作用下，萌生的裂纹前端在拉开时张开，沿45°方向产生向前的滑变，使裂纹向前扩展；前沿钝化，受压时裂纹闭合；前沿锐化，这种钝化和锐化的交替发生，使裂纹不断扩展。从宏观上看，第一阶段扩展速度较慢。

2．裂纹的第二扩展阶段

疲劳裂纹扩展的第二阶段为正向扩展阶段。高循环、低荷载时，裂纹在包围裂纹顶端的弹性区内扩展；低循环、高荷载时，裂纹扩展速度快，在塑性区内扩展。正应变疲劳裂纹产生以后，在高变应力作用下，绝大部分裂纹均与名义应力轴呈90°，一般沿晶界与非晶界平面逐步扩展，大致分为以下三个阶段：

（1）开始阶段。开始阶段裂纹短小，一般以隧道形式慢慢向内扩展。如是多源疲劳，各小裂纹按最大应力和最小阻力原则选择扩展路径，直至互相连接形成垂直于应力轴的单一裂纹。这个阶段，扩展速率小而不稳定，可称为选择扩展阶段。

（2）中间阶段。当各段小裂纹逐步连接成一条较长的裂纹以后，基本上以单纯的正向疲劳方式，较均匀稳定地向前扩展，称为裂纹扩展的中间阶段。中间阶段显微撕裂或切变过程虽仍存在，但影响小，裂纹扩展稳定，是裂纹扩展的主要阶段。

（3）过渡阶段。稳定扩展至一定深度后，由于剩余工作截面减小，应力逐渐增加，裂纹加速扩展的阶段称为过渡阶段。裂纹快速扩展，最后发生瞬时过载断裂。

3.3　过热与变形

为追求更大的推力或功率，航空发动机涡轮前的温度越来越高，但受材料的力学性能和耐热性能所制约不能太高。目前，军用发动机燃烧室的工作温度已经超过2 000 K，已超出零件材料所能直接承受的温度，这些高温零件的正常工作依赖于良好的散热和隔热方法保障。由于零件承受的温度高，若散热和隔热出现问题，易导致零件产生过热和变形故障。

3.3.1　过热

零件材料在高温的影响下，出现变质、变形或蠕变而丧失原力学性能的现象，称为过热。这一温度称为这种零件材料的耐热临界温度。材料不同，耐热临界温度也各不相同。耐热温度越高的材料，称其耐热性能好，抗热蠕变性能强，称为耐高温材料。

1．过热的产生原因

过热产生的原因有材质的耐高温性能差，冷却、散热和隔热出现问题，工作喷嘴安装不正或积炭引起火焰位置改变，局部富油、开加力时间过长等。

2．过热故障的排除

机件过热后材料易出现变质、变色、变形、烧蚀、裂纹、掉块和烧穿等现象。修理的方法主要是换段、校正、补片和焊接等。防止零件出现过热的预防措施主要有提高材料的耐高温性能，采用新型的高比强和高比刚的耐高温复合材料。采用先进的冷却、隔热和散热结构措施，通过设计可防止材料的工作环境上升到材料的耐热临界温度。

3.3.2　变形

机件在荷载作用下，其尺寸和形状都会有不同程度的改变，这种尺寸和形状的改变称为变形。一般来说，材料或构件受力时，允许产生一定的弹性变形，不允许产生永久变形。但在一些特定场所，不允许存在弹性变形。凡是不允许产生的任何变形，都属于变形故障，须进行故障排除和修理。在某些情况下构件工作受力后产生了弹性变形，就会出现漏油、漏气现象。由于零件的变形，不能再承担原设计要求的功能，将改变受力情况，导致荷载分配异常、应力集中等。由此而产生性能的改变，造成故障的发生和发展，导致事故的发生。

航空发动机的细长杆、薄壁件和高温件易发生变形，常见的变形故障有扭转、伸长、翘曲、鼓包和弯曲等。

1．弹性变形

弹性变形是指构件在荷载作用下产生变形，荷载取消后变形也消失，恢复原来形状的一种现象。即材料的弹性变形，是材料在弹性变形极限以内的一种变形。材料可吸收发生弹性变形的荷载力，在一定的条件下又可将这个力释放出来，即恢复构件原来形状的力，这个力等于原荷载力。

由于弹性形变具有吸收和释放外力的特点，因此人们将其利用起来，制成带有弹性的零件。如橡胶密封圈、石棉垫。材料的弹性变形的程度，由材料弹性特征来确定，材料弹性特征好的，弹性形变的程度就大。弹性特征差的材料弹性变形程度就非常小。如弹簧钢筋，弹性变形的程度大。电工保险丝，弹性变形的程度很小。在材料发生弹性变形后，继续施力使其变形，这种超出弹性变形范围的变形，在取消外力后不能恢复原来的形状，即塑性变形。

根据胡克定律，杆件所受的外力（拉力或压力）不超过某一限度时，它的绝对伸长（或绝对压缩）ΔL 与外力 P 及杆长 L 呈正比，与杆件的横截面积 F 呈反比。用公式表示为

$$\Delta L = PL/EF \tag{1-3-1}$$

式中，E 为材料的抗拉或抗压弹性系数，为常数，表示材料在外力作用下，抵抗拉伸和压缩变形的能力。

材料和构件变形随荷载呈比例变化的最大值，称为材料的比例极限，用 $\sigma_{比}$ 表示。小于比例极限的外力使材料产生的变形都是弹性变形。预防变形的方法主要是查找分析构件工作受力是否超出设计值，要把其荷载减到设计值以下，或提高构件的力学性能。

2．塑性变形

材料或构件受荷载时，产生较为显著的永久变形；或取消作用的外荷载后，不能恢复

原来形状的现象，称为塑性变形。构件受外力作用后，晶格产生扭曲或滑移，晶粒被拉伸变细变长，或晶粒被压缩变短变粗，发生永久变形。这个开始产生较为显著的永久变形的值，称材料的弹性极限，用$\sigma_{弹}$表示。

塑性变形根据受力的方位形式不同，又可分为五种基本形式的变形。

(1) 拉伸变形：材料晶格由于拉伸形成细长方向的变形。

(2) 压缩变形：材料晶格产生伸长或缩短的变形。

(3) 剪切变形：材料晶格产生部分拉伸变形，部分产生压缩变形，还有些晶格产生扭转、滑移等变形。

(4) 扭转变形：材料晶格产生扭转拉伸变形。

(5) 弯曲变形：材料的晶格一部分拉伸变形，一部分挤压变形，还有一部分不受拉也不受压，保持其原长进行纯弯曲变形。长度不变的纯弯变形的这一层，称为变形的中性层。

零件在工作中产生了永久变形，其主要原因是受力超过材料的弹性极限。也就是说构件所承受的力除工作荷载外，又增加了一个设计考虑之外的力，或者是材料本身有问题，或者是构件本身有问题，或者是构件的连接关系有变化等。

设计考虑之外的力有材料工艺内应力、热表处理内应力、变形恢复产生的内应力、恒定不变的外荷载、热应力、热荷载、热腐蚀、热蠕变和飞行特技荷载等。材料本身存在的问题缺陷、振动裂纹、变质、构件本身问题、设计不合理和工艺方法不对也是产生塑性变形的重要原因。

3. 金属蠕变

金属材料在一定温度下，受持续应力的作用而引起的缓慢塑性变形称为金属蠕变。在一定的温度和应力作用下，蠕变变形逐渐增加，形成裂纹并发展，最终断裂，这种断裂称为蠕变断裂。引起蠕变的应力叫蠕变应力，导致断裂的最小应力叫蠕变断裂应力，又称蠕变强度或蠕变断裂强度。

蠕变可发生于低温和室温下，但只有当温度高于$0.3T_m$（T_m是用绝对温度表示的熔点）时才比较显著。蠕变可在单一应力状态下发生，也可在复合应力状态下发生。温度越高，蠕变现象越显著。

3.4 磨损

零件的磨损，使零件的原有尺寸、形状和表面精度质量等发生改变，破坏了原配合副的配合特性，导致发动机零件失去了原有的工作性能和作用。易造成发动机漏油、漏气、振动过大和噪声等故障。

3.4.1 磨损的发生机理

1. 磨损概念

磨损是表面的相对运动使工件的表面物质逐渐耗损的过程，是产品发生故障的基本原因之一。零件磨损，必须具备两个或两个以上的零件接触，组成摩擦副，在摩擦副的相关零件间，必须产生相对位置关系不断改变的力和相互摩擦的相对运动。摩擦副在力的作用下，产生相对运动的摩擦，在其接触表面产生金属剥落损坏。

作动筒、活塞和齿轮等有相对运动的部件，若因磨损导致油液泄漏，则影响油液的压力，从而使相关系统效率下降，操纵灵敏度和准确性降低。发动机的机体结合面若磨损，则密封性失效，就会造成漏油、漏气，甚至发生火灾。

图 1-3-4 所示为一简单摩擦机械系统中干磨损的情况。磨损过程中发生了一对摩擦副间的相对运动，出现材料转移造成了接触表面的材料耗损，破坏了表面精度，使结合表面间不密封。这种磨损遵循如下宏观法则：

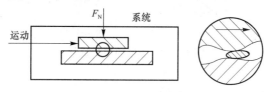

图 1-3-4　零件磨损示意图

（1）零件的磨损率 W 是指单位滑动距离上磨损的材料体积，如式（1-3-2）所示。

$$W = \frac{V}{L} \tag{1-3-2}$$

式中，V 为磨损的材料体积；L 为滑动距离。

（2）磨损率 W 与表面接触面积无关，它正比于法向荷载 F_N 而反比于材料的硬度 H，如式（1-3-3）所示。

$$W = R\frac{F_N}{H} \tag{1-3-3}$$

式中，R 为比例系数，由实验测定。

3.4.2　磨损过程

一般来说，磨损的发生过程可分为三个阶段，如图 1-3-5 所示。磨损过程中零件的相对运动类型有滑动、滚动、冲击、摆动、振动和流动等。磨损的相互作用元素有固体对固体（金属、聚合物、矿物质等）、固体对流体和固体对带颗粒的流体等。磨损率的影响因素有材料的硬度、输入功、荷载、摩擦系数和运动距离等。硬材料对硬材料时两者磨损较大；硬材料对软材料时，硬材料磨损小，软材料磨损大；软材料和软材料相互运动磨损时，两者的磨损量适中。

1. 磨合（跑合）

新的摩擦副表面比较粗糙，有许多显微凸起。运动时，真实接触面小，磨合使显微凸起的部分磨平，使摩擦增大，此阶段磨损率逐步下降。

2. 稳定磨损

配合零件经过磨合阶段后，接触表面的接触性能更好，接触更平稳，受力更均匀。

配合零件相互运动时，磨损率变化很小，称为稳定磨损阶段，此阶段是机件磨损寿命的主要部分。

3. 剧烈磨损

剧烈磨损阶段是磨损率急剧增大的阶段。经历这一阶段后，零件精度丧失，易导致噪声、振动和摩擦副温度升高等现象，直至最后失效。

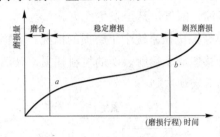

图 1-3-5　磨损的三个阶段

3.4.3　磨损分类

磨损按运动形式可分为滑动磨损、滚动磨损、冲击磨损和微动磨损；按损失方式可分为表面疲劳磨损、磨粒磨损、黏附磨损、腐蚀磨损和合成磨损。

1. 表面疲劳磨损

在零件滚动或滑动接触过程中，由于交变接触应力的作用，接触区形成的循环应力超过材料的疲劳强度，使表面产生疲劳裂纹，并不断发展，裂纹上的材料断裂剥落，有时表面出现麻点的现象称为表面疲劳磨损。表面疲劳是滚动接触的典型失效方式，常发生于轴承的滚动体和轴承圈上。

零件发生表面疲劳磨损后的外观主要为裂纹、点蚀和剥落。点蚀一般从表面开始向内倾斜扩展，最后二次裂纹折向表面，裂纹以上的材料折断脱落下来形成点蚀，单个点蚀坑的表面形貌常表现为"扇形"。点蚀如图 1-3-6～图 1-3-8 所示，作用在零件表面的剪应力方向和大小反复发生变化，在亚表层内将产生位错运动，位错的互相切割产生空穴，空穴的集中形成空洞，发展成裂纹。

图 1-3-6　点蚀示意（一）

图 1-3-7　点蚀示意（二）

图 1-3-8　点蚀示意（三）

剥落与点蚀的本质是相同的，都属于接触疲劳的一种，但特征有所区别，剥落裂纹一般起源于亚表面内部较深的层次，沿表面平行的方向发展，最后形成片状的剥落坑。剥落如图 1-3-9 所示，一般认为，剥落裂纹是由亚表面层的循环应力引起的。因此，分析剥落原因时，首先应考虑脉动的最大切应力，或交变的正交切应力，以及亚表层内材料性能的变化。

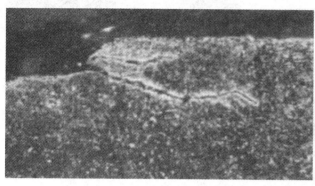

图 1-3-9　剥落现象

表面疲劳磨损时，摩擦产生热量，接触压力引起应力和变形导致表面层的塑性变形。零件表面弹性应力的影响因素有材质结构、表面特征、表面缺陷、荷载分布和切向力等。材质结构包含氧化物及其硬、脆夹杂物、硫化物及其他二相颗粒，晶界、亚晶界、孪晶界及其他错位列阵。表面特征是指表面形态和纹理、残余应力、表面能级、微观结构、污染物、"线"接触几何形状的端部、接触区碎片。表面缺陷是指夹杂物及二相颗粒、刻痕及真假布氏压痕、沟槽及擦伤、腐蚀坑、锈斑、水蚀、微动磨损损伤、打滑损伤。装配原因易导致的荷载分布问题有整体滑动、移动和滑动产生的不同切向力。

这些影响因素说明滚动接触时表面接触效应的复杂性。在交变接触应力作用下，最大切应力处首先发生塑性变形，造成接触区中心部分的凹陷。这种变形随着荷载的反复作用而不断积累，在最大剪应力处形成裂纹，并沿最大剪应力方向向表面扩展。当裂纹形成封闭曲线时，曲线内的表面材料便成片剥落，所以表面疲劳磨损过程是疲劳裂纹起源、扩展和断裂的过程，是一种比较普遍的磨损形式。图 1-3-10 所示为表面疲劳磨损示意。

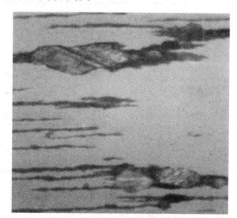

图 1-3-10　表面疲劳磨损示意

航空发动机的齿轮副、轴承、球头等经常发生表面疲劳磨损。表面疲劳磨损流程如图 1-3-11 所示。

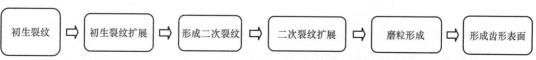

初生裂纹 ⇨ 初生裂纹扩展 ⇨ 形成二次裂纹 ⇨ 二次裂纹扩展 ⇨ 磨粒形成 ⇨ 形成齿形表面

图 1-3-11　表面疲劳磨损流程

整体疲劳断面如图 1-3-12 所示，整体疲劳多发生在表面，与外加应力呈 45°，超过两三个晶粒后，转向与应力垂直。疲劳磨损一般发生在表面或亚表面层，与表面呈 10° ～ 30° 或平行于表面。整体疲劳一般只受循环应力的作用，存在明显的疲劳极限。疲劳磨损除循环应力作用外，摩擦过程可以引起表面层一系列的物理化学变化。

图 1-3-12　整体疲劳断面

2. 磨粒磨损

如果运动副的一个表面明显比另外一个表面硬，或者运动副中有硬的颗粒，在两个面接触的情况下，较硬表面的微凸体嵌入较软表面，同时较硬表面微凸体周围的较软表面材料发生塑性移动。当较硬表面移动时，就会在软表面产生裂沟并切削较软的材料。磨粒磨损作用与微切削过程十分相似，如图 1-3-13 ～图 1-3-15 所示。磨粒磨损外观为擦伤、沟纹和条痕。

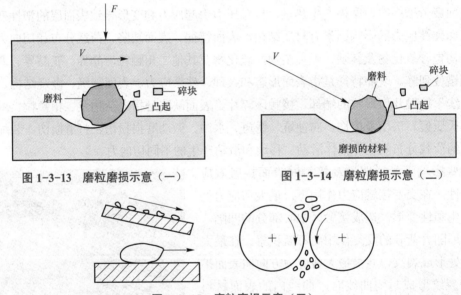

图 1-3-13　磨粒磨损示意（一）　　　　图 1-3-14　磨粒磨损示意（二）

图 1-3-15　磨粒磨损示意（三）

工业上，磨粒磨损十分普遍，约有 50% 的磨损是磨粒磨损。在给定的磨损范围内，金属的磨粒磨损体积 V 在大多数情况下随荷载 F 及滑动距离按线性关系增加。磨粒磨损取决于磨粒硬度和零件材料硬度间的相互关系，磨粒磨损的耐磨性与材料硬度呈正比。为减少磨粒磨损，零件材料的硬度应比磨粒硬度高一定系数。磨粒磨损过程作用在外表面层，分析磨损时应考虑表面污染和环境的影响。磨粒硬度对金属磨损可分为下面三种状态：

（1）磨粒硬度＞零件材料表面硬度，高磨损状态；

（2）磨粒硬度~零件材料表面硬度，磨损转换状态；

（3）磨粒硬度＜零件材料表面硬度，低磨损状态。

3. 黏附磨损

摩擦副相对运动时，两接触表面间发生固相焊合，黏着点在切应力作用下断裂，材料从摩擦副较软的一侧表面迁移到较硬的一侧，迁移的金属呈颗粒状，这种现象称为黏附磨损。黏附磨损的外观为锥刺、鳞尾和麻点状。

在机械系统中，黏附磨损易导致运动零件咬死或咬合失效。钢和钢组成的滑动副表面，因黏附磨损过程而失效的情况较多。黏附磨损与其他磨损机理有所不同，其他磨损一般都需要一些时间来扩展并达到临界破坏值，而黏附磨损相反，磨损发生得非常突然无法预测。黏附磨损包括黏附和断裂两个过程。两者均与零件的表面污染物、周围介质的影响有关。

触点黏附和触点变形过程的各种特征对黏附磨损有影响，黏附和断裂的联合作用产生松散的黏附磨损颗粒。常见的黏附磨损零件有齿轮、轴承和作动筒等。

4. 腐蚀磨损

摩擦副上的介质发生化学或电化学反应，生成反应物，反应物被磨去后，反应继续进行，生成新的反应物，这种零件表面腐蚀和磨损的反复进行过程称为腐蚀磨损，也称为摩擦化学磨损。

腐蚀磨损与表面疲劳磨损、磨粒磨损和黏附磨损之间存在着显著区别。后三者是直接接触的两个表面之间发生相互机械作用，生成磨屑，使表面发生磨耗；而腐蚀磨损是两个表面和周围介质三个元素相互作用的结果，这些相互作用可表示为两个阶段的循环过程。第一阶段，两接触表面与介质起反应，生成反应物。第二阶段，包括生成反应物在内的磨耗，接触表面在相互作用的过程中形成裂纹，发生磨粒磨损，生成新的表面。

除变形和黏附效应外，化学反应形成反应物过程中的摩擦能对腐蚀磨损有一定影响。由于热和机械激活的作用，腐蚀磨损生成的微凸体温度升高，化学反应能力增强，表面层形成加速；微凸体表面层的机械性能发生了变化。一般来说，脆性断裂的倾向增加了。钢件在大气条件下工作，受大气腐蚀，生成黄褐色的 Fe_2O_3 和灰黑色的 Fe_3O_4。不锈钢件在高温条件下可生成 NiO 和 Cr_2O_3 等。摩擦副与酸碱盐等特殊介质作用，均可生成相应的金属氧化物和新的盐类，所以腐蚀磨损表面均可发现其氧化物和盐类。

5. 合成磨损

单一性质的磨损现象在零件的磨损过程极少出现。一般是多种性质的磨损过程混杂在一起的复杂过程，这种复杂的磨损过程称为合成磨损。腐蚀反应和黏附过程导致表面性能改变，从而生成反应物或把材料从一个偶件转移到另一个偶件上，这些过程又被转移和消耗在微凸体和基体材料中的机械能和热能所激化，所有这些过程都有助于生成松散的磨损微粒。生成磨损微粒的直接原因是表面疲劳磨损和微粒磨损。微动磨损、气蚀磨损和冲蚀磨损属于合成磨损。摩擦化学磨损反应物的外观为膜状微粒。

（1）微动磨损。两接触固体彼此以极小振幅的振动方式做相对运动而造成的磨损称为微动磨损。微动磨损是合成磨损的一种，也是四种基本磨损叠加而成的复杂磨损过程。航空发动机的微动磨损，可发生在各种固定接头和结合面。主要的影响是引起零件咬合松动、功率损失和噪声增加等，也会加速疲劳裂纹的产生，从而降低零件的疲劳寿命。微动磨损造成的表面损伤特点是疲劳裂纹和产生微动磨屑。由于微动的结果，疲劳强度常常降低到原来的 1/6 ～ 1/3，图 1-3-16 所示为发生微动磨损的零件。微动磨损的发生主要有三个阶段：第一阶段，由振动接触变形导致表面裂纹的产生和扩展、表面污染物的排除以及黏附结合的形成与断裂；第二阶段，由于表面疲劳或黏附，变形过程中形成微粒摩擦，磨损微粒在摩擦化学反应中被氧化；第三阶段，已经生成的磨损微粒的研磨作用加速了第一阶段的进程。

图 1-3-16　微动磨损的零件

（2）气蚀磨损。流体在高速流动和压力变化条件下，与流体接触的金属表面上发生洞穴状腐蚀破坏的现象称为气蚀，由于气蚀导致的磨损称为气蚀磨损。常发生在分油盘上和离心泵叶片叶端的高速减压区，气蚀破坏了零件表面上的保护膜，使金属表面形成许多细小的麻点并逐渐扩大成洞穴，加快了腐蚀速度。

在一些发动机机型上，气体流经发动机内部，由于发动机的振动和气体特性，气体在发动机内部与机体产生强烈的碰撞。发动机压气机机体与气体的相互作用造成气体压力不断增加，气体燃烧，形成高温高压和高速燃气，高速喷出。这一系列作用使流道表面变得粗糙。这种气蚀是机械作用，对于热端部件具有高温腐蚀的作用，图 1-3-17 所示为分油盘气蚀磨损。

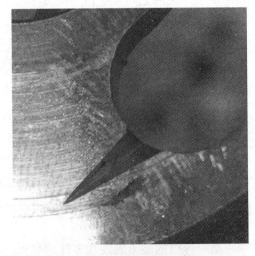

图 1-3-17　分油盘气蚀磨损

（3）冲蚀磨损。冲蚀磨损是指固体、液体或气体向固体表面不断撞击而使固体表面材料磨损破坏的现象，如图 1-3-18 所示。撞击脆性材料如玻璃时，在表面和径向分布着最大拉伸应力。如果拉伸应力足够大，在接触区四周形成比接触区大的环形裂纹，并从内部向外表面张开，形成喇叭形；进一步撞击，裂纹扩展和连接，形成碎片被磨去。

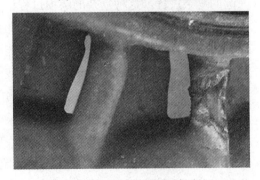

图 1-3-18　冲蚀磨损

如果材料是延性的，冲蚀过程是挤压、碎化和切削三者联合作用的过程。撞击时，材料表面被挤压损伤，其边缘形成翻边。撞击速度足够大时翻边被磨去。在撞击过程中，磨下的颗粒不断被磨碎，碎片擦过材料表面，颗粒的撞击角度小于90°时，锋利的颗粒把材料从表面磨去。

航空发动机滑油系统的滑油，对高温和高速旋转的承力轴承进行冷却和润滑，滑油喷嘴喷出滑油直接冲刷着转子轴承。承力大、温度高和转速快的轴承，产生了表面疲劳磨损和磨粒磨损，并伴随摩擦化学反应。因此，保持滑油的化学稳定性，有助于提高轴承的使用寿命。

3.5 腐蚀

无论是金属材料还是非金属材料零件，随着使用时间的延长，逐渐产生性能恶化、变质和损坏现象。材料在环境的作用下引起的破坏或变质称为腐蚀。腐蚀是自发进行的，是从不稳定的高能态变为较稳定的低能态的过程。

3.5.1 腐蚀的分类

腐蚀按材料性质可分为非金属腐蚀和金属腐蚀；按液相和露点条件，分为湿腐蚀和干腐蚀，环境中没有液相或在露点以上时称干腐蚀；反之则称为湿腐蚀。

腐蚀按破坏形式分为均匀腐蚀和局部腐蚀。局部腐蚀又可分为电偶腐蚀、缝隙腐蚀、孔蚀、晶间腐蚀、选择性腐蚀、磨损腐蚀、应力腐蚀以及腐蚀疲劳等。

腐蚀按腐蚀环境可分为大气腐蚀、电解质溶液腐蚀、海水腐蚀、土壤腐蚀、熔盐腐蚀、有机气氛腐蚀、生物腐蚀和特殊环境的腐蚀。大气腐蚀是金属在大气以及任何潮湿气体中的腐蚀。电解质溶液腐蚀是天然水和部分水溶液对金属结构的腐蚀。海水腐蚀是大量海水水汽附着在机件上的腐蚀。土壤腐蚀是地面灰尘与空气中的水汽混合落在机件上的腐蚀。熔盐腐蚀是金属与熔融盐类接触时所发生的腐蚀。有机气氛腐蚀是金属在某些塑料、橡胶等非金属材料挥发的有机物气氛中的腐蚀。生物腐蚀是某些细菌海洋生物以及人体等对金属的腐蚀。特殊环境的腐蚀是在高温、高压、高速、高纯度水、燃气、宇宙空间等特殊环境条件下对金属的腐蚀。图 1-3-19 和图 1-3-20 所示为发动机上发生腐蚀的零件。

图 1-3-19　某民航发动机上发生腐蚀的紧固件

图 1-3-20　腐蚀的叶片

3.5.2 金属腐蚀

金属腐蚀按原理分为化学腐蚀和电化学腐蚀（如高温燃气腐蚀）；按破坏形式分为均匀腐蚀和局部腐蚀。局部腐蚀又可分为电偶腐蚀、缝隙腐蚀、孔蚀、晶间腐蚀、选择性腐蚀、磨损腐蚀、应力腐蚀以及腐蚀疲劳等。航空发动机上常见的有磨损腐蚀、应力腐蚀、疲劳腐蚀和高温燃气腐蚀。航空发动机上，大部分是金属材料。

1. 化学腐蚀

表面直接接触化学介质，如酸，产生金属化合物从而从表面脱离，使金属表面产生麻点、凹坑甚至均匀腐蚀，这种现象称为化学腐蚀，化学腐蚀是一种基本的腐蚀现象。在腐蚀环境中，金属与氧气、水产生反应，金属由元素变为化合物，同时放出热量，金属腐蚀的自发性增加，耐腐蚀性能降低。

金属腐蚀后生成化合物，是从不稳定的高能态变为稳定的低能态，就像水从高处往低处流一样是自发进行的。但这种自发过程会受到阻碍，获得额外的能量时这一自发过程继续，这一额外能量称为活化能。航空发动机中的活化能有流动的气体介质和高温高压燃气，高温燃气是一种高温、高速和高压的活泼气体。

2. 电化学腐蚀

两种电极、电位不同的金属，在同一介质中构成一个腐蚀电池，阳极失去电子发生氧化，阴极得到电子被还原，氧化和还原反应不断进行，使作为阳极的金属受到腐蚀，这种现象称为电化学腐蚀。

金属侵入电介质后有两种情况：一种是金属离子脱离金属表面进入溶液形成水化分子，此时，金属表面电子过剩，带负电，溶液带正电。另一种是金属表面从溶液中吸附金属正离子，此时，金属表面带正电，溶液负离子过剩，带负电。金属和溶液间产生了电位差，即金属的电极电位。各种金属在溶液中形成的电极电位不同，电极电位接近的两种金属在同一电解质中腐蚀速度较慢。电极电位相差大时，腐蚀速度快。电极电位的大小与材料的活泼性有关，表 1-3-1 中所列的金属组内各种材料之间没有强烈的电化学腐蚀倾向，作为互相接触的材料使用比较安全。两种不同组的金属互相接触时，它们在表中的距离决定了表中较高位置那种金属的腐蚀速度。两种金属在表中距离越远，电化学腐蚀的倾向越强烈，可通过测量两者之间的电动势大小来确定。

表 1-3-1　电化学腐蚀倾向组分表

Ⅰ组	镁和其合金、铝合金（FL2、FL10、5356、LD2 和 6063）
Ⅱ组	镉、锌及铝和它们的合金（包含第一组的铝合金）
Ⅲ组	铁、铅、锌和它们的合金（不锈钢除外）
Ⅳ组	铜、铬、镍、银、金、铂、钛、钴以及它们的合金；不锈钢和石墨

常用的金属与镁在强盐环境中接触会引起镁的腐蚀。镀在铁和钢等比较稳定的金属上的镉和锌能极大地减慢电化学腐蚀速率。镀锡金属和镁接触时引起的腐蚀小于镀镉、镀锌金属。因为在这种特殊的条件下，锡起了保护作用。

航空发动机上常见的电化学腐蚀往往发生于缝隙处，这种腐蚀称为缝隙腐蚀。在裂纹、焊接气孔、机体结合面间、螺母压紧面和法兰盘接合面等处均可形成缝隙。此外，还有灰尘、污垢杂质在金属表面沉积也形成缝隙。缝隙内介质处于滞流状态，容易吸收和积累水分，形成溶液。各处溶液的浓度有差别，使得缝隙内部的金属不断溶解，发生缝隙腐蚀。发动机翻修时，应仔细检查缝隙是否有腐蚀痕迹。

3. 高温燃气腐蚀

高温燃气腐蚀是材料在高温、高速和高压燃气中的腐蚀现象，是一个电化学腐蚀过程。燃气温度越高，腐蚀性越强，腐蚀速度越快；燃气气流速度越高，腐蚀性越强。腐蚀介质更换越快，压力越大，腐蚀性越强，腐蚀介质的浓度越大。腐蚀介质活化能高，能够激活介质与金属进行腐蚀反应。介质燃气含有多种腐蚀性强的化合物、氢氧元素和碳化物等酸性腐蚀气氛。

高温燃气腐蚀产物以膜的形式覆盖在金属表面上，如腐蚀产物的体积比产生它的金属的体积小，则膜不能全部覆盖金属表面，腐蚀性就强。如果腐蚀产物体积过大，膜内产生应力，膜开裂和脱落，那么腐蚀性也强。只有当腐蚀产物和金属的体积接近时，腐蚀才最理想。但要看生成膜的坚实性，当膜耐氧化时，则具有高熔点、低蒸气压，膨胀系数接近金属的膨胀系数，有良好的抗破裂性、高温塑性和低电导率、对金属离子和氧的低扩散系数等，生成的膜才能有效地保护金属不被介质所继续腐蚀。

在基体金属中加入有效的合金成分，使膜中产生保护性强的二元或三元化合物，离子扩散更为困难，降低氧化速度，避免热部件受高温燃气腐蚀，是防止高温氧化的有效方法。

4. 应力腐蚀

应力腐蚀是指材料同时受到拉应力和环境的共同作用而发生的变质现象。应力可能是内应力，也可能是外荷载引起的应力。

5. 疲劳腐蚀

疲劳腐蚀是指材料同时受到周期性应力和环境的共同作用而发生的变质现象。它是应力腐蚀中的一个特殊例子，如振动、温度变化、飞行荷载大小和方向的改变等。疲劳腐蚀一般发生在低于疲劳极限的应力水平情况下，即发生在疲劳破坏的第一阶段，使金属产生麻点和开裂，后面的反应过程本质是疲劳过程。

【知识拓展】

非金属腐蚀

非金属的腐蚀过程包括溶胀和溶解、化学裂解、银纹与开裂以及渗透破坏。

1. 溶胀和溶解

水和某些有机溶剂分子，通过渗透扩散作用而渗入材料内部，与高分子材料中的大分子发生溶剂化合作用从而破坏大分子间的次价键，使高分子材料发生溶胀、软化和溶解而丧失功能。

2．化学裂解

在具有化学活性的介质作用下，渗透进入材料内部的介质分子与大分子发生氧化、水解等化学反应，反应后大分子的主价发生破坏和裂解。

3．银纹和开裂

某些塑料，由于应力的作用，特别是在应力与一定的化学介质联合作用下，会产生银纹、裂缝与断裂。银纹是由于介质渗入塑料表面层，在应力作用下使表面层局部引起塑性变形和高度取向造成的。裂缝完全由空隙组成，而银纹中虽有空隙，但是由具有纤维组织和一定质量的物质组成。

4．渗透破坏

对于用作衬里的高分子材料，一旦介质渗透穿过衬里层而接触到被保护的基体，会引起基体材料的腐蚀破坏。对于化工陶瓷、搪瓷和玻璃等耐蚀硅酸盐材料，其成分主要是耐碱而不耐酸的酸性氧化物——二氧化硅。耐蚀硅酸盐材料主要与酸、碱等介质反应，发生化学溶解。

【课堂练习】

一、简答题

1．什么是裂纹？其主要有哪些分类？分别有什么特点？

2．什么是断裂？其主要有哪些分类？分别有什么特点？

3．什么是过热？其有什么特点？写出三种或三种以上易产生过热故障的航空发动机零件。

4．什么是弹性变形？其有什么特点？写出三种或三种以上易产生弹性变形的航空发动机零件。

5．什么是塑性变形？其有什么特点？写出三种或三种以上易产生塑性变形的航空发动机零件。

6．磨损是怎么产生的？其可以分为哪几类？写出三种或三种以上易产生磨损的航空发动机零件。

7．航空发动机的高温燃气有何特点？其高温燃气腐蚀是如何产生的？有何危害？

8．航空发动机零部件防止高温氧化的措施有哪些？

9．航空发动机上的电化学腐蚀主要发生在什么地方？发生机理是什么？

10．简要说明裂纹扩展形成断裂的发生机理。

二、拓展训练题

2020年，某涡扇发动机在进行地面试车时，检查发现该发动机滑油泵组的滑油出口处（到主燃滑油散热器的导管）漏滑油，如图1-3-21所示。

图1-3-21　滑油泵组出口管路结构

分解检查发现导管安装部位胶圈损坏，滑油泵组安装座有磨损痕迹，对此故障可能产生的原因与机理进行分析，并提出解决办法与预防措施。

【素养提升】

仔细阅读以下教学案例，结合本任务所学习的专业知识和技能。从质量意识、质量文化、质量宣传和质量保证等方面，提取案例中所蕴含的积极元素，分析说明对你的学习、生活有何启示。结合课程学习实际，你认为如何才能使理论和实践学习的过程和结果更有质量，且自始至终有质量？

"产品如人品，质量不好就是人品不好"

质量是企业的根本，航空产品的质量更是直接关乎生命。某厂虽位置偏僻，但"山不在高，有仙则名；水不在深，有龙则灵"。在宽敞的厂房中，修理线上的操作者以"妙手回春"般的技艺，让一台台航空发动机"起死回生"，焕发出新的活力，托举起一架架战机重返蓝天……他们以稳定可靠的产品质量作为企业科学发展的强大引擎，以一流的质量为强军梦提供着不竭的动力支撑，助力我军"能打仗、打胜仗"。

厂区的主干道旁，一面 89 m 长的"质量警示墙"，如威严的哨兵，时刻震慑着胆敢踩踏质量红线的员工，在这面质量警示墙上，一个个鲜活的质量案例、一句句充满哲理的质量警句，无时不刻地对员工进行潜移默化的质量意识教育。"产品如人品，质量不好就是人品不好"印在这面质量警示墙的显眼位置。工厂以人性化和形象化的方式定位和设计质量文化，确立了"零缺陷、出精品"的质量目标以及"敬畏、精细、章法、优效"的质量准则，从"固化于制、显化于视、内化于心、外化于行、培育特质、提升效益"六个方面，制定产品质量战略规划，不断完善质量管理体系，形成了一个点面结合、横向到边、纵向到底的质量管理网络。

工厂以艺术照片形式将产品和各种植物有机融合，悬挂于办公楼、生产线等地方，在视觉上赋予产品生命力，警醒员工注重产品质量。让员工真正从外观上感受到产品的生命，也更容易让人们联想到手上的工作质量直接关乎飞行员、乘客的生命安全和国家财产安全。

工厂每年开展质量文化周活动，通过表彰先进、法规宣贯、知识竞赛、质量考试、签订质量责任书等多种形式，帮助员工从思想上认同企业质量观，牢固树立起"航空产品、质量第一"的原则。设立"质量警示日"和"质量教育日"，定期开展质量警示教育，编印《反思的力量》《履行航修人的"最高职责"》等质量文化书籍，举办以"产品如人品""质量、效益、精品"等为主题的质量演讲赛，广泛宣传质量典型，传播优秀质量行为习惯。

以形式多样的质量管理手段，筑牢产品质量安全防线。建立三级（班组级、部门级、厂级）质量安全形势分析会制度和防控机制，促进各个部门自我完善、自我纠偏，实现了质量责任与领导干部绩效考核挂钩，确保责、权、利相结合。工厂还注重从精神和物质两个层面调动员工积极性，让他们从内心树立起"精品意识"，真正做到"将每一个螺钉都修成精品，将每一个保险都打成精品"。他们坚持编印技能人才成长故事集，制作大幅灯箱，组织巡讲会、座谈会，大张旗鼓地宣扬成长经验、先进事迹，把优秀技能人才放到关键、重要岗位，并以其姓名命名班组或工作室，建立员工质量道德档案，制定员工质量档案实施和运用的具体细则。

将质量管理手段融入班组管理。他们在行业内首创柔性单元生产模式，将发动机维修划分为若干模块化竞争性的作业单元，单元组设置为微型利润中心，建立基于"模拟市场、内部结算"的经济责任制，构建"内部市场链"。将质量压力传递到基层，形成利益共享、风险共担的运营模式，让员工主动提升产品质量、节约成本，形成不断完善自我的良性循环。每年设立 20 万元质量基金，按照"四不放过"原则，严格质量考核，近 5 年，针对单位及个人的 750 多项优秀质量工作发放 200 余万元奖金。

这一系列无形文化理念和有形载体，形成一道极具气场的立体文化场，有效促进质量文化内化于心、外化于行，使每位员工都成为质量文化的忠实践行者，航空产品质量的坚定维护者。有效助力工厂做到国内外顾客修理的航空发动机连续 17 年未发生责任飞行事故，连续 11 年未发生责任地面质量事故和成批性质量问题。获得"全国五一劳动奖状""全国文明单位""全国质量奖"等奖项。

任务 4 航空发动机修理工艺

【学习目标】

【知识目标】

（1）熟悉钳工工艺的技术特点及在航空发动机修理上的应用；

（2）熟悉研磨工艺的技术特点及在航空发动机修理上的应用；

（3）理解抛光工艺的技术特点及在航空发动机修理上的应用；

（4）了解焊接工艺的技术特点及在航空发动机修理上的应用；

（5）理解表面处理工艺的技术特点及在航空发动机修理上的应用；

（6）理解表面强化工艺的技术特点及在航空发动机修理上的应用；

（7）了解喷涂工艺的技术特点及在航空发动机修理上的应用。

【能力目标】

（1）能讲述钳工工艺的技术特点和在航空发动机修理上的具体应用；

（2）能讲述研磨工艺的技术特点和在航空发动机修理上的具体应用；

（3）能讲述抛光工艺的技术特点和在航空发动机修理上的具体应用；

（4）能讲述焊接工艺的技术特点和在航空发动机修理上的具体应用；

（5）能讲述表面处理工艺的技术特点和在航空发动机修理上的具体应用；

（6）能讲述表面强化工艺的技术特点和在航空发动机修理上的具体应用；

（7）能讲述喷涂工艺的技术特点及在航空发动机修理上的应用。

【素质目标】

（1）培养吃苦耐劳、自力更生和艰苦奋斗的精神；

（2）培养耐心细致、严肃认真地钻研修理工艺的态度；

（3）培养敬业诚信、摒弃功利的职业精神；

（4）培养睿智笃行、执着坚毅的工作信念；

（5）培养对工作兢兢业业、刻苦钻研和精益求精的坚定执着信念；

（6）培养干一门手艺、爱一门手艺、精一门手艺的敬业乐业精神；

（7）培养面对"航空发动机修理疑难杂症"迎难而上的工作作风；

（8）培养"在锯刻锉削间雕刻航修人生"的岗位信念；

（9）培养立足于自身岗位，在工作中孜孜不倦地将每一个环节做到极致的精神；

（10）培养对"独门绝技"工艺的尊重、挖掘精神；

（11）培养精益求精、追求完美的工匠精神；

（12）培养对新工艺、新设备和新技术的探索意识；

（13）具有深刻认识现有工艺特性并将现有工艺进行改进的创新意识。

航空发动机大修时，绝大部分工艺和技术源于制造厂。但在某些情况下，为了确保使用安全，延长使用寿命，需要采取一些维修厂特有的工艺方法和手段，改善和提高零件性能，避免故障和缺陷重复产生。修理工艺的选择原则是保证修理目的实现，确保产品质量、效率高、成本低和劳动条件好等。

一种故障的修理方法可以有多种，要求维修人员熟练掌握各项修理工艺的特点和应用场景。并根据故障特点，不断采用新工艺、新设备和新技术，提高维修质量、降低维修周期和减小修理成本。

4.1 钳工修理

钳工的工作内容主要包括画线、錾削、锉削、提槽、钻孔、铰孔、攻丝、套丝、刮削、研磨、矫正、弯曲和胶接等。钳工可加工形状复杂和高精度的零件，加工灵活、投资小，但生产效率低、劳动强度大和加工质量不稳定。

4.1.1 基本钳工技术

基本钳工技术是一门古老的加工技术，虽然大部分钳工作业实现了机械化和自动化，但在航空装备修理中仍然是应用广泛的技术。对于一些精密样板、量具和精密配合零件，如导轨面、燕尾槽等，工人的手艺决定了零件的修理深度、质量和效率。在少量的零件修理或缺乏设备时，钳工仍然是一种经济、实用和便捷的方法。航空发动机零件的钳工修理要求维修人员具备过硬的基本功和一定的操作经验。

1. 锉修

航空发动机上零件的打伤、毛刺、硬皮、轻微压痕及小裂纹，局部倒角、倒圆、修孔边和修正螺纹，零件表面轻微腐蚀和局部轻微过热，都可使用锉修方法排除。修理时，根据去材料的多少、面积大小和被修理表面的形状来选用锉刀大小、锉刀的形状和锉修手法。锉刀可分为普通锉、特种锉和什锦锉。

2. 打磨

用砂轮、磨头、油石、砂布等工具，对机件进行微量切削，保证机件的形状和尺寸，提高修理表面粗糙度的方法称为打磨。砂布是按磨料粒度大小来确定规格的，粒度越小，号数越大，打磨的零件表面粗糙度越高，表面粗糙度值越小。

打磨时，可用固定不动的砂轮机打磨，也可以用大小、规格不同的手提式砂轮机打磨，还可手持油石、砂布进行打磨，如图 1-4-1 所示。砂轮机一般使用电力和风力作为动力，带动砂轮、砂轮片或磨头磨削零件表面，薄型砂轮片可用于切割零件。

3．提槽

将零件裂纹处的材料挖成槽状，裂纹尖端用光滑的圆弧代替的修理方法称为提槽。目的是减小裂纹尖端区域的应力集中。一般用于不便钻止裂孔或热应力较大的厚壁机件上。

4．钻孔

钻孔属于钻削加工技术，从锋利的钻头和工件做相互接触运动开始。钻头的运动包括两部分，回转运动为主运动部分，钻头的直线运动为辅助部分，主运动完成切削，直线运动使工件上新的金属不断被切削，完成整个孔的加工。

在钻削过程中，正确选择切削角度，合理设置钻削转速和走刀量，控制切削用量，加强冷却和润滑，可以提高切削能力，改善加工精度和表面粗糙度。孔的精度主要受刀具、切削用量、工艺方法、工装夹具和设备影响，选用合理的检验量具和检验标准也是保证加工质量的必要条件。在航空发动机修理过程中，钻孔主要包括钻止裂孔、精孔、方孔、半圆孔、薄壁孔、深孔、斜孔和镗孔等。

（1）钻止裂孔。在裂纹尖端或往裂纹方向移一定距离，冲点作为孔中心，钻一小孔，消除尖端应力集中，防止裂纹继续发展的修理方法，称为钻止裂孔，如图1-4-2所示。

图1-4-1　打磨

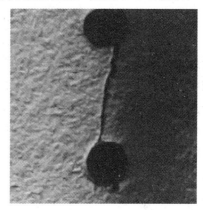

图1-4-2　止裂孔

钻止裂孔的方法有手电钻钻孔、激光打孔和电火花打孔等，常用手电钻钻孔。止裂孔的直径根据实际情况确定，一般不超过2.5 mm，以免破坏机件的强度或整体性能。孔的位置必须在裂纹的尖端，否则就不能起止裂的作用，不能止裂将导致裂纹继续扩展。钻止裂孔主要用于修理薄壁、不承受结构力的零件，如燃烧室和防振屏壁面。

（2）在螺钉或螺桩上钻孔。螺钉或螺桩不能正常拆卸时，可钻孔并辅助镊子等工具，把螺钉或螺桩拧出。

（3）钻精孔。钻精孔是一种精加工孔的方法。首先钻出底孔，留有0.5～1 mm的加工余量，然后精钻孔。精钻孔时对钻头的要求比较高，必要时磨钻头保证钻孔精度。磨钻头主要包括磨第二个锋角（ϕ_1）、刃带和后角。一般$\phi_1 \leqslant 75°$，新切刀刃长度为3～4 mm；磨窄刃带，以减少摩擦；磨出负刀刃和负倾角，一般磨成$-10°$～$-15°$，使切屑流向未加工面。后角不宜过大，一般为6°～10°，以免产生振动。切削刃的前、后面和外缘尖角可磨成圆弧刃。预钻孔时，避免产生较多的冷硬层，防止增加钻削负荷和磨损精孔钻头。钻头的切削刃修磨应当尽量对称，严格控制轴向偏摆和径向偏摆，使两刃负荷均匀，提高切削稳定性。钻头质量较好时，排出的金属屑呈螺旋状，且不易断。用于修理燃、滑油喷嘴及精密零件钻孔。

（4）钻小孔。钻小孔时，进给力要轻，防止钻头弯曲和滑移，以保证钻孔刚开始切削的正确位置。进给时，注意手劲和感觉，钻头弹跳时需要一个缓冲范围，防止钻头折断，在进给机构上装一重物，可以增加感觉。钻孔时，及时以适当的力度提起钻头排屑。为提高钻头强度，可以把麻花钻头改为小扁钻头。钻床的精度不高时，转速过快易导致偏摆和振动过大，当钻床精度高时，可提高转速。钻小孔可用于螺钉的保险孔、轴承座滑油孔和活门孔等，图1-4-3所示为轴承座滑油喷嘴上的小孔和斜孔。

图1-4-3 轴承座滑油喷嘴上的小孔和斜孔

（5）钻斜孔。钻斜孔主要分为在斜面上、平面上和曲面上钻孔。钻孔前，使用样冲对欲钻孔中心冲眼，越小的孔使用越尖的样冲。采用可靠工装牢固地固定工件至需要的倾斜角度，轻点钻头将钻头回转中心与工件欲钻孔中心静态校正。钻孔时缓慢匀速下压钻头。

钻斜孔易出现的问题主要是孔的中心与钻孔端面不垂直，钻头开始接触工件时，刚开始钻头单面受力，作用在钻头切削刃上的径向力把钻头推向一边，易导致钻头滑移和偏斜。斜孔的实际中心与冲点中心有偏移，孔口易刮烂，钻头易崩刃或折断。钻斜孔主要用于加工叶片冷气孔、轴承座和燃烧室的斜孔零件。

（6）钻半圆孔。钻半圆孔时，由于钻头的一边受径向力，被迫向另一边偏斜导致弯曲变形，产生较大摩擦力，加速钻头磨损，引发钻头折断或实际钻出的孔与理论中心线不垂直。可以先用麻花钻头钻进一定深度，再用半孔钻头，便于控制钻头的定心和位置。钻孔时，手动进刀，进给力要轻，以免吃刀太多不易掌控及损坏钻头。图1-4-4所示为钻半圆孔的原理。

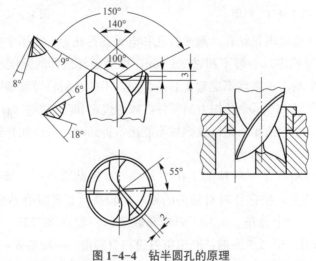

图1-4-4 钻半圆孔的原理

（7）钻方孔。在金属工件上钻方孔的方法有插、拉、电脉冲和线切割等，采用专用浮动钻夹头和方孔钻头，在钻床上钻削比较方便。钻方孔之前，先钻一个直径比方孔的边长小 1～2 mm 的底孔，再加工方孔。钻出的方孔棱角不清晰时，可用锉刀锉修方孔棱角。常用于工装钻孔，图 1-4-5 所示为工业上的一种钻方孔原理。

图 1-4-5　钻方孔原理

（8）钻薄壁孔。零件厚度较小时，用一般的钻头钻孔，易使零件变形，钻孔精度难以保证。一般的钻头如图 1-4-6 所示，图 1-4-7 所示为在普通台钻上使用普通钻头将气球上的纸钻孔。

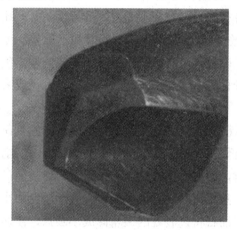

图 1-4-6　钻头打磨前

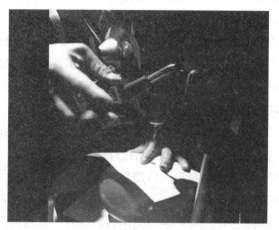

图 1-4-7　用普通钻头将气球上的纸钻孔

另外，当钻头不满足加工需求时，可以通过磨钻头、调试钻床等办法，提高钻孔精度。将一般钻头打磨成"多爪"钻头，如图 1-4-8 所示，可以显著提高钻孔尺寸精度和质量。使用砂轮磨钻头的要诀归纳如下：

钻刃摆平轮面靠；

钻轴左斜出锋角；

由刃向背磨后角；

上下摆动尾别翘；

钻刃平行中心线。

图 1-4-8　打磨后的"三爪"钻头

5．镗孔

镗孔加工是一种精度较高的加工方法，可用于去除航空活塞发动机的气缸内孔划痕。在工件上加工较大的孔时，因工件体积大、形状复杂且不适合机床加工，也使用镗杆和镗刀在钻床上镗孔。在摇臂钻床上镗孔时，立柱、摇臂和主轴箱应夹紧牢靠，防止在加工中因主轴摆动而损坏镗刀。

6. 铰孔

铰削属于精加工，航空发动机装配时，可以采用铰机匣的定位孔调节支点或其他零件之间的同心度。图1-4-9所示为铰刀，铰刀本身的精度和表面粗糙度对孔的质量有直接影响。使用标准铰刀相对不易获得高精度，铰刀磨损得快，铰削前加工要求高，工艺过程较长。标准铰刀的特点如下：

图1-4-9　铰刀

（1）铰刀直径。根据铰孔的公称尺寸、公差、扩张量或收缩量、铰刀的磨损以及制造公差等因素决定铰刀直径，研磨后的铰刀可用于精度较高的孔加工，铰刀直径影响铰孔精度。铰孔的孔径也有可能收缩，如使用硬质合金铰刀、无刃铰刀，或工件材料坚硬的情况下，铰削中产生的挤压比较严重，因而孔径有缩小现象。用硬质合金铰刀铰钢料孔时，孔径上偏差加0.01 mm和孔径上偏差减0.005 mm，分别为铰刀直径的上偏差和下偏差。铰铸铁孔时，孔径上偏差加0.02 mm和孔径上偏差加0.005 mm，分别为铰刀直径的上偏差和下偏差。无法确定铰刀直径时，可以综合考虑工件材质、加工设备、铰刀的径向跳动和安装偏差、预加工孔的质量、切削用量和操作方法等试铰，分析孔的实际加工情况，修正铰刀直径或采取其他技术措施。

（2）齿数。一般齿数越多，孔的精度和表面粗糙度越高，分布在每个切削刃上的负荷越小，有助于减少铰刀的磨损。但齿过多后，降低了刀齿的强度，容屑槽也变小，切削时，切屑不易排出，特别是铰深孔和切削余量大时，切屑聚积在槽内，将刀齿刃口挤崩；切屑被铰刀带转时，可能刮伤孔表面或卡滞铰刀，甚至扭断。各齿应大小一致，以免因小圆弧半径不同而产生径向偏摆。磨修后的铰刀，用油石将过渡处的尖角修成小圆弧，使切削刃顺利地过渡到标准部分。

（3）刃带。刃带的作用是引导铰刀方向、光整孔壁和便于测量铰刀的直径。齿数多，刃带的积累宽度也大，有利于提高孔的表面粗糙度。但刃带过宽时，会增加摩擦力矩和切削热，对孔壁的挤压比较严重，易将孔径胀大。刀刃有毛刺、黏结切屑或磨损不严重时，可用油石打磨。

（4）倒锥量。磨出倒锥量是为了避免铰刀标准部分后面擦伤孔壁，但如果细而碎的铁屑被挤在倒锥的棱面和已加工面之间，会破坏孔壁的表面粗糙度，特别是在铰铸铁孔时。

（5）后角。标准铰刀切削部分的后角较大，可以提高切削刃的锐利程度，却降低了刀齿强度，切削时，容易产生振动和磨损，甚至使孔达不到要求。

（6）主偏角。适当减小标准铰刀的切削锥角，可以改变孔壁的表面粗糙度。加工不同的材料、铰盲孔或通孔对于切削锥角应有所区别，否则可能影响加工质量。

手工铰孔时，铰刀受加工孔的引导，两手用力要平衡，旋转铰杠的速度要均匀，铰刀不得左右摇摆，避免孔口出现喇叭口或将孔口扩大。不要对薄壁零件的夹持用力过大，避免将孔夹扁，产生椭圆度。进刀时，不要猛力压铰杠，随着铰刀的旋转轻轻加力，进刀均匀。铰刀被卡住时，应取出铰刀，清除切屑，检查铰刀是否损伤。经常变换铰刀停歇的位置，避免铰刀在同一处停歇产生振痕。铰刀退出时，不能反转，以防孔壁划伤和加速铰刀磨损。使用量具检验铰刀的中心与加工孔的中心的重合，特别是铰削浅孔时，铰刀歪斜易将孔铰偏。

7. 攻丝

攻丝时，由于丝锥的几个刀齿同时进行切削，对金属材料产生了比较明显的挤压作用，使攻丝后的螺纹孔内径小于原底孔直径。应根据螺纹牙型和工件材料，合理选择底孔直径。攻丝前的底孔直径应比螺纹孔内径略大一些，使挤出的金属能进入螺纹内径与丝锥的间隙处，保证加工出完整的螺纹牙型，还能防止挤压丝锥。

螺纹孔加工时，应采取手动攻丝的情形：受所在位置或工件形状的限制，不适用机器攻丝；加工的螺纹直径较小，使用的丝锥强度低，用机器攻丝易折断。丝锥如图1-4-10所示，手动攻丝时应注意：

（1）工件的装夹要正，可将需要攻丝的工件一面置于水平或垂直的位置。

（2）攻丝时，放正丝锥，一手压住丝锥轴心方向，另一手轻轻转动铰杠。旋转1～2圈后，从正面和侧面观察丝锥和工件平面垂直度，也可用角尺检验。如果刚开始孔攻得不正，将丝锥取出，用二锥纠正，再用头锥攻削，丝锥的切削部分全部进入工件时，不需再施加轴向力。

（3）攻丝时，丝锥每次旋进不应太多，根据螺纹直径及粗细牙螺纹调整，一般1/2～1圈为宜。每次旋进后，倒转旋进量的1/2，攻削深螺纹孔时，回转行程可大一些，并往复拧转几次。

（4）旋转丝锥时，两手均衡用力，不要用力过猛和左右晃动，始终保持丝锥与孔的中心线相垂直。

（5）攻削中感到费力时，不可强行转动，倒转丝锥排出切屑，查看丝锥磨损程度，或用二锥攻削几圈，再用头锥攻削。

（6）攻削不通的螺纹孔时，经常退出丝锥清除切屑，保证螺纹孔的有效长度。

8. 套丝

套丝也称为理丝，常使用板牙套丝修复磨损的外螺纹，板牙如图1-4-11所示。与攻削螺纹孔相似，通过标准螺纹挤压或切削校正变形的螺纹。为保证螺纹的有效长度，应在修理的螺纹长度上加上板牙切削部分长度，一般不超过3个螺距。旋入板牙时，均匀用力，防止牙型撕裂。每旋进半圈，往回旋转1/2，进行切削和排屑。

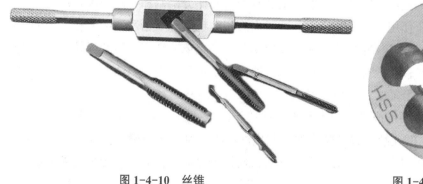

图1-4-10 丝锥　　　　　　　　　　　　图1-4-11 板牙

9．矫正

矫正就是用外力的方法，使已变形的机件恢复至原有形状的修理过程，也称为校正。校正分为冷校和热校，冷校是不对工件进行加温，用相应的工装夹具，对变形的机件施以冲击力或静力，使机件恢复原状。热校是指对工件进行加温矫正，使工件恢复原状的修理过程。加温工件可提高材料的可塑性，避免校正时产生断裂、裂纹等现象。

工件长期受外力或热应力的作用，以及在突加荷载的作用下，产生不能恢复原来形状的塑性变形，则需要进行矫正，才能恢复或接近原设计性能。

4.1.2　刮削

刮削是指用刮刀在加工过的工件表面上刮去微量金属，提高零件加工精度的一种精加工方式，也称为刮研。修理中，刮削常用于最终精加工各种型面，如机床导轨、研磨平台、轴瓦、配合球面、工具量具的接触面、燕尾槽和大型机器的安装平板。

刮刀一般用碳素工具钢或轴承钢制造，刃口磨损后可研磨修理。刮削的切削量、切削力、产生的热量和装夹变形量小，所用的工具简单，不受工件形状和位置以及设备条件的限制。刮削加工后的工件表面，由于多次反复地受到刮刀的推挤和压光作用，工件表面组织变得比原来紧密，提高了零件表面的硬度和表面粗糙度，提高了互动配合零件之间的配合精度。刮削后工件表面均匀的微浅凹坑为存油创造了良好条件，使配合工件相互运动时有足够的润滑不致过热而引起拉毛现象。平面刮刀如图1-4-12所示，三角刮刀如图1-4-13所示。

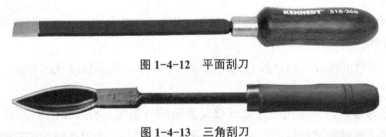

图1-4-12　平面刮刀

图1-4-13　三角刮刀

1．刮削操作

刮削一般由钳工手持刮刀操作，零件的刮削余量为 0.05 ～ 0.4 mm。根据不同的刮削表面，有平面刮削和曲面刮削两种方法。平面刮削的操作分推刮和拉刮两种。推刮主要依靠臂力和胯部的推压作用，切削力较大，适于大面积的粗刮和半精刮，刮刀和被刮零件夹角为25°～30°，手刮法刮削如图1-4-14所示。拉刮仅依靠臂力加压和后拉，切削力较小，但刮削长度容易控制，适于精刮和刮花。曲面刮削常用于加工内曲面，如三角刮刀一般可用于滑动轴承的滑动配合的精加工。

刮削合格后，表面形成了不规则和不美观的花纹，如图1-4-15所示。若继续刮，可刮出图1-4-16所示的花纹。以导轨为例，刮出的花纹有利于形成微观油槽，改善表面的润滑条件，减小摩擦阻力，提高耐磨性能，延长使用寿命。维修时，可根据花纹的消失情况判断导轨表面的磨损程度，非运动表面上的花纹可以提高外观质量。

图1-4-14 手刮法刮削

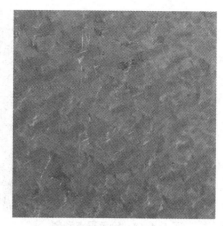

图1-4-15 刮削后的零件表面

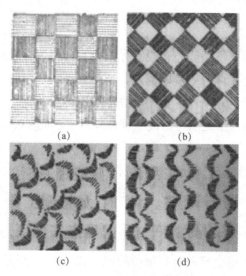

图1-4-16 刮削合格后继续刮产生的花纹

（a）地毯花纹；（b）斜花纹；（c）月牙花纹；（d）链条花纹

2. 刮削后的测量

刮削后用显示选点和微量切削，来提高工件的精度和表面质量，图1-4-17所示为涂色显点刮削。在与零件相配合的偶件表面涂一层很薄的显示剂，将零件与偶件对研，零件表面的高点显示出来的过程称为显点，如图1-4-18所示。显示选点可以准确地显示出工件表面上不合格的部位，有利于显示刮除平面上高的部位。选择合适的工具刮去较高部位的金属层。经过反复显示选点和合理刮削，使工件的加工精度达到预期要求。

通过测量和显点确定刮削部位，判断刮去多少金属，防止刮出深凹。对粗刮的工件表面挑选大而亮的显点进行细刮，刮一次显点一次，经过反复地显点和刮削，使工件表面的显示点数逐步增多并均匀分布。刮削表面的质量通常用25×25（mm²）面积内均布的显示点数来衡量。一般连接面要求有 5 ～ 8 点；一般导轨面要求有 8 ～ 16 点；平板、平尺等检具的表面和滑动配合的精密导轨要求有 16 ～ 25 点；某些高精度测量工具的表面要求有 25 ～ 30 点。

图 1-4-17　涂色显点刮削　　　　　　　图 1-4-18　刮削后的测量

4.1.3　磨光

磨光是借助沾有磨料的特制磨光轮或磨光带旋转，切削金属零件表面的一种机械加工过程。磨光主要去除零件表面的毛刺、锈蚀、划痕、焊瘤、焊缝、砂眼和氧化皮等宏观缺陷，提高零件的平整度和电镀质量，也用于去除零件焊前的表面层。磨光适用加工一切金属材料和部分非金属材料，磨光后零件的表面粗糙度 Ra 可达 0.4 μm。

1. 磨光材料

磨轮上的颗粒称为磨光材料，也称为磨料，是金属表面切削和整平过程中的主要材料。凡是天然矿物或人工制造的金刚砂、刚玉等，只要其颗粒具有大的硬度、切削能力和一定的韧性，都可以用作磨料。

（1）常见的磨料及其选择。生产中，常见的磨料有人造金刚砂、刚玉、金刚砂、硅藻土、石英砂和浮石等。人造金刚砂具有很高的硬度和较小的韧性，主要用于粗磨及磨光低强度金属，如生铁、黄铜、锌和锡。刚玉有天然刚玉和人造刚玉；电镀中多用人造刚玉磨光，它的硬度仅低于人造金刚砂，但其韧性较金刚砂好，主要用于磨光强度较高、有一定韧性的金属，如淬火钢、可锻铸铁、锰青铜等。金刚砂具有中等的硬度和极好的韧性，适合各种金属的磨光。人造金刚砂用于硬而脆的金属。硅藻土具有不太锐利的切削面和极好的韧性，可修平金属表面的划痕和刮伤等缺陷；石英砂具有中等硬度的颗粒，没有锐利的切削面，韧性较好；两者均是通用的磨光、抛光材料。浮石的硬度稍差，组织松脆，适用于磨光和抛光木材、皮革、橡胶、塑料和玻璃等。金属硬度越高，磨粒目数越小。

磨较硬的金属零件时，先用人造金刚砂、刚玉或金刚砂等磨料粗磨，再用细粒金刚砂、浮石、石英粉细磨。磨较软金属零件时，一般采用硅藻土和浮石。磨料粒度通常用筛子的号码来标志，筛子的号码则用单位面积上的孔数来表示，当某种磨料颗粒能通过某一号码的筛子，但不能通过其高一号的筛子时，就以前一通过筛子的号码来表示磨料的粒度。电镀前的磨光一般采用 120～280 号粒度磨料。

（2）磨料的黏结方法。磨料的黏结分为熬胶、涂胶和粘磨料。以粘金刚砂为例，熬胶时，将黏合剂胶粒碾碎，在清洁的冷水中浸泡 6～12 h，使胶浸发；加水，使胶和水达到一定比例，在 65 ℃～ 70 ℃的水浴中蒸熬 4 h。蒸熬时的温度应不大于 80 ℃，过高的温度和长时间的蒸熬使胶发生分解，失去胶合性能。在涂热胶前，将磨轮与磨料分别预热到 50 ℃～ 60 ℃，用胶粘机或手工方法将胶涂到磨轮上。磨轮上胶后，将磨轮在有金刚砂粉的盘或槽中加压慢慢滚动，使金刚砂被黏合剂牢牢地粘在磨轮表面上。每涂完一层金刚砂，将磨轮放置在干燥通风处常温干燥，或在 30 ℃～ 40 ℃的温度下干燥一昼夜，再反复涂覆干燥，则可装在磨光机上使用。磨轮一般要滚覆 2～ 3 层磨料，以提高磨轮的使用寿命。

2．磨具

常用的磨具有砂轮、磨头、油石和磨光轮，磨光机器有气动砂轮机、电动砂轮机、砂带磨床、带吸尘装置的和不带吸尘装置的磨光机。磨光一般是双工位，主轴不转时安装磨光轮。磨光轮的轮芯与水平主轴两端的锥形螺纹配合连接，为确保安全和延长磨光轮的使用寿命，轮轴不能反转，以免轮子脱落。

磨轮是由单片的棉布和其他纤维织品（如特种纸、皮革、呢绒、毛毡等）制成的圆片，外面包以牛皮，用压制法、绞合法和缝合法制成。磨轮的材料不同，则具有不同的柔软性和弹性。选择磨轮时，应考虑金属的硬度及形状。对于材料硬和形状简单的工件，应采用较硬的磨轮，如毡轮。对于铜、铝及其合金等较软的材料和形状复杂的工件，应采用弹性较大的软轮，如布轮。弹性轮的磨料与磨轮工作面黏结能力较小，工作时磨料不断脱落，新磨料迅速显现，磨料逐渐脱落后，磨削能力降低，常用于电镀磨光。

3．磨光的工作原理

粘在磨轮工作面上的磨料颗粒具有锋利的棱面和高硬度，每一个磨粒相当于一个刀齿，每一个棱尖相当于一个刀刃，棱尖呈不规则排列。磨轮高速旋转时，无数次和无数个刀刃的切削，使金属表面切去一薄层而变得平整光滑。磨粒与金属表面的高速切削，既产生弹性和塑性变形，也产生大量的热，使零件表面烧伤，形成蓝黑色氧化膜。此时，磨粒的棱角被磨平而变钝，增加了摩擦力，降低了对金属表面的切削能力。作用于磨粒上的力不断增加到超过磨粒本身强度时，磨粒磨损或破碎脱落，产生无数新刀刃，使磨粒的磨削能力"再生"，获得持续的磨削能力。

4．磨光的注意事项

磨轮的刚性和韧性、磨料的质量以及磨轮的转速，决定了磨光效果的好坏，也直接影响了磨光效率。根据被加工零件的表面特性和加工质量要求，将磨光过程分成几道工序来进行，每次加工时使用的磨料颗粒粒度应比上一次小，将被加工零件的金属损耗减至最小，达到最佳的磨光质量。

依据零件材料和形状确定圆周速度，选用磨轮直径和控制转速决定磨轮的圆周速度，从而控制磨光速度。零件表面越粗糙，使用的磨料粒度由粗到细的工序越多。如零件初始表面较平整，加工时可不经过粗磨而直接进入中磨。磨光时，磨轮的旋转圆周速度影响磨光效果，需合理控制磨轮的圆周速度。磨轮的圆周线速度一般控制为 10～ 30 m/s，零件的材料越硬和表面粗糙度要求越高时，磨轮的圆周速度越大。零件形状简单或要求的表面粗糙度越低时，用较大的圆周速度；零件形状复杂或磨光铜、锌、铅和铝等有色金属及其合金时，用较小的圆周速度。线速度过大时将缩短磨轮寿命；过小则磨削力不足，影响磨光效率。

对电镀装饰铬的基体金属，如钢铁、铜、铝及其合金，磨光后抛光。磨光提高表面粗糙度，保证被磨削面的位置公差和形状公差；抛光提高零件的表面粗糙度和光亮度。磨光时，在最后一道工序上，在细粒度磨料的磨轮上涂覆专用油膏或工业油脂，对零件进行油磨，目的是获得较平整和光亮的表面。

4.1.4　抛光

抛光是利用抛光工具、抛光膏或其他抛光材料对零件表面进行平整的机械加工过程。抛光用于镀前零件的预加工，使零件表面的细微不平得到进一步改善，从而提高零件的表面粗糙度，使镀层表面获得装饰性外观，并提高零件的耐蚀性。抛光去除零件表面的极少材料，改变配合关系，抛光对基材没有明显的磨耗。也用于镀后镀层的精加工，镀后抛光的金属磨耗一般只应占镀层质量的 5% ～ 20%。叶片表面有轻微毛刺、轻微碰伤和锈蚀时允许抛光。

1．抛光原理

抛光分为粗抛、细抛和精抛，粗抛可用于去除磨痕；细抛用于粗抛留下的划痕和产生光亮的表面，精抛获得镜面般的光亮表面。特殊零件如回转体表面，可使用转台等辅助工具，表面质量要求高的可采用超精研抛的方法。超精研抛是采用特制的磨具，在含有磨料的工作液中，紧压在零件被加工表面上，做高速旋转运动。可以达到 $Ra0.008\ \mu m$ 的表面粗糙度，是各种抛光方法中最高的。

抛光时，抛光材料和零件表面之间产生机械、化学或电化学的作用。抛光轮高速旋转，零件与抛光轮摩擦产生高温，使零件塑性提高。在抛光力的作用下，零件表面发生塑性变形，凸起的部分被压入并流动，凹进的部分被填平，从而使细微不平的表面得到改善。抛光膏的化学成分及抛光时周围的介质，在抛光过程中与被抛光金属发生化学反应，降低或加速了抛光速度。抛光金属表面时，实质上抛去的是金属的氧化层，大多数金属表面在极短的时间内生成一层厚约 0.001 4 mm 的氧化膜，膜被抛去后，新的金属表面又迅速氧化和被抛去，反复抛，则获得平整、光亮的抛光表面。

2．抛光材料

（1）抛光膏。把抛光磨料与硬脂酸、石蜡等黏合剂一起制成油膏的形式，称为抛光膏。使用的抛光磨料有硅藻土、石英砂、浮石、铁丹、石灰和氧化铬等。抛光膏主要有白抛光膏、红抛光膏和绿抛光膏，根据被抛光零件的材料不同，选用不同的抛光膏。抛光膏和抛光粘轮如图 1-4-19 所示。

白色抛光膏为灰白色或乳白色，由无水和纯度较高的 CaO 和少量 MgO 及一些黏合剂组成。由于白色抛光膏中含有的 CaO 颗粒为圆形，细小不锐利，适用抛光铝、铜及其合金等软质金属，也用于塑料的抛光和低粗糙度的精抛光。红色抛光膏由 Fe_2O_3 红粉末和一些黏合剂组成，由于 Fe_2O_3 磨料具有中等

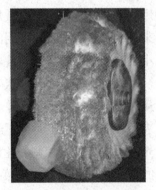

图 1-4-19　抛光膏和抛光粘轮

硬度，适用于钢铁零件的抛光、细磨光及磨光后油光。绿色抛光膏由 Cr_2O_3 和一些黏合剂组成，为深绿色，由于 Cr_2O_3 是一种硬而锐利的粉末，磨削力强，适用抛光硬质合金钢、铬层和不锈钢等。航空发动机常用材料的抛光膏选择见表 1-4-1。

用红色抛光膏和绿色抛光膏来代替白色抛光膏，或用绿色抛光膏代替红色抛光膏，可以提高电镀抛光效率。但使被抛光金属的损耗增加，镀层金属的损耗增加极大地降低了镀层的保护性能，增加了生产成本，因为绿色抛光膏较其他抛光膏价格要高得多。

抛光的光度与磨料的粒度、磨削速度及零件与磨具的接触方式有关。磨料的粒度是指金刚砂的粒度，按规定，粒度的号数越大，颗粒的尺寸越小，抛光的粗糙度越高，但颗粒小，去屑少，当零件原始状态不光时，抛光所用的时间就长，而颗粒太粗，又达不到粗糙度的要求。选用颗粒时，既要考虑粗糙度要求，又要考虑效率，要根据各种零件的要求而异。

表 1-4-1 抛光膏的选择

基体材料类型	常用抛光膏
锌、铝、铜及合金	白色抛光膏
钢铁金属磨后"油光"	红色抛光膏
一般钢铁及铝、锌和铜粗抛	红（黄）色抛光膏
铬、镍、不锈钢、硬质合金钢	绿色抛光膏
塑料、胶木、有机玻璃等	白色抛光膏

（2）抛光液。抛光液是一种水溶性抛光剂，去油污、防锈，清洗和增光性能好，使零件表面更光亮。抛光液使用的抛光磨料和抛光膏相同，但用的黏合剂为室温下呈液态的油或水乳剂，因而得到不同于抛光膏的液态抛光剂。使用时，抛光液恒速不断地喷至抛光轮上，减少了抛光轮的磨损和抛光剂在零件表面的滞留，抛光液较抛光膏生产效率高。在振动光饰机上，也用抛光液和抛光颗粒抛光叶片。

3. 抛光工具

常用的抛光工具有抛光轮、砂纸和抛光机等，抛光轮由较软棉布、苎麻和丝绸等圆片材料制成。抛光机有手工操作的抛光机和机械抛光机，手工操作的抛光机，结构简单，劳动强度高，是由电动机、机体、主轴及抽风罩等组成的，一般为双工位。抛光轮的轮芯装在水平主轴网端的锥形螺栓上，不带吸尘器的抛光机，在使用时必须另配吸尘系统。机械抛光是在专用的抛光机上进行抛光的，靠极细的抛光粉和零件表面之间产生切削、磨削和滚压作用，零件表面发生塑性变形，凸起部分材料脱落而得到平滑面。

抛光机可分为砂轮式抛光机、轮轴抛光机、电动或风钻抛光机、环带式抛光机和振荡光饰机。机械抛光机还有平板式钢制零件抛光机和液压自动仿形抛光机，自动化程度较高，设备安全可靠，抛的表面粗糙度高，适用抛大型不规则弧形曲面和平板形零件，如大且型面复杂的压气机叶片。圆柱形零件型面，可夹在机床夹头和钻夹头上，使零件转动，手持砂布或毡粘上金刚砂进行抛光。也可以根据零件的特殊形状，设计专用抛光机，如某型压气机叶片的型面抛光机。图1-4-20所示为抛光机修复零件，图1-4-21所示为抛光机抛光加工零件表面。

图1-4-20　抛光机修复零件

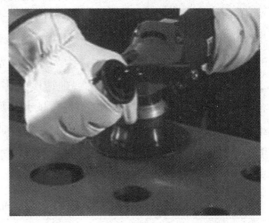

图1-4-21　抛光机抛光加工零件表面

（1）砂轮式抛光机。砂轮式抛光机设备简单，在一个电动机上装两个毡轮，毡轮装在电动机伸出的轴上，轴带有螺纹，螺旋方向为一左一右，以保证毡轮转向一致而自动紧固。毡轮上粘以金刚砂，其粒度根据零件粗糙度而定，并可在抛光时随时涂些研磨膏、抛光膏，提高表面粗糙度。发动机叶片可用砂轮式抛光机抛光，手持叶片，将待抛型面与抛光粘轮工作面轻轻接触，粘轮转动，手持叶片均匀移动。

（2）轮轴抛光机。环带式抛光机由电动机带动一个大的环带转动，环带上涂研磨膏或用砂布带抛光。轮轴抛光机由电动机带动一根软轴转动，在软轴的头上带动砂布卷抛光，或沾油抛光；可抛比较复杂的型面，表面粗糙度也比较高；但油与金刚砂同时飞溅，工作条件较差。

（3）环带式抛光机。其由电动机带动一个大的环带转动，环带上涂研磨膏或用砂布带抛光。

（4）电动或风钻抛光机。电动或风钻抛光，用手电钻或风钻为动力，带动抛光粘轮或砂轮，可以抛较复杂的型面，表面粗糙度较低；用于抛蜂窝封严层、火焰筒补块和换传焰管等。

（5）振动光饰机。振动光饰机是利用旋转振动，使环槽内的磨料既缓慢旋转又向内翻转滚动，环槽内的零件全方位地受到磨料和磨液旋转振动摩擦冲击。目的是消除或减少叶片的内应力，提高叶片表面粗糙度，增强叶片抗疲劳强度，防止叶片叶尖和进排气边疲劳裂纹。加入洗涤剂，可以实现清洗功能，如清洗压气机的钛合金叶片。压气机叶片振动光饰机是利用大型螺旋振动研磨剂产生的旋转运动，使槽内的圆锥形树脂磨料在槽内一边缓慢旋转，一边向内翻转滚动，叶片全方位地受到圆锥形树脂磨料、磨液旋转振动摩擦冲击。图1-4-22所示为立式振动光饰机，图1-4-23所示为齿轮在振动光饰机内抛光，图1-4-24所示为在仪器上放大观察齿轮的振动光饰效果。

图 1-4-22　立式振动光饰机

图 1-4-23　齿轮在振动光饰机内抛光

对于抛光容易引起变形的零件或表面凹凸不平、内表面需要光蚀的零件，常使用振动光饰加工。选择合理的磨料几何尺寸和振动参数能有效地增强叶片的抗疲劳性能、抗腐蚀和微振疲劳性能。振动光饰后的叶片表面应光亮，不允许有抛光痕迹、磨料划痕、毛刺、锈蚀和划伤。

4．抛光操作

发动机的空气、燃气系统气流速度大，为了尽量减小流体损失，提高发动机的工作效率，常用抛光提高零件流道表面

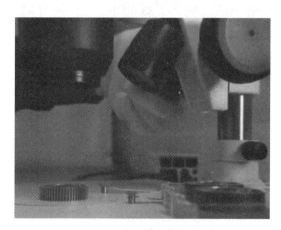

图 1-4-24　在仪器上放大观察齿轮的振动光饰效果

的表面粗糙度。抛光时，一般是抛光工具高速转动，而零件不做大的动作。抛光方式一般有两种：一是磨料与零件的接触是干接触，如毡轮粘刚砂抛光，表面粗糙度较低，灰尘大；二是磨料与零件的接触是湿接触，如用抛光膏加滑油和汽油抛光，表面粗糙度高，无灰尘，但有抛光液溅出。

把抛光轮调节到合适的转速，一般为 20 ～ 35 m/s 的圆周速度。对于形状简单和表面较硬（如铬层和钢铁）的零件表面粗抛光，应选用较大的圆周速度；反之，则选用较小的圆周速度。抛光轮旋转过程中，在抛光轮表面上均匀地涂上一层薄薄的抛光膏。把被抛零件轻轻地压向旋转轮子的恰当位置进行抛光，其用力的大小和抛光时间长短，取决于零件的表面性质、被抛面的几何形状及加工的精度要求。为了避免零件在抛光后，发生几何形状的改变，对于棱边部分要轻抛和少抛。

抛光采用毡轮或环带，是为了使切削轮与零件的接触为柔性接触，增大接触面积，避免操作中零件与切削轮接触力太大而造成局部严重磨损或抛的高低不平，特别是压气机叶片这样具有复杂型面的零件。

在实际操作时，零件与抛光工具的接触力应尽量均匀一致，平衡均匀地移动，以保证各点抛的时间尽量一致、去料均匀、抛光型面平整和表面粗糙度符合要求。抛光时，易产

生粉尘，必须有良好的抽风设备。

5．抛光的注意事项

使用抛光机时应注意以下几个方面：

（1）开机前，应检查抽风设备良好，保持良好的工作环境，工作者应穿工作服、戴口罩和安全帽才能进行操作，以免吸入尘埃，影响工作者的身体健康。

（2）为避免人身和设备事故，应定期检查、维护抛光机，确保抛光机的可用性。须先把新轮或抛光轮装置紧固牢靠，并打开吸尘机。

（3）开机后，应先检查轮轴转向，切忌反转，以免造成抛光轮或磨轮从轴上飞落下来。

（4）抛光时，应紧握零件或夹具并轻轻地压住磨轮或抛光轮，位置要正确，零件压住抛光轮的位置要与轮轴在同一水平面，以免零件或夹具从手中打脱，造成人身伤害和损伤磨光与抛光机。

（5）抛光轮的圆周速度越大，效率越高，表面粗糙度越高。但速度过大，操作难掌握，稍不小心，就会烧坏零件或局部去料太多，因此速度不宜过高。

（6）抛一段时间后，应修平抛光轮表面，以保证抛光零件表面均匀平整。

（7）手工操作抛光机时，必须注意安全。严禁抛薄型零件，以免造成卷刃割伤手指。发现故障时须先停机，再处理。

4.1.5　研磨

研磨是通过研具用磨料（研磨粉）从机件表面磨去一层极薄的金属，使机件具有精确的尺寸、准确的几何形状和较高的表面粗糙度。附件修理中其常用以排除精密机件的轻微故障，保证配合尺寸。精密件由于采用研磨，故虽然只有几微米的间隙，但可以保证运动灵活，使燃油系统具有较准确的自动调节性能。另外，研磨可提高机件的耐磨性、抗腐性和抗疲劳强度。研磨颗粒如图 1-4-25 所示。车床上研磨轴端面如图 1-4-26 所示。

图 1-4-25　研磨颗粒

图 1-4-26　车床上研磨轴端面

1．研磨基础

（1）磨料（研磨粉）。磨料的粗细用粒度表示。粒度有两种分类法：颗粒尺寸大于 0.028 mm 用筛选法选取；小于 0.028 mm 用沉淀法选取。

筛选法是以相邻的两个筛网网孔公称尺寸来确定的,用筛选法取得的颗粒通常称为磨粉,其粒度的分组为 17 个号,号数越小颗粒越大,每个号的颗粒尺寸见表 1-4-2。

表 1-4-2　磨粉粒度颗粒尺寸

粒度 / 号数	尺寸范围 /μm	粒度 / 号数	尺寸范围 /μm
12	2 000 ～ 1 600	70	250 ～ 200
14	1 600 ～ 1 250	80	200 ～ 160
16	1 250 ～ 1 000	100	160 ～ 125
20	1 000 ～ 800	120	125 ～ 100
24	800 ～ 630	150	100 ～ 80
30	630 ～ 500	180	80 ～ 63
36	500 ～ 400	240	63 ～ 50
46	400 ～ 315	280	50 ～ 40
60	315 ～ 250		

显微镜分析法是以被测量颗粒的宽度来确定的,用沉淀法取得,通常称为微粉,其粒度的分组为 12 个号,号数越小颗粒越细,每个号的颗粒尺寸见表 1-4-3。

表 1-4-3　微粉粒度颗粒尺寸

粒度 / 号数	尺寸范围 /μm	粒度 / 号数	尺寸范围 /μm
W40	40 ～ 28	W5	5 ～ 3.5
W28	28 ～ 20	W3.5	3.5 ～ 2.5
W20	20 ～ 14	W2.5	2.5 ～ 1.5
W14	14 ～ 10	W1.5	1.5 ～ 1
W10	10 ～ 7	W1	1 ～ 0.5
W7	7 ～ 5	W0.5	0.5 或更细

选用磨料时,应根据机件精度要求的高低决定,一般 100 ～ 280 级的磨粉作粗研磨用,当表面粗糙度＜ 0.4 时,选用 W 级微粉研磨。修理中最后研磨用 W10 ～ W5 将光亮度研到 Ra=0.4 ～ 0.05 μm。

（2）研磨液。研磨液在研磨中的作用是调和磨料,使磨料分布均匀;润滑磨粒和零件表面,使研磨时推动轻松;冷却零件和研具,降低因摩擦而产生的工作温度;使零件表面产生化学反应,加速零件表面材料的去除。

研磨时,一般在磨料中直接加润滑剂,常用的有航空滑油或机油,也可在滑油中加煤油。粗研时,可选用煤油、猪油作为研磨液,猪油含有动物性油酸,能增加表面光亮度。在滑油或煤油中加入黏性大而氧化作用强的油酸、脂肪酸、硬脂酸或工业甘油组成研磨液,与磨料调和均匀后研磨可增加研磨效果。

（3）研磨膏。研磨膏是在研磨粉中添加黏合剂、润滑剂调制而成的。通常添加剂有硬脂酸、石蜡、动物脂肪、凡士林、油酸等。其主要作用是使磨粒分布均匀。另外，部分添加剂含有活性化学附加物使被加工表面形成氧化膜，加速研磨过程中，提高研磨效率和表面光亮度。研磨膏根据所选用的研磨粉不同，可分为粗、中、细三等。使用时粗细不应相混，粗研时用粗研磨膏，研磨后先清洁机件再用细研磨膏。使用研磨膏后，要注意密封保存，防止灰尘混入，影响研磨膏性能。

（4）研具。常用的研具有研磨平台、油石和羊毛毡等。研具的材料选择，要使磨料嵌入研具，而不会嵌入工件，研具的材料要比工件软；但不可太软，否则磨粒会全部嵌入研具而失去研磨的作用。研具材料的组织要均匀，具有一定的弹性，耐磨性好，寿命长，变形小，表面光滑，无裂纹、斑点与缺陷。研磨平台常用的材料有灰口铸铁、软钢、铜、木材、皮革、铝和铝外浇巴氏合金、沥青以及玻璃。灰口铸铁具有润滑性能好、磨耗小、研磨效率高等优点，是最常用的研具材料之一。软钢用以研磨螺纹或小直径工具，铜用于粗研磨。木材和皮革用于软研，铝和铝外浇巴氏合金用于铜等软金属的精研，沥青用于玻璃、水晶或其他透明材料的抛光，玻璃用于精研，如用玻璃平台作为平面研磨。

油石是用各种不同的研磨粉与黏合剂压制烧结而成的。其断面形状有正方形、长方形、三角形、半圆形和圆形等。一般用以研磨形状较复杂的没有合适研具的场合，燃油附件修理中用以研磨零件的局部划痕或轻微锈蚀。零件材料的硬度高，选择的油石要软；反之，油石要硬；油石软时磨料容易脱落。去除细小的毛刺和腐蚀物时，可用粒度较粗和组织松些的油石。减小零件的表面粗糙度数值，提高零件的表面精度时，选用的油石粒度应细。

国家标准规定油石的硬度为 7～15 级，国际研具硬度代号见表 1-4-4，表中 CR 最软，CY 最硬，实践中使用的多属中、中硬和硬三类。油石的松紧组织分 10 级，3～12 号，其中 3 号最松，12 号最密。

表 1-4-4　国际研具硬度代号

硬度等级	大级	小级	硬度等级	大级	小级
1	CR 超软	CR2	5	ZY 中硬	ZY1-ZY2-ZY3
2	R 软	R1-R2-R3	6	Y 硬	Y1-Y2
3	ZR 中软	ZR1-ZR2	7	CY 超硬	CY
4	Z 中	Z1-Z2			

2. 研磨分类

根据操作方式的不同，研磨分手工研磨和机械化研磨两种。对于数量和去材料量少的零件，一般手工研磨；研磨量通常不超过 0.01 mm，一次研磨去金属的材料厚度一般不大于 0.002 mm。对于成批、连续和完整的零件，使用通用研磨机和专属研磨机研磨；研磨机研磨提高了效率，减轻了劳动强度，质量得到保证。但高精度的研磨机价格高，使用成本高。零件去材料较多时，使用车、铣等其他方法辅助加工。根据采用磨料的粗细不同，研磨分为粗研和精研，精研一般去材料少，可用于增加光亮度。根据加工零件表面的形状不同，将研磨分为平面研磨、外圆研磨、内圆研磨、锥面研磨和球面研磨。

（1）平面研磨。研磨时，加在研具上的磨料，在受到机件或研具的压力后，部分磨料被嵌入研具，同时由于研具和机件做相对运动，磨料在机件和研具之间做滑动、滚动，产生切削、挤压作用，每一磨粒与工件表面发生相对运动，使磨料在机件表面上切削掉薄薄的一层材料。

1）研磨准备。根据研磨任务的零件图纸和研磨内容，制定研磨方案。根据研磨方案选择和准备磨料、研具和研磨膏，选择研磨手法和测量方法，准备研磨工装、量具和夹具。研磨前使用煤油对油封的研磨平台清洗，去除油封，或使用滑油进行擦洗，并擦干。清洗零件和研磨工装，以避免脏物划伤机件。将研磨膏均匀地涂敷在研磨平台表面。

2）研磨操作。零件的研磨加工过程中，一般先湿研磨。湿研磨使表面达到一定精度后，表面呈暗灰色，再用干研磨的方法使机件表面发亮。由湿研磨转为干研磨时，将湿研磨膏擦拭干净，涂更细的研磨粉或研磨膏研磨，这个过程称为压光。

修理中常用铸铁平台或玻璃平板作为研具。研磨时，机件在研具上的运动方式主要有螺旋线形、仿8字形运动、直线或几种方法相结合，如图1-4-27所示。不断地改变机件的运动方向，由于非周期性运动，使得磨料一直在新的方向起作用，使工件较快达到精度，同时也使研具得到均匀的磨耗。图1-4-28所示为研磨修理塞尺，图1-4-29所示为平面研磨后的测量。

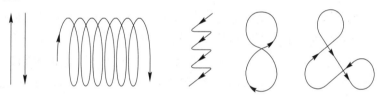

图1-4-27　研磨的运动轨迹方式

图1-4-28　研磨修理塞尺

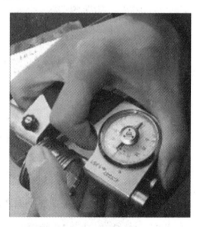

图1-4-29　平面研磨后的测量

在研磨时，对机件的压力应均匀，否则会使机件的平面倾斜。每研磨30 s左右，将机件转90°，以防止平面倾斜。如发生倾斜，则在机件高的部位多加点力，直到把高点研平。

机械研磨时，单盘研磨机除盘运动外，机件也运动；双盘研磨机则上、下盘做不同的运动。这种设计是为了避免出现重复运动的轨迹，使得磨料一直在新的方向起作用，以达到均匀研磨的效果。

3）研磨中的检验和测量。研磨过程中要注意及时测量以免将机件研去的材料过多。机件研磨后的测量，应注意机件的实际温度是否高于规定的测量温度。当机件温度高时，要进行冷却后再测量。附件修理中配合要求高，多研不仅浪费了时间，还可能造成机件配合不合格。精密附件的研磨对附件修理质量至关重要，应当在尽可能去材料少的情况下达到配合要求和修理质量。去的材料多了，易造成机件配合不合格，甚至影响后续修理性。

零件研磨后常用的检验方法有使用表面粗糙度样块对比检查法、目视法、测量法、着色法。根据经验，高精度研磨过程中，当零件表面精度越高时，零件和研具之间承受的拉力越大，研磨时的阻力越大。当精度足够高时，零件甚至难以移动。

①表面粗糙度样块对比检查法。将研磨后的零件，与表面粗糙度样块进行对比，获得零件表面的粗糙度情况，表面粗糙度样块如图1-4-30所示。

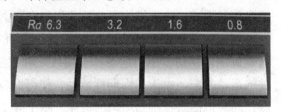

图1-4-30 表面粗糙度样块

②测量法。在单色光环境下，将光学平晶玻璃放在研磨后的零件表面测量平面度，图1-4-31所示为平晶玻璃显示的某零件平面光带。通过把光学平晶玻璃显示出来的图形和模型平面度检查对照表上的图形进行比对，找到最接近的图形，根据模型平面度检查对照表上的数值，读取平面度，如图1-4-32所示。对于特定的平面研磨零件，如果没有模型平面度检查对照表上的图形，也可以读取光学平晶玻璃上显示出来的图（如光带），通过经验法估算平面度。

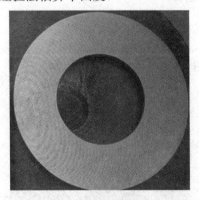

图1-4-31 平晶玻璃显示的某零件平面光带

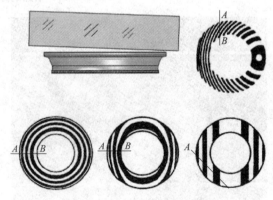

图1-4-32 平晶显示的光带

③着色法。着色法指通过对研磨后的零件表面，涂上着色剂，观察着色面积是否符合要求来判断零件表面的研磨质量是否合格的一种方法。其常用于检验不方便测量的研磨零件。图1-4-33所示为球面研磨后着色效果，图1-4-34所示为球面着色后用放大镜观察着色接触面积。

图 1-4-33　球面研磨后着色效果

图 1-4-34　球面着色后用放大镜观察着色接触面积

4）注意事项。研磨速度与研磨粉的类型、粒度、加研磨膏的次数、压紧力等有关。研磨的压力不宜太大，速度不宜太快，以免机件发热变形，一般在研小而硬的机件或进行粗研时压紧力可较大，但速度应低；反之研大的机件或进行精研时压紧力小而速度应加大。润滑剂不宜加得太多，应该是很薄的一层，过多的润滑剂会妨碍研磨表面的接触，并使磨粒掉下来。研磨加工零件时，尽量使研磨平台的各处被均匀地研磨到，使研磨平台均匀损耗，否则会使研磨平台的某个位置被研磨成凹陷，降低了研磨平台的性能和寿命。对于不同的材料和不同精度的零件，应选择不同的研磨平台，应禁止用低精度的研磨平台研磨高精度要求的零件，即研磨平台的精度应当和机件的研磨精度要求相匹配。

一定精度的研磨应当在无尘的室内进行，工作区域应保持恒定的温度和规定的湿度范围。精密研磨时，温度的变化会导致工件表面起伏的变化，从而影响研磨精度。

5）收尾工作。零件研磨合格后，将零件进行一次清洗和二次清洗。对于精密的附件零件可先汽油清洗，再超声波清洗，去除零件表面及嵌入表面的杂质。使用煤油擦拭或清洗研磨平台，将研磨平台表面涂油封油，使用油封纸、牛皮纸遮盖。使用专用防护木箱包装防护，如图 1-4-35 所示，使用木箱包装研磨平台可以防潮和防止磕碰。

图 1-4-35　研磨后防护研磨平台

（2）外圆研磨。外圆柱面（外圆）研磨，一般在车床或钻床上进行，用研磨环对机件进行研磨，研磨环的内径要比机件大 0.025 ～ 0.05 mm，研磨环有固定式和可换式两种。固定式研磨环用于单件生产或少低生产。在修理中常用可换式研磨环，既可根据需要调整内径，又可延长研磨环的使用寿命，而外环可以长期使用，如图 1-4-36 所示。研磨环的长度一般为孔径的 1 ～ 2 倍。

研磨时，将机件顶在机床尖上，在机件上涂研磨膏，然后套研磨环，如图 1-4-37 所示。以适当的速度，小件一般在 100 r/min 左右，使机件旋转运动。用手握研磨环做往复运动，随时改变研磨部位。机件表面会出现交叉网纹，网纹以 45° 左右为宜，研磨速度过快了，网纹与机件夹角太小，如图 1-4-38 所示；研磨速度过慢了，网纹与机件夹角太大，如图 1-4-39 所示，都影响机件的精度和耐磨性。研磨速度适中时，网纹如图 1-4-40 所示。

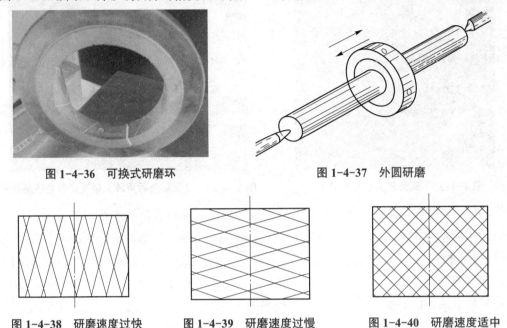

图 1-4-36　可换式研磨环　　　　　　　　　　　　图 1-4-37　外圆研磨

图 1-4-38　研磨速度过快　　　图 1-4-39　研磨速度过慢　　　图 1-4-40　研磨速度适中

　　研磨过程中，要检查研磨环的松紧，并适时进行调整。研磨一定时间后，要添加新磨料，将机件转 180°，再继续研磨。目的是增加研磨速度，提高研磨精度，使研磨环的磨耗更均匀。

　　（3）内圆研磨。内圆柱面（内圆）研磨与外圆柱面研磨相反，是将机件套在研磨棒上进行的。研磨棒固定在夹头或顶尖上，做旋转运动。机件用手握住做往复运动，研磨棒一般比机件长 1 ～ 2 倍，研磨棒的直径比机件要小 0.01 ～ 0.025 mm。

　　研磨棒也有固定式和可调节式两种，固定式研磨棒的直径依次相差 0.005 mm 或更小，磨损后不能再用，如图 1-4-41 所示。一般用于 5 mm 以下的小孔研磨或用于单件生产。

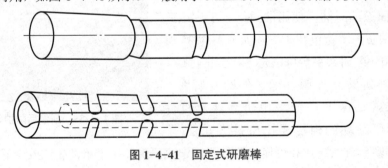

图 1-4-41　固定式研磨棒

　　可调节式研磨棒是由芯轴的锥体作用来调节外套直径的，如图 1-4-42 所示。研磨时要注意掌握研磨棒与机件的间隙，不宜太松，如太松应随时进行必要的调整。研磨内孔时，往往出现孔口扩大的现象，即喇叭口。为了预防出现喇叭口，研磨开始前应将机件两头被挤出的研磨剂擦干净，避免两头研磨剂多，切削量大。必要时，将研磨棒两头用砂布磨小，使中间直径稍大于两端直径。

58

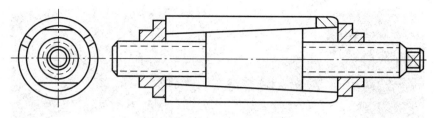

图 1-4-42　可调节式研磨棒

2 mm 以下的内孔，可用竹竿沾研磨膏进行研磨。研磨棒（或研磨环）的锥度应与工件内孔或轴的锥度相同，每组最少 3 个。在研磨棒上开有螺旋槽，可避免研磨剂在离心力作用下，积聚在研磨棒（或研磨环）直径大的一端。图 1-4-43 所示为左向旋转的锥形研磨棒，图 1-4-44 所示为右向旋转的锥形研磨棒。

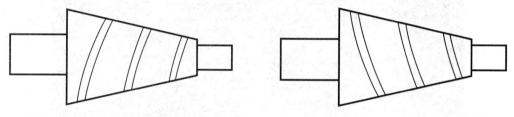

图 1-4-43　左向旋转的锥形研磨棒　　　　　图 1-4-44　右向旋转的锥形研磨棒

（4）锥面、球面研磨。研磨圆锥形表面时，在研磨棒（或研磨环）上均匀地涂一层研磨剂，使研具与机件接触后，用手顺着同一方向旋转（或在钻床、车床上进行），每转 4 ～ 5 次后将研具稍微拔出一些，然后推入研磨。研磨一定时间后，取下研具，将机件和研具上的研磨剂擦净，重新加研磨剂研磨，直到整个面研完为止。然后更换研具轻轻研，将整个面研完后，取出研具，将机件和研具擦净。最后在锥面上涂一些机油，研磨一定时间，直至研磨完成。图 1-4-45 所示为锥面工装修理，图 1-4-46 所示为导管喇叭口研磨修理。图 1-4-47 所示为车床上研磨修理球头，图 1-4-48 所示为弧面研磨修理，图 1-4-49 所示为初步研磨的导管喇叭口，图 1-4-50 所示为完成研磨修理的喇叭口接头。

一些精密的零部件，为了保证在高压下不漏油或良好的控制性能，除用研具进行研磨外，也将密封件和其配合件进行对研，以达到更精确的配合效果。另外，个别零件通过对研才能更好地达到规定的精度。零件的对研分为粗研和精研，根据要求的表面粗糙度和配合精度来选择。

图 1-4-45　锥面工装修理

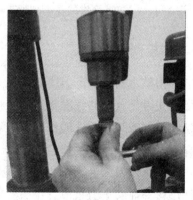

图 1-4-46　导管喇叭口研磨修理

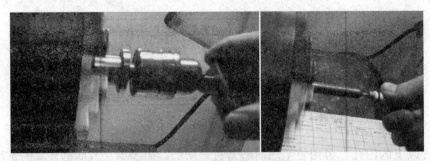

图 1-4-47　车床上研磨修理球头

图 1-4-48　弧面研磨修理

图 1-4-49　初步研磨的导管喇叭口　　　图 1-4-50　完成研磨修理的喇叭口接头

4.1.6　粘接修理

　　粘接是利用黏合剂在一定温度下，经过一定时间固化或加热后冷却凝固，通过溶剂挥发形成胶膜，获得具有足够强度接头的一种连接方法。黏合剂分为无机黏合剂和有机黏合剂，无机黏合剂有磷酸盐和硅酸盐型，常用的有机黏合剂是环氧树脂。发动机修理中常用的黏合剂有密封胶和尼龙。选择黏合剂时，应考虑被粘接的材料、工作温度、耐腐蚀性和受力等。

　　零件粘接接合处的受力主要有拉力、剪切力和扭剪力。拉力垂直作用于粘接面，剪切应力平行于粘接面，由一对转向相反的力偶所引起的剪切应力构成扭剪应力。

1. 粘接工艺

粘接工作场地应清洁，空气湿度 ≤ 75%，温度为 15℃ ～ 30℃。工艺流程包括零件表面处理、预装、黏合剂准备、涂胶、固化和机械加工。

（1）表面处理。对金属表面清洗除去油脂，通过机械处理或化学处理去除氧化物等杂质；对非金属表面一般采用机械处理和溶剂清洗。

（2）预装。胶粘前，预先装配检查，必要时做装配标记，保证粘接表面接触良好。

（3）黏合剂准备。按技术条件或产品使用说明书配制黏合剂。调配室温固化的黏合剂应考虑固化时间，调配后在规定的时间内使用。多组分溶液型黏合剂在使用前，须充分轻轻搅拌，以防空气渗入。

（4）涂胶。涂液体胶时，用刷、喷、浸、注和漏胶的方法。刷胶适合大面积区域，如机匣密封面，喷胶要通风，浸胶适合小接口，注胶适用于长条胶缝，漏胶属于效率高的机械化涂胶方式。

（5）固化。黏合剂的固化主要受温度、时间和压力三个参数控制。固化后缓慢冷却，有助于减小内应力和变形，特别是对粘接薄壁零件或热膨胀系数不同的零件尤为重要。零件的固化压力取决于粘接件的大小、形状和设备情况。平面粘接可用压力机、杠杆加压器加压，简单小件可用弓形夹具加压，形状复杂的制件可用真空袋或借助于热压釜、专用夹具加压。

（6）机械加工。粘接件完全固化后，机械加工至规定的尺寸或型面，加工时应控制切削力及切削温度。

2. 粘接的特点

（1）工艺简单，可连接部分不易焊接或铆接的金属和非金属。

（2）接头应力分布均匀，减少了薄板结构的焊、铆、螺栓连接而引起的应力集中和局部变形。

（3）具有密封、绝缘、耐水和耐油等特点。

（4）粘接可降低零件的加工精度。

（5）工艺过程可机械化和自动化。

（6）不适合高温部件，易老化，不能承受大的冲击。

4.2 焊接

焊接是将两个或两个以上的零件，在外界某种能量的作用下，借助于零件间接触部位的原子或分子间的相互结合力，连接成不可拆卸的整体的工艺过程。被焊接材料可以是金属与金属、金属与非金属以及非金属与非金属。焊接和铆接比较，具有省工、省料、结构轻的优点，广泛应用于航空发动机零件的修理。根据焊接过程中焊接部位金属所处的状态不同，焊接方法可分为熔焊、钎焊和压焊。

4.2.1 熔焊

熔焊是将焊接部位的金属局部加热至熔化状态，加入或不加入熔融的填充金属而形成熔池，待熔池冷却凝固后，形成牢固的焊缝。修理中常用的熔焊有气焊、电弧焊、氩弧焊、等离子弧焊和真空电子束焊。

1. 气焊

气焊是利用可燃气体—乙炔和助燃气体—氧气，混合燃烧所释放出来的热量作为热源对金属材料进行焊接，也称为"氧气-乙炔焊"。主要设备和工具包括乙炔发生器、回火防止器、氧气瓶、减压器、焊枪和橡皮管等。

气焊的优点是容易掌握熔深，焊缝的致密性好。但热源功率小，加热缓慢，热量分散，故焊缝热影响区宽，焊件变形大，生产效率低。其适宜受力不大的薄板结构，可用于排除和修复裂纹、磨损、换段和补片等故障，焊修后需重新进行热处理，消除内应力。

2. 电弧焊

电弧焊是以焊条和焊件之间产生的焊接电弧所发出的高温作为热源，进行金属材料的焊接，焊接温度可达 6 000 K。主要设备和工具有弧焊机和电焊钳，特点是设备简单、焊钳小，可达性好，便于在平、横、竖、仰等各种位置施焊。焊接接头与母材大约可达等强度，最小焊接厚度可达 1 mm。一般易掌握的焊接厚度为 1.5 mm，适用碳钢、低合金钢、不锈钢、耐热钢和高强度钢，修理中常用于结构钢零件的局部焊修。

3. 氩弧焊

氩弧焊是气体保护电弧焊的一种，利用氩气将电弧、熔池与空气隔开，避免空气的有害作用，以获得性能良好的焊缝，也称为气电焊，氩弧焊原理图如图 1-4-51 所示。氩弧焊的主要设备和工具包括氩弧焊机、氩气瓶和氩弧焊枪。根据焊丝在焊接过程中的作用范围不同，氩弧焊可分为熔化极氩弧焊和非熔化极氩弧焊。熔化极氩弧焊的焊丝既是焊料又是电极，用于厚度大于 2 mm 的薄板和中厚板。非熔化极气弧焊（钨极氩弧焊）的焊丝仅作为焊料，主要用于薄板。氩弧焊的特点如下：

（1）氩气属惰性气体，不溶于液态金属，是一种优良的焊接所用保护气体；

（2）焊缝表面形状好，具有较好的机械性能；

（3）电弧稳定性好，飞溅少，可焊接 1 mm 以下薄板及某些异性金属；

（4）一定条件下可在各个位置实施焊接。

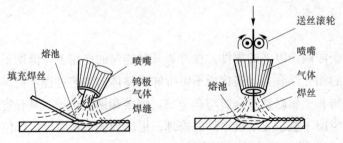

图 1-4-51 氩弧焊原理

由于氩弧焊的焊接质量好，发动机的修理中常用于焊修质量要求较高的零件和不适宜用气焊、电弧焊焊接的零件，如不锈钢、耐热合金钢、镁合金和钛合金等材料制作的零件。

4．等离子弧焊

等离子弧焊是利用等离子弧高能量密度束流作为焊接热源的一种熔焊方法。通过高频振荡器的激发，使气体电离形成电弧，形成等离子弧。借助引入焊枪内的等离子气和焊枪喷嘴的压缩孔，对激发于钨极与喷嘴之间的普通电弧进行强烈的压缩，使电弧弧柱的截面积减小和长度拉长，并从喷嘴的压缩孔向外喷射出等离子流。当等离子流射到钨极与工件之间时，就形成等离子弧，这种等离子弧能量密度极高，可达 480 kW/cm^2，温度可达 16 000～33 000 K，速度最大达声速，进而对零件加热和熔化，实现焊接。形成等离子弧的气体和它周围的保护气体一般用纯氩。根据各种工件的材料性质，也使用氦、氮、氩或其中两者的混合气体。

（1）等离子弧焊接的三种压缩效应。一般的焊接电弧未受到外界的压缩，弧柱截面随着功率的增加而增加，因而弧柱中的电流密度近于常数。提高电弧功率的同时，对电弧强迫压缩，减小弧柱直径，急剧提高弧柱温度，迅速提高弧柱中气体的电离程度，几乎可达到全部等离子状态，这种强迫压缩作用称为"压缩效应"，使弧柱产生"压缩效应"主要有三种形式。

在钨极（负极）和工件（正极）之间加上一较高的电压，通过激发，使气体电离，形成电弧，此时若弧柱通过具有特殊孔型的喷嘴，并同时送入一定压力的工作气体，强迫弧柱通过细孔通道，使弧柱受到机械压缩，弧柱截面积缩小，这种作用就称为机械压缩效应。

电弧经过水冷却的喷嘴时，受到外部不断送来的高速冷却气流冷却，弧柱外围受到强烈冷却，使之电离度大大减弱，电弧电流只能从弧柱中心通过，导电截面进一步缩小，电弧的电流密度急剧增加，这种作用就称为热收缩效应。

把带电粒子在弧柱内的运动看成电流在一束平行的导线内移动，由于这些导线自身的磁场产生电磁力，使导线相互吸引，而产生磁收缩效应。由于前后两种效应使电弧中心的电流密度增高，因而使磁收缩效应明显增强，从而使电弧进一步受到压缩。

（2）等离子弧焊的特点和应用。等离子弧焊接的稳定性、发热量和温度高于一般电弧，具有较大的熔透力和较快的焊接速度。其具有能量密度大、应力变形小、弧柱温度高等特点，适合焊接厚度为 3～8 mm 的不锈钢、钛合金，厚度为 2～6 mm 的低碳钢或低合金结构钢、铜、黄铜、镍及镍合金的对接焊缝。可不开坡口，不用衬垫，实现单面焊双面成型。用等离子弧焊代替钨极氩弧焊，可明显提高生产率，减少填充金属量。电流小到 0.1 A 的微弧等离子焊接，电弧仍能稳定燃烧，适合焊接超薄板件。焊缝深宽比大，热影响区小，适合于焊接钨、钼、铜、镍、钛等难熔、易氧化及热敏感性强的金属材料。

（3）等离子弧焊分类。按使用焊接电流的大小，等离弧焊分为等离子弧小孔焊和微弧等离子焊。等离子弧小孔焊，使用电流为 50～500 A，可焊接厚度为 2～13 mm 的金属材料。焊接时若电弧刚柔适中，不仅可使工件熔化，而且由于等离子流的强大喷射力，能穿透熔池产生"小孔效应"。小孔的面积小（7～8 mm^2 以下），液态金属由于表面张力作用不会从小孔中滴落，随着焰流向前移动，液态金属被吹向熔池。金属冷却结晶后，前沿新熔池的金属又不断地向后补充，前后熔池互相连接，形成焊缝。这种焊缝表面没有明显的鳞纹，宽度和高度均匀，外形美观，并向基体金属平滑过渡。

微弧等离子焊接工艺与等离子弧小孔焊接工艺相似。焊接电流一般为 0.1 ～ 50 A，焊接过程对工件的熔透不是靠穿孔效应，而是与普通钨极氩弧焊相似。微弧等离子焊主要用于焊接薄板和超薄板金属构件。焊接时，应进行焊接区域的焊前清理，去除焊件表面的油膜。清理后保持焊件的清洁，不能用手直接接触。焊接薄板或超薄板金属构件时，设计焊接夹具控制焊接变形，在夹具的垫板槽中通保护气体加强对焊缝反面的保护。等离子弧焊的主要工艺参数有焊接电流、焊接速度、离子气流量、喷嘴孔径、钨极内缩长度、喷嘴端面到工件表面的距离及保护气体流量。

5. 真空电子束焊

在真空环境下，高能量密度的电子束被焊接点散射和阻止，电子束的动能转变为热能，使焊件熔化的焊接方法称为真空电子束焊。电子束束径越小，对接头焊前的加工及装配要求越高，一般焊接面的表面粗糙度值应不大于 0.003 mm。装配间隙取决于焊件厚度及接头设计，一般不大于 0.12 mm，对于薄板及没有衬垫的接头，装配间隙可为 0.03 ～ 0.05 mm。对于易产生收缩裂纹的接头，如淬硬钢的环形焊缝，有时用过盈配合。

真空电子束焊的主要参数是加热温度、加速电压、电子束流、焊接速度、聚焦点位置、工作距离和真空度等。真空电子束焊工艺参数的设置如下：

（1）焊前、焊后处理。焊前用化学或机械方法清理焊接区域，清理应在焊前几分钟进行。焊接区域清理不干净会影响焊缝质量、影响真空度和增加抽真空时间。清理后的焊接件不允许赤手或用可能污染焊接环境的工具接触。焊后根据需要进行热处理、目视检查和探伤。

（2）预热。一般钢板或大厚度钢板，含碳量小于等于 0.5%、厚度 ≤ 12.7 mm 的碳素钢圆筒体环形机件对接焊缝可不预热。高强度钢厚度 >10 mm、工具钢或含碳量 >0.35% 的钢以及大厚度封闭的不完全焊透的对接缝则须考虑预热。

（3）焊接熔深。焦点的功率密度越大，熔深越大，焊缝越窄。提高加速电压比增大束流能更有效地增大熔深。用增大束流的办法来增加熔深会使焊缝表面变宽，热影响区、变形量都会相应加大。但是，对于尺寸精度要求较高，不要求焊透的零件，不是熔深越大越好。熔深大，表面成型差，飞溅也大，变形量也增加。在能满足设计要求的前提下，熔深应控制在一定范围内。

（4）电子枪工作距离。当工作距离变化后，为了获得最佳聚焦条件，必须调节磁透镜的聚焦电流。在其他规范参数不变的前提下，增大工作距离，使磁透镜的放大倍数增大，电子束斑增加。电子束功率密度减小，焊缝的熔深相应减小。减小工作距离，则熔深相应增大。

（5）焊接速度的影响。在其他条件不变的情况下，焊接速度越快，熔深越小；焊速越慢，熔深越大；若停留不动，即使流速较小也能将一块金属板打个孔洞。焊速太快，容易咬边，缝宽且热影响区大。生产中先用中速焊接，既能保证焊缝质量又能满足设计要求。

（6）真空度。真空度达到 10^{-3} Torr 以上后对熔深影响很小。真空度过低，焊缝容易氧化，电子枪也容易产生高压放电。真空室真空度一般控制在 $5 \times 10^{-4} \sim 8 \times 10^{-4}$ Torr。

（7）焦点位置。焦点位置从焊件表面以上降至表面以下时，焊件处于功率密度大小不一样的范围内进行电子束焊接，熔化区断面形状有中凸形、平行形和 V 形，平行形的熔深最大。

（8）真空电子束焊的特点。真空环境，保证了焊缝金属的高纯度。热源能量密度高，焊速高，焊接线能量低，焊缝深而窄，焊件热影响区小，变形小。电子束参数可独立调节的范围宽，控制灵活，精度高，适应性强，焊缝质量高。大批量生产条件下，成本远低于气、电焊。电子束焊的主要缺点是设备复杂，造价高，焊件尺寸受真空室的限制，使用维护技术要求高，对接头装配质量要求严格，需要 X 射线防护设施等。

（9）真空电子束焊的应用范围。除锌含量高的材料、低级铸铜和未脱氧的普通低碳钢外，绝大多数金属及合金可以用电子束焊接。可以焊接熔点、导热和溶解度相差大的异种金属，焊接变形小的材料，焊接在真空中使用的器件或机件内部要求真空的密封器件。单道不开坡口可以焊接厚件。

4.2.2　钎焊

钎焊是把比被焊金属熔点低的焊料加热到熔化，被焊金属不熔化，通过熔化的焊料在被焊金属的间隙中凝固形成焊缝，从而以抛锚效应达到相互结合的焊接方法。图 1-4-52 所示为钎焊的叶片通气孔堵盖，钎焊按其热源及加热方式分为烙铁钎焊、火焰钎焊、电阻钎焊、感应钎焊、浸沾钎焊和炉中钎焊等。

图 1-4-52　钎焊的叶片通气孔堵盖

1．钎焊的特点

（1）焊件加热温度较低，其组织和机械性能变化小，变形较小。

（2）可以连接不同的金属，包括同类金属材料、异种金属材料、金属和非金属材料。

（3）可以连接形状复杂、厚薄相差悬殊的各种零件。

（4）某些钎焊方法，如炉中钎焊，可以一次完成具有多接头、多工件的焊接，生产效率高。

（5）接头表面洁净美观，过渡光滑。

2．钎焊的应用

钎焊在航空工业中常于用其他焊接方法难以焊接的铝铜换热器、夹层结构、导管、滤网容器、电真空器件、导线和电器部件。烙铁钎焊的锡焊，是电器设备及其导线修理的常用焊接方法。在机载设备中，锡焊连接的零件和导线较多。

修理机构常用"吸锡烙铁"拆除元件，将元件接头处的焊料熔化并吸干净，以便焊上新的接头时无阻碍。也使用"浸渍焊"来涂敷导线与元器件接合面、进行电缆导线与端子的固定。"浸渍焊"就是把已经除去脏物、油脂和氧化物的工件，经焊剂处理后浸入熔化的焊料槽，焊料渗透焊缝的间隙，凝固后便形成焊接接头。浸渍焊主要适用于软焊料焊接铜及铜合金、铝及铝合金、钢等。

4.2.3 压焊

压焊是在焊接时施加一定的压力，使接触处的金属相结合的焊接方法。施加压力时，被焊接金属的接触处加热到塑性或熔化状态。修理中常用的压焊有点焊和缝焊。

1. 点焊

点焊是航空工业中用得最多的一种焊接方法，点焊焊接原理如图1-4-53所示。点焊时，将要焊的两个工件搭叠起来，置于上下两个铜合金电极之间，施加电极压力将两个工件压紧，然后合上开关，接通变压器。由于工件本身有电阻，电流通过时使两焊件接触处加热到熔化温度，形成透镜状的熔化核心，断电后，在压力的作用下凝固成焊点。

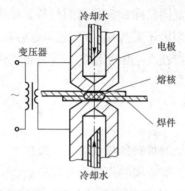

图1-4-53 点焊焊接原理

2. 缝焊

将要焊的工件搭叠在一起，置于上、下两个旋转的盘状滚盘电极之间，形成一条焊点前后搭接的连续焊缝的现象，称为缝焊，也称为滚焊，缝焊焊接原理如图1-4-54所示，如自行车钢圈的焊接，图1-4-55所示为缝焊实物。缝焊时，先压上滚盘，再压下滚盘，工件的压紧处每通过一次电流脉冲即可形成一个焊点。由于电流断续地接通，随焊接速度和每分钟通电次数的不同而形成焊点搭叠和分开，焊点搭叠时形成密封且承力的密封焊缝。焊点分开时形成只能承力而不密封的强固焊缝。

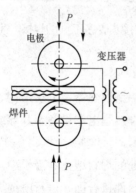

图1-4-54 缝焊焊接原理

图1-4-55 缝焊实物

3. 点焊和缝焊的特点

（1）点、缝焊多用搭接接头，比气焊、电弧焊使用的对接接头焊口尺寸精度低。

（2）通电时间短，产生的热量有效地用于生成的焊核，损失的热量相对较少。与其他焊接方法相比，热影响区小，由残余应力引起的变形小。

（3）电弧焊、气焊、钎焊使用焊条、氧气和乙炔、钎料和焊剂等材料，点、缝焊主要消耗电流，生产成本低。

（4）焊接过程易实现自动化，生产效率高。操作熟练时，1 s内可焊4～5个焊点。

（5）点、缝焊时，不产生烟尘和有害气体，环境卫生，劳动强度低。

（6）与铆接相比，节省金属，减轻结构质量，表面光滑，保证气密性，可缩短制造周期。

点、缝焊的缺点是焊接质量不够稳定，缺乏可靠、有效的无损检验方法。设备较复杂，维修困难；要求有大功率电源。可焊零件的厚度、尺寸与形状受到焊机功率、结构形状的限制。接头形式为搭接，增加了接头质量，产生附加弯矩，使接头受力特性恶化。

4．点、缝焊的应用

点焊、缝焊和氩弧焊是发动机修理的常用方法。大修中，常用点焊、缝焊修补不锈钢、耐热钢和铝合金板件，如航空发动机的铝合金盖板、不锈钢板、防火隔板、整流罩、火焰筒、燃烧室外套、尾喷管燃烧室内外壳、燃油收集器、点火器、加力燃烧室、喷口鱼鳞片和整流支板等。

焊接前，一般用打磨、喷砂、抛光或酸洗的办法清理焊件表面，清理焊件表面的油脂、脏物及氧化膜。清理不干净时，会使焊件与焊件、电极与焊件间的接触电阻显著增加，甚至出现局部不导电，这样就会产生焊不牢或局部电流密度过大而引起局部过热甚至烧穿。

4.3 真空热处理

热处理一般不改变零件的形状和整体的化学成分，但改变零件内部的显微组织，或改变零件表面的化学成分，赋予或改善零件的使用性能，改善零件的内在质量，提高零件的耐磨、耐腐蚀等性能。改善毛坯的组织和应力状态，消除铸造、锻造和焊接等加工工艺所造成的缺陷，以利于进行各种冷、热加工。

热处理主要分为整体热处理、表面热处理、化学热处理和真空热处理。表面热处理是指快速加热零件，当热量未传至心部时，将其迅速冷却。整体热处理是对零件整体加热，以适当的速度冷却，获得需要的金相组织，改变其整体力学性能。化学热处理是将零件放入一定的化学介质，经加热保温，使介质中分解产生一种或几种元素的活性原子被零件表面吸收，并向表层一定深度扩散，从而改变其表层化学成分、组织和性能的一种热处理工艺方法。

在负压气氛或真空环境中进行的热处理称为真空热处理，它不仅能使零件不氧化，不脱碳，保持处理后零件表面光洁，提高零件的性能，还可以放入渗剂进行化学热处理。

4.3.1 真空热处理基础

真空是指在给定的空间内，气体分子密度大大低于该地区大气压下的气体分子密度的状态。在真空环境下，单位体积中气体分子的数目较少；气体内部，气体分子间相互碰撞次数较少；气体分子撞击容器内壁表面的次数少。

可将真空度划分为表 1-4-5 所示的五种。真空度单位换算见表 1-4-6。

表 1-4-5 真空度的种类

真空度	压强 /Pa	压强 /Torr	分子状态
粗真空	<1 333	<10	黏滞流
低真空	$10^5 \sim 10^2$	$10 \sim 10^{-3}$	分子黏滞流
高真空	6.65×10^{-2}	$10^{-3} \sim 10^{-8}$	分子流
超高真空	10^{-5}	$10^{-8} \sim 10^{-12}$	分子流并有表面移动
极高真空		$<10^{-12}$	分子运动开始偏离经典统计规律

表 1-4-6 真空度单位换算

项目	帕 /Pa	托 /Torr	微米汞柱 /μmHg	毫巴 /mbar	大气压 /ata	工程大气压 /am
1 Pa	1	7.5×10^{-2}	7.5	10^{-2}	$9.869\,23 \times 10^{-2}$	$1.019\,7 \times 10^3$
1 Torr	133.32	1	10^3	1.333 2	$1.315\,79 \times 10^{-2}$	$1.359\,5 \times 10^{-2}$
1μmHg	0.133 32	10^{-2}	1	$1.333\,2 \times 10^{-2}$	$1.315\,79 \times 10^{-2}$	$1.359\,5 \times 10^{-2}$
1 mbar	10^2	7.5×10^{-1}	7.5×10^2	1	$9.869\,23 \times 10^{-4}$	$1.019\,7 \times 10^{-2}$

当气体分子与固体表面碰撞时，使固体表面吸气的现象称为吸附。气体分子脱离固体表面的过程称为解吸。用于克服气体分子与固体表面分子间结合力的能量称为解吸热。在低压强下，炉内能量大于解吸热时，气体分子被解吸。气体渗入固体内部，形成新的固态化合物称为吸收，也称为固体内部吸气。吸附和吸收的综合作用称为收附。

4.3.2 真空在热处理中的作用

真空在热处理中的作用主要分为真空保护、真空除气、净化、脱脂和蒸发。

1. 真空保护

金属在空气炉中加热，可生成氧化物、氢化物和氮化物。气体向金属内部扩散，使金属性能产生变化。真空热处理是在极端稀薄的空气中进行的，真空炉内残存的气体 H_2O、O_2、CO_2 以及油脂等有机物蒸气含量非常少，不足以使被处理的金属材料产生氧化、脱碳和增碳作用，因此金属表面的化学成分和原来表面的光亮度可保持不变，实现真空保护作用。

2．真空除气

真空除气通常分为两种：一种是在真空条件下，金属中的气体以分子形式或以分子状态从金属表面释放出来，并随即被真空泵抽走。如水蒸气、N_2、CO_2 等气体分子是以物理或化学吸附形式被吸附在金属表面上，当真空度抽到 100 Torr 时，这些气体产生解吸而被抽走，通过加热加速气体的解吸速度。当气体是以分子状态存在于金属内部的气孔或裂缝处时，首先使气体分子分解为气体原子或离子并溶于金属。除气的工作过程：气体分子在气孔或裂缝处呈物理吸附状态，由物理吸附变为化学吸附，并分解为气体原子或离子；分解的气体原子或离子溶解于金属的点阵，通过扩散迁移而使气体原子在金属表面呈被吸附状态，然后按除气过程将气体从金属表面除去。

另一种除气是指金属氧化物在真空环境下加热时被还原，气体从金属表面挥发的净化过程。决定真空除气效果的因素有真空度、温度和时间。在给定的真空条件下，温度越高除气效果越好；真空度和温度确定后，除气时间越长，气体的扩散和挥发效果越好，除气效果越好。与常规热处理相比，经真空热处理除气后，金属材料的机械性能明显增加，尤其是塑性和韧性。

3．净化

真空净化作用是指在真空中加热时，金属表面的氧化膜、轻微锈蚀、氮化物和氢化物等化合物，被还原、分解或挥发而消失，使金属获得光洁的表面。

4．脱脂

油脂、润滑剂均属脂肪族碳氢化合物，蒸气压较高。在真空中加热时，自行挥发或分解成水、氢气和二氧化碳等气体，并被真空泵抽走，实现了脱脂的效果，避免了高温时与零件表面产生反应，获得无氧化和无腐蚀的光洁表面。

5．蒸发

在不同温度环境下，金属蒸气作用于金属表面上的平衡压力（蒸气压）也不同，温度高蒸气压高；温度低蒸气压低；温度一定时蒸气压也一定。当外界压力小于该温度的蒸气压时，金属将会蒸发而产生损失。

真空热处理时，固态金属被蒸发的现象，称为真空热处理的蒸发作用。金属在真空环境加温时，外界压力不能平衡金属在该温度下的蒸气压，金属产生蒸发。温度越高，固态金属的蒸发量越大。真空度越高外界压力越小，金属就越容易被蒸发。为防止零件合金元素的挥发，根据零件材料特性，通入高纯度的惰性气体来调节炉内的真空度，一般选择在低真空环境下加热。

4.3.3　真空热处理炉

1．真空热处理炉的加热特点

真空热处理炉的加热特点：一是炉子升温速度快。一般的炉子露在空气中。炉壁面一般采用隔热性能好的材料，炉壁面蓄热少、保温性能好、热损失小、炉子升温速度快。空载的炉子，30 min 可从室温升至 1 320 ℃，真空热处理炉如图 1-4-56 所示。

图 1-4-56 真空热处理炉

二是零件升温速度慢。零件在真空热处理炉中加热比在盐熔炉、空气炉和其他气氛炉中加热都慢。以 $\phi50\ mm \times 100\ mm$ 的 GCr15 钢试样为例，试样心部加热由 0 ℃到 850 ℃时，盐熔炉、空气炉和真空炉分别需要 8 min、35 min 和 50 min。工件在真空热处理炉中加热比在盐熔炉、空气炉和其他气氛炉中加热都慢。在真空热处理炉中的透烧加热时间是盐熔炉的 6 倍，空气炉的 1.5 倍。图 1-4-57 所示为加温一个工件时炉温和被加热工件的温度曲线。

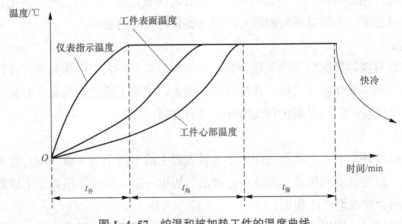

图 1-4-57　炉温和被加热工件的温度曲线

空气炉一般是在正压下工作，炉内的热交换既有辐射又有对流，盐熔炉主要是直接热传导，因此工件升温较快，可用于火焰筒干洗。而真空热处理炉内，气体极为稀薄，工件主要靠辐射加热，所以工件升温缓慢。尤其是在 600 ℃以下，这种特点就更加明显。

2. 真空热处理加热时间的确定

真空热处理时，有不少因素影响加热速度，如工件在料筐中排列的方式、工件的形状尺寸、表面光亮度、材料特性、装炉量、加热温度和加热方式等。精确地计算出加热时间，有一定困难，因此主要参考理论计算公式，根据实践经验进行调整。下面为普通碳钢和高合金钢的真空淬火加热时间计算经验公式，如果是真空退火则加热时间要适当延长。

（1）不预热，直接随炉升温加热的普通碳钢加热时间算法。不预热，直接随炉升温加热的加热时间是指炉子到温后开始计算的加热时间，见式（1-4-1）。

$$t=10+（1\sim1.5）D \tag{1-4-1}$$

式中：D——工件的有效厚度（mm）；

　　　t——加热时间（min）。

（2）须预热处理的普通碳钢工件预热时间和加热时间计算，见式（1-4-2）。

$$t_1=30+（1.5\sim2）D \tag{1-4-2}$$
$$t_2=10+（0.5\sim1）D$$

式中：t_1——预热时间（min）；

　　　t_2——加热时间（min）。

（3）高合金钢和高速钢加热时间的计算，见式（1-4-3）。

$$t_1=30+（1.5\sim2）D \tag{1-4-3}$$
$$t_2=30+（1\sim1.5）D$$
$$t_3=20+（0.25\sim0.5）D$$

式中：t_1——第一次预热时间（min）；

　　　t_2——第二次预热时间（min）；

　　　t_3——最终加热时间（min）。

（4）在双室或连续式真空热处理炉中工件加热时间的计算，见式（1-4-4）。

$$t_1=（1.2\sim1.5）D \tag{1-4-4}$$

式中：D——工件的有效厚度（mm）；

　　　t_1——工件高温入炉加热的时间（min）。

3. 使用真空热处理炉的注意事项

（1）炉子不用时一般处于真空状态。

（2）使用炉子前先观察炉子的真空状态，若真空则开通进气阀充气到常压。

（3）炉子须抽至规定真空再加温，防止污染。

（4）如果需要加压，通过炉子的控制程序进行加压。

4.3.4　真空热处理的特点

1. 真空热处理的优点

（1）热处理变形小。实践证明，采用真空热处理可明显地减少零件的变形。

（2）提高机械性能，延长使用寿命。真空热处理，可以避免产生氧化、脱碳、合金元素贫化、腐蚀等缺陷。明显地提高了零件的疲劳寿命。

（3）节省能源。真空热处理炉，采用了隔热性能好、热容量小的隔热材料和结构，因此炉子蓄热和散热损失很小。炉内几乎不存在炉气，为特定目的使用的气体带走的热量也极小。

（4）减少污染。热处理是容易对环境产生影响的工艺。而真空热处理炉，无炉气，电加热，不排废气和烟尘。

2．真空热处理的缺点

（1）蒸发出的金属元素，会污染其他金属表面，产生金属蒸镀，相互黏结。

（2）金属被蒸发，造成金属表面粗糙。

（3）引起金属表面元素变化，造成脱落，脱锌。

（4）金属的蒸发物，沉积在炉内，造成炉子电气绝缘降低、短路，发生事故。

（5）真空热处理设备较复杂，成本高。

4.3.5　真空退火

真空退火操作过程是首先加热到所需要的温度，保温一定时间，随后按预定速度冷却。在各种真空热处理工艺中，真空退火由于操作简便而获得广泛的应用。真空退火往往是热处理的最初工序。真空退火的目的：使金属材料获得洁净光亮的表面，省去或减少后序加工工序；使金属材料软化，消除内应力和改变晶粒结构；去除材料中吸收的气体，提高材料的机械性能。

真空退火主要用于化学性质活泼、高温易氧化和吸气的难熔金属，如钨、镍、铜、钛和钛合金，精密锻造件和铸造件、表面要求高的冲压件、拉伸件消除加工硬化和应力退火等。在真空度一定的条件下，随着退火温度的提高，零件表面的光亮度也随之提高。为了获得比较理想的表面光亮度，通常在退火温度较低时，采用较高的真空度；退火温度较高时，则可采用稍低的真空度。

4.3.6　真空淬火

真空淬火是在真空状态下加热，然后在冷却介质中快速冷却，改变原子的排序，使钢硬化改善性能。图 1-4-58 中实线为温度变化，虚线为真空度变化。从图中可以看到，工件装入炉内后首先进行排气；当真空度达一定压力时开始加热，加热前通常要预热，以使工件的温度和炉温相同，并使工件本身受热均匀。当保温结束后炉内回充惰性气体，大体升压至一定压力时，工件油淬，或利用风扇使冷却气体循环进行气淬。

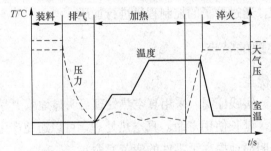

图 1-4-58　真空淬火工艺曲线

真空油淬的目的是获得光亮洁净的表面，增加钢的硬度和耐磨性，先淬火配合回火，从而获得钢的强度、韧性和塑性相配合的综合机械性能。真空淬火的快速冷却方法有惰性气体冷却、油淬、水淬和硝盐等温淬火，一般采用气体和油淬火。水淬和硝盐等温淬火应用较少，气体淬火和油淬相对应用多。

4.4 表面处理

表面处理是用化学、电化学或物理等方法，在零件表面或表层形成一层新物质，如涂（镀）膜，这层新物质的性能不同于零件表面处理前，能改变表面或表层的力学性能，提高零件表面的耐蚀、硬度、耐磨、导电、装饰和防护等性能，延长零件的使用寿命，节约稀有、昂贵的材料。修复零件的缺陷和故障。表面处理是使材料或零件表面具有特殊的成分、结构和性能（功能）的化学、电化学、物理方法与工艺。表面处理按照工作原理主要可分为化学法、电化学法、物理方法和其他方法。表面处理具有如下特点：

（1）主要作用于基材表面，对远离表面的基材内部组织与性能影响不大。

（2）采用表面涂镀、表面合金化技术取代整体合金化，使普通、低价的材料具有特殊的性能，不仅可以节约大量贵重金属，还可以大幅度提高零部件的性能，降低生产成本。

（3）可去除零件在使用一段时间后表面产生的氧化皮、油污、尘土和其他杂质。

表面处理已成为制备新材料的重要方法，如可以在材料表面制备整体合金化难以做到的特殊性能合金等。

4.4.1 表面处理前的预处理

为了把物体表面所附着的各种异物（如油污、锈蚀、灰尘、旧漆膜等）去除，提供适合于涂装要求的良好基底。在表面处理前，将零件表层的油脂、锈和原有防护层去除。以保证涂膜具有良好的防腐蚀性能、装饰性能及某些特殊功能。

1. 除油

为确保电镀、氧化和磷化等表面处理的质量，须清除零件表面上的油污。主要的除油方法有有机溶剂除油、化学除油、电化学除油和擦拭除油。

化学除油是指用化学药品除油污，电镀的预处理多用化学法。碱溶液用于去除动植物油，表面活性剂用于去除矿物油。常用的矿物油有凡士林、石蜡和部分润滑油等。电化学除油是指零件在通电的碱性溶液中，油污脱离表面的过程。其比化学除油速度快、功效高和除油彻底。电镀前常使用此方法除油。擦拭除油是指用棉花球、毛刷等蘸取除油物质在零件表面擦拭。电解和化学方法难以除油时，使用有机溶剂法，除油污速度快，但对个别金属有腐蚀作用。

2. 除锈

去除零件的一般锈蚀物、氧化皮、不良组织和焊缝中的焊渣，活化和粗化金属表面，是电镀的基本准备工作。其主要分为机械法、化学法和电化学法，机械法有喷砂、刷光、抛光和滚光；化学法是指在酸、碱溶液中除锈；电化学法是指在通电的酸碱溶液中，利用电极反应除锈和其他杂质。

4.4.2 化学法表面处理

化学法表面处理主要包括化学氧化、发蓝、磷化、防蚀氮化等。

1. 化学氧化

氧化表面处理包括化学氧化法、碱性氧化法、酸性氧化法和热氧化法。化学氧化法是指将零件放入配制好的溶液，在一定的温度下经过一定时间，氧化生成一层保护性的氧化膜。化学氧化主要适用铝、镁及其合金材料的氧化处理，也用于发动机附件壳体的局部碰伤、刮伤修理，将表面损伤处去掉毛刺并圆滑过渡，清洗干净，干燥后涂氧化液。

碱性氧化法是把零件浸入在调配好的溶液，加热并保持一定时间。酸性氧化法是将零件置于酸性溶液中进行处理。酸性氧化法较碱性氧化法经济，处理后金属表面所生成的保护膜，耐腐蚀性和机械强度均超过碱性氧化处理。热氧化法是将零件加热，用热蒸气和还原剂处理。

化学氧化法产生的氧化膜厚度可达 2～4 mm，膜较柔软，能与主体金属牢固地结合。其可用于在气体环境下工作的零件或作为涂漆的底层。

2. 发蓝

发蓝是指采用酸性氧化法或碱性氧化法，将零件放入"发蓝"药液中加热，表面产生一层结构致密的黑色氧化膜工艺，也称为发黑。在浓碱氧化液溶液中，氧化膜厚度一般为 0.6～1.5 μm，主要用于防止零件腐蚀生锈，提高耐蚀性，增加美观，但耐蚀性不及金属镀层和磷化膜层。发蓝后零件的表面颜色决定于零件的化学成分、表面粗糙度和热处理方法。一般钢件发蓝后颜色在灰黑色至深黑色之间，铸铁件为浅棕色至深棕色之间，合金钢为褐色至黑色之间，含硅铸铁氧化后呈暗红色。图 1-4-59 所示为经过发蓝处理的螺栓。

常见的碳钢、合金钢均可发蓝，但 38Cr 和 40Cr 等材料较难发蓝处理。零件发蓝后可以使用硫酸铜溶液检查发蓝零件的抗蚀性，硫酸铜溶液放于零件表面一定时间，未出现红色接触铜时为合格。发蓝后的零件，外观颜色应均匀一致，无花斑、锈迹。发蓝工艺流程：准备工作—去油—酸洗—发蓝—皂化—浸油—检验。

3. 磷化

磷化是指将零件放入以磷酸盐为主的溶液中化学处理，使其表面沉积，形成一层不溶于水的磷酸盐膜的过程。磷化膜用于油漆、静电喷涂和喷粉的底层，以增强铁基体与磷化膜的结合力。磷化可提高耐蚀、减磨、电绝缘等性能，图 1-4-60 所示为磷化后的零件。

图 1-4-59　经过发蓝处理的螺栓

图 1-4-60　磷化后的零件

4. 浸蚀

在酸液及碱液中，除去金属工件表面上的氧化皮、不良的表层组织及粗化金属工件表面的过程称为浸蚀，如去除硬化表层、脱碳层和疏松层等。浸蚀须在除油后进行，防止油层影响金属表面的氧化物与浸蚀溶液的接触及反应。根据金属工件的材料、表面状况、厚度及其他要求，采用不同的浸蚀方法，如强浸蚀和弱浸蚀。强浸蚀用于除去金属表面上的厚层氧化皮和不良组织，弱浸蚀主要用于去除金属表面上的薄层氧化物。

5. 渗铝

渗铝是将铝元素渗入零件表面的化学热处理过程，目的是提高零件的抗高温氧化性，提高对大气硫化氢和海水的抗腐蚀能力。航空发动机涡轮转子叶片常采用气相渗铝的方式渗铝，渗铝后的叶片如图 1-4-61 所示。

图 1-4-61　渗铝后的叶片

叶片渗铝后，使用金相显微镜测出铝层厚度，使用硬度计对榫头进行渗铝次数冲点标记。渗铝零件的检验，主要是看外观，不允许有氧化皮，允许有黑斑。当渗铝层厚度不足时，允许重复渗铝。叶片渗铝后发生碰伤、划伤和腐蚀等亮痕时，抛光重复渗铝，但不能超过渗铝的允许总次数。

6. 渗碳

渗碳是把零件置于渗碳介质加热、保温，使活性碳原子产生并渗入零件表层的化学热处理工艺。其目的是提高硬度和耐磨性，零件既能承受冲击，又能承受摩擦。一般为受力较大、表面摩擦较大的低碳钢件，如发动机上轴套、轴、套筒、衬套、小轴和销子等。以轴为例，渗层表面洛氏硬度可达 50 ～ 60 HRC，零件中心洛氏硬度可达 30 HRC 以上，厚度可达 1 mm 以上。

零件整体含碳量增加，会导致硬度大，易脆断。零件表面渗碳后表面硬度增加，中心有强度，提高了零件的整体性能。

7. 渗氮

渗氮是指向零件表面渗入活性氮原子，使零件表面获得一定深度的富氮硬化层，也称为氮化。氮化后表层洛氏硬度可达 70 HRC 或以上，主要用于提高表层硬度、耐磨性、耐热性、耐腐蚀和抗疲劳性。与渗碳相比表层性能更好，变形小，但效率低、费用高和渗层浅。

渗氮常用于在一定温度的腐蚀性介质中工作、受力大和表面摩擦大的重要精密件，如发动机的燃油喷嘴、附件的活门、活门衬套、小轴和销子等。

8. 碳氮共渗

两种或多种元素同时渗入表面的化学热处理工艺称为多元共渗。碳氮共渗是同时向零件表面渗入活性碳原子和活性氮原子，因早期使用剧毒的氰盐作介质，故又称氰化。其目的是提高耐磨性、疲劳强度、抗压强度和耐蚀性，常用于低中碳合金钢的重、中负荷齿轮。

9. 真空渗元

真空环境下加温，零件达到渗元温度并均热后，通入渗元元素，元素渗入零件表面并扩散，形成一定密度和深度涂层的现象，称为真空渗元。真空渗元可分为两个过程：一是供元并使金属吸收；二是使吸收的元素扩散并达到一定的表面深度和浓度。真空渗元通常在高温下进行，为避免金属晶粒的粗大化、平均持久强度的降低，渗元后须进行真空热处理，提高表面性能。真空渗元表面质量高，节约能源，无污染。

渗元过程的三个工艺参数是温度、时间和压力。为了缩短渗元周期，加快元素的吸收和向深处扩散的速度，可提高渗元温度。但温度过高，将影响扩散质量，影响深层的均匀性，使晶粒在高温时长大，影响零件的机械性能。控制渗元扩散时间可调节真空渗元的表面密度和渗元深度。到达渗元温度后，控制渗元时间和扩散时间，就可以精确地控制涂层的质量。渗元总时间等于渗元时间与渗元扩散时间之和。

真空渗元的原子态气体，由炉压和渗元气相流量来控制。压力大，密度大，渗元能力强；气相流量大，渗元机会大，与零件表面接触广。炉压增加时，渗元速度增加，但到一定压力后，渗元速度增加缓慢，直到增加不明显。气相流量增加时，渗元速度增加，但流量增到一定值后不再增加，所以气相的压力和流量应取最佳值，才能使渗元速度最快。

10. 其他渗元

渗锌可提高零件抗大气、雨水、海水、硫化氢和水溶液的腐蚀能力，提高耐高温氧化性、耐磨和对光或热的反射性。涡轮叶片和导向器叶片可通过硅铝共渗提高耐热和抗氧化性。渗硫可以提高耐磨性；渗硼和铬可提高耐磨和耐腐蚀性。

4.4.3 电化学表面处理

电化学表面处理主要包括阳极化、电镀、刷镀等工艺，化学法的工艺基本特性及应用见表1-4-7。

1. 阳极化

铝和铝合金在电解溶液和特定工艺条件下，由于电流的作用，在阳极上形成一层氧化膜的过程称为阳极化。阳极化是铝及其合金最普通的一种防护方法，其实质是通过电化学氧化方法在铝及其合金表面形成一层氧化膜，这层氧化膜阻止基体材料与外界发生反应，从而达到防护基体材料的目的。

阳极氧化膜可提供中等抗腐蚀性和抗磨蚀性复层，也可作为装饰性复层，还可作为涂装和电镀的底层。用铝合金材料制造的零件，为提高表面的抗腐蚀性能，一般都要进行阳极化处理。铝镁合金零件的阳极化，利用电化学原理，在铝和铝合金表面生成一层氧化膜，提高零件表面的防护性、绝缘性、耐磨性和装饰性。在其工艺过程中应抛光或喷砂预处理表面。氧化剂用量、适合的温度和电流密度是氧化膜质量的影响因素。图1-4-62为铝合金板放在槽内阳极化，图1-4-63为检测阳极化后的铝合金板。

如果采用硬阳极化处理还能提高表面的耐磨性。阳极化可分为四种：硫酸阳极化、铬酸阳极化、硬阳极化和装饰性阳极化。硫酸阳极化是通常用的阳极化，其厚度为 0.01 mm。铬酸阳极化专门用于复杂或带孔零件，它的厚度通常为 0.05 mm，可形成一层美观的灰色表面。硬阳极化的抗腐蚀性是几种阳极化中最好的，它专门用于需要耐磨和耐腐蚀的零件或部件，涂层厚度为 0.05 ~ 1 mm。

图 1-4-62　铝合金放在槽内阳极化

图 1-4-63　检测阳极化后的铝合金板

表 1-4-7　化学法的工艺基本特性及应用

零件材料	保护层种类	特性及应用范围
铝和铝合金	化学氧化	化学氧化膜厚度 2 ~ 4 mm，膜很柔软，能与主体金属牢固地结合。用于在气体环境下工作的零件或作为涂漆的底层
	阳极化	氧化膜厚度为 5 ~ 20 μm，呈浅灰色、透明，在重铬酸盐中填充处理后，氧化膜呈黄绿色，能提高防护性能，用于所有铝及铝合金零件
	无色阳极化	氧化膜厚 5 ~ 20 μm，能提高防护性，用于铝合金
	着色阳极化	氧化膜在热水中进行填充处理，可提高抗蚀能力，用于铝合金零件
	硬阳极化	氧化膜厚度为 20 ~ 100 μm 或更厚，具有良好的耐磨性，高的电绝缘性和硬阳极化绝热性。硬阳极化后，零件尺寸增大量约为已生成氧化膜厚度的 1/2。用于工作时受摩擦的铝合金零件
	磷化	膜呈青色，硬度高于化学氧化膜，对油漆结合力良好，零件经磷化后尺寸不会改变。用于形状复杂和薄壁零件
	耐磨镀铬	承受滑动摩擦的零件
	镀锌	用于结构上为改善零件的电极以及性能而不适宜阳极化的、装在附件外面的零件
钢	磷化（磷化处理）	磷酸盐膜厚 5 ~ 10 μm，表面粗糙，能与主体金属很好地结合，不耐冲击、不耐磨，适于做油漆底层，用于外形复杂的零件和钢管
	防蚀氮化	氮化层在工业上有很好的抗蚀作用，在汽油蒸气和冷热变化的情况下也是稳定的，氮化对零件没有尺寸上的改变，主要用于精密件。淡化后，可以电镀
	镀锌	用于外观和耐磨性无特殊要求的所有钢件，如螺纹连接件等
	镀镉	用于需要紧密配合及良好装配件的精密零件及厚度小于 0.5 mm 的薄件
	镀铜	需结合产生密封变形管接头等零件
	镀铬	补偿磨损，增大尺寸

2. 电镀

电镀是一种将零件浸在金属盐溶液中作为阴极，要镀的材料为阳极，通电后零件上沉积出金属镀层的电化学过程。电镀是利用电解作用使金属表面附着一层金属膜，航空发动机零件的电镀应用类型有镀铜、镀铬、镀锌、镀镉和镀银等，按功能可分为耐热、尺寸修复、防护性、耐磨、装饰性和减磨镀层。其主要作用有提高耐热性、尺寸修复、耐腐蚀性、耐磨性、导电性和反光性，增进美观等。在大修中，钢零件电镀工艺应用较多，如镀锌、镀镉和镀铬。

（1）镀铜。镀铜后的零件表面呈粉红色，质柔软，有良好的延展性、导电性和导热性，易于抛光。镀铜层在空气中易失去光泽，与潮湿空气中的二氧化碳和氯化物作用，表面生成一层膜，图 1-4-64 所示为镀铜后的螺母。镀铜常用于防粘连和减振，如转子螺母、整流支板和减振环。一些金属易于在铜上沉积，且镀铜层应力小、强度高、结合力好，镀铜层可作为预镀层或多层电镀的底层。

（2）镀银。镀银的目的是防止高温粘连，如尾喷管的液压作动筒螺母。

（3）镀锌。锌的化学性质活泼，在大气中易氧化变暗。锌在密闭或通风不良，空气潮湿的条件下，与金属的挥发物接触易遭腐蚀，产生白色疏松的腐蚀产物"白锈"。在高温、高湿和密闭条件下，与胶木、油漆和木材释放的挥发物接触，会生成细丝状物质，又称"长毛"。

镀锌层呈青白色，易溶于酸也溶于碱，用于提高零件的耐蚀性，图 1-4-65 所示为镀锌后的紧固件。在大气及工业大气中有较高的防护性能，在矿物油中也能可靠地防止零件腐蚀，但在与海雾、海水直接接触的情况下其防护性能不如镉镀层。镀锌层具有中等硬度，在承受弯曲、延展及拧合时，不易脱落。

图 1-4-64　镀铜后的螺母

图 1-4-65　镀锌后的紧固件

镀锌层的弹性、耐压和耐磨性比镉镀层差。镀镉对基体金属产生的氢脆性比镀锌小，但在一定条件下可能产生镉脆。所以锌镀层用于一般钢零件，而不用于厚度小于 0.5 mm 的薄片零件和弹簧。

抗拉强度 $1\,372\times10^6$ N/m^2 以上或经等温淬火后抗拉强度 $1\,470\times10^6$ N/m^2 以上的零件和直径 10 mm 以上的 30CrMnSiA 钢螺栓，不允许镀锌，一般用镀镉来代替。但是对高强度钢零件，禁止镀镉，而以磷化来代替，也可以发蓝。但经发蓝后，应涂油，以增强其防护作用。

（4）镀铬。铬是一种略带天蓝色的银白色金属，铬层在大气中稳定，能长期保持其光泽，在碱、硝酸、硫化物、碳酸盐和有机酸等腐蚀介质中非常稳定，但铬可溶于盐酸等氢卤酸和热的浓硫酸。铬层硬度高，耐磨性好，反光能力强，有较好的耐热性。

镀铬工艺主要用于修复零件原镀层和恢复、加大零件尺寸。镀铬的作用是修复尺寸、表面防护和装饰。主要用于轴孔、齿轮的尺寸修复，图 1-4-66 所示为镀铬后的轴。为了保证镀铬零件的使用要求和质量，镀铬层的厚度应作适当控制，防止太厚起皮脱落，一般作如下规定：

1）圆柱形零件（如螺栓），$\phi5$ mm 以下，不进行恢复尺寸镀铬；$\phi6\sim\phi10$ mm，铬层厚度不大于 0.1 mm；$\phi11\sim\phi20$ mm，铬层厚度不大于 0.15 mm；$\phi21$ mm 以上铬层厚度不大于 0.2 mm。

2）作动筒、活塞杆，铬层厚度不大于 0.15 mm。

3）壁厚 1.5 mm 以上的管件，铬层厚度不大于 0.15 mm。

（5）镀镉。镉是银白色有光泽的金属，比锌软，不溶于碱液。在室温和干燥的空气中，几乎不发生变化，但在潮湿的空气中易氧化，生成一层薄膜覆盖于表面，防止金属继续被氧化。在硫化物的潮湿大气中，镀镉层的电化学保护作用会失效，在海洋和高温大气环境中，保护性能比锌好。但镀镉污染大，常采用镀锌或合金镀层替代，图 1-4-67 所示为镀镉后的轴。

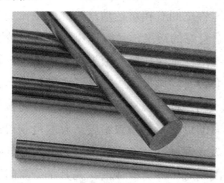

图 1-4-66　镀铬后的轴

图 1-4-67　镀镉后的轴

（6）钝化。将电镀过的零件，浸入铬酸或重铬酸钠溶液，在镀层表面生成一层钝化膜，以保护镀层而提高其抗蚀性和光泽。例如钢铁制件在镀锌后，浸入含有铬酸、硫酸和硝酸的溶液中进行钝化，使锌镀层表面生成一层黄绿色钝化膜。钝化膜不容易看见、不易被氧化，可以延缓金属的腐蚀速度，还具有装饰效果。

（7）除氢。钢中未限定氢、氮和氧元素的含量，但气体对钢材性能的影响不亚于硫和磷，有时甚至更加危险。氢在钢中含量甚微，但危害极大，微量氢可引起氢脆，甚至在钢材内产生大量微裂纹，使钢的塑性、韧性显著下降，导致零件突然断裂。焊接时焊缝里的氢元素，会使焊接处形成氢气孔，产生氢脆、白点和裂纹。国外曾因钢中微量氢造成汽轮机主轴突然断裂，引起电站爆炸；航空活塞发动机曲轴突然断裂，造成飞行事故。

除氢的目的是降低镀层和基体金属的脆性，防止脆裂或脆断。电镀时，零件表面沉积镀层，但同时电离出可以渗透镀层或基体金属的氢离子，产生较大应力，导致脆裂或材料脱落。除氢的方法是把电镀后的零件放入烘箱、真空炉或有一定温度的热油中浸渍一定时间。除氢温度越高、时间越长则除氢越彻底，但温度过高会降低镀层硬度。除氢一般是在钝化之前，防止除氢造成钝化层损伤。

3. 刷镀

刷镀是以浸满镀液的镀笔为阳极，零件为阴极，镀笔在零件表面擦拭接触，金属离子在零件表面上放电结晶而形成电镀层的一种电化学工艺过程，也称为金属笔镀或快速电镀。用于恢复尺寸和几何形状、填补表面损伤、制备或修复零件的电镀层、修复超差件、改善材料的焊接性能、防渗碳、防氮化和动平衡去重等。

刷镀无须将零件浸入电镀槽面使零件接受局部电镀，具有设备简单、施工灵活、镀层种类多、应用范围广、结合强度高和镀积速度快等优点。特别是能够以快速、便捷的手段解决大型零件的局部电镀，并且不需要拆卸就可修复零件表面的某些缺陷，可用于航空发动机的工厂维修和现场抢修。

（1）刷镀的工作原理。刷镀时零件为阴极，被镀的金属为阳极，阳极外包有吸水性好的垫或刷，用于吸附镀液，垫或刷与零件表面接触且不断相对运动，电流通过后零件表面形成镀层。

镀层的形成是溶液中的金属离子在零件上放电结晶的过程。但是，刷镀中镀笔和零件相对运动，被镀表面下不是整体，而是零件表面各点在镀笔与其接触时发生瞬时放电，零件表面形成结晶，构成金属层。由于镀笔和零件之间有相对运动，因此使用比槽镀大几十倍的电流密度，仍然能得到均匀、致密和结合良好的镀层，且镀积速度远大于槽镀。

（2）刷镀的工艺特点。刷镀的镀液采用不溶性阳极，由镀液提供金属离子，平时不需要对镀液化验调整。槽镀的每个镀种需要一套设备，刷镀用一套设备可镀积银、铜、铁、锡、镍、锌、镉、铟等多种单一金属或合金。同一种金属又可获得不同特点的镀层，如镍镀层就有多种，有的可获得最高沉积速度，有的可获得最高致密度，有的可获得最好的电效率，有的镀层光亮美观，有的镀层乌黑且吸光性好，有的镀层内应力低，有的镀层耐磨性好等。另外，将单一金属溶液按一定比例配制成多种合金镀液。尤其是低氢脆镉镀液在高强度钢上镀积后，可不进行除氢处理。

刷镀表面预处理时，除配有专用于除油的电净液外，还根据不同金属表面的钝化特点，配制了多种活化液，以提高表面预处理质量。

刷镀设备不用镀槽，被镀零件尺寸不受限制。不需镀积的零件表面，不需用大量材料绝缘保护。有些零件、部件只需局部分解即可修理，减少了拆装工作。刷镀设备便于携带，适于流动修理。凡镀笔触及之处，均可镀上，盲孔、深孔、键槽等都能镀，操作熟练时，即可获得厚度均匀的镀层。用不均匀电镀的方法矫正零件表面的锥度和不圆度，镀后尺寸可以控制在公差带以内，一般不再需要机械加工。

（3）刷镀的应用范围。刷镀可用于新零件制造或现有零件的维修。修理磨损表面、恢复尺寸和几何形状，填补零件表面的划伤、凹坑、斑蚀等。制备或修复零件的镀铬、镀锌、镀镉等防护层，修复超差件，修复缺陷，修复印刷电路板、电气触点、整流子、微电子元件等，改善材料钎焊性能，进行装饰或维修，防渗碳和防氮化，用反向电流进行动平衡去重、去毛刺、刻模等，可对断口表面实施保护。

刷镀特别适用小面积、小厚度、高性能、局部区域、现场修理、大型与精密件的修理、贵重件、小批量生产等。刷镀镀层厚度可以达 3 mm，但每种镀液、每种工艺条件都有一定的安全厚度。对于单一的金属镀层，随着厚度的增加，往往内应力增大，裂纹增多，结合强度和镀层本身的抗拉强度下降，镀层过厚时，甚至引起脱落。

4.4.4 物理法表面处理

物理法表面处理主要包括喷漆、喷砂、喷丸和强化等。

1. 喷漆

金属和非金属零件可采取刷涂和喷涂的方式上漆。对于数量比较多、喷漆面规则和易喷的零件使用喷涂法。当零件少、不规则或局部补漆时，使用喷涂法喷涂效率较低，宜采用手工刷涂。喷漆主要是用来保护机件表面不受腐蚀、作标记或耐高温，如机匣表面的耐酸漆，用于表面防腐；涂于环形火焰筒内壁的耐高温磁漆，保护火焰筒不被高温燃气腐蚀；压气机叶片的防腐漆；机匣密封面的有机硅耐高温银粉漆。涂漆前，将表面清理干净，去掉氧化层和其他杂质，可用汽油清洗干净。涂漆时，先涂增加结合力的底漆，干燥一定时间后，再涂面漆。为了确保漆层质量，油漆现用现配，用多少配多少。

2. 喷砂

喷砂是以净化的压缩空气为动力，形成高速喷射束，将喷料高速喷射到需处理的工件表面，使工件外表面的外表或形状发生变化，获得一定清洁度和不同粗糙度的一种工艺。喷砂可除掉零件表面的涂层、漆层、积炭、方向性磨痕、氧化皮、毛刺、锈蚀及熔渣等杂质，提高油漆、涂层和电镀层的附着力，也可以使零件表面产生特殊的闪光装饰效果，使工件外表更加美观，使工件表面更加平整，提高工件的光洁度，使工件露出均匀一致的金属本色。可用于需要电镀、氧化、磷化和涂覆油漆的表面预处理。对镀铬的零件喷砂，可以增加铬层的结合力。图 1-4-68 所示为手动式喷砂机，图 1-4-69 所示为手持喷砂机喷嘴准备喷零件，图 1-4-70 所示为砂粒高速喷出撞击零件，图 1-4-71 所示为喷砂后的零件。

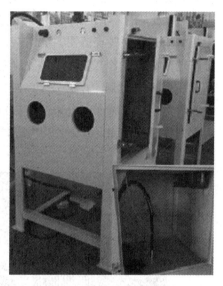

图 1-4-68　手动式喷砂机

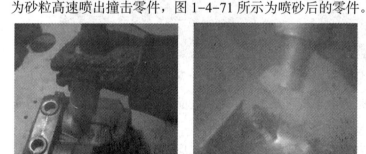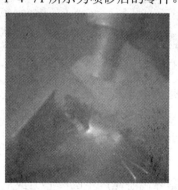

图 1-4-69　手持喷砂机喷嘴　　　图 1-4-70　砂粒高速喷出　　　图 1-4-71　喷砂后的零件

喷砂用的砂粒应当干燥，零件表面干燥无油。常用的砂粒有石英砂，砂粒呈不规则状。砂粒及压缩空气的压力大小取决于零件的材料、形状、表面状态和对表面的加工质量要求。压力不宜过大，以免砂粒相互碰撞摩擦，降低效率。当零件较薄、材料软时，空气压力比常规件要低一些，如黄铜和铝等。金属零件喷砂后，应在规定时间内进行表面处理或采取临时防护措施，以免零件表面被氧化。喷砂与喷丸相似，但喷料不同，喷砂的砂粒不规则；喷丸的丸子较为规整，喷丸可以产生压应力，没有含硅的粉尘污染。

3. 喷丸

喷丸是弹丸以高速度撞击零件表面，使表面产生残余压应力并形成细化亚晶粒的冷作硬化层，从而提高机件的疲劳强度和抗应力腐蚀能力，延长零件的使用寿命。喷丸可用于齿轮等零件的表面强化，以及压气机和涡轮叶片榫头两侧的微动损伤防护。叶片榫头两侧喷丸强化后，表面硬度增加，对微动区域疲劳裂纹的萌生有一定阻碍作用。强化层的残余压应力减小了裂纹的扩展速率，喷丸后在金属表层生成数百兆帕的残余压应力，有利于提高零件的疲劳强度。图 1-4-72、图 1-4-73 所示为喷丸前和喷丸后的气缸组件。

常用弹丸材料有铸铁、不锈钢、钢、玻璃、陶瓷、塑料等，选择时主要考虑被处理工件材料的硬度、表面粗糙度、强化深度和残余应力等，图 1-4-74 所示为放大后的玻璃丸。喷丸强化层深度一般为 0.1～0.8 mm。喷丸可增加金属表面的粗糙度，弹丸越硬或弹丸动能越大，硬化层越深，硬化效果越好。

图 1-4-72　喷丸前的气缸组件

图 1-4-73　喷丸后的气缸组件

图 1-4-74　放大后的玻璃丸

齿轮表面的喷丸强化主要是借助于高速弹丸冲击轮齿表面，使表面变形，产生残留压应力、加工硬化和组织细化等变化，改善齿轮的抗咬合能力，提高齿轮的弯曲疲劳强度、接触疲劳强度和使用寿命。喷丸前去除零件表面油污、氧化皮、锈蚀和机械加工毛刺。喷丸工艺可分为干喷丸、水喷丸、激光喷丸和超声喷丸。

（1）干喷丸。干喷丸工艺是靠离心轮产生的离心力或从喷嘴喷出的压缩空气将弹丸喷射到零件表面，使其获得一定厚度的表面强化层。常用的干喷丸强化设备有机械离心式喷丸机和风动式喷丸机，图 1-4-75 所示为典型的喷丸机。机械离心式喷丸机使用的弹丸一般是密度大的铸铁、铸钢或钢弹丸，主要用于喷丸强度大或强化层深度较深的大钢件。其特点是效率高、强化效果明显、调节容易、强化效果稳定和容易自动化。但设备投资大、噪声大、弹丸消耗量大、强化复杂形状零件时不灵活和存在粉尘污染。图 1-4-76 所示为航空发动机的叶片喷丸，图 1-4-77 所示为叶轮机转子喷丸。

图 1-4-75　喷丸机

图 1-4-76　航空发动机的叶片喷丸

风动式喷丸机所使用的弹丸一般均为密度较小的玻璃弹丸，广泛用于铝、铝合金和镍基热强合金的零件的表面强化。其优点是设备比较简单；工作灵活能处理复杂的表面和内腔。其缺点是效率低，能量消耗大；弹丸消耗量大。

（2）水喷丸。水喷丸强化是液体和弹丸形成弹丸流，以一定速度喷射到零件表面，提高零件表面性能。水喷丸与干喷丸相比，污染小、噪声低、节能和弹丸消耗少，保护了环境，改善了工作条件。水喷丸通过合理选择工艺参数，可以达到干喷丸强

图 1-4-77　叶轮机转子喷丸

化的强度和效果。表 1-4-8 所示为某型发动机压气机叶片干喷丸与水喷丸的主要参数设置对比，表 1-4-9 为干喷丸和水喷丸的技术效能对比。

表 1-4-8　某型发动机压气机叶片干喷丸与水喷丸的主要参数设置对比

序号	名称	干喷	液喷	备注
1	叶片送进速度	1.2 m/min	0.6 m/min	
2	喷丸压力	$3 \sim 3.5$ kg/cm^2	$3.5 \sim 4$ kg/cm^2	
3	喷嘴数量	8 个	8 个	
4	弹丸直径	$0.15 \sim 0.25$ mm	$0.15 \sim 0.25$ mm	
5	喷射物	玻璃丸	水 + 玻璃丸（3：2）	
6	喷嘴至零件距离	$110 \sim 150$ mm	$80 \sim 120$ mm	
7	喷射角度	90°	90°	
8	弧高度值	0.15 mm	0.15 mm	
9	参与压应力值	-67 kg/cm^2	-67 kg/cm^2	
10	覆盖率	95%	95%	

表 1-4-9　干喷丸和水喷丸的机技术效能对比

名称	干喷	水喷	备注
粉尘污染	15.66 mg/m³	1.6 mg/m³	
噪声污染	96 dB	80 dB	
玻璃丸消耗	20 kg/台	3.5 kg/台	
用电量	7 kW·h	1.1 kW·h	

（3）激光喷丸。激光喷丸是一种表面硬化技术，利用高能脉冲激光在零件表面产生冲击波，冲击波作用于金属表面产生的机械"冷作"，使表面金属材料被压缩和产生塑性变形，零件表面硬度增加和形成残余压应力。提高了零件表面的抗疲劳性能、抗腐蚀能力和抗破坏裕度，可用于航空发动机叶片和零部件的表面强化。

与传统的机械喷丸强化相比，激光喷丸强化具有以下特点：光斑大小可调，可以对狭小的空间进行喷丸，而传统机械喷丸受到弹丸直径等因素的限制则无法进行。激光脉冲参数和作用区域可以精确控制，参数具有可重复性，可在同一地方通过累计的形式多次喷丸，因而残余压应力的大小和压应力层的深度精确可控。激光喷丸形成的残余应力比机械喷丸的残余应力大，其深度比机械喷丸形成的大。激光喷丸使得零件表面塑性变形形成的冲击坑深度仅为几微米。其适用范围广，对碳钢、合金钢、不锈钢、可锻铸铁、球墨铸铁、铝合金及镍基高温合金等材料均适用。

（4）超声喷丸。超声喷丸是用超声波的机械振动冲击作用，使喷丸介质作用于材料表面，产生高幅冲击荷载，对金属表面进行快速有力冲击。改变金属材料中的应力分布和微观组织结构，使零件表面获得较高的抵抗疲劳和裂纹侵蚀的残余压应力，能使金属表面产生更深的残余压应力层，提高材料表面的机械性能，延缓裂纹的扩展速率，提高零件的耐磨、耐蚀和疲劳性能。超声喷丸强化使表面粗糙度值微小升高，使表面粗糙程度更均匀。超声波喷丸过程中丸粒破损少，无粉尘污染，可多次重复利用，设备体积小，耗能低。其可以修理带有复杂型腔的零件。

4．强化

（1）旋板强化。旋板强化是用黏结有弹丸的特制旋板，在旋转中连续不断地击打零件表面，使其获得一定厚度的表面强化层。旋板强化的设备主要是旋具和旋板，旋板可以由电动机或风机带转。一定时间内弹丸的脱落不超过规定面积，当弹丸消耗超过规定百分比时更换旋板。旋板如图 1-4-78 所示。特别适用零件原位局部表面强化，但不适用表面的大面积强化。常用于强化机匣的安装座和转接座焊缝。表 1-4-10 所示为旋板强化与喷丸强化的比较。

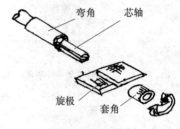

图 1-4-78　旋板

表 1-4-10 旋板强化与喷丸强化的比较

序号	名称	旋板强化	喷丸强化
1	强化方式	原位表面强化	工作室内表面强化
2	配套设备	一个冷气瓶	空气压缩机一套
3	使用范围	小面积、孔壁	大面积、不能强化孔壁
4	配合要求	非表面强化面不需保护	非表面强化面不需保护
5	污染情况	无污染	有污染
6	设备质量	7.5 kg	1 000 kg
7	设备体积	450×320×200 （mm³）	1 500×1 000×2 200 （mm³）

（2）挤压强化。挤压强化是一项提高结构疲劳强度的冷加工工艺。用冷挤压的办法，控制孔内或开口周围材料表面层的塑性变形，使孔或开口表面形成具有一定的残余压应力的强化层。减小外加交变荷载的拉应力，提高疲劳强度。常用的挤压强化法有如下三种：

①圆弧应力挤压法。圆弧应力挤压法是在孔或开口的棱边上挤压出高光洁度的圆弧。主要用于厚度在 4.75 mm 以下的材料，挤压的圆弧半径约为 0.75 mm。

②凹面应力挤压法。凹面应力挤压法是在孔或开口周围材料表面上挤压出一定深度的环形凹面，主要用于厚度大于 4.75 mm 的材料，挤压深度约 0.1 mm。

③扩孔应力挤压法。扩孔应力挤压法是用挤压器把具有一定过盈量的挤压棒压过孔内，使孔的内表面产生一定的塑性变形。挤压棒材料比被挤压的板材坚实，当板材孔表面产生塑性变形时，挤压棒处于弹性状态，其过盈量体现了表面强化的强度。图 1-4-79 所示为工件受挤压的弹塑性边界。

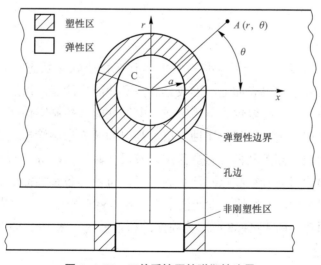

图 1-4-79 工件受挤压的弹塑性边界

（3）电火花强化。电火花强化是通过电火花的放电作用把一种导电材料涂敷熔渗到另一种导电材料的表面，从而改变后者表面的性能。利用脉冲电路，以硬质合金、石墨、合金钢、铝或钢等导电材料为阳极，零件为阴极，在空气或特殊气体介质中，零件与导电材料的电火花放电，使放电区域的材料在极短时间内熔化、气化或等离子化，将工作电极材料扩散至零件表面，形成一定厚度的强化层。其目的是提高零件表面硬度、耐磨性、耐腐蚀性及红硬性等。其可用于航空发动机整流支板等零件的表面硬质合金强化。把硬质合金材料涂到用碳素钢制成的各类刀具、量具及零件表面，可大幅提高其表面硬度，硬度可达 70～74 HRC，增加耐磨性、耐腐蚀性，提高使用寿命。电火花强化由于形成了一定厚度的强化层，既可用于零件的表面强化，提高零件的硬度及耐磨性，又可用于磨损部位的修复。

两电极接触后，电极和零件材料瞬间在高温高压条件下熔化，凝固生成表面合金层，结合牢固，不易发生剥落，电火花强化过程如图 1-4-80 所示。由于放电时间短，放电区域面积小，热输入量小，电火花作用在零件表面的微小区域内，零件基体材料不会因受热退火、软化或热变形。电火花强化可以实现免拆装的现场局部强化，零件可允许多次强化，操作简单。脉冲电源的电气参数和强化时间，影响强化层的厚度和表面粗糙度。常用的电极材料有 TiC、WC、ZrC、NbC、Cr_3C_2 和硬质合金等。

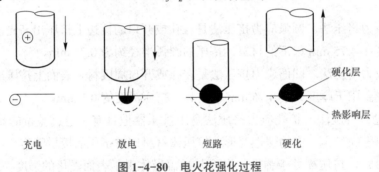

图 1-4-80　电火花强化过程

4.4.5　喷涂

1. 热喷涂

热喷涂是把丝（棒）状或粉末状材料加热到熔化或软化状态，并进一步雾化、加速，沉积到零件或基本材料表面上，形成具有一定功能的涂层。涂层的目的有提高零件的耐磨、耐热、耐氧化、防腐蚀、电绝缘或导电等性能，控制零件间隙，恢复尺寸。常用的涂层有热障涂层、抗高温氧化腐蚀涂层、高温和低温耐磨涂层、抗微振磨损涂层、防火涂层、润滑涂层、高温和低温封严涂层以及尺寸修复涂层等。与其他表面处理工艺比较，热喷涂的喷涂材料和被喷涂基体材料广泛，可获得各种性能的涂层。设备简单，通用性强，操作程序少，速度快，生产效率高，基体材料变形小，无热变形。图 1-4-81 所示为喷涂工作原理，图 1-4-82 所示为喷涂的粉末材料，图 1-4-83 所示为涡轮叶片热喷涂施工。

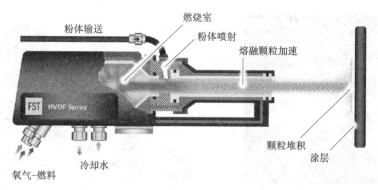

图 1-4-81　喷涂工作原理

图 1-4-82　喷涂的粉末材料

图 1-4-83　涡轮叶片热喷涂施工

美国 P&W 公司的 JT3D、JT8D、JT9D 等发动机关键零部件——风扇叶片、压气机叶片、燃油喷嘴组件、燃烧室、涡轮叶片、导向叶片、轴颈、轴承座和空气封严圈等 2 800 多个零件，采用多种材料进行喷涂，使 JT3D 发动机的大修间隔时间从 4 000 h 提高到 16 000 h。RB211 发动机燃烧室衬套采用镍铬铝及氧化镁、氧化锆热障涂层后，使用寿命提高 4～5 倍。英国 RR 公司的斯贝（SPEY）发动机上有 200 多种零部件采用了热喷涂涂层。某型航空发动机的涡轮叶片经 5 438 h 运行后，检修时的叶片原始形貌如图 1-4-84 所示，喷涂前经过清洗、去除涂层、基材修补等处理后如图 1-4-85 所示，图 1-4-86 所示为喷涂后的形貌，图 1-4-87 所示为航空发动机可喷涂的零部件，图 1-4-88 所示为喷涂耐磨涂层的封严环。

图 1-4-84　经 5 438 h 运行后的涡轮叶片

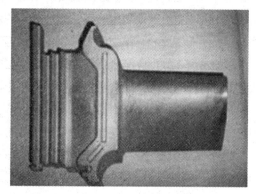

图 1-4-85　叶片完成喷涂前处理

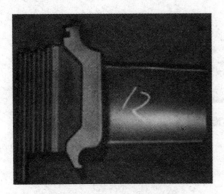

图 1-4-86　喷涂后的叶片

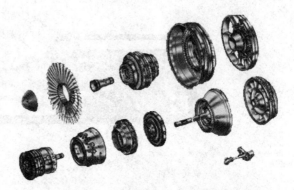

图 1-4-87　航空发动机可喷涂的零部件

民用大涵道比涡扇发动机，以陶瓷材料为主的非可刮削封严涂层用等离子法喷涂。用于密封环、套表面的Ag-Cu或Cu-Al合金润滑涂层用双丝电弧喷涂或等离子喷涂技术喷涂，涂层具有良好的导热性能和存在一定比例的孔隙率，使涂层表面始终存有润滑油。磨痕深度大于0.03 in的磨损部位可采用电弧喷涂工艺进行修复。

图 1-4-88　喷涂耐磨涂层的封严环

常用的热喷涂工艺有以气体燃烧为热源的火焰喷涂和爆炸喷涂，以电弧为热源的电弧喷涂、等离子喷涂和以电子束为热源的电子束物理气相沉积。等离子喷涂和火焰喷涂主要用于喷涂防护和恢复尺寸涂层。

（1）火焰喷涂。火焰喷涂是以氧气和燃气燃烧的火焰为热源，喷涂材料以一定的传送方式送入火焰，加热到熔融或软化状态，依靠气体或火焰加速喷射到基体上，堆积成涂层。根据喷涂材料的不同，火焰喷涂分为丝火焰喷涂和粉末火焰喷涂。

常用的燃气是乙炔、氢气和丙烷。火焰喷涂的温度和喷射粒子的速度比较低，粒子与基体撞击时变形较小，涂层孔隙率高、强度低和黏结力差。对于粉末火焰喷涂，火焰冲刷基体，导致较多的热量传递到基体金属，引起基体和涂层的氧化。粉末火焰喷涂除聚苯酯树脂、铝－硅以外的其他可磨耗封严层有无可比拟的优越性，喷涂镍基自熔合金比较经济。

火焰喷涂的优点是操作简便、成本低、喷涂设备移动方便，适于外场作业。但对于高熔点的难熔材料，受到燃气火焰最高温度的限制。由于氧气－燃气火焰的直径可以压缩得比粉末火焰喷涂小，能更有效地利用氧气－燃气火焰的热量。丝火焰喷涂的粒子速度通常比粉末火焰喷涂高，涂层的密度和黏结强度高。超音速火焰喷涂时，喷涂材料温度低和速度快，大幅度提高了涂层的密度、硬度和结合强度，降低了涂层的氧化物含量，使涂层更加纯净。超音速火焰喷涂涂层有较好的耐磨和抗腐蚀性能，内部的残余应力为压应力，涂层厚度可达数毫米。

（2）爆炸喷涂。爆炸喷涂是利用氧和可燃气体的混合气，经点火后在喷枪中爆炸，利用气体爆炸的能量，将被喷涂的粉末材料加热、加速撞击零件表面形成涂层。

爆炸喷涂具有脉冲循环和爆炸特点，在每个工作循环内，制件上都形成厚 5～10 μm 的涂层点。喷涂脉冲循环使基底材料受热温度极小。爆炸喷涂的工作过程持续时间短，气体流对粉末的加速和热作用持续时间短，提高了被喷涂材料的物理机械性能。爆炸喷涂的粒子冲击速度快、最高温度高、表面粗糙度为 1.6 ～ 0.8 μm。涂层致密，涂层能保持原材料性能，与基体的结合强度高、黏合密度好。不需表面加工使用，适合喷涂耐高温和耐磨的材料。但爆炸喷涂价格高，沉积速度低。

（3）电弧喷涂。电弧喷涂是利用燃烧于两根连续送进的金属丝之间的电弧来熔化金属的，用高速气流把熔化的金属雾化，并对雾化的金属粒子加速使它们喷向零件形成涂层。电弧喷涂是钢结构防腐蚀、耐磨损和机械零件维修中普遍使用的方法。电弧喷涂系统一般是由喷涂专用电源、控制装置、电弧喷枪、送丝机及压缩空气供给系统等组成的，图 1-4-89 所示为超声速电弧喷涂碳化钨。电弧喷涂的材料仅限于导电性丝材，涂层孔隙度高、致密性差。

图 1-4-89　超声速电弧喷涂碳化钨

（4）等离子喷涂。等离子喷涂是采用等离子弧发生器，将通入喷嘴内的气体加热和电离，形成高温高速等离子射流，熔化和雾化金属或非金属涂料，使涂料高速喷射到经预处理的零件表面上，涂料粒子与基体撞击、黏结并堆积形成涂层。等离子喷涂的喷射粒子速度高、热源温度高，但传递给基体材料的热量不多，对基体热影响较小。涂层与基体具有较高结合强度，涂层较为致密，孔隙率低；喷涂过程中，可以对已成型零件进行表面喷涂。喷涂工艺规程稳定，操作简便，喷涂效率高。绝大多数一种材料能采用等离子喷涂工艺，其广泛用于修理生产。在民用大涵道比涡扇发绝大多数动机修理中，磨痕深度小于 0.03 in[①] 的磨损部位可采用等离子喷涂进行修复。

真空等离子喷涂是在真空环境下进行的等离子喷涂过程，具有超高温特性，便于高熔点材料的喷涂，喷射粒子速度高，涂层致密，黏结强度高，喷涂材料氧化程度小。

热喷涂工艺中，喷涂材料的加热温度、喷涂材料的撞击速度以及喷涂材料与基体的氧化程度影响涂层质量。不同的热喷涂方法所获得的最高温度和粒子速度不同，表 1-4-11 所示为部分热喷涂方法的参考工艺参数。

表 1-4-11　部分热喷涂方法的参考工艺参数

热喷涂工艺	粒子速度 /（m·s⁻¹）	最高温度 /℃	涂层孔隙率 /%	黏结强度 /MPa
粉末火焰喷涂	24 ～ 36	2 537 ～ 2 649	10 ～ 15	6.95
丝（棒）火焰喷涂	240	2 276 ～ 2 871	10 ～ 15	6.95
爆炸喷涂	>30	3 351	1 ～ 2	59.97
电弧喷涂	240	5 538 ～ 6 649	10 ～ 15	9.99
等离子喷涂	488	11 093	1 ～ 10	29.98
真空等离子喷涂	>500 可控	16 600	0 ～ 1	53.90

① 1 in = 2.54 cm。

（5）电子束物理气相沉积。电子束物理气相沉积是一种蒸镀方法，以电子束为热源，电子束通过磁场或电场聚焦在涂层的蒸发源锭子上，使被喷涂材料熔化，在真空的低压环境中，蒸发源材料的气相原子沉积到基体材料表面形成保护膜。其用于喷涂陶瓷面层和金属过渡层。电子束物理气相沉积的蒸发速率高，可以蒸发绝大多数的物质，而且沉积得到的涂层与基体的结合力非常好。涂层的位置和厚度可控，且均匀。

2. 冷喷涂

冷喷涂采用压缩空气将金属粒子加速，经喷嘴喷出，金属粒子高速撞击并附着在基体表面，使零件表面形成涂层。冷喷涂原理如图1-4-90所示，冷喷涂可以喷涂多类别的、具有一定塑性的材料，如锌、铝、铜、铁、镍、钛、不锈钢和青铜等，可喷涂的基体材料有镍基合金、钛合金、铝合金、镁合金等，获得导电、隔热、防腐和耐磨涂层等。

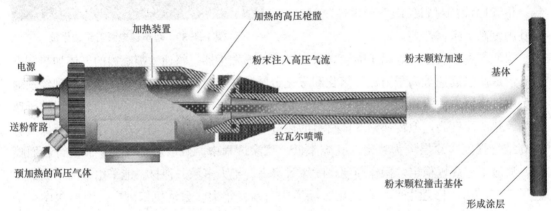

图 1-4-90　冷喷涂原理

在喷涂过程中，喷粉粒子低温、高速和不熔化，可以避免粒子在加速与加热过程发生的物理化学反应。被喷涂基体的表面瞬间温度和体感温度不高，对基体的热影响小，可以避免基体热变形和材料组织发生破坏。涂层致密性好，由于高速粒子经过剧烈塑性变形实现沉积，涂层组织致密，并在涂层中产生较大的压应力，厚度可达10 mm以上。由于没有经历明显的热过程，因此基本不发生组织结构的变化。未沉积的喷涂材料，可以回收利用，喷粉利用率高。喷流直径聚焦好，可有选择性地局部喷涂，不需对零件覆盖防护。图1-4-91所示为某航空发动机零件冷喷涂修理效果。

图 1-4-91　某航空发动机零件冷喷涂修理效果

冷喷涂根据压缩空气的压力不同，分为高压冷喷涂和低压冷喷涂。高压冷喷涂压力和噪声大，耗气量与粉末消耗量大，喷涂定向性差，喷涂出的涂层不平整易产生砂眼。低压冷喷涂工作气压和噪声小，无火焰、危险气体、辐射和化学废料，安全性高，涂料定向性好。冷喷涂的工艺参数主要有喷涂材料温度、喷涂离子速度和喷枪移动速度等。

3. 特种涂敷

特种涂敷是指在常温条件下，将涂料涂敷到零件表面，修复零件表面划伤、磨损等故障的一种修理工艺。操作简便、成本低、质量好。常用的涂料有环氧粉末、尼龙、二硫化钼和环氧树脂。

常用的涂敷方法有飞扬法、热粘法、悬浮液法和浇注法。飞扬法是一种借助于容器中的搅拌器搅拌或 100 ℃～200 ℃的热空气吹拂，使容器内的涂料粉飞扬并黏附到具有一定温度的零件表面。其操作简单，但涂层不易均匀。

热粘法是将涂料粉或膜片直接涂敷到加热零件表面。其设备简单，操作方便，成本低，为修理中广泛应用的方法。悬浮液法是将涂料粉与适当的有机溶液配制成悬浮液，用刷子或喷枪将悬浮液涂于零件表面或将零件浸于悬浮液，获得涂层。该涂层均匀，但较薄，涂刷一层的厚度只有约 0.005 mm。浇注法是将熔融的涂料浇灌到零件表面，获得涂层。该涂层表面光洁，但需要配置相应的夹具，一般用于精度和表面粗糙度要求较高的零件表面。

（1）热粘环氧粉末工艺。零件热粘前，毛化热粘表面，使其表面粗糙度 $Ra>$ 3.2 μm；用丙酮或酒精清洁表面。加温零件并保温，粘敷环氧粉末，去毛刺。固化后锉或车到规定尺寸，检验应无缺损、老化、起层、杂质和气泡。此工艺广泛用于零件工作温度在 120 ℃以下、受力不大、固定不动或有轻微摩擦活动的零件接触面修补。

（2）浇注环氧树脂工艺。以油泵壳体修理为例，清洗油泵壳体，除油。将壳体加温到 60 ℃，保温 30 min。配制熔融涂料，将熔融的涂料浇灌到壳体孔内，压入芯棒。清除冒口。加温至 60 ℃，保温 15 h，继续加温至 80 ℃，保温 2 h，再继续加温至 150 ℃，保温 1 h 固化。水淬，冷水中冷却至室温，脱胎后检验，无划伤、掉块，椭圆度不大于 0.005 mm。

（3）尼龙涂敷工艺。制作醇溶尼龙膜片，配制尼龙液。用毛刷将配好的尼龙液多次涂刷在玻璃板上，制成需要厚度的膜片并裁剪成条待用。注意每次涂刷必须待涂层晾干，不粘手后再涂。热粘膜片，毛化滑块贴面并用丙酮或乙醇清洁表面；粘贴面涂刷胶，自然晾干；滑块在（180±10）℃下保温 40 min 后粘贴膜片。固化：加温至（180+10）℃，保温 1 h；水淬：冷水中冷却至室温；干燥：吹或烘干；检验要求：无脱胶、起层，尺寸符合要求。

特种涂敷工艺操作简单，成本低。但是，须严格执行特种涂敷工艺操作规程，否则难以获得高技术要求的涂层和稳定的质量。

4. 静电喷塑

静电喷塑是用喷粉设备把粉末涂料喷涂到零件表面，形成涂层。通过高压静电发生器使喷枪头带高压负电并作为负极，零件接地为正极，形成一个静电场。从喷枪中喷出的粉末涂料，在静电场作用下被均匀地吸附在零件表面，形成粉状涂层。涂层经过高温烘烤流平固化，生成表面光泽、涂料均匀和结合力好的表面保护涂层。图 1-4-92 所示为静电喷塑工作原理。

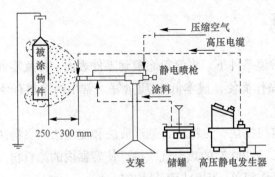

图 1-4-92 静电喷塑工作原理

静电喷塑的工艺流程：清洁零件表面—预处理（金属表面处理、除尘）—喷塑—固化—检验—包封。静电喷塑使用的粉末不含溶剂，避免了溶剂挥发引起的空气污染和火灾。粉末涂料不需含铅底漆，避免铅中毒危险。涂层表面光滑、耐磨和耐腐蚀，表面保护性能好。过喷的粉末可通过回收装置回收，减少了原材料损失，降低了成本。工艺简单，易于操作。

【知识拓展】

其他表面处理技术

1. 滚光

滚光是在含有磨料和滚光液的滚筒机或钟形机中，用零件与磨料之间的摩擦进行磨削、整平、去除零件的毛刺和污垢。滚光适用大批量小零件的镀前和镀后处理，可部分或全部代替镀前的磨、抛光和镀后的刷光，具有较好的表面粗糙度。

滚光使用的磨料有砂子、铁砂、木屑、核桃皮、皮革碎块等，根据零件材料、性质和光泽要求选磨料。零件上有少量油污和锈蚀时，在滚筒机里加入稀释的苏打水、肥皂和皂角等碱性物质，也可以加入稀硫酸和乳化剂等，可提高滚光的除油、除锈效率。油污和锈蚀较多时，先除油、除锈再滚光。滚筒的形状一般为圆形和多边形，多边形可增加零件的搅动，比圆形效率高，滚光钢球时，宜用圆形滚筒。

可在滚筒机总工作空间的1/3～2/3装零件，先装零件，再将滚光液加至滚筒机工作空间的90%，滚筒的转速一般为40～50 r/min，零件直径较大、质量较大或是薄壁时，则适当降低转速，为了不损伤零件，滚筒直径应选择大一些的。

2. 刷光

刷光是用高速旋转的细弹簧钢丝或黄铜丝制成的刷光轮磨刷零件表面，达到去除零件表面的锈皮、毛刺、漆层、焊渣、污垢、断面修饰和光蚀的目的。刷光适用小批量金属零件的镀前和镀后处理，刷光轮一般由弹性好的钢丝、黄铜丝和青铜丝制成，金属丝的端面棱锋切刮金属表面。

根据零件的材料、性质和要求选择刷光轮，零件表层材料硬度越高，刷光轮的材料也越硬；反之则软。增加刷光轮的直径或提高转速可提高刷光材质较硬的金属零件的生产效率。刷光基体金属时，常用碱性刷光液提高刷光效率和减少金属粉尘，如碳酸钠、稀磷酸三钠溶液、肥皂水和石灰水等。

3. 激光强化

激光强化是利用高能激光束和零件表面之间的交互作用，改变零件表面的组织结构、化学成分、物理性能和应力状态，改善零件的耐磨、耐蚀、抗氧化和抗疲劳等表面性能。

激光束照射到零件表面被吸收并转变为热能，表层材料受热升温。由于功率集中在一个很小的表面上，在短时间内把材料加热到高温，使材料发生固体相变、熔化甚至蒸发。当激光束被切断或移开后，材料表面冷却速度很快，自然冷却就能实现表面强化。激光强化的特点是功率密度大，加热速度快，加热温度高，基体自然冷却速度高。表面强化组织细，硬度高，质量好，表面光洁无氧化，具有高强度、韧性、耐磨性和耐蚀性。热影响区小，变形小，可以局部加热，对形状复杂、非对称几何形状的零件及特色部位均可进行表面强化处理，如盲孔底部、深孔内壁等。

【任务实施】

技能训练任务 1-4-1 分油盘平面研磨。
技能训练任务 1-4-2 内圆研磨。
技能训练任务 1-4-3 外圆研磨。

【课堂练习】

一、简答题

1. 说明锉修的技术特点及在航空发动机修理上的应用。
2. 止裂孔的作用是什么？哪些航空发动机零件可以打止裂孔？如何打？
3. 止裂孔可以消除裂纹扩展吗？为什么？
4. 研磨加工工艺的特点是什么？其发生机理是什么？
5. 从研磨方案制定、研磨准备、研磨实施、研磨测量、研磨注意事项和研磨收尾工作等方面谈谈研磨修理工艺的理解和体会。
6. 焊接的方法、内容和目的是什么？
7. 说明表面处理工艺的目的和方法。
8. 说明喷丸强化技术的原理、特点、应用范围。
9. 说明喷砂技术的原理、特点、应用范围。
10. 说明表面处理工艺的技术特点及在航空发动机修理上的应用。
11. 什么是热喷涂？写出可以喷涂的三种或三种以上航空发动机零件，并分别说明其作用。
12. 什么是冷喷涂？与热喷涂有什么不同？

13．什么是特种涂敷？在航空发动机修理上有哪些具体应用？

14．如何提高手工铰孔的表面粗糙度？

二、拓展训练题

1．定位销常用于固定零件的相互位置，直接关系零部件的装配精度。当机匣上的孔位置度不符合要求时，需要铰削定位孔保证机匣与其他部件的位置度，请问：如何铰削定位孔？铰削时有何注意事项？

2．黏结实例以尼龙为例，修补启动机变形故障。某型发动机的启动机是悬臂梁结构，工作一定时间后，启动机的安装座易导致下方被压扁，请问：如何涂粘尼龙修复型面？

3．真空除应力时，需要对叶片进行加温和冷却，试问：有没有可能产生裂纹？为什么？如果会产生裂纹，去应力后应当进行哪些故检工艺？

4．理解喷丸强化、激光强化和挤压强化工艺方法后，综合分析各自的特点，谈谈这些工艺方法的认识，从中得到启发，提出实现同样功能的新工艺。

5．理解熔焊的原理、方法和作用后，分析：是否可以通过两个零件的高速相互摩擦运动实现零件的焊接？为什么？

6．某压气机叶片经喷涂前处理后，直接喷涂 AC-2 聚氨酯漆，喷涂效果良好，但易脱落。试问：是否可以改用喷底漆加面漆，来提高结合强度，为什么？

7．查阅资料，说明某叶片低温渗铝、电缆的氟塑料涂层、燃烧室的陶瓷隔热涂层和排气装置的氧化锆涂层分别具有的作用。

【素养提升】

阅读以下教学案例，结合本任务所学习的专业知识和技能，从国防责任感、使命感、钻研精神、无私奉献的航空报国思想、精益求精的航空工匠精神、遵章守纪的职业素养、吃苦耐劳的工作作风、"咬定青山不放松"的坚强意志和毅力等方面，按照"三全育人"的要求，分析案例中所蕴含的积极元素，剖析对新时代航空维修事业接班人的启示。

一锉一磨间的航空梦

方文墨是中航工业沈阳飞机工业（集团）有限公司钳工。25 岁，成为高级技师，拿到钳工的最高职业资格；26 岁，参加全国青年职业技能大赛，夺得冠军；29 岁，成为中航工业最年轻的首席技能专家。

方文墨改进工艺方法 60 余项，撰写技术论文 12 篇，申报技术革新项目 20 项，并取得了"定扭矩螺纹旋合器"等 3 项国家发明专利和实用新型专利。"定扭矩螺纹旋合器"提高生产效率 8 倍，仅人工成本每年就为企业节约 100 多万元；他改进的钛合金专用丝锥，提高工效 4 倍，每年节约人工成本和材料费 46 万余元。

方文墨出生在一个航空世家。姥姥、姥爷、爸爸、妈妈都是中航工业沈阳飞机工业（集团）有限公司职工。从年少起，父辈传承的航空报国情怀，就在方文墨心里深深扎根。而厂区里，试飞的战斗机一次次呼啸着划破长空，那鹰击长空的豪情，更是让方文墨萌发了亲手制造战斗机的念头。2003年，方文墨以全班第一的成绩从沈飞技校毕业后，被分配到沈飞民品公司加工卷烟机的零件。眼看着造飞机的梦碎了，他伤心欲绝。方文墨的母亲回忆说，当时儿子哭了好几个月，她安慰方文墨说，"你好好干，是金子在哪儿都会发光。"10多年来，方文墨一头钻进钳工世界，一锉一磨地打造自己的梦想。几年内购买了400余本专业书籍，整理了20余万字的钳工技术资料。

双手是创造和灵感的源泉，为保证手掌对加工部件的敏锐触觉，他每天都用温水浸泡20 min，以去掉手上的茧子；大个头的他喜欢打篮球，但怕手受伤，不得不忍痛远离篮球；有一斤酒量的他，为避免工作和比赛时手发抖，索性把酒彻底戒掉。手掌虽然细腻，但方文墨的手背、小臂伤痕累累。一块铁疙瘩放在方文墨手里，他边打磨边拿捏，就能知道距加工成合格零件还差多少、差在哪里。

钳工是机械工人中的万能工。在很多人看来，钳工枯燥乏味，又苦又累。但在方文墨眼里，钳工岗位是一个充满艺术灵感和生命活力的小世界。"通过打磨、加工，赋予冰冷的零件以温度与情感，每当一个半成品零件加工完成后，我都觉得给了它第二次生命。"方文墨说。钳工好比武术中的剑客，"站桩"练习漫长而辛苦。为了练就精湛技艺，方文墨几乎把所有时间都用来"练功"。有同事不解地说："大墨，别装了，咱再怎么练不也就是当个工人吗？"听了这话，方文墨总是认真地说："我就是当工人的料，但我要当最好的工人，做中国最好的钳工。"

他能把零件打磨出相当于头发丝1/25的精度。方文墨在机床前站定，随手拿起一个半成品零件，顺着打磨头缓缓移动，"嘶啦啦"溅落一片金黄色碎屑。他举起零件仔细端详，转身来到机器上继续打磨……十几分钟后，4个外形毫无差别的零件整齐地码放在工作台上，加工公差为0.003 mm。这个精度仅相当于头发丝的1/25，超过了自动化程度很高的数控机床所能加工的精度，被命名为"文墨精度"。

方文墨不仅能把钳工的活干得很漂亮，对图纸的设计和工艺流程，也很精通。钳工的活看似简单，但就像一个下棋高手，方文墨下一步时，就已经想好了以后十步怎么走。下刀以后，他不会让任何工件报废。有一次安装电缆的铜接头在加工时遇到了麻烦。加工时需要在接头上打一个1.4 mm的小孔，产生的铜屑不能有丝毫留在零件里，否则就会引起飞机的电路短路。

方文墨反复研究后发现原本的加工方法是正确的，但是模具的设计和工艺存在问题。于是，他一遍遍琢磨，对铜接头的工艺流程进行了3项改进，改进后不仅解决了杂质的问题，工作效率也提高了4倍。方文墨的工具台上，摆放着他发明的各式各样的工具。一个造型像海陆巡航坦克的小家伙，是精度测量仪，灵活的小型机械臂使得测量更为简便，精度也大幅提高。这个发明不仅获得了国家专利，而且在沈飞民品公司得到了广泛推广使用。

方文墨在业内早已是声名远扬。有一家民营企业，开出高于几十倍自己收入的薪资邀请他加盟。面对诱惑，他也犹豫过。但他想起父亲曾对他说，"虽然咱们是工薪阶层，但咱们必须给航空人争脸。"于是，方文墨拒绝了诱惑，继续留在沈飞民品公司工作。方文墨的父亲在沈飞民品公司工作了30年，是厂里多年的工人劳模。他常跟方文墨说："咱们的工作是'一手托着国家财产，一手托着战友生命'，这不仅是一份荣耀，更是一种责任。"如今，方文墨的待遇已经大幅提高，中航工业每月还给他5 000元的专家补贴。遗憾的是，在文墨事业越来越顺利时，父亲却不幸患上了胰腺癌。弥留之际的父亲给方文墨留下了这样的话，"我选择的这条道路是对的。我也是在守卫着祖国的一寸边疆，我觉得自己很自豪！"

"大国工匠，为国铸剑。"像方文墨这样为我国战机事业默默奉献的人还有许多，他们都是真正的大国工匠。祖国终将回报这些为国奋战的工匠，人民也终将铭记这些无私奉献的英雄。

我国要缩小与发达国家航空工业的差距，保证制造高精度、高质量、高效率，亟须大量一流水准的技能人才。从0.1 mm、0.05 mm，再到0.02 mm、0.003 mm，方文墨不断缩小零件加工公差的刻度，更将不断磨砺、提升作为航空蓝领青年的人生精度与无悔追求。他常说：精度决定高度。在这样的信念支撑下，他对自己提出的技术标准严格得近于吹毛求疵。学无止境尚需一生追求，梦比天高更要脚踏实地。只要心中有梦，逐梦动力就会源源不断；只有放飞梦想，才能在时代的大潮中肩负起建设现代化航空事业的使命，为实现航空梦、中国梦奉献青春和汗水。

任务 5　技术管理

【学习目标】

【知识目标】

（1）了解航空发动机修理的技术管理任务；

（2）了解常用技术文件的包含要素；

（3）了解常见的规范技术标准；

（4）了解工艺规程的编制原则和方法；

（5）了解工艺规程的内容；

（6）了解技术文件的更改方法。

【能力目标】

（1）能讲述航空发动机修理的技术管理任务；

（2）能讲述常用技术文件的包含要素；

（3）能讲述工艺规程的编制；

（4）能讲述工艺规程的内容；

（5）能讲述技术文件的更改方法。

【素质目标】

（1）培养从事技术管理工作的信心；

（2）培养在技能工作岗位学习技术管理工作的耐心和毅力；

（3）培养"严格执行企业规定、工作纪律和岗位纪律"的工作素养；

（4）培养在岗位上不断总结技术安全内容的理念；

（5）培养不断总结技术管理内容的习惯；

（6）培养细心、认真和一丝不苟的态度；

（7）培养技术文件的基本编制能力。

【理论学习】

修理机构的技术管理工作包含贯彻国家技术政策和行业管理机构的有关技术工作规定，执行航空发动机修理手册的内容。即通过把各项技术工作组织起来，建立科学的修理生产秩序，追求技术安全的同时兼顾经济性，充分利用修理机构现有物质条件，不断采用新工艺、新技术、新材料和新设备，提高修理机构的修理技术水平。

5.1 技术准备

5.1.1 技术管理任务

航空发动机的维修质量、维修周期和维修成本，反映了修理机构技术管理的状况。技术管理包括技术人员的组织、技术力量的配备、先进设备的维护、技术文件的完整性和技术现场指导。严格的技术管理对修理能力至关重要，技术管理的主要任务如下。

1. 收集原始资料

收集、分析、研究原始资料。原始资料主要包括航空发动机的设计文件和图纸，技术说明书、履历本及有关图册，使用和维护细则，器材、工具、夹具、量具和设备清单等。

2. 做好技术准备

准备好维修机构内实施的全部生产技术文件。

3. 做好现场技术工作

进行生产现场技术监管、技术指导、技术总结、技术纠错和技术协调等工作。

4. 组织技术改造

对生产现场发动机的规律故障、大型故障和先天故障进行结构、材料、工艺改造、技术试验和技术攻关等技术工作。

5. 做好理化试验

理化试验应当密切配合生产，严格按照技术标准进行，做到试验及时，结果准确。定期对材料、油料和槽液进行化验，开展修理相关的新工艺试验。

6. 推广标准化

积极推广使用国家标准零件，采用国家标准化原则设计，修理时将非标准件向标准件靠拢。

7. 做好科技信息、科技档案和资料管理

维修机构科技信息工作要由专人负责。结合生产技术工作，积极开展科技信息交流活动，了解、掌握国内外科技发展新水平和新动态，及时推广先进的科研成果。建立科技档案，收集资料。

5.1.2 技术准备

维修机构要做好技术准备工作，注意全局，正确处理技术准备和现场工作关系，保证生产安全顺利进行。技术准备工作的主要内容如下：

（1）制定修理技术标准、规范。

（2）产品图纸的设计、测绘、复制和更改。

（3）标准样件和实样的选择、管理。

（4）编制和修改工艺规程。

（5）确定和调整工艺路线、工艺分工和工艺布置。

（6）设备、工具的选择。

（7）制定器材消耗定额。

（8）做好其他标准化工作。

修理技术标准是对修理产品的主要性能、技术要求和检验方法等所做的技术规定。产品图纸的设计、测绘、复制和更改，统一由技术部门负责组织。各种图纸的设计过程应当标准化，须经批准后才允许用于生产。

维修机构必须按照质量良好、数量适当、配备成套、经济合理的原则，结合当前和发展兼顾的要求，选择设备、工具、夹具、量具和专用工具。在航空发动机试修、试制、试改装时，由技术部门负责组织。随着生产的发展，车间需要增加或改变设备的品种、规格，必须经技术部门和机动主管部门同意后贯彻执行。维修机构标准化工作的基本任务是贯彻执行国家有关标准化的方针、政策。收集和贯彻国家标准、行业标准。提高产品和设备工具的标准化、系统化、通用化和自动化程度，组织技术标准的制定和试验工作。

5.1.3 技安教育

技安教育是技术准备的一项重要工作。技安教育是指在管理部门的领导和组织下，技术部门对职工进行的技术指导、安全宣传工作。技安教育是一项贯穿生产始终的工作，整个过程是一项不断完善和提高的过程。

技安工作主要包括文明生产，把好产品的质量关、节约能源，合理消耗维修资源。防止发生设备和人身事故。事故可分为设备事故、一般事故和严重事故，维修人员应正确合理使用工具、量具和设备。及时报废不合格的、效率低的和性能不好的工具、夹具、量具和设备，及时补充先进的、高精度和高效率的工装、量具、夹具和设备。

5.2 技术工作

技术部门的工作多、杂。从航空发动机的入厂到合格出厂，一直贯穿整个生产周期。这项工作十分重要，它关系产品的质量、生产周期、合格率和成本等因素。归纳起来技术工作主要包括如下几个方面。

5.2.1 收集技术资料

技术资料是指与维修机构产品有关的所有技术文本。技术资料包括原始资料，即设计过程中产生的产品设计合同、使用说明书、维护说明书、性能参数、零件清单、器材目录清单和图纸、修理记录文件和产品验收标准等。技术资料在航空发动机修理厂中有设计总图、装配总图、零件生产图、装配单元结构图、使用技术说明书、使用维护说明书、履历本和卷宗等原始资料，以及标准、要求和规定的有关技术资料。

5.2.2 编制技术文件

技术文件是对维修产品下达的全部指令性和指导性文本。指令性技术文件是管理机构向企业下达的生产任务、规定和要求。指导性技术文件由技术部门编制，引导生产程序、生产方法、生产标准和生产检验的技术文本。如施工单、更改单和工艺规程。

技术文件的编制，以生产需要和生产相关原始资料作为支撑。编制程序：理由—资料依据—文件编制—实施—纠错—再实施—改进—再实施。技术部门根据产品具体情况，参考全部原始资料，考虑维修机构维修能力和水平，编创生产所需的各类技术文件，报请技术管理部门审核，由各级有关管理部门批准、解释、实施。

常用的技术文件如下：

（1）施工单：对产品生产指示的技术文件。

（2）产品生产图、改装图、复印文件和更改图。

（3）工艺规程：维修机构组织生产和验收的主要技术依据。

（4）工艺卡片：工艺内容的主要或关键内容。

（5）更改单：对工艺文件、图纸在原文件上进行纠正改变的技术通知，并附有改动理由、改动后的工艺或图纸。更改单是一种临时性文件，按更改内容生产一定时间后，需继续实施的，应将其编入工艺规程中实施，废除更改单。一定时间后若不需再按更改单生产，则更改单失效，按原工艺规程实施。

更改单可分为四类：Ⅰ类更改：已生产出来的和正在生产的零件仍可继续使用，但以后应当按照更改后的文件内容或图纸进行生产。Ⅱ类更改：企业未使用的零件须按更改单内容处理，已装机和已出厂的零件可不处理。Ⅲ类更改：在厂的所有零件（包括已装机的）应当处理，已出厂的零件可不处理。Ⅳ类更改：生产的全部零件均应处理。

（6）设备和专用工具清单：主要包括设备、工具的牌号、规格和数量等。

（7）器材消耗文件：主要包括消耗器材的名称、材料、品种和消耗量。

（8）修理技术标准、零部件标准和设备工具标准。

（9）技术通知单：传达生产过程中的技术内容补充和新要求。

（10）其他技术文件：生产记录单、试验记录单、鉴定审批报告等。

5.2.3 规范技术标准

技术标准很多，有国际标准、国家标准、行业标准和特殊要求等。维修机构技术部门，须根据产品特性、针对航空发动机的维修需要和验收准则，设计科学、合理和统一的技术标准，如零件规格和验收标准。

5.2.4 处理技术事宜

处理技术事宜，就是处理技术性质的矛盾。在产品的生产过程中，经常出现普遍性与个性间的矛盾，一个技术文件与另一个技术文件间的关系矛盾，同一问题不同现象的处理，产品质量、成本和生产周期的矛盾。

5.3 工艺规程的编制

工艺规程是维修机构进行生产的基本法规和验收产品的主要依据。任何人都无权随意更改。修理从业人员应当自觉遵守工艺纪律，认真执行工艺管理制度，正确使用工装、夹具和设备，严格按照技术标准、图纸和工艺规程进行生产。

工艺规程内容力求技术先进、工序合理、技术数据准确、言简意明和多用图示。工艺规程由技术部门编写、修改和解释，经技术处、质检处审查，总工程师批准，由车间负责实施。

5.3.1 工艺规程的编制总则

编写工艺规程，依据产品图纸、修理技术标准、生产说明书等资料，结合产品特点、本厂的具体情况和实践经验。根据生产任务和工艺特点，按照专业集中，方便产品周转，充分利用厂房、设备，保证产品质量，符合安全生产和缩短生产周期的原则，科学地确定和调整工艺路线、工艺分工、工艺布置。设备和人员的配备应当与工艺路线、工艺分工和工艺布置协调。

对于难以用文字表达清楚或难以测量的技术要求，可选择标准样件作为验收产品依据。标准样件由技术部门选择确定，检验部门保管，定期检查和测量。标准样件是技术标准和工艺规程的补充。标准样件使用发生变化后，应当重新鉴定。

工艺规程的修改，可使用工艺卡片或更改单对其进行临时性的更改。实施更改单一定时间后，视情况纳入工艺规程，工艺卡片和更改单的编制流程与工艺规程相同。

5.3.2 工艺规程的内容

工艺规程通常包括工艺方法、操作程序、操作要领、检查或试验方法、检验标准、生产环境要求和技术安全要求等。

（1）工艺方法。工艺方法应当说明使用什么工具、量具或设备，如何操作和检查，每个工步的执行方法。修理的单个工艺步骤称为工步。

（2）操作程序。工艺内容包括很多工步内容，每个工步按一定次序进行，工步顺序基本固定。固定的工序避免颠倒工步顺序产生干涉，影响其他工序的执行。例如，工艺规程要求边装边测，若修理人员改为装配完以后一次性测量，将导致部分测量内容无法进行，影响部分测量结果。

多个工步组成一项工艺内容，一项工艺内容页称为一项工序。多个工序可完成产品的某部分或某一装配单元的生产工作。

（3）操作要领。操作要领是指操作过程中要注意的事项、经验教训、排除和预防故障的方法。例如，涡轮转子装配工序中的某一工步文本："装涡轮转子时，后轴承的滚棒一定要处于紧靠内钢套的位置，齿轮间隙大容易引起剥落故障。"

（4）检查或试验方法。检查或试验方法指质量鉴定的操作方法、检验标准和试验参数。确定使用什么夹具、工具和量具，使用什么设备、油料或如何处理。例如，发动机主燃油泵装完后，要进行性能参数试验，工步内容为：使用什么油料，油料应经检验合格，有哪些具体参数数值，如何调整，调整多少，是增加还是减少。

（5）检验标准。检验标准即验收值或合格范围。例如，AL-31 发动机某齿轮表面粗糙度 $Ra \leq 0.2\ \mu m$ 为合格，修理工艺中规定：焊膏涂敷厚度不超过 2 mm。

（6）生产环境要求。工作场地和生产环境应达到一定要求。例如，总装工艺规程规定：工作场地温度：15 ℃～35 ℃，空气湿度：30%～80%。工作场地采光：人工光照强度不低于 300 lx，荧光灯不低于 500 lx。

（7）技术安全要求。工艺步骤的正文中应规定，使用什么设备，注意什么技术安全问题。例如，用汽油盆洗涤时，要有可靠的接地线，不准经过吊起的重物下方，不准在吊起的重物下工作，喷漆环境不允许有明火。

（8）零件、组合件目录。产品零件、组合件在生产过程的文件中有目录。例如，在装配工艺中，有小零件目录和组合件目录，用于配套领取零件或装配单元。

（9）工具目录。工具目录包括设备目录、消耗器材目录、辅助器材目录等。

（10）生产图、参数表格等。

（11）施工单、工艺卡、更改单等。

（12）其他。工艺规程规定了零件的总寿命、间隔使用寿命、橡胶件使用年限、零件号码、标刻要求、卷宗填写要求和临时技术决定等。工艺规程是一种固定形式的工艺文件，有它的相对稳定性。而在生产过程中，都用工艺规程的方法规定则不能满足需要，对于试行工艺，也用临时技术决定、临时技术通知和施工单补充试行工艺规程的不足。临时技术决定或技术通知，用于批次问题或某一个问题的决定。施工单则为排除故障或对某一台发动机如何修理做出决定。典型的工艺卡片要素见本书的各任务工卡。

【课堂练习】

一、简答题

1. 维修机构的技术管理内容有哪些？

2. 航空发动机维修前的技术准备工作有哪些？

3. 什么是标准化？其在航空发动机修理上有何应用？

4. 技安工作包含哪些内容？说明定期进行技安教育的必要性。

5. 在航空发动机修理过程中，常用的技术文件包含哪些？

6. 试述工艺规程包含的内容。

7. 试述工艺规程在航空发动机修理过程中的意义。

8. 简要说明技能操作工作和技术管理工作的关系，由技能操作岗位向技术管理工作转变需要做什么准备？

二、拓展训练题

参考实训内容，编制一份框架完整、内容详细的实训工卡。

仔细阅读以下教学案例，结合本任务所学习的专业知识和技能。从工匠精神、劳模精神、劳动精神、奉献精神和家国情怀等方面，分析案例中所蕴含的积极元素。作为新时代的航空维修事业接班人，了解当前的时代背景和航空维修事业现状，结合案例中的优秀品质，思考你的航空维修梦在哪里？是什么？如何实现？

航修报国凌云志，蓝天情怀强军梦

孙某某，某航空发动机修理厂高级工程师，中国空军航空修理系统焊接专业首席专家，深耕焊接领域已 20 余年。甘于奉献，执着坚守，扎根修理现场破解技术难题，先后主持参与 20 余项科研项目、30 余项特殊修理项目，突破了百余项修理"瓶颈"，保障了 600 余台发动机，创造经济效益近 2 亿元。先后获军队科技进步奖一等奖 1 项、二等奖 1 项、三等奖 2 项；获襄阳市科技进步奖二等奖 1 项、三等奖 2 项；获专利授权 4 项。她和她领衔的工作室团队积极打造预制、清理、修复、强化一体化的航空装备再制造链条。

她的家乡曾是沂蒙山区抗日根据地。快高中毕业时，她很想参军，却未能通过体检。1999 年，孙某某大学毕业，以美国为首的北约部队悍然轰炸我国驻南联盟大使馆，"落后就要挨打"，孙某某深受触动，"既然当不了军人，就去部队的工厂，为国防事业做贡献。"她义无反顾地选择了航空发动机修理厂。有一次，因为粗心，她测绘制出的一批夹具上的螺钉报废了。一向严厉的师傅虽未批评她，但她深感羞愧。"这件小事像是给了我当头一棒，让我一下子警醒了，如果连一件小事都做不好，何谈报效祖国？"她开始苦练技术。

从沂蒙山区到鄂西北的山沟，身边许多在岗位上默默奉献的师傅们，坚定了自己沉下心来服务航修事业的决心。凭着一股勤学苦干的钻劲，从学徒逐渐成长为技术骨干。

2005 年夏天，工厂接到一批航空发动机叶片的维修任务。叶片是发动机的核心部件，损坏会导致战机失去动力。当时，工厂常用的是氩弧焊技术。由于没有掌握相关参数，叶片在焊接中遇到塌陷、裂纹等问题。经过反复尝试，老师傅说"焊不了"，研究所的专家也说"焊不了"。眼看维修任务无法继续推进，孙某某没有放弃。她利用下班和周末时间，在厂房里反复试验。1 个多月之后，孙某某摸索出相关参数，圆满完成了这批叶片的焊接维修任务。孙某某说，那是她在工厂做的第一件"突破自我的事"。20 多年里，像这样的事，孙某某做了不少。

2007 年 5 月，某新型教练机上一个焊接特别容易变形的复杂薄壁零件损坏，孙某某仔细研判焊接零件的结构、性能，果断决定引进激光焊接技术。当时，该技术在国内刚起步，如操作中稍有偏差，就可能导致零件报废。孙某某将"家"搬进了工作室，对几十个方案逐一验证。凭着一股韧劲，孙某某团队奋战 20 多天，成功完成了焊接任务。眼前这个物件是火焰筒，是飞机发动机的重要组成部分，整个面板展开半米多长，可是厚度不足

1 mm，在这 1 mm 的面板上进行焊接修复，难度可想而知，孙某某和她的团队就接下了这个看似不可能完成的难题。

2020 年 4 月底，"火焰筒开裂很厉害，外环已经快脱落，大家都觉得修复的希望很渺茫。"接到任务后，孙某某二话不说，仅用了两周时间就修好了。在工作室，孙某某经常加班到深夜，不把事情做完不罢休。如今，孙某某正带领团队进行激光熔覆工艺的推广应用工作，"我相信付出总会有回报，希望通过我们的努力，让更多'战鹰'重返蓝天。"孙某某说。

航空发动机维修技术是世界机械维修技术中难度最高的技术之一。修复的产品超过原件，说起来容易，但做起来难上难，孙某某正是在克服一个又一个"难上难"中成长起来的。"发动机是飞机的心脏，守护战鹰健康的心脏就是我们神圣的职责。我们就像医生给病人做手术，原本必须开膛，但受到机体本身零部件限制，只允许我们做微创手术，必须在半个手掌的范围内完成手术。我们的工作和外科医生类似，只不过我们是为航空发动机缝合'伤口'。我也将一如既往地做好我这个心脏的主刀医生，为战鹰保驾护航。最让我自豪的是，通过我们的工作，产品无论从性能到使用寿命，与原件几乎没有差别，有的甚至比之前的质量更好。"孙某某说。

航空发动机大修

【项目简介】

本项目主要参考行业内维修机构的典型修理生产线，介绍了航空发动机大修生产线相关的内容。航空发动机大修包括航空发动机入场验收、拟定维修方案、分解、清洗、故检、修理、装配、试车和油封包装等内容。

任务1　入厂验收及拟定维修方案

【学习目标】

【知识目标】

（1）了解航空发动机入场验收的意义；

（2）掌握航空发动机入场验收的内容；

（3）掌握常见的航空发动机维修方案编制。

【能力目标】

（1）能进行航空发动机的入场验收；

（2）能进行航空修理器材入场验收；

（3）能编制常见的航空发动机维修方案。

【素质目标】

（1）培养细心、认真、负责的工作精神，并用于航空发动机入场验收的各个环节；

（2）培养航空发动机入场验收时，一丝不苟的工作作风；

（3）培养发现故障征兆、发现问题的能力；

（4）培养严守工作纪律的工作习惯；

（5）培养对航空发动机入场验收结果的科学性和准确性极端负责的职业品质。

装机使用的航空发动机，在经过一段时间的使用后，可能会因为各种各样的原因需拆下来进行修理；或生产制造后的发动机超过规定时间未使用，也需要进行检查与维修。其主要的目的包括以下几个方面：

（1）恢复发动机的固有可靠性；

（2）恢复受损的故障发动机；

（3）更换到寿命的发动机零部件；

（4）执行最新的服务通告、适航指令。

1.1 发动机整机入厂验收

航空发动机使用一段时间后，需要进行维护和修理，由于航空发动机的技术复杂性，需要送往专业的维修机构进行维修。用户把发动机送到维修企业进行维护修理的交接工作，称为入厂验收。发动机的入厂验收主要包含整机和航空修理器材入厂验收。入厂验收的目的是检查发动机的资料，了解发动机的技术状态，并对验收情况做记录，为技术人员拟定维护修理方案做准备。

入厂验收的主要工作内容如下：

（1）检查发动机的油封包装是否完好，根据附件、配件清单文件，核对附件（包含堵头、堵盖等）等是否齐全。如果由于某种原因而缺件、串件，则需附带送修单位的证明文件，并注明缺件、串件的原因和寿命及修理次数等。

（2）检查发动机随带文件是否齐全，文件有发动机履历本、技术说明书，以及装在发动机上的所有部件、附件履历本和技术说明书，并与实物、实物编号对证。发动机履历本对发动机的生产、使用、修理到报废过程，如生产厂家、生产日期、工作寿命、运行时间、循环数、转移、修理情况、保存、报废等作了详细记录。

（3）查明返厂机的寿命和机种型别，了解返厂原因，如排故、正常送修等，并对用户记录的发动机状况进行检查核对，图2-1-1所示为入场验收时使用手电筒检查压气机。

（4）在工作单上认真、清楚地记录验收情况，如送修单位、送修原因、送修时间、履历文件、工作时间、修理次数、包装、油封、缺件、串件等。

图 2-1-1　入场验收时使用手电筒检查压气机

1.2 航空修理器材入厂验收

生产厂家把修理器材送到维修企业进行的交接工作，称为航空修理器材入厂验收。修理器材主要分为成品件、零组件、电子元器件、橡胶品、标准件、航空轴承、导管、叶片、其余器材等9大类。修理器材入厂验收的目的是检查修理器材的资料，查看编号等信息与实物是否一致，了解修理器材的技术状态，并做好记录，为修理器材入库房存放做准备。根据修理器材的来源，供应商可以分为两类：一类是有合同约定的正规供应商；另一类是不在供应商名录内的辅助供应商。

1.2.1 成品件的验收内容

（1）部附件的零组件固定必须牢靠，外表应清洁完整、无锈蚀，不应有结构变形、裂纹、撞伤、压伤和其他机械损伤。表面涂层应均匀、牢固，不应有脱落、浮积、流痕等现象。

（2）用工作液作为内部油封的部附件，应检查其产品管嘴上堵头、堵帽的完好性，不应有损坏、漏油等现象。

（3）所有标识应清晰、正确，不应有影响判读的缺陷。

（4）带有玻璃的成品件，玻璃不应有裂纹、松动和影响密封性的缺口。

（5）所有保险、铅封齐全、完好。

（6）各种旋钮、开关等转动应灵活、均匀、无阻滞，定位应准确、牢靠。

（7）有储存期要求的成品件，应在储存期内使用，封件（铅封、油封和漆封）、检验合格印记应完整。

（8）采购超库存期（油封期）的国产老旧机型成品件应按工艺要求进行超期检验，经检验合格后方可入库。

（9）影响飞行安全的关键、重要且质量不稳定的采购成品，需按不低于采购数量的10%比例随机抽取分解检查。检查产品内部零组件质量状况，以及装配质量，对有油滤的产品须分解检查滤芯，滤芯应无金属屑等污物。

1.2.2 零组件

（1）应对其表面进行检查，不应有影响结构完整性的变形、裂纹、撞伤、划伤、压痕及其他机械损伤，不应有表面完整性的锈蚀、表面粗糙度超标、表面处理及表面强化缺陷等，必要时进行无损检测、应力应变、金相检测等。

（2）图号、规格、批次信息、标识等应与实物相符，有储存期要求的应在储存期内。

（3）有油封的零件应检查油封状况是否良好。

（4）对照工艺文件或产品图样，按规定比例，抽检测量主要尺寸。

（5）对工厂无产品图样的机械类零件，应检查其工作面，不应有划痕等机械损伤。

（6）国外采购的，应检查主要尺寸、配合精度、外形等，无产品图样的，通过与原机实物或标准件比对、试装进行检验。

1.2.3 电子元器件

（1）采购的电子元器件外观应清洁，质量标识、标记清晰，引脚牢固可靠。

（2）国产产品其质量等级证明文件（标识）、质量文件齐全的，可直接办理入库。

（3）国外采购的晶体管、可编程逻辑器件、中等规模以上集成电路等，其质量标识、质量证明文件齐全，可不做性能检验直接入库。

（4）工厂没有检查能力或无法查到技术参数的元器件，由技术部门视情况确定检测项目。

（5）对电子元器件的电性能能够定量检验的，应通过测试设备检测具体的性能参数值，不能定量检验的，应进行定性分析。

1.2.4 橡胶制品

（1）每批抽 0.5%（不少于 3 件）性能检查，任何一项试验结果不符时应双倍取样。

（2）质量证明文件中应有硫化日期、特殊封存日期，未给出的按证明文件上的储存期管理。

1.2.5 外观检查

用体视放大镜或投影仪全数检查外观，入厂时超过储存期的还须检查如下项目：

（1）在自由状态下，目视检查橡胶品不允许有软化、尺寸变化、硬化、表面喷碳、凸起、凹陷、流痕等表面状态变化。

（2）在不小于 5 倍放大镜下观察弯曲或扭曲的制品表面不允许有裂纹。

（3）制品不允许有机械损伤、分层、皱折、永久变形、毛刺、孔眼、显著的霉菌腐蚀及橡胶金属件腐蚀等现象。

（4）对工作在油液系统中的橡胶制品进行耐油溶胀试验，含金属骨架的橡胶制品做橡胶与金属的结合强度剥离试验。

1.2.6 标准件

（1）核实标准件的名称、图号、规格、数量、批次与质量证明文件的一致性，核实实物规格、标志、表面镀（涂）层等是否符合技术规范的要求。

（2）表面应光洁无毛刺，不允许有裂纹、疤痕、划伤、压伤及其他机械损伤。

（3）视情况做破坏性试验（锁紧性能、轴向荷载、破坏能力）、非破坏性试验（尺寸、形位公差、磁力探伤）等。对夹紧长度较短的标准件，当做无法拉伸、剪切检验时，可按硬度检验要求验收。

（4）合同中明确要求验收规范时，应审查供应商提供的机械性能、理化性能和特殊检查的试验报告，若供应商提供标准件的破坏性检验项目检测报告，入库时免做破坏性试验。

1.2.7 航空轴承

（1）合格证上应注明制造厂名称、轴承代号、标准代号、油封日期（自润滑除外）或包装日期。

（2）包装上有高温轴承标识的，查看常见检测报告上使用的油脂及耐热温度。

（3）国外轴承及轴承零件（自润滑除外）进厂后，应按规定100%启封、清洗干净、检查。

（4）轴承的制造厂代号和轴承型号标志内容应完整清晰，且与合格证上的内容相符。

（5）轴承在惯性旋转过程中应灵活，无异常杂声和突然制动现象（自润滑除外）。

（6）散光灯下检查套圈和滚动体的工作表面，不允许有烧伤、碰伤、划伤、压坑、针孔、表面氧化皮、残盐、污物和锈蚀等，镀层不应有剥离或剥落。

（7）可分离轴承应检查内外套圈滚道、滚动体、保持架等表面质量，检查过程中内外套圈滚道、滚动体、保持架等不能混装。

（8）自润滑关节轴承在不拆除真空包装的情况下目视检查外观，轴承内外应清洁干净，无锈蚀。

（9）测量分离型轴承游隙和滚动体尺寸差的，不可分离型（自润滑除外）应测量游隙，制造厂给出测量游隙的，可不测游隙。

1.2.8 导管

（1）导管管嘴的堵头和堵帽应完好无损。

（2）外表面不允许有过度拉伸产生的粗糙表面，导管形状应平滑，不许有裂纹、皱纹等损伤。

（3）用不低于5倍放大镜检查密封面，不允许有划伤、压坑、裂纹等，连接螺纹、球窝、球面应完好。

（4）根据产品工艺进行液压（强度）试验、密封性试验或特种试验（喷流、脉冲或爆破）等。

（5）用相应规格的钢球检查通道，必要时无损检测导管焊接质量。

1.2.9 叶片

（1）外观检查：表面应无毛刺、打伤、变形、锈蚀、裂纹等现象，涂层或漆层应完整，表面喷丸层覆盖率100%，涡轮叶片无烧蚀现象，对比检查叶片外形与现有大修机件叶片一致性，必要时检查叶片型面。

（2）必要时，对叶片100%无损探伤（表面有漆层、涂层影响无损探伤的除外），不允许有裂纹、冷隔、欠铸等缺陷。

（3）必要时，按不低于5%的比例抽查叶片弦长、厚度及榫头跨棒距尺寸。

（4）对叶身圆角半径区域用不低于5倍的放大镜检查，不允许有横纹、凹坑、划伤、裂纹等。

（5）从非供应商采购的涡轮叶片，每批次抽取一片做过热检查、金相分析材料组织状态，检查涂层厚度，测量叶片的自振频率。

1.2.10　齿轮及花键

轮齿及花键齿面不允许有锈蚀、碰伤、划伤、污物等，带轴的齿轮其轴上不允许有粗糙或高低不平的打磨痕迹，标记清晰、完整，质量证明文件与实物标记一致，视情无损检测。

1.3　拟定维修方案的准备工作

发动机的可靠性和安全性，是由设计、制造所决定的固有性能，及时有效的维修可以维持和恢复其固有水平，维修不良可能降低其可靠性和安全性。

用先进的检测手段进行原位检查和监控，在很多条件下可以替代传统的离位检查，定时维修能判明有无故障，但不能有效鉴定零件可靠性下降的程度。因此，需要对发动机进行定期的维护、检查和修理。发动机有故障时，须送往修理厂或维修基地进行维修，维修前应先验收确定发动机的状态，确定发动机的修理方案。

拟定维修方案是指发动机到了规定的维修周期后，维修机构的技术人员根据发动机机型、工作环境、维修经验和可靠性数据，参考大修手册要求、制造商提供的技术通告和修理厂自身特点，而制定的维修人员必须参照执行的计划维修技术文件。拟定维修方案的目的是为维修人员的维修任务提供技术指导文件。确定维修方案后，由各维修人员根据维修方案修理发动机。

1.3.1　发动机修理机的分类

发动机的型别是指发动机的结构类型和加改装后的定型。如 WP-6、WP-7、AL-31 代表结构类型；CFM56-3、CFM56-6 表示该结构类型发动机的改进程度，发动机的型别不同，其修理方法和要求有差别。修理机种主要分为到期返厂机、提前返厂机、返修机和试验机等。

（1）到期返厂机。到期返厂机是指工作到一个修理间隔寿命或非常接近一个修理间隔寿命，无论有无故障，都需返厂修理的发动机。

（2）提前返厂机。发动机没有工作到一个规定的间隔寿命，就必须返厂进行检修或翻修。主要原因有发动机在规定的有效间隔寿命期内发生故障且不能在外厂排除、油封超期、用户未发现明显故障但要求修理、文件丢失等。

（3）返修机。工厂修理后，试车不合格，返回修理线再次修理的发动机。

（4）试验机。采用新工艺、新技术、新材料进行修理试验，验证工艺、技术的可行性的发动机。

1.3.2　拟定维修方案应考虑的因素

维修大纲是发动机修理的指导性文件。同一型号的各台发动机使用环境和工作情况不同，故障并无特定规律，工厂的修理条件和技术水平也不同。因此，需依据维修大纲，对发动机编制相应的最佳维修方案。拟定维修方案应考虑的因素主要有以下几点：

（1）发动机的使用特点、工作环境、结构和系统的负荷等，并在维修方案中体现。

（2）充分保障本次维修方案执行的技术、耗材、设备和场地等条件。

（3）发动机的使用历史记录，尤其是使用困难情况和结构损伤、缺陷的状况，应当在维修方案中给予特殊控制说明。

（4）对于维修工程管理能力较高的修理厂可以采用复杂但较经济的维修方案；对于维修工程管理能力较弱的运营人则需采用经济性虽不好，但容易控制的维修方案。

（5）发动机维修周期，如修理厂具备能力或可方便地获得深度的维修，则可以拟定将计划维修工作分散实施的维修方案，以减少发动机的集中停场时间。

（6）人为因素的影响。维修方案是否科学，不仅关系发动机的安全运行，而且直接影响发动机的维修和后期使用成本。拟定修理方案时，要求维修人员准确、迅速地判断发动机的故障，依据现有的故障参考以往故障统计数据进行工程评估，结合企业实际、技术、设备和场地等条件，合理地确定维修深度、广度和维修周期，科学动态地优化维修方案，确保发动机安全运行，降低维修费用，使用户达到最大的经济效益。如通过收集和分析相应的可靠性数据，掌握不同部件的故障率分布，才能根据部件特性，选择相应的维修策略，以维修成本最小化为目标，确定不同部件的最优维修间隔。总之，注意方案的针对性、有效性、经济性，既确保发动机安全、可靠和稳定工作，又尽可能地降低修理成本、缩短修理周期。

1.4　常见的几种维修方案

根据修理机的分类，把发动机的常见维修方案分为以下几类。

1.4.1　到期返厂修理方案

按照工厂现行有效的大修工艺执行，合格出厂后重新给予一个完整的翻修寿命。

1.4.2　提前返厂修理方案

发动机在给定的翻修寿命期内，因破坏性故障、意外事故、操作失误造成故障、参数超过规定极限等原因，提前返厂修理，也称为不中断寿命修理。根据履历文件或随机文件记录的具体故障情况，制定针对性的排故方案，修理完成后按原履历文件给定的翻修寿命的剩余寿命继续使用。对于部分修理厂，主要分为以下几种情况：

（1）超过修理间隔寿命 75% 的发动机。按大修程序修理，试车合格出厂后给出一个间隔工作寿命。

（2）未超过修理间隔寿命15%的发动机。根据发动机的故障特点进行针对性排故，对故障相关的零部件进行大修分解，对与故障无关的零部件进行检修，试车合格出厂后，按一个间隔工作寿命的剩余寿命工作。发动机的工作寿命大于总寿命的15%，小于75%时，由修理机构和用户协商决定修理方式。

（3）故障机。对于故障机，主要对故障相关的零部件实施大修，其他部件则视发动机机型及剩余寿命情况执行检修或不修程序。如涡喷7发动机的后振动值过大问题，一般先按检修程序分解发动机整机，对涡轮转子大修，查看后支撑轴承游隙，涡轮转子动平衡特性，检查其他与故障不相关的零部件。若涡轮前温度超过规定值，则把燃烧室部分转大修，着重注意火焰筒、燃油喷嘴等部位，抽查两片工作叶片是否过热，有过热则更换全套高压涡轮叶片。试车合格出厂后给出一个间隔工作寿命。

（4）文件丢失发动机。抽查两片涡轮工作叶片是否过热，有过热则更换全套高压涡轮叶片，对其他零部件执行检修程序，试车合格出厂，给出一个间隔工作寿命。

（5）油封超期。查看发动机表面有无锈蚀，如有锈蚀，按大修要求分解及全面检查。如检查表面状况良好，则从滑油系统和燃油系统分别取油封油样，化验油液，分析油液的水分、酸值、水溶性酸或碱的成分，检修承力轴承、燃滑油系统和工作喷嘴。油液化验结果合格则重新对发动机油封，化验结果不合格，分解发动机，检查发动机滑油腔零件是否有锈蚀，滑油腔中的零件有锈蚀时，滑油腔按大修程序修理使用。当发现任一可分离轴承有锈蚀时，更换所有不可分离轴承。

1.4.3　检修机修理方案

部分发动机，工作一个或两个检修寿命后才转入大修。检修的目的是对发动机进行预防性检查和修理，发现和排除潜在故障。检修一般是将发动机分解为部附件状态，对关键零件进行故检，其他零部件主要目视检查外观或旋转灵活性，对有故障的零部件转入大修修理，无故障则装配，试车合格即可出厂。某型涡扇发动机的检修程序如下：

（1）分解。分解前应做好充分的准备工作，熟悉设备结构，工艺流程，运行状态；拆卸时应小心谨慎，避免损坏设备零部件。

（2）复查数据。测量重要零部件的配合间隙，测量齿轮啮合间隙，着色检查接触面积等。

（3）检查。对分解的零部件进行详细外观检查，不允许存在宏观裂纹，轴颈的圆锥度合格，工作面不得有划痕；端盖、托架、泵体、转接座等不得有明显缺陷等。

（4）修复或更换。对超标的零部件应予以更换，对需修复的零部件，转入大修程序。

（5）装配及调整。齿轮端面与端盖、托架的轴向间隙，依靠改变端盖、托架与泵体之间的密封垫片的厚度来调整。紧固端盖螺栓时，用力对称均匀，边紧边盘动转子，遇到转子转不动时，应松掉螺栓重紧。加填料或装油封时，紧压盖时仍需边紧边盘动转子，不可紧得过死。

1.4.4　返修机修理方案

要求排故人员准确、迅速地判断故障现象，适度维修。可参考故障机进行修理。

1.5　修理过程中零组件的更换原则

1．以某型涡轴发动机为例须更换零组件的情况

（1）确定技术状态超差且无法修复的零组件。

（2）分解下的必换件（开口销、锁片、各种保险、垫片、胶圈、密封垫、橡胶制品、自锁螺母等）。

（3）剩余寿命不足下一个翻修间隔期使用寿命要求的零件。

（4）遭受冲击（粗猛着陆、坠机）的发动机，应更换转子支点轴承。

2．修理过程中的零组件更换原则

允许更换为使用过的能保证下一个剩余翻修间隔期使用寿命的故检合格的或修复合格的零组件。

紧固件（螺栓、螺钉、垫圈、卡箍、平螺母）、装配调整零件等零件更换时，在故障检查及修理合格的情况下，不考虑使用寿命要求。

依据技术文件更换为新式结构零件或能保证其互换性的后续改进结构零件。

3．发动机超转后的零件更换

涡轮盘伸长量及荧光探伤检查无异常时，允许继续使用。

某型发动机在总寿命期间，自由涡轮转速急增超过规定值，每次持续时间小于 20 s，但次数超过 6 次；或者重复出现自由涡轮转速急增达到 113% ～ 115%；或者出现自由涡轮转速急增超过 115%，则下列零件报废：三级盘，四级盘，盘的拉紧螺栓，5 级密封圈，3、4 级叶片。

【知识拓展】

航空发动机"体检"的意义

航空发动机的每次"大修"，可视为一系列复杂的技术转移过程，需要耗费一定的时间。工业互联网、人工智能等技术的发展，对航空发动机维修行业的发展有重要影响，将很大程度地改变传统的发动机大修模式。基于大数据平台收集发动机的数据资料，建立分析预测模型，从而预测发动机的损耗程度，制定更科学的检查时间，以及未来最佳的发动机送修时机。

技术人员通过计算机与技术部门、客户传递信息，及时存取最新维修手册的技术数据及图纸，让客户确定零件已收到或零件已发出等信息，减少一些不必要的文件、传真及电话呼叫。向客户提供在线的故障报告，用户可以看到损伤件的数字图像，了解零件修理的必要性，必要时利用网络让客户看到零件上的裂纹和断口尺寸等。

【任务实施】

技能训练任务 2-1-1 某型涡轴发动机自由涡轮异响修理方案。

【课堂练习】

一、简答题

1. 入场验收的主要内容包括哪些？
2. 入场验收的意义是什么？
3. 航空发动机的修理机分为哪几类？
4. 航空修理器材入场验收的内容和目的是什么？
5. 与航空发动机修理相关的航材主要有哪些需要入场验收才能进入库房（航材库）？
6. 编写航空发动机修理方案的依据是什么？需要考虑哪些因素？
7. 什么是检修？从维修深度、维修寿命、维修周期和维修成本等方面解释检修和大修有何不同？
8. 在航空发动机修理过程中，哪些情况需要更换零组件？

二、拓展训练题

1. 某型涡扇发动机的总寿命为 4 000 h，大修指南规定维修间隔寿命为 1 000 h。其工作寿命为 749 h 时返厂修理，试问：按哪种修理方案修理，为什么？
2. 某型航空发动机总寿命为 4 000 h，一次翻修间隔寿命 1 000 h，新机出厂后使用 756 h 发生故障返厂修理，试问：其剩余寿命为多少？按什么修理方案进行修理？修理后给出发动机的下一个工作寿命是多久？
3. 自拟一个故障或常见的大修原因，写出所熟悉的航空发动机机型基本大修方案。

【素养提升】

阅读以下教学案例，结合本任务所学习的专业知识和技能，从国家安全、爱国精神、国防责任感和使命感、钻研精神、爱岗敬业、无私奉献的航空报国思想、精益求精的航空工匠精神、劳动精神、一辈子用心做好一件事的职业素养、吃苦耐劳的工作作风、"咬定青山不放松"的坚强意志和毅力，以及家国情怀等方面。按照"三全育人"的要求，分析案例中所蕴含的积极元素，思考作为年轻有力的肩膀如何挑起航空发动机维修事业的大梁，肩负起腾飞的重任。并剖析对新时代航空发动机维修事业接班人的启示。

用一生熔铸"中国心"——学历史，悟初心，做传人

他被称为"中国航空发动机之父"，他的奋斗历程和中华人民共和国航空发动机事业

的许多个"第一"联系在一起：组建了中华人民共和国第一个航空发动机设计机构，领导研制了我国第一个喷气发动机型号，创建了我国第一个航空发动机试验基地，主持建立了航空发动机研制第一套有效的规章制度，建立起了中华人民共和国第一支航空发动机设计研制队伍，主持编制了我国第一部航空发动机研制通用规范……他就是中国航空发动机事业奠基人吴大观，如图2-1-2所示。他用拳拳爱党爱国的不渝之心，铸就了护卫祖国蓝天的"中国心"。

图 2-1-2　我国航空发动机之父吴大观

在大学期间，吴大观刚开始学的是机械专业。那时，日本侵略者的飞机在祖国的天空肆意横行。看着这一切，吴大观立志航空报国，向学校提出转入航空系申请。1942年，他从西南联合大学航空系毕业，毅然选择到贵州大定航空发动机厂工作。在这里，吴大观用两年潜心研究，掌握了当时世界上先进的航空发动机工艺技术。1944年，吴大观被选送到美国深造。毕业后，吴大观拒绝了美国企业高薪聘任，于1947年3月毅然回国，和家人来到位于解放区的石家庄，走上了创建与发展祖国航空发动机事业的道路。

吴大观受命于国家困难之时，航空发动机研制一切从零起步。面对国家资金短缺、国外技术封锁、技术力量薄弱等重重困难，吴大观千方百计克服阻碍，带领年轻的发动机设计队伍，开始了自力更生研制发动机的奋斗历程。

在极其艰苦的条件下，吴大观受命在沈阳筹备组建中华人民共和国的第一个航空发动机设计室，在毫无设计基础和经验的情况下，完成了我国第一台喷气教练机发动机研制并试飞成功。靠着一点一点的攻关，他带领研制人员不断突破，组织了多型航空发动机的研制工作。吴大观深深体会到，研制先进发动机必须有先进的试验手段，他提出要建设航空发动机试验基地，同时边做科学研究，边搞基础设施建设，不遗余力地推进型号研制和基础条件建设。他主持建立了航空发动机研制第一套有效的规章制度，制定了比较完整的发动机设计、试验标准"八大本"，领导建立了第一部航空发动机研制国军标，为研制可靠、管用的发动机提供了技术基础。这一系列开创性的工作，不仅为当时的科研工作拼出了一条出路，更为后来"昆仑""太行"等发动机的成功研制奠定了坚实基础。

为探索出中国人自行设计航空发动机的道路，在发动机人才奇缺的情况下，吴大观建起了中华人民共和国第一支航空发动机设计研制队伍，这支当时不到100人的队伍披肝沥胆、忘我拼搏，以设计室为家，全身心推动发动机研制工作。1977年年底，已经年过六旬的吴大观从沈阳606所调到西安430厂。他说："我62岁要当26岁来用。"他把自己当成一台发动机，高负荷、高效率运转，技术上精心指导，工作上严格要求，学习上分秒必争。吴大观曾说："投身航空工业后，我一天都没有改变过自己努力的方向。"即使在最艰难的日子里，他的初心也从来不曾动摇。

1982年，吴大观调到航空工业部科学技术委员会任常委。他说："我有看不完的书、学不完的技术和做不完的事。"他用5年时间钻研新技术，写下上百万字的笔记，总结了几十年的工作心得，尽心竭力为航空发动机事业思考、谋划。在决定"太行"发动机前途命运的关键时刻，吴大观大声疾呼"我们一定要走出一条中国自主研制航空发动机的道路，否则，战机就会永远没有中国心！"于是，吴大观等9位资深专家联名上书党中央，"太行"发动机项目得以立项。18年后"太行"终于研制成功，实现了我国从第二代发动机到第三代发动机的历史性跨越。

"几十年如一日的探索、几十年如一日的奉献、几十年如一日的淡泊、几十年如一日的平凡……这样的执着无法'作秀'，那是一颗航空人永不停止跳动的中国心；这样的赤诚无法'作秀'，那是一份知识分子忧国忧民的情怀；这样的精神无法'作秀'，那是一个老党员爱党爱国的坚定信仰。"吴大观对航空发动机事业的卓越贡献，为航空发动机研制的后来者树起了一座永远的精神丰碑。他用坚定的理想信念、高尚的品德情操、毕生的拼搏奋斗，忠诚践行了中国航发人"国为重、家为轻"的家国情怀和"择一事、终一生"的价值追求。

任务 2　分解

【学习目标】

【知识目标】

（1）了解航空发动机分解的定义和意义；

（2）了解航空发动机的分解类型；

（3）掌握航空发动机分解的注意事项；

（4）理解分解的技术要求和方法；

（5）理解分解的内容；

（6）了解分解后零件的标记方法。

【能力目标】

（1）能深刻理解航空发动机分解的意义；

（2）能写出航空发动机的典型分解程序；

（3）能够深刻理解典型的分解方法；

（4）能够正确执行工艺规定的零部件分解方法；

（5）能够对分解后的零件，进行正确标记。

【素质目标】

（1）培养企业主人翁精神，具有企业大局意识；

（2）培养综合、全面看待问题的能力；

（3）培养按照质量意识、成本意识等进行航空发动机分解的理念；

（4）培养严格执行企业规定、工艺纪律的意识；

（5）培养自行监督过程、自行检验结果的习惯；

（6）培养耐心、细心和认真的职业素质；

（7）培养爱岗敬业、刻苦钻研分解工艺的职业素养；

（8）培养探索新工艺、新方法的创新理念。

【理论学习】

发动机整机分解，是将整台发动机分成部件、组合件或零件的过程，是一个化整为零的过程。分解的主要目的是方便查看零部件的技术状态，为洗涤工序做准备。

分解工作的质量直接影响修理质量和成本。进厂修理的发动机，由于油垢、腐蚀和温度高等原因，使得连接件结合得比较紧，不易分开，费力较大。据统计，有相当一部分机械故障（如打伤、压坑、碰伤、划伤）是大分解时人为造成的。分解时零件掉地、叶片砸坏、强行分解造成导管成批报废的事件需要避免。因此，分解人员必须具有高度的责任感，严格执行工艺规程，遵守工艺纪律；技术熟练，熟悉操作技能，掌握分解要领，善于使用工装夹具。正确分解，做到不分坏或少损坏零件，注意保持零件的技术状态。加强过程监督、完善检验制度、设计合理的工艺流程和科学的分解工装，减少或避免损伤零部件，提高分解效率、降低修理成本。

2.1　分解的基本技术要求

为保证发动机的分解质量，保证零部件的完好性，并确保生产安全，分解人员必须遵照下列基本要求进行分解：

（1）必须按照工艺规程要求，正确使用工装夹具设备。

（2）分解开的零件、组合件和附件，必须放在专用盒、专用架、专用车或工作台上。

（3）钛合金材料的零件，集中存放和保管。在放置时，不得与聚氯乙烯板（塑料板）接触，工作台上应垫一层橡胶垫，单独存放。

（4）严禁硬敲、蛮干、暴力施工。需敲打才能分解下来的零件，只准用橡胶或夹布胶木榔头敲打，当使用芯棒时，只准用铜、铝或夹布胶木材料的芯棒。

（5）保险片、保险丝和开口销保险的螺纹件分解时，要先去除保险，不得带保险强行分解，以免损坏螺纹件的保险孔、螺纹和棱角。

（6）配合零件，如轴承和轴，在压出前，应先检查和去除毛刺，防止压出时划伤或磨损配合面。

（7）有一定紧度配合的零件，分解时，用力要柔和均匀，感觉阻力是否正常，排除不正常的阻力和故障，以防损坏零件。

（8）不易拧出的螺纹件，可用浸泡、反复、松动、加温、振动及添加松动剂等方法进行分解。

（9）分解导管，需用两个扳手：一个扳手固定转接头或导管；另一个扳手拧松压紧螺帽，以免拧松转接头根部或导管跟随转动损伤导管。

（10）零部件在分解过程中需要进行悬吊时，不允许人在悬吊物下面经过，更不允许在正下方工作。

（11）分解场地油多，严禁使用明火；不允许用汽油擦地，以防静电着火，引起火灾。

（12）防止脏物或洗涤油进入孔道，分解时，要及时将所有孔口（如螺栓孔、导管孔）用胶布或粘头粘堵。

（13）分解、入库、排故及外发时，均需对油泵的传动杆、齿轮部分装保护套。

（14）二次分解后的各类小零件，应按零件号分别放入专用盒内。

2.2　发动机的分解方法

发动机的大部分零部件均可用常规方法、工装及夹具分解，如使用扳手拧、压力机压出轴承和省力器拧转子紧固螺帽等。但由于零件的长期使用，很多连接件使用常规方法难以分解，常采用以下特殊分解方法分解难分解的零件。

2.2.1　松动法

使用规定的工具将连接件进行左右松动或轴向冲击振动，使腐蚀层及尘埃振动松散后再进行分解。

2.2.2　加温法

有些连接件阻力大，利用加温方法使连接件产生热膨胀。因外面的连接件周长大于在里面的连接件周长，即使是同样的材料线膨胀系数相同，材料长的比短的膨胀尺寸也要大些，所以使连接件产生间隙，便于分解。

2.2.3　渗透法

利用渗透分解性强的汽油、煤油、松动剂、某些清洁剂或减少摩擦增加润滑的滑油等浸泡难分解的连接件，油液渗入后，污物被溶解，腐蚀层变松弛，结合面被润滑，有利于分解。

2.2.4　破坏分解法

当零件长期工作后，有些连接会出现变形、烧结、卡死、粘连等损坏现象。要保证连接件不受损伤地分解下来是不可能的，为了保证修理需要，必须分解，就要采用破坏零件进行强行分解的分解方法。在采取这种分解方法时，必须掌握节省、方便的原则，尽量减小损失，以修理方便、经济性好的破坏原则进行破坏分解。破坏分解的原则如下：

（1）破坏已损零件，保护其他零件；如排气机匣上的螺钉热粘连不可分，可用錾子錾掉螺栓。

（2）破坏标准件，保护非标准件。

（3）破坏价值低的零件，保护价值高的零件；如附件机匣上的螺栓失效，破坏螺栓，保护附件机匣不受损伤。

（4）破坏可修复零件，保护损坏后不能修的零件。即破坏配合件中已损坏了的、价值较低的、结构简单的，或标准件，保护配合件中还有保留价值的、昂贵的、结构复杂的，或非标准件。如果以上情况不好区分，或者区分价值都很高的连接件时，应报告有关业务部门确定，采取连接件都进行全局性保护，局部破坏然后修复的方法进行分解。

2.3 发动机的分解程序

发动机可在垂直或水平位置上进行分解，当处在垂直位置上进行分解时，发动机一般是前端向下安装在地面托架、专用翻转台或升降夹具上，图 2-2-1 所示为发动机安装在地面托架上。使用地面托架和专用翻转台时，分解人员攀爬扶梯上升到一定高度。使用升降夹具时，升降机构和发动机缩在地坑内，分解人员直接在地面上进行操作，减小了劳动强度和占地空间，便于翻转发动机，提高分解效率。

图 2-2-1　发动机安装在地面托架上

发动机分解的主要内容包括分解前的准备、分解程序、分解中的检查和分解的注意事项。发动机的分解类型主要分为大修机分解、检修机分解、排故机分解、部附件分解和报废机分解。分解工作大体分两步进行。先把发动机分解成组合件、部件，然后分解成零件。

2.3.1 分解前的准备

分解前的准备主要包括场地、工装、工具、耗材等。分解前，规划分解后零部件的摆放场地空间。场地必须清扫干净，不得有任何脏物和多余物。清点工装及了解技术状态，准备发动机固定工作台、车子、架子、工装和工具，准备油、油盆、专用零件箱和零部件标识卡片等，避免造成混乱，使分解前准备充分，分解过程有序。

正式分解发动机前，查阅发动机的履历本是否完整，将文件与实物对齐。外观检查，核对文件中的记录信息与实物状态是否一致。依据技术部门确定的分解方案施工，清楚分解目的和分解深度，注意分解过程中的一些特殊检查和测量项目。当缺件或有表面故障，附件或组合件已不是原台时，应做详细记录，重要问题向车间、技术组、检验组等业务部门报告，弄清原因，做出处理。分解时，打开放油开关，放出附件内的滑油、油封油、燃油，以防分解时溅出，去除全部保险和铅封。

2.3.2 分解程序

1. 大修机分解程序

大修机分解是指把发动机分解到不能分解为止。发动机的分解一般按从外向里、从两头到中间的顺序逐层拆卸、分解。以图 2-2-2 所示的某型涡喷发动机为例，主要构成为前机匣、一级压气机转子、中机匣、二三级压气机转子、中介机匣、后机匣、高压压气机、第二级整流器、外套、内套、中轴承座、火焰筒、一级导向器、二级导向器、高压涡轮转子、低压涡轮转子、扩散器、加力燃烧室、可调喷口、附件传动机匣、燃油附件、滑油附件、启动发电机、点火线圈、启动线盒、控制盒等。

分解时，先拆导管、电缆、附件、可调喷口、加力燃烧室、扩散器，再拆附件传动机匣、整流罩、一级压气机转子、低压联轴器、低压转子、二级导向器、高压转子联轴器、高压转子、燃烧室外套、火焰筒、内套、中轴承座、中机匣。由于组合件比较大，因此分解时采用吊具。安装吊具时，应当选择合适的吊具；注意吊带的承载力与实物质量相匹配；检查吊具是否在检验有效期内。吊起零件时，吊挂上升速度要均匀、缓慢，用手扶着零件，防止扭转、碰撞或挂坏。使用吊带时，注意确保固定牢靠。图 2-2-3 所示为风扇分解。

图 2-2-2　某型涡喷发动机

图 2-2-3　风扇分解

　　为了提高工作效率，可以几个部分同时进行，如分解电缆组件和部分附件，期间部附保持组合状态。缩短了分解周期，便于保管。发动机分解成主要的组合件或单元体，然后把它们装在运输车上，发往各个工作地，再进一步分解为单个零件。各个零件装在适当的零件箱或架子上输送到清洗车间，以备清洗。

　　2. 检修机分解程序

　　检修机分解是指把发动机分解到部附件状态。

　　3. 排故机分解程序

　　排故机的分解一般是按照拟定的排故方案进行分解的，通常只需要详细分解与故障相关的部附件，对与故障无关的部附件则不做分解要求。图 2-2-4 所示为对发动机进行检查，是否存在异物，图 2-2-5 和图 2-2-6 所示为民航发动机的分解。

图 2-2-4　检查发动机是否存在异物

图 2-2-5　民航发动机的分解（一）

图 2-2-6　民航发动机的分解（二）

4. 部附件分解程序

组合件分解成零件的程序，依各组合件结构确定，严格按照工艺规程制定分解方案。分解后，有序摆放零部件，规定要标刻机号、任务号、寿命的组合件，及时标刻或挂标签，对于要求不高的螺钉螺帽，应按材料性质分类装箱，便于后续环节洗涤、保管和故检。

有的发动机在试车台上进行检验试车时，出现了个别的部附件故障，可以组织熟悉发动机结构的人员在车台上进行排故更换。分解中，组合件分解和局部分解尤其要引起注意，防止缺少零件或遗漏物品在车台上。

2.3.3 分解中的检查

分解发动机的过程既是拆成组件或零件，又是观察、检查、发现故障的过程。特别是二次分解，分解过程的检查非常重要，边分解产品时要边对产品进行检查，注意有无损坏，以便及时处理。对有问题的零部件记录，报告技术人员处理。常规分解的检查，依其目的不同，可以分为三种类型。

1. 配合关系检查

有些故障原因并不直观可见，为了避免发动机分解后或故检中出现特殊故障。所以在分解过程中要做一些必要的检查和记录，以通过间接分析研究，提前将故障判断出来，如涡轮、压气机有关间隙的测量，煤油、滑油滤的检查，以及分解过程中发现的异常现象或损伤等，图 2-2-7 所示为发动机配合关系的检查，图 2-2-8 所示为分解后整齐有序摆放的零部件。

图 2-2-7　发动机配合关系的检查　　　　图 2-2-8　分解后整齐有序摆放的零部件

2. 重点检查

为了确定局部的分解原因，而进行必要的外观检查。修理厂根据长期工作的经验，发现翻修的发动机。并不是所有零、组、部件都有故障，而是大部分并无故障，可以不加修理、继续使用一个甚至几个寿命期。

3. 特殊检查

为了查明返修发动机和高返修率故障原因，往往要根据故障性质，分解检查有关部位，或逐项实行返工工序检查。这种检查的规定，一般由技术部门，发出有关临时文件，指定一些内容、项目或零件的检查，也可编入工艺规程加以经常性的检查。

2.3.4　分解的注意事项

发动机分解后，要注意以下事项：

（1）轴承装在涡轮上停放时，为了防止轴承损伤，应戴上保护罩；分解下来的涡轮盘运输时应当装上保护套。

（2）为了防止轴承、联轴器等组件生锈，检查完故障后要及时油封保存。

（3）发动机组合件或局部分解时，各导管接头应用堵盖堵好，其他孔口应及时用胶布粘贴，以防脏物进入。

（4）钛合金零件应特别小心，集中保存。

（5）压出轴承和齿轮时，为了不在零件上造成压印，应放在铝垫或夹布胶木板上，加以保护。

（6）分解叶片时，应按顺序号放入叶片专用箱。带紧度的叶片分解时，用软金属芯棒（铜棒、铝棒或胶木棒）或不会损伤叶片的非金属棒，冲击叶根卸下叶片。

（7）当遇到有烧结现象或变形、损坏的连接件分解时，可选用破坏性分解方法。

（8）零件分解后，应当及时悬挂标识标签。

2.4　零件的标刻

发动机分解后，为了避免零件串台装配，对其主要零件，都要标刻"发动机号""组合件号"及"寿命"记号。对于某些不能随便更换装配方位的零件，还要标记顺序号或方向对准标记。发动机每送修一次的寿命都是变化的，部分零件在修理时，可能会做串动。为了不使小寿命零件误作大寿命零件造成浪费，也不让大寿命零件误作小寿命零件造成超期使用的质量事故，主要零件上都应标刻有使用寿命。每次翻修后，都要重新标刻一次。

零件标记的标刻部位应为显目部位、非工作表面、设计指定位置等。如涡轮叶片在榫头底面，导向叶片在端头，轴承在套圈的非工作端面，火焰筒在头部等。也有一部分是临时性的标记，如分解和故检后零件上留的标记，可以使用棉花沾酒精擦除，涡轮叶片上称重写的质量数字，可以直接用麂皮布擦除。对于临时性标记，应当标记在光滑且好擦除的非工作面上。为了避免标记未清除干净，尽量减少或不在发动机的内部流道内进行标记，残留的标记在外厂孔探时可能影响检查结果的准确性，甚至误认残留标记为故障。

2.4.1　零部件的标刻方法

对于不同的材料及不同零件的结构，采用不同的方法进行标记。标刻主要有以下几种方法：

（1）钢印法。一般用于大型厚壁零件，标记不需改动的数码，如铸铁类零部件。

（2）电笔刻字法。一般用于高温部位的薄壁件上，很少改动的数码，电笔刻字法又分两种方法：一种是笔和零件带电，利用电笔尖端放电，腐蚀零件成迹，刻出数码；另一种是利用交流电，高速改变电笔磁场方向，使笔尖杆上下振动，笔尖冲击零件成连串的点迹，刻出数码。前者用于导电零件，后者用于各类材料的零件，应用范围比前者广。标刻深度一般大于0.1 mm。压气机钢叶片，用电笔在榫头底部标刻小数码。

（3）激光刻写法。激光可以在各种材料表面快速写出清晰、不易擦除、耐久性好的标记，如轴承。激光刻写的原理主要有两类：材料表面在激光照射下局部熔融、氧化，材料的光化学分解形成其他化合物。用激光标印轴承，需要合理控制电流大小和激光照射时间，图2-2-9所示为标印的轴承。

图2-2-9　标印的轴承

（4）化学墨水书写法。化学墨水书写法是指使用笔沾硫酸铜书写标识于不锈钢、合金钢零件表面，写前去掉表面氧化层或防护层。一般用于表面精密的零件，需要再次书写时，可以使用砂纸磨去原标识，重新书写。如使用化学墨水在加力喷管上写发动机编号和实际寿命，在发动机火焰筒头部标记。写后在零部件表面涂一层薄薄的滑油或凡士林，部分轴承可用化学墨水写实际寿命。

（5）划针刻写法。一般用于铝、镁、钛合金，或临时标刻。

（6）冲点法。样冲冲点一般用于标刻处面积小的零件，以点代替小数码。如在涡轮叶片的榫头底部冲点标刻。

（7）悬挂铭牌法。发动机的部分附件，采用悬挂铭牌的方法进行标记。图2-2-10所示为发动机附件铭牌。

（8）贴标签法。对于一些不方便直接进行标记的零件，可以在零件上粘贴纸胶带，把零件的标记写于胶带上。如

图2-2-10　发动机附件铭牌

铸造件使用中性记号笔做标记后，标记非常难以清除。也可以使用带有棉线的纸标签悬挂于零件上。悬挂纸标签一般用于较大的零件或不方便直接做标记的零件，如机匣及其他附件。

2.4.2　零件寿命的标记

（1）标刻实际寿命。例如，一台发动机已工作296 h 29 min，标记寿命时不足1 h按四舍五入计算，即30 min以下舍去不计，30 min及以上的按1 h计入，296 h 30 min～297 h 29 min，都计为297 h。但发动机的原始记录里，实际寿命不变，仍然精确到分和秒。

（2）用小数码代替大数码。数码"1"代替50 h，数码"2"代替100 h，数码"3"代替150 h，依次类推。例如：298 h，除以50 h约等于5.96，小数点后的四舍五入，保留小数点前面的整数得6，"6"代表300 h，故也代表298 h。

（3）用冲点数代替小数码。用冲一点表示小数码"1"，即表示50 h，用冲两点表示小数码"2"，即表示100 h，依次类推。主要用于面积小，标刻不方便，只需标出大概寿命的地方，将实际寿命按四舍五入进行标记。

（4）标刻大修次数。有的企业使用字母＋次数表示零部件的大修次数，如第一次大修，则在零件上标记 P_1，第二次大修标记为 P_2。

【知识拓展】

报废发动机的分解程序

某些型号的发动机，一般经过几次大修后，开始进入不经济的维修阶段。除了作为教学、展示等目的外，绝大多数退役民航发动机进入报废分解，一些零部件经过专业的检测、评估、修理，用作其他发动机的备件，如 CFM56-3。但对拆下零部件的跟踪处理必须完整、清晰、准确、及时。离位零部件应及时悬挂标签，明示零部件的跟踪信息和状态，并同时把零部件的离位信息和状态记录到既定的零部件目录清单中，在零部件的后续流程中如果改变件的状态，应立即更新标签和记录，及时反馈件的最新情况。报废发动机的分解程序如下：

（1）发动机送达承接分解报废机任务的厂房并在卸货前进行接收检查。

（2）当发动机送入车间，在进行任何分解工作前，必须执行一序列的进厂检查工作。再次确认发动机的序列号。对发动机、部附件及快速更换的外围部件的在位情况进行详细的拍照记录。对照实物记录附件的件号、序列号等详细信息，并按既定的格式汇总成发动机的附件记录清单。对照客户提供的信息和记录，发现任何异常现象都要及时反馈给客户，并得到客户的确认。一旦完成了所有的进厂检查工作，就可以进行发动机的拆解工作了。

（3）发动机分解工作是一个系统工作的过程，工程技术、客户协调、航材管理、生产控制、车间施工、文件记录等各职能部门都必须联动运行。

（4）从技术角度看，发动机的报废分解与正常的发动机大修拆卸分解是一样的。车间基本按照从外到内、从大到小的顺序逐层拆卸、分解。需要强调的是对拆下零部件的跟踪处理必须完整、清晰、准确、及时。离位零部件应及时挂标签，明示零部件的跟踪信息和状态。同时第一时间把零部件的离位信息和状态记录到既定的零部件目录清单中。在零部件的后续流程中如果改变零部件的状态，应立即更新标签和记录，及时反馈零部件的最新情况。

（5）按照客户的工作范围，需要就地报废的零部件，及时挂上报废标签，进行报废处理，并隔离到报废库房。就地通过检测修理返回可用状态的零部件要及时挂上可用零部件标签或适航标签，送存相应的库房等待交付处理。

（6）需要外委修理的件要及时挂上不可用零部件标签，并列明修理的工作范围和文件要求，转入送修流程进行跟踪。拆下无须做任何工作的零部件要挂上拆下无检测的标签，送待处理件库房等待处理。

（7）对需要就地修理的零部件和外委修理的零部件，客服代表应与工程技术人员和航材送修人员一起收集修理信息，为客户提供修理费用或修理成本的市场参考报价，与客户一同优化零部件的修理方案和处置策略，使零部件的处置利益最大化。

【任务实施】

技能训练任务 2-2-1 一级导向器分解与装配。
技能训练任务 2-2-2 二级导向器分解与装配。

【课堂练习】

简答题
1. 发动机的分解要求有哪些？
2. 写出航空发动机分解的注意事项。
3. 航空发动机的特殊分解方法有哪些？
4. 特殊分解方法中的破坏原则是什么？
5. 写出涡喷 7 航空发动机的分解程序。
6. 写出发动机分解后零件的典型标记方法。
7. 报废发动机的分解意义是什么？
8. 报废发动机的主要分解程序是什么？

【素养提升】

阅读以下新闻报道内容，结合本任务所学习的专业知识和技能，从爱岗敬业、劳动精神、服务精神、钻研精神、精益求精的航空工匠精神、一辈子用心做好一件事的职业素养、吃苦耐劳的工作作风、"咬定青山不放松"的坚强意志和毅力，以及工作情怀等方面，按照"三全育人"的要求，分析案例中所蕴含的积极元素，思考作为年轻有力的肩膀，如何才能挑起民用航空发动机维修事业的大梁，肩负起腾飞的重任。剖析对新时代民用航空发动机维修事业接班人的启示。

维修民航飞机的"父子兵"

本科毕业后，经过层层面试和笔试，吴某龙如愿考入南航吉林分公司，"正式上岗后，我才真正体会到飞机维修工作的辛苦，正常的工作都有节假日，可我们这一行要随时待命，手机 24 h 不能关机。"出生在民航大院的吴某龙，见惯了父亲的起早贪黑、听惯了飞机轰鸣、闻惯了航空煤油。从小就将父亲当作榜样的他，在高考报志愿时，毫不犹豫地选择了和父亲相同的专业。

"机务工作很辛苦，不仅早出晚归，更要有责任心。是否要走上这条路，你要想好。"对于儿子的选择，父亲吴某阳希望吴某龙可以懂得荣耀后面他所看不到的艰辛。父亲的话语并没有让吴某龙退缩，他坚持报考了中国民航飞行学院，并就读于电子信息工程专业。

图 2-2-11 所示为飞机短暂停降后，吴某龙快速进入驾驶舱检查电子设备。

图 2-2-11　驾驶舱检查电子设备

吴某龙是一名航线机务工作者，主要负责每日飞机短停及航前航后的驾驶舱和电子舱的检查与维修工作。他的工作场所基本在空旷的停机坪，炎炎夏日，或抗高温、战酷暑，或迎接狂风暴雨的洗礼；数九寒天，寒风刺骨，只有冰霜雨雪作伴；早班，要四五点钟达到相应机位；晚班，要通宵达旦奋战在停机坪……正因如此，走上工作岗位后的吴某龙，更加理解父亲多年来强烈的荣誉感和责任感背后的坚持和辛劳，"父亲不怕苦、不怕累，将青春和汗水奉献给飞机和停机坪的精神值得我用一生去学习。"

相同的职业，自然会有很多共同语言，特别是在饭桌上，吴某阳和吴某龙父子二人的谈话大多是围绕飞机维修内容展开的。2014 年，吴某龙正式入职，一开始，他并不是很适应，面对作息时间的改变和工作内容都有些吃力，所以他都会利用饭桌上短暂的相聚时光向父亲请教。"每天在岗位上的所见所为，我会讲给父亲听，遇上技术难题，也会向父亲请教，父亲则会利用他当年处理相同问题的经历为我讲解和指导，所以，在工作中，父亲更像是我的老师。"吴某龙表示。

某天上午，南航 A320 飞机停放在机库内，吴某阳将和他的组员们对这架飞机进行为期 7 天的"深度体检"，如图 2-2-12 所示。吴某阳是定检员，负责的是"机上"部分，也就是客舱内维修。客舱内维修项目很多也很杂，包括行李架、客舱座椅、乘务员座椅、紧急逃生、救生设备，吴某阳的工作是保证客舱内部每个角落安全、整洁，确保客舱环境。"1982 年，高中毕业后我就进

图 2-2-12　对发动机进行"深度体检"

入部队，成为一名维护战斗机的无线电机务兵，机务人员保障着战友的生命安全和国家的财产安全，责任重大，经不起丝毫懈怠和马虎。"吴某阳回忆起最初与飞机结缘非常兴奋。

凭借着过硬的技术本领和对机务工作的热爱以及吃苦耐劳的精神，吴某阳在部队里迅速成长为一名出色的机务兵。1987 年，吴某阳进入民航第 12 飞行大队运五机务中队，依旧从事着飞机维修工作，"来到地方后，我最初维护的是负责撒农药、探矿、森林防火等方面的民用飞机，那时是飞机到哪，维修人员就到哪，上农场、下农村、进县城都是家常便饭。"随着国家民航事业的突飞猛进的发展，吴某阳维护的飞机逐渐变成了运 7、MD-82 等客机，再到现在的空客 A320 系列飞机。作为一名在飞机维修岗位上奋斗了 37 年的"老人"，吴某阳经历了吉林民航业的发展与壮大，而在这样耳濡目染的环境下，吴某龙的职业选择也受到了积极影响。

任务 3　清洗

【学习目标】

【知识目标】

（1）了解航空发动机清洗的意义；

（2）理解航空发动机清洗的基本技术要求；

（3）理解航空发动机一次清洗和二次清洗的定义；

（4）了解航空发动机常用的清洗剂；

（5）理解航空发动机常用的清洗方法；

（6）掌握航空发动机典型零件的清洗程序；

（7）了解清洗后废旧清洗液的处理办法。

【能力目标】

（1）能进行航空发动机典型零部件的清洗准备；

（2）能够选择零部件的清洗剂；

（3）能够选择零部件的清洗方法；

（4）能编制常见的航空发动机零部件清洗工卡；

（5）能讲述清洗后的废旧清洗液如何处理；

（6）能够执行 6S 管理等相关工作纪律。

【素质目标】

（1）培养认真、细心和负责的基本职业特点；

（2）培养立足岗位的成本意识、效率意识和质量意识；

（3）培养反复琢磨现有清洗工艺，探索新工艺、新方法的理念；

（4）具有立足岗位热爱环境、节约能源和保护环境的意识；

（5）培养"绿水青山就是金山银山"在航空发动机维修领域的践行者；

（6）具备追求卓越、精益求精的职业素质。

【理论学习】

发动机工作一段时间后，其零件往往被油污、灰尘、工业粉尘、积炭、锈蚀及高温氧化物等覆盖；沿海地区空气盐雾重、湿度大，容易使气流通道表面形成盐渍和腐蚀物；空气中的杂质可能对修理流水线上的零部件造成污染。因此需要对发动机整机及其零部件进行清洗。

清洗是指去除发动机零件、组合件或整机的油脂和污垢等污染物的过程。清洗工作细致而复杂，要求彻底不留死角。清洗时按规定佩戴耐酸碱防护手套、口罩、防护眼镜和防护衣服等，以免烧伤皮肤和眼睛。因清洗介质有清洗汽油、化学溶液等危险物品，故检前零组件的清洗应在专门的清洗间进行。清洗间要有良好的通风设备、防火设备，使用防爆电器。使用汽油清洗时要采取防静电措施，使用化学剂清洗时，防止化学药剂中毒、火灾、爆炸等。清洗后的零部件，防止产品存放时间过长而生锈，须采用烘箱烘干或油封等防护措施。

3.1　清洗的分类及技术要求

3.1.1　清洗的分类

清洗按清洗介质的性质分为油洗、溶液清洗和干洗；按清洗工序主要分为一次清洗、工序间的清洗、二次清洗和启封清洗。

发动机分解成组合件或零件后，在进行故障检查之前，要干净彻底地进行清洗，便于检查和发现故障，这种分解后和故检前的清洗，通常称为"一次清洗"。主要目的是去除组合件或零件上的油垢、灰尘、积炭、腐蚀产物等。清洗时必须彻底清洗干净，不得腐蚀零件材料，不得损伤零件或使零件变形。

零件装配时，为了保证装配质量，零件上不得有任何脏物存在，不得有化学液和油封油存在，避免零件装配后的任何表面产生腐蚀现象。因此，零件在装配前，必须进行清洁和防腐性的清洗工作，零件故检后和装配前的这种清洗，通常称为"二次清洗"。二次清洗，主要目的是清除油路和零件表面的油脂层、灰尘和其他脏物，防止零件装配后产生腐蚀现象。

工序间的清洗是介于工序之间的清洗，如修理时齿轮着色前后、测量前后和标记前后的清洗，故检时为了测量准确进行的清洗等。启封清洗以除油脂为主，导管系统冲洗以去除杂质防腐为主。

3.1.2　清洗的技术要求

1. 清洗的基本技术要求

（1）发动机的各项零组件、部附件在故障检查前、修理中、装配前都应进行清理和清洗。

（2）石墨类零件不许用汽油清洗，用丙酮擦洗。

（3）带磁类零件用麂皮布擦拭干净后单独用汽油清洗，洗后用压缩空气吹干，磁铁表面应无金属粉末。

（4）导线、电气附件的零组件用无水乙醇擦拭干净。

（5）用汽油清洗轴承、钛合金零组件后，禁止用压缩空气吹干。

（6）用汽油清洗零组件时，必须采取防静电措施，避免钢件互相撞击，禁止在汽油中清洗绸布等纺织品。

（7）清洗前，零组件表面的积炭、油污、残渣、残胶等异物应清除干净，在不影响机体表面状态时，可用钝器去除结合面的异物，对于壳体类零部件，注意防止清理后的异物进入内腔。

（8）清洗油滤时，堵住油滤内腔，防止不清洁的清洗液污染油滤内腔；清洗后用冷气吹干时，禁止从内腔向外吹气。

2．"二次清洗"的技术要求

（1）"二次清洗"可分为两次清洗：第一次用清洗汽油清洗，第二次用一定比例的清洗汽油和防腐油混合清洗。

（2）钛合金零、组件单独用汽油擦洗，晾干；钛合金零件不得与含有氯元素的清洗液接触，以免污染或损伤。

（3）粉末冶金件、石墨涨圈件、镍石墨涂层、有漆层、非金属件及组合件用干净的绸布沾少量汽油擦拭。

（4）不允许油类沾滴在整流罩表面的憎水涂层、氧气系统、电气附件上。

（5）不允许赤手接触、拿取轴承。

（6）不允许用压缩空气吹膜盒、轴承附件、钛合金零件。

（7）不能浸泡的电子组件可用酒精进行擦拭。

（8）清洗滑油附件时，必须清除箱内残存磨屑、漆片、灰砂、油污等。要检查过滤器是否有破损、漏洞，以便修补或更换。

（9）钛基合金零件单独存放和清洗。

（10）部分复合材料可沾油擦洗。

3.2　清洗工艺简介

3.2.1　常用清洗剂

1．汽油和煤油

汽油和煤油是最普遍、最常用的清洗剂，渗透性强，可溶解多种物质，不腐蚀零件，零件清洗后，不需专门干燥。特别是油垢，用汽油一洗就掉。但汽油挥发快，消耗量大，成本高，因此常用于清洗精密零件。非精密零件，则主要采用化学、水溶液等清洗。煤油的清洗效能不如汽油，使用较少。对于橡胶件，耐汽油性能差，耐煤油能力好一些，一般橡胶件可以采用煤油清洗。发动机上的轴承和燃油附件上的精密件，当使用汽油清洗时，为防止生锈，允许加入一定比例的防锈油或滑油。

2．化学清洗剂

水是廉价的清洗剂，具有安全和防火特性，但它的渗透作用和溶解作用都不能满足发动机的清洗要求，不能除油，反而引起零件生锈，因此不能直接使用。根据需要和许可的条件，针对被清洗零件材料和污物特点，在水中加入相应化学药剂配置成清洗剂，提升水的清洗性能，可用于清洗发动机零部件。在选择化学清洗剂时，须基本满足如下要求：

（1）对零件无腐蚀等不良作用，并尽量满足多种零件清洗要求。

（2）价格低，货源充足。

（3）对操作者没有不利影响或有害作用小。

3.2.2　清洗方法

发动机零部件的材料、材料保护涂层、镀层和污染物的组成不同，对清洗方法、技术提出了更高的要求，促使了清洗工艺的发展。新的清洗方法、工艺和设备不断出现，大大提高了清洗效率，扩大了清洗范围，提高了清洗质量。主要的清洗方法有油洗、水溶液清洗和干洗。企业也可以根据清洗工作情况，设置清洗工艺流水线，提高清洗效率、清洗规范性和过程可见性。图 2-3-1 所示为清洗槽，图 2-3-2 所示为某航空发动机清洗生产线。

图 2-3-1　清洗槽

图 2-3-2　某航空发动机清洗生产线

1. 油洗

油洗介质主要有滑油、煤油和汽油，主要分为手洗和机器清洗。小型精密零件的清洗常采用手洗法，用油盒装上汽油，油盒接防静电线，在油盒里用刷子刷洗或用布擦洗，清洗简单、方便和高效。也可以在清洗房间的入口设置金属链条，工作人员进入时，手触摸金属链条释放静电。

机器清洗一般用于清洗油垢或较清洁的大型零件或组合件，如装配前的清洗，对部件或导管进行冲洗。汽油冲洗机是常见的清洗机器，其对一般脏物洗得干净，速度快，效率高，清洗汽油可循环过滤使用。使用汽油清洗后的零件可吹干或晾干，但禁止用干燥箱烘干，以防发生爆炸事故。

汽油冲洗机，主要由供油系统、工作室、油箱、喷嘴、增压、冷却和抽风系统组成。油箱和工作室为一个整体，上部分为工作室，下部分为油箱，冲洗后的汽油经过滤网自动下流进入油箱。供油系统包括油管、防爆电动机、油泵，从油泵出来的油经过高压油滤进入工作室，构成循环。油泵前可设置低压油滤，压力表和开关在泵后，定压活门是保证开关前油压不随开关的变化而变化的单向活门。

汽油冲洗机分为开式和闭式汽油冲洗机两种类型。开式汽油冲洗机没有密封门，清洗人员可以手持油管，淋洗零件或边淋边刷零件，一般用于冲洗零件表面或要求不太高的管道式零件内部。闭式汽油冲洗机清洗机工作室的门是密闭的。因此，油压可以高一些，清洗时可不抽风，油耗小。一般用于长时间冲洗零件内部，如冲通油路、组合件装配后的冲洗，发动机的附件传动机匣壳体和中央传动机构壳体在装配前可使用汽油冲洗机冲洗。

2. 水溶液清洗

水溶液清洗可划分为溶剂型清洗、水基型清洗剂清洗、振荡清洗、超声波清洗和饱和蒸汽清洗。水溶液清洗剂的化学药品配方多种多样，针对不同材质的零件，不同性质的保护层和不同特点的油垢，选择相应化学配方的清洗剂等进行清洗。

水溶液清洗是将清洗剂装入清洗槽内形成水溶液，用吊挂将零件投入溶液浸泡。为加速浸泡化学反应效果，常将水溶液加温到 100 ℃左右，再吊入热水和冷水中冲洗或刷洗。有些零件为防生锈，最后还用无水滑油冲洗一次，洗完后烘干或用干燥的压缩空气吹干。也可用汽油冲洗机装入水溶液进行冲洗，使用吊挂的原因是化学溶剂对人的皮肤有刺激性。

（1）溶剂型清洗。溶剂一般都呈酸性或碱性，有一定毒性，通过化学反应使污物的组织疏松、黏附性减退或者乳化，在冷热水中冲刷，污物随水流走，洁净零件。溶剂型清洗的特点是简便、易行，根据零件材料选用相对应的化学配方清洗剂，清洗效率高，去污能力强。但多数非金属不能用溶剂型清洗剂清洗，清洗工作量大，清理工艺要求高。

（2）水基型溶剂清洗。水基型溶剂由表面活性剂和助剂组成，表面活性剂为主要成分，助剂主要是缓蚀剂、增溶剂、稳定剂等。清洗时，部分表面活性剂分子吸附在污垢上与污垢互溶，表面活性剂分子的其他部分渗入工件与污垢之间，使污垢表面张力下降，并经过乳化、增溶和分散阻止污垢再凝结，通过刷洗、喷洗、超声波或振动等物理方法使污垢脱离工件表面。

水基型溶剂可用于高压喷洗、浸泡、喷射、蒸汽法、振动或超声波清洗，如不含丁基、石油基溶液，含有保护铝、铁、钛、锡等防腐成分的活泼金属洗涤剂FORMULA815GD，适合于热槽清洗。除碎屑、微碳类油污能力强。使用时，用水稀释，加温到 70 ℃以上。

清洗过程为清洗—漂洗—干洗，用压缩空气吹干。其特点是安全性能好，去污能力极强，清洗过程对工件具有良好的防锈防腐能力，硬水适应性和高温稳定性好，清洗温度低，洗后对工件不腐蚀，不含或少量含有磷酸盐和亚硝酸钠。

（3）超声波清洗。超声波清洗是利用超声波辐射时产生的空化效应和超声振动形成的冲击效应，对零件表面反复冲击，破坏污垢层在零件表面的结合力，使它们不断松化形成间隙，使液体中的气泡可以逐渐渗入零件内表面，从而使污垢层被一层层剥开，直到完全脱落。另外，超声波振动在液体中产生的冲击作用以及超声波加速化学清洗液对污垢层的溶解等化学作用，提高了清洗能力。

超声波清洗可用于清洗涡轮叶片、轴承和精密燃油附件，特别适合表面形状复杂零件的清洗。但各类零件不能混合洗，如活门、衬套、轴承等精密零件作为一个类别清洗，壳体为一类，油滤、可调节流器等有滤网的为一类，涡轮叶片为一类。

（4）蒸汽清洗法。蒸汽清洗法是指利用饱和蒸汽的高温及外加高压，将零件表面的顽固油膜、油渍污垢汽化蒸发剥离，水冲洗，烘干。可以清洗任何细小的间隙和孔洞，无须添加任何化学介质，耗水量小，经济便捷。也可以添加能使生物分解的去垢剂进行清洁，形成保护膜及磷化处理任何形式的表面和零件，可用于清洗油缸等零件。

（5）振荡清洗。振荡清洗是指往振荡器里放水和清洗剂形成清洗溶液，将树脂颗粒和叶片放入振荡器，在振荡器的振动作用下，清洗剂溶解灰尘、氧化物、积炭等污垢，树脂颗粒与叶片的相互接触、碰撞加速污垢的去除，从而达到清洁的目的，如图 2-3-3 所示，图 2-3-4 所示为洗净后的叶片与清洗颗粒，可用于清洗钛合金叶片，需要注意的是，如果树脂颗粒过少，则可能碰伤叶片。根据叶片大小选择合适规格的颗粒，也具有一定的叶片抛光作用。

图 2-3-3　振荡清洗机清洗叶片　　　　　图 2-3-4　洗净后的叶片与清洗颗粒

（6）水处理法。以水为介质，通过泵或增压器使水产生多束、多角度、强度各异的高压水射流，对被清洗零件内的结垢和附着物及堵塞物进行彻底的切削、破碎、挤压、冲刷。

3. 干洗

不用油和清洗剂，采用物理方法强行将污垢从零件表面剥离下来的一种方法称为干洗。干洗法主要用于清除黏附力极强的积炭、氧化层等，干洗的方法主要有加温、冷却法、刮削、喷砂、等离子清洗等。加温冷却可用于火焰筒积炭的清除，喷砂可用于去除零件表面的杂质、腐蚀物和漆层等。

等离子清洗是一种干式清洗技术，它利用工作气体在高频电磁振荡、射频或微波、高能射线、电晕放电、激光、高温等条件的作用下激发出等离子体，等离子体所含的活性粒子或高能量粒子被吸附在零件表面，与材料表面的有机污染物或微颗粒污染物反应形成挥发性物质，挥发性物质与材料发生分离从而达到清洁表面的目的。其主要清洗金属、半导体、氧化物和大多数高分子材料。如铝合金、某型橡胶，且该清洗方式不会降低航空典型铝合金硫酸阳极氧化膜层的耐蚀性能及防护可靠性。选用氧气作为清洗气体时，等离子清洗法可替代有机溶剂清洗法清洗多层陶瓷外壳，去除表面的颗粒及有机污染物。如为提高零件表面的喷涂黏合质量，对零件表面进行等离子冲刷，去除了零件表面氧化层，活化了表面，获得了较理想的结合表面。

优点：可实现零件整体和局部以及复杂结构的清洗，不需加热，常温和低温环境都具有高效的清洗效果，避免了化学清洗中酸、碱、有机溶剂对零件的腐蚀风险，无废液产生，环保，正确的等离子体清洗不破坏材料表面特性。

3.3 发动机整机及零部件清洗实例

在发动机修理线上，主要对发动机零部件进行清洗。在某些情况下，则需要对发动机整机进行清洗，以保持发动机的良好性能和工作效率。

3.3.1 发动机整机清洗

发动机的整机清洗是指不从飞机上拆下发动机，不分解发动机整机的条件下，实施定期或视情况的气流通道清洗。图 2-3-5 所示为高压水溶液冲洗。目的是通过清除附着在进气道、压气机叶片等气流通道上的沉积物，保护叶片，延缓或消除空气中杂质对发动机性能的影响，恢复劣化了的性能，保持发

图 2-3-5 高压水溶液冲洗

动机的设计寿命，同时预防或排除发动机某些故障的发展。

发动机压气机叶片污染物主要是盐类和由沙尘、工业粉尘、昆虫、油类等组成的油脂污垢等，盐分通过发动机冷、热腐蚀影响发动机寿命，油脂污垢影响压气机效率。为清洗

气流通道的污染物，整机多采用冷清洗和热清洗法。

1. 冷清洗

冷清洗是指发动机在冷运转状态时，向进气道喷入清洗液清洗，也称"除盐清洗"。按照民航飞机维修手册，发动机每工作 1 500 h 就必须清洗，发动机冷转时转速较低，气流的温度不高不会引起发动机的热腐蚀，因此应当在非高温下进行。图 2-3-6 所示为整机冷清洗前的准备，图 2-3-7 所示为清洗前配置的药液，图 2-3-8 所示为冷清洗时的排气装置形貌。由于发动机冷转状态的持续时间较短，因此要有效清除叶片上的盐分，对清洗剂的性能要求较高。油脂污垢在叶片上附着力较强，冷清洗时转速较低，难以有效清除时，宜采用热清洗法。

图 2-3-6 整机冷清洗前的准备

图 2-3-7 清洗前配置的药液

图 2-3-8 冷清洗时的排气装置形貌

2. 热清洗

热清洗是指发动机在慢车状态时，向发动机喷入蒸馏水或清洗剂来清除叶片上的油脂污垢，从而还原发动机的性能，又称"恢复性能清洗"。发动机在慢车状态时，转速较高，工作时间较长，利用液滴与叶片的冲击力消除叶片上的污垢，恢复发动机的性能。但是在进行热清洗时，会引起发动机的转速、温度下降，其下降量因具体的发动机而异。转速的下降量一般为 10% ～ 20%，温度的下降量一般为 2 ℃～ 30 ℃。如果清洗时使用易燃有机化合物清洗剂，当喷入的清洗剂过多或使用不当时，可能引起瞬时超温甚至烧坏发动机。

3.3.2 压气机清洗

压气机为冷端部件，其主要污垢是金属氧化物、油污、积炭和灰尘。对于这些污垢，应根据对部件进行的检查结果，选择不同的清洗方法进行清洗。下面为几种具有代表性的清洗方法。

对含有不能沾汽油的零件涂层用酒精擦拭干净。一般的钢或合金零件可用汽油清洗，如钛合金叶片、钢叶片。对难以用汽油清洗干净的压气机零件，用水基清洗剂清洗，把水基清洗剂放入热水稀释，用布蘸取清洗液擦拭。

某渗铝层和硅酸涂层的压气机叶片修理清洗时，主要是去除积炭和锈蚀。选用磷酸作为除锈成分，酒精为增溶剂成分，Lan-826为缓蚀剂，表面活性剂为LD，柠檬酸钠为络合剂，含氟表面活性剂为加速除锈的渗透剂，分别占清洗剂的一定比例。叶片在5 ℃～25 ℃条件下，视情况浸泡，但浸泡时间不超过60 min，浸泡完成后用自来水冲洗表面。磷酸的主要作用是除锈；酒精主要作用为溶解油污，作为碱性缓冲，提高协同活性剂、增加清洗液对表面污物的分散性；Lan-826主要作用是延缓对渗铝层的腐蚀；LD作用为使混合酸液具有除油功能；柠檬酸钠具有阻垢、化垢作用。

对于需要除锈的零件，用以氢氧化钠为主成分的碱性除锈清洗剂，稀释并加温后把零件放入清洗槽浸泡，以清除表面的污垢、积炭和油脂等，清洗液的浓度以及浸泡时间的长短根据污垢情况而异。

乳液清洗：采用水包油型乳状清洗剂，清除铝合金、镁合金和钛合金表面的油脂等污垢，并且不会损伤电镀和涂层膜。

溶剂清洗：在氯化烃溶剂中加入表面活性剂和缓蚀剂，配制成常温或加温型清洗剂，用以消除钛合金、铝合金、镁合金等的涂层和积炭。这种清洗剂在常温下会蒸发出有害物质，清洗时在溶剂的上层应用水或油覆盖，防止有害物质的蒸发，清洗过程中把被清洗部件浸泡在清洗液下层，不必搅拌。

大量使用硅橡胶做黏合剂和密封剂的部件，应采用石油系溶剂、氯化烃和有机盐等构成的清洗液浸泡。使硅橡胶溶解或软化，然后予以清除。

3.3.3 火焰筒清洗

火焰筒的清洗主要是清除积炭和高温氧化物，其步骤如下：

（1）将火焰筒放入炉子加温到500 ℃左右，保温一定时间；或加温到更高温度，温度更高时减少保温时间，但温度不宜过高。

（2）拿出火焰筒，空气冷却后，用压缩空气吹除积炭。

（3）用汽油刷洗火焰筒剩余积炭，用布擦干净；或用火焰筒清洗液，加温至60℃～80℃清洗。

（4）工作喷嘴的污物则用钝刮刀刮除，用毛刷沾汽油刷洗，用布擦干净。

3.3.4 涡轮清洗

发动机热部件材料有高温合金、镍合金和钴基合金等，需要清除的杂质有污垢、高温氧化物和积炭等。金属氧化物大致可分为与大气直接接触的表层，仅次于其下面的中层和与部件基材金属相连的底层部分。每层的氧化程度不相同，对不同层的氧化物采用不同的清洗液清洗。

碱性除垢清洗液：以氢氧化钠为主要成分的碱性除垢清洗剂，加温后浸泡部件，可使不溶性金属氧化物转化为可溶性金属气化物而被清除；主要用于消除与大气直接接触于表层所形成的金属氧化物。

酸性除垢清洗液：以无机酸和缓蚀剂为主要成分的加温型清洗剂，用于清除碱性除锈、除垢清洗液清除表层之后剩下的中层金属氧化物及尚未除掉的表层金属氧化物；在清洗铝合金和镁合金时，应注意不要对镀铬表面造成损伤。

高锰酸钾清洗液：以高锰酸钾和氢氧化钠为主要成分的加温型强氧化性清洗液，经碱性除垢、除锈清洗液及酸性除垢清洗液清除表层与中层后，剩下的部件底层金属氧化物，以及这些清洗液所未能除去的上层金属氧化物，可采用此种清洗液清除。

磷酸清洗液：以磷酸和缓蚀剂为主要成分的清洗液，可清除经高锰酸钾清洗液氧化后，变成可溶性的底层氧化物；这种清洗液对铁合金和铝合金没有腐蚀性。

涡轮叶片清洗工艺：将洗涤剂和去离子水倒入装有超声波振荡器的槽子，加温至85 ℃。放入涡轮叶片，开启振荡器 10 ~ 20 min，将涡轮叶片取出，放入热水槽的去离子水或蒸馏水，热水不低于 80 ℃，洗涤 5 ~ 10 min，再次放入 80 ℃以上的热水槽清洗 5 ~ 10 min，取出后干燥。洗完后不允许表面有油污、水纹，如有可以重复清洗或用脱脂棉擦拭。

3.3.5 导向器清洗

导向器的污物主要为积炭和腐蚀物。导向器除积炭流程如图 2-3-9 所示，除积炭槽的溶液主要由氢氧化钠、高锰酸钾、自来水组成，疏松槽主要是磷酸溶液，冲洗干净后，烘箱内保温过程中打开烘箱门一定次数。

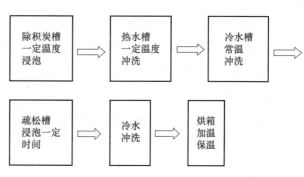

图 2-3-9　导向器除积炭流程

3.3.6 导管清洗

（1）用含一定比例航空滑油的清洗汽油清洗，或用汽油冲洗机冲洗。

（2）内腔冲洗干净后继续冲一定时间。

（3）氧气管禁止汽油冲洗，可用沾酒精的布擦拭。

3.3.7 机匣结合面石棉垫的清除

机匣结合面石棉垫的清除主要有两种方法：一种是用香蕉水或丙酮浸泡，也可以用三氯甲烷，浸泡疏松后使用刷子刷除。另一种是用光滑的钝刮刀轻刮，刮除石棉垫。

3.3.8 钛合金零件的清洗

钛合金零件的清洗方法主要有汽油清洗、专用清洗剂和蒸气脱脂清洗法。

1．汽油清洗法

部分企业把钛合金零件放入汽油中清洗，自然晾干。

2．专用清洗剂清洗法

使用避免出现腐蚀、变形、氢脆和渗氢现象的专用清洗剂。将清洗剂倒入超声波清洗槽，兑水 50%，搅拌后加温到一定温度，零件全部浸入溶液，开启超声波清洗，清洗干净后，用脱水冷气吹干。

3. 蒸气脱脂清洗法

预清洗除去灰尘和盐分后，加热三氯乙烷、三氯乙烯和四氯乙烯等，使零部件置于其蒸气中，清除矿物油和动植物油。使用的这些溶剂对钛合金没有腐蚀作用，但加水后生成盐酸会损坏钛制部件，因此禁止使用以氯化烃为原料的溶剂对钛部件进行蒸气脱脂，也禁止含有钛合金的零件接触氯元素。

3.3.9 滑油附件清洗

用一定温度和压力的航空滑油冲洗机匣油路，冲洗时间 5 min，滑油应从附件各孔中成射流状连续流出，用绢布检查流出的滑油是否清洁，应无金属屑和杂质。冲洗不掉的脏物，可以采取毛刷刷洗法清除。

3.3.10 不锈钢及其镀铜组件的清洗

为保护不锈钢及其镀铜组件原有表面处理保护层，并除去积炭和油脂，采用清洗剂、三聚磷酸钠、高锰酸钾配合成溶液清洗。将溶液加温到一定温度，保温一定时间，定时检查残余积炭，残余积炭可用毛刷蘸酒精加 3% 的鸡钠粉清除。表 2-3-1 为某发动机零部件清洗方法一览表。

表 2-3-1　某发动机零部件清洗方法一览表

零件类型	零件名称	材料	污染物	清洗方法
冷部件	压气机机匣	铝镁合金	油污、积炭	水剂
	压气机叶片	钢、铝	涂层、油污、积炭	喷丸、退漆剂、水剂振动
	导管	钢	油污	汽油、水剂
	小零件	钢、铝	油污	汽油、水剂
热部件	涡轮盘、叶片	耐热合金钢	高温氧化物、油污、积炭	碱爆清洗
	涡轮轴	钢	油污	水剂
	燃烧室外套	不锈钢	油污、积炭	水剂
	火焰筒	耐热钢	油污、积炭	碱液、吹砂
	燃气导管	耐热钢	油污、积炭	水剂
	加力燃烧室	耐热钢	油污、积炭	三氯乙烷
	涡轮、燃烧室	钢、铝	油污、积炭	水剂超声波
附件	燃、滑油附件	有色金属、钢、铝镁合金	油污、防护层、氧化物	汽油、煤油、超声波、吹砂

废旧清洗液处理

对于清洗槽里的清洗液及以荧光液为主的探伤用液体，使用一段时间后不能有效发挥作用则需要更换。由此也产生了大量有机物浓度高、色度高、破乳难度大、污染强度大的废水，这类废水难处理且不能直接生化降解。需要投入相应的药品预处理，通过经济、可靠、稳定的生化处理工艺完全降解，达到环保要求后方允许排放。投入药品，这样既满足了工业生产需要，又最大限度地保护了生态环境。

根据废液的有害元素，选择药品。投入药品后，一些被置换出的元素变成漂浮物、沉淀物，把漂浮物、沉淀物收集，晾干或烘干，进行集中处理。图 2-3-10 所示为经过处理的废旧溶液中的有害元素。

图 2-3-10 经过处理的废旧溶液中的有害元素

【课堂练习】

一、简答题

1. 清洗的定义是什么？一次清洗和二次清洗有何区别？

2. 清洗的准备工作有哪些？需要注意哪些事项？

3. 航空发动机整机清洗的目的、意义和注意事项是什么？

4. 常用的清洗剂有哪些？这些洗涤剂有什么特点？可以用于清洗航空发动机上的哪些零件？

5. 航空发动机上的空调引气管，大修时使用什么清洗剂进行清洗？为什么？

6. 航空发动机大修时，拆卸下来的电缆是否需要清洗，使用什么清洗剂，为什么？

二、拓展训练题

1. 请写出航空发动机零部件的三种或三种以上常见的清洗方法，并详细列出每种清洗方法在航空发动机零部件上的应用。

2. 分别写出三种或三种以上常见发动机整机和零部件的清洗方法。

3. 现代的航空发动机，使用了越来越多的复合材料。查阅相关资料，清洗复合材料时，需要注意哪些事项？航空发动机大修时，常用的复合材料使用什么清洗剂进行清洗？

4. 2016 年 2 月，乘客登上一架从上海飞往旧金山的波音 747-400 飞机时，闻到客舱空调出来的空气有异味，飞机空调系统的引气源于发动机。从发动机清洗的角度，哪些因素会导致飞机客舱出现异味？

仔细阅读以下教学案例，结合本任务所学习的专业知识和技能。从工匠精神、劳模精神、劳动精神、奉献精神和家国情怀等方面，分析案例中所蕴含的积极元素。作为新时代的航空维修事业接班人，结合案例中的优秀品质，树立自己的工作目标，写一篇读后感短文。

某大国工匠在全国劳动模范和先进工作者先进事迹巡回报告摘要

精彩的人生需要拼搏，拼搏的人生更加精彩。参加工作 21 年来，我的双手经常被烫出水泡，眼睛时常被电弧光刺痛流泪，衣服经常被汗水浸泡；无数个"白加黑"，一天十几个小时，握焊枪的手臂酸痛无比，甚至吃饭时连筷子都拿不稳；无数个"5 加 2"，我不能伴随儿子的成长，面对孩子渴求的双眼，我忍痛割爱、惭愧不已；无数个"节假日变成工作日"，我不能尽孝身体羸弱的双亲，面对父母日益增多的白发，我五味杂陈、心酸泪流……就这样，不断追踪焊接前沿技术、不断挑战自我超越自我。

日拱一卒无有尽，功不唐捐终入海。我是工作室的牵头人，我的 9 人团队平均年龄不到 30 岁。通过劳模日常克难攻坚行为、创新攻关精神影响研发团队，不断带动身边人。我们长期开展"名师带名徒""一师带多徒"活动，通过我的言传身教，不断教育身边人。

我们还常态化地开展岗位练兵，在练赛中识才、选才、育才，把成绩优异的选手"有意识"地进行重点培养，不断激励身边人。我们的团队人人有绝活、个个有绝技；攻关有"绝招"，思维有"诀窍"。团队先后获得军队科技进步二等奖 1 项、三等奖 3 项；襄阳市三等奖 3 项；工厂一等奖 1 项、二等奖 6 项。工作室被湖北省总工会命名为"湖北省示范性劳模创新工作室"。

我先后开发应用 10 余项行业内领先装备核心技术，破解了上百个修理"瓶颈"和难题，先后获军队科技进步一等奖 1 项、二等奖 1 项、三等奖 4 项。自己先后荣获空军金牌蓝天工匠、全国五一劳动奖章、全国五一巾帼标兵、中国好人、荆楚楷模、大国工匠 2019 年度人物等多项荣誉。

任务 4　故障检验

【学习目标】

【知识目标】

（1）了解故检的内容和意义；

（2）理解故检的依据及其变化规律；

（3）熟悉常见故检方法的特点及其应用；

（4）熟悉常见无损探伤方法的特点及其应用；

（5）了解零件故检后标记方法的选择和应用；

（6）了解航空发动机故检时的测量内容。

【能力目标】

（1）能对航空发动机零部件进行常规故检；

（2）能正确理解和执行故检标准；

（3）能正确理解和应用故检方法；

（4）能对故检后的零件进行规范标记；

（5）能对典型的航空发动机零部件选择合理的故检方法；

（6）能提出航空发动机零部件故检时的测量内容。

【素质目标】

（1）培养耐心、细心和认真的职业素质；

（2）培养严格遵守工作纪律、严格执行工艺规程的工作习惯；

（3）培养以企业效益为重的职业道德；

（4）培养工作前、工作中和工作后检查的工作习惯；

（5）培养故检工作过程中的成本意识、质量意识和大局意识。

【理论学习】

　　故障检验是通过目视、无损探伤、测量或测试等手段检查零部件的技术状态，鉴定故障的性质和损伤程度，得出合格、可修、停修、报废等结论，详细记录故障信息和标记零件故障部位，检查修理完成后的状态是否满足大修要求，从而确保大修后装机的零、部件技术状态满足发动机在下一个翻修间隔期内的使用要求，简称故检。

故障检验主要有两种：一种是机械故障检查；另一种是性能故障检查。机械故障主要有裂纹、锈蚀、磨损、变形、过热等。性能故障主要是指发动机性能偏离了规定值，如温度高、推力小、振动大、异响、滑油消耗量大、燃油压力摆动、转速悬挂和喘振等。零部件的技术状态影响整机的性能，零件的故障检验是航空发动机故检的重要内容。

4.1 故障检验的原则和技术要求

4.1.1 故检的原则

1. 正确理解和掌握故障标准

故检人员主要依据故检工艺对零件进行故检，但部分故障难以做出既定性又定量的明确规定。如工艺规定的"轻者可用，重者修理""轻者修理，重者报废"，轻、重均指一定范围，过严则可修的可能报废，太松则把应报废的修理使用。需要参考工作经验、零件的工作特点和常见故障发生规律，恰当把握轻重的"度"，既防止维修质量问题和维修事故，又要考虑降低企业修理成本。

随着发动机使用时间的增加，修理次数的增多，通过长期观察和记录故障的发展速度和规律，总结修理经验，结合理论分析、试验验证。经过有关部门的评审及批准，则可以修改故检标准。在确保安全的条件下，部分零件允许让步使用。

2. 正确理解和掌握故检方法

严格按照工艺规程规定的故检方法开展故检工作，正确理解和掌握故检方法，有助于合理把握故检宽严标准。只有了解了故检方法的技术特点，才能根据故障特点选择合适的故检方法，对故障做出准确的鉴定，如零件目视时无裂纹，但用10倍放大镜或万能显微镜观察时则可以发现裂纹，图2-4-1所示为零件故检工作台。

故检方法的选择对准确发现、鉴定故障至关重要。须正确理解工艺上的故检方法及规定，禁止违反工艺操作。熟练掌握现有故检方法，充分了解现有故检方法的优缺点，考虑生产效率、成本和对工作者的安全防护等，不断改进或开发新的故检方法。

3. 故检标记

故检完成后，做好卷宗记录和原始记录，结论应客观，清晰简要地说明故检结论。编写修理通知单，设计含待检、待修、返修、停修和合格等状态的标识卡片悬挂于零件上，标识卡片上的每个状态下面设计可打"√"或打"×"的标记区域，零件属于哪个状态则在哪个状态下打"√"，不做此项则打"×"；或设计不同颜色且醒目的合格和报废标签，图2-4-2所示为零件故检后的标签，绿色为合格标签，红色为报废标签。标识卡用棉线捆扎，标识卡在完成装配前始终随零件周转。停修件是指待研究、等待处理的零件。需要在零件上标记时使用特殊铅笔，禁止使用含碳、铅等元素的笔标记热部件，以免产生电腐蚀，影响零件性能。部分零部件通过无损检测后，由督察专员利用三维装置和视觉检测等工具或方法生成最终的检测报告，决定是进行维修还是直接报废。

报废的标志应当明显、统一，一般用红色标识牌，上面记录报废单编号、零件编号、报废原因、报废时间、零件使用寿命、修理次数等信息。零件报废后提交库房领取新品，报废零件由库房集中管理，报废零件与其他零件应分开存放。待修件应油封保存，由库房统一管理，不允许将废品保存于修理线上。

图 2-4-1　零件故检工作台

图 2-4-2　零件故检后的标签

4.1.2　故检的技术要求

（1）按照文件核对送检的零件信息，检查清洗情况。

（2）应当在履历本和相关文件上详细记录寿命件的已使用寿命和剩余寿命，凡剩余寿命小于大修间隔寿命的寿命件，做停修处理。

（3）寿命件应原机成套修理，成套流转，防止混修、混装。对于没有履历本的寿命件，应将修理前已使用的寿命准确地标记在寿命件上。

（4）转至下道工序前，应在转工单上准确描述故障、缺陷，在实物上用红色笔标明故障、缺陷的位置。

（5）对于零件非工作表面的制造缺陷，如该缺陷无异常可继续使用，保险孔损坏，可补焊重钻保险孔或换位补加工保险孔。

（6）大修时，为了确保发动机使用的可靠性，零、组件的协调性和成套性，除带履历本或相关证明书的成品件外，应保持原台装配。需要串台、串件时，必须按规定程序审批。

（7）对精密配合、成套匹配的零组件、成套串件、无寿命规定的零组件因故障报废或短期内无法修复，又无新品更换，允许串装其他同一大修次数的同一型号或批次发动机的零组件及无特殊要求的小零件。

（8）故检后的零件及时完成过程油封。

4.2　零部件的常见故检方法

零部件的故检方法主要有观察法、测量法和试验法。观察法主要检查零部件的宏观故障，测量法和试验法比较精确。常用的简单检查方法有用专用的螺柱检查钳，夹住螺柱转动，以检查螺柱的松动情况，用胶木榔头敲击零件，检查接触焊的焊缝有无与骨架脱开等，还有用角尺或用刀尺在平台上通过透光来检查零件的变形等。

4.2.1 观察法

1. 目视检查

目视检查是指不用任何仪器和工具，单凭肉眼观察。目视检查一般用于宏观故障检查，如断裂、掉块、掉漆、涂层脱落、腐蚀、过热、变色、硬皮及明显的变形、裂纹和磨损等外形故障。

2. 放大镜检查

放大镜检查是利用放大镜弥补视力不足，检查裂纹、凹坑等故障。放大镜有5倍、10倍、15倍等不同倍数的低倍放大镜，也有可调不同倍数的双管放大镜，图2-4-3所示为零件故检。双管放大镜的双管用于眼睛观察，零件放在物镜下的工作台上，调整焦距达到最佳视物效果。但视物面积很小，检查效率低，放置零件的工作台面积有限，大零件、大面积检查难以进行。长期检查时，眼睛容易疲劳，使用受到一定限制，一般用于检查涡轮叶片或重要的螺钉等。

图 2-4-3 零件故检

显微镜也可以用于放大观察零件，金相显微镜常用于观察零件的金相组织，辅助判断零件的故障性质。

3. 腐蚀法

把腐蚀液涂在零件表面上，经腐蚀并清洗后，无故障处呈现金属光泽，故障处由于腐蚀液的毛细作用，故障处呈暗黑色，用放大镜观察其形状和大小。注意：腐蚀检查前，应将零件除油，便于腐蚀液接触金属，而腐蚀后要用热水和冷水清洗，或进行必要的中和，以免金属继续腐蚀，造成故障。有的还要进行除氢，以防止产生氢脆，造成零件提前损坏。

4. 对比法

通过加工标准件，把故检件和标准件进行对比判断故障。常见的故检标准件有表面粗糙度标准样块、标准叶型、深度样块等。

5. 听、闻、摸

发动机整机试车时，可以听声音，进入车台后，闻空气中的气味。如果异常则进行相应的检查。检查叶片等零件的表面时，可以借助手感，确认零件的技术状态，弥补视觉的不足。

4.2.2 测量法

测量法是指在规定的测量环境下，使用工艺规定的工装、量具测量零件的几何尺寸，检查零件的磨损、变形和配合等是否符合工艺要求。测量的内容和要求如下。

1. 测量几何尺寸

测量几何尺寸主要测量零件的长、宽、高、直径和深度，如测量轴的内外径、端面跳动和叶片的型面尺寸，测量轴承与轴、轴与齿轮的配合，高低压转子的轴向、径向间隙和转子外径等。

2. 测量零件的形状尺寸

测量零件的形状尺寸主要是测量调整垫的平行度、轴的端面跳动、支点轴承座的同心度、机匣的椭圆度和螺钉孔的位置度等。

3. 测量齿轮副的啮合间隙

测量齿轮副的啮合间隙主要是测量附件及中央传动装置的齿轮啮合间隙，使用专属工装，工装包含固定装置和测量装置，固定装置用于固定一个齿轮，测量工装装在另一个齿轮上，测量工装可旋转，百分表对应可旋转的测量工装刻度线，测量工装旋转的弦长即齿轮啮合间隙。

4. 测量的技术要求

零件测量时，应选用工艺规定的量具，在规定的环境下测量。测量部位应无毛刺、锈蚀和脏物，以避免测量失真。零件的锥度、椭圆度、棱度、鼓度等无特殊规定时，一般按零件的容差计算，即在容差范围内就合格。

普通零件在常温下测量。对于精度较高的零件，为了使测量精确、标准一致，测量时温度应保持为 18℃～22℃。当被测量零件所处的温度与此相差较多时，应有一个均衡温度的时间，时间长短视零件大小、材料特性而定。

测量配合要求高的内孔尺寸时，需用专门环规校准测具。当测量直径时，最少应测量 4 点，分别在同一截面上按"+"字形测两个位置，然后取平均值。测量值需进行修约时，在有效值末位后的数大于 5 时，末位进一；末位后的数小于 5 时，末位不变；末位后的数等于 5 时，若末位的数字为奇数，末位进一；若末位值为偶数则末位不变。

故检测量所用的量具精度等级一般较高，车间在生产中发生测量结果不一致时，常以故检测量为准。有专职测量人员的则以专职测量人员的数据为准。

4.2.3　试验法

1. 测试

（1）硬度测量试验。用硬度计测试硬度。通过硬度的改变，判断材料在超温后是否引起了质的变化。硬度是材料机械性能中的一个指标，在一定程度上能反映金属材料所处的热处理状态，当发动机出现喘振或超温时，涡轮叶片、涡轮盘和压气机后几级叶片可能因温度高发生材料的组织转变，因而有测试硬度的必要。

测试硬度的位置一般选择在温度最高的部位或能代表温度最高部位材料情况的某些非危险区，测试硬度避开危险区是为了防止硬度计压印成为裂纹的疲劳源，引起零件出问题。为了检验准确，测试硬度前，应将零件上的积炭除掉，并用砂布打光，测试硬度的点应错开，不要在同一截面上，以免过多减弱强度。为了准确，一般要测试几个点，计算其平均值。

（2）电气测试。电缆通电性测试，电磁阀通断性测试等。

2．拉、压试验

拉、压试验属于机械性能试验。常见的有在规定力作用下，测试弹簧的伸缩性能。在故障分析时，如果发现零件变形、变色或一些不正常的现象，可进行拉、压试验验证，确定其工作的安全性、稳定性、可靠性。

3．密封试验

密封试验的方法是，把装好的零、部件装在试验台上，使用零、部件的实际工作介质如气、燃油、滑油、红油（液压油），加压充入，在一定时间内压力不允许下降，以确定其密封性是否合格。所有的密封结合面，修理完后都要进行密封试验。如涡喷 7 的附件机匣、中轴承机匣等。

4．流量试验

流量试验主要测量滑油喷嘴、燃油喷嘴、活门、油泵等零件或部件单位时间的流量，也可以用于涡轮叶片的冷气流量、涡轮导向器的喉道面积等测量。

5．整机试验

发动机的修理过程中，零件的技术状态并非固定不变，需要故检人员对各零件进行检查，以确保零件的技术状态在要求的范围内。发动机修理线上主要检查零部件的机械故障和性能故障，整机性能的检验依靠地面试车完成。发动机返厂修理不能确定故障时，通过试车查明故障；在外厂通过挂机试车检验修理质量。

整机的性能故障检查则对修理人员提出了更高的技术要求，发动机的性能故障主要由发动机试车设备的各种检测仪指示。这就要求在整机试车时摸清发动机整机的技术状态，确保发现发动机出厂前的所有故障。

4.3 发动机的常见无损探伤方法

4.3.1 渗透探伤

渗透探伤是一种利用液体的毛细管作用和固体染料在一定条件下的发光现象，检查零件表面开口缺陷的方法。其主要用于检查非松孔性材料零部件的表面开口缺陷，如钢、耐热合金钢、铝合金、镁合金和铜合金。将零件表面涂含荧光染料或着色染料的渗透液，经过一定时间，渗透液在毛细管作用下渗入零件表面开口缺陷；去除多余渗透液干燥，涂显像剂于零件表面，渗透液在毛细管作用下吸附在显像剂中，缺陷处的渗透液痕迹显示出缺陷。设备简单、灵敏度高，可检测出裂纹的方向和大概长度。

渗透探伤主要包含着色渗透探伤和荧光渗透探伤。渗透探伤一般在零件冷、热加工之后，表面处理之前，不适于探伤经过喷丸或喷砂处理的零件。

1. 着色渗透探伤

着色渗透探伤是指在预先清洗干净的零件表面上涂上一层渗透液，再涂着色剂，通过着色剂显示缺陷的大小和形状的探伤方法。着色探伤时，零件表面上的油污、积炭、焊渣、锈蚀、漆层、氧化皮和镀层应清除干净，然后用汽油或丙酮清洗、擦干。涂上具有良好浸润性的渗透液，渗透液渗入缺陷的细缝，用清洗剂将表面多余的渗透液擦掉，立即涂上白色显像剂。显像剂的吸附性能强，经过一定时间，把缺陷中的渗透液吸附出来，并使其染色。由于红色渗透液与白色显像剂的颜色反差较大，同时显像剂被染色的面积比实际缺陷大而具有放大作用，缺陷的形貌和分布状态能清楚地展现出来。着色渗透探伤主要用于压气机一级叶片、压气机盘、涡轮盘、燃烧室外套和热电偶的裂纹探伤。

着色渗透探伤不受材料性质的限制，操作简单；对故障显现灵敏度高于荧光探伤，可发现深 0.1 mm、宽 0.004 ~ 0.006 mm 的小裂纹；能发现露出表面的缺陷、表面裂纹、晶界腐蚀、表面气孔与砂眼。但不能保证发现发纹、折叠、机械划伤和宽度较大的缺陷。需保存零件缺陷的影像时，可用可剥性塑料覆盖防护。

2. 荧光渗透探伤

荧光渗透探伤前清洁表面，将零件在荧光液中浸泡时间大于 10 min，使荧光液渗入缺陷，取出的 5 min 内用温水冲洗掉表面荧光液，在槽中干燥后，向零件表面涂敷一层吸附能力极强的白色氧化镁粉，氧化镁粉将缺陷中的荧光液吸出，在紫外线照射下，缺陷处发出荧光，显现出缺陷的形状。其主要应用于附件机匣壳体、发动机外部支架等，图 2-4-4 所示为涂有渗透液的导向器，图 2-4-5 所示为在荧光下标记故障位置，图 2-4-6 所示为无荧光的零件图像。

图 2-4-4　涂有渗透液的导向器

图 2-4-5　在荧光下标记故障位置

图 2-4-6　无荧光的零件图像

荧光液主要分两类：一类是必须在暗室观察；另一类是有一定白光也能观察。对于没有清洗助剂的荧光液，用水冲洗会降低探伤灵敏度，由于发光强度低，必须在暗室紫外线照射下观察判断。荧光液在紫外线照射下发出青白光，人的眼睛对黄绿色光最敏感。

国内的 Za.ZB 和 Ha.HB 系列荧光液，含有白乳化型乳化剂，也可以加入后乳化型乳化剂。用水清洗时，将表面多余的渗透液清洗掉，提高了缺陷部分显示的清晰度。渗透性能好，尤其是紫外线照射下，其荧光强度是原渗透液发出的青白荧光的几十倍，大大提高了探伤灵敏度。在有一定白光的条件下能够清楚地观察到缺陷的显示，因此不一定要在暗室内观察，可用于机上检查或外场检查。

4.3.2 磁粉探伤

磁粉探伤是利用磁现象来检测铁磁材料零件表面及近表面缺陷的一种无损探伤方法。其主要用于探伤滑油喷嘴、离合器、发动机安装座、封严环、齿轮、传动轴和螺杆等零件。探伤时，先把零件加磁至磁化，往零件上浇灌磁悬液，若零件表面及近表面存在发纹、裂纹、非金属夹杂、分层和金属折叠等缺陷，缺陷部位就会形成泄漏磁场，泄漏磁场吸附和聚集磁粉，从而构成缺陷形状。

磁粉探伤可分为恒磁探伤与电磁探伤，发动机修理中常用电磁探伤。磁粉探伤设备可分为固定式和手提轻便式探伤机，固定式探伤机有的可以自动转一定角度，便于大型零件夹在探头上进行检查，图 2-4-7 所示为磁粉探伤机。手提轻便式探伤机，可以携带到大型零件或发动机上进行局部磁化、探伤。

图 2-4-7　磁粉探伤机

磁粉探伤对零件表面要求：零件探伤前应清除油污、锈斑、毛刺、氧化皮、漆层和金属屑等脏物。若零件需发蓝、磷化、电镀等表面处理，应在表面处理前进行磁探。表面铬、镉镀层良好的返修零件需磁粉探伤时，覆盖层一般不应超过 15 μm。零件周向磁化时，须将通电接触部位的非导电覆盖层除净后再进行通电。

磁粉探伤具有显示直观、检测灵敏度高、适应性好、效率高和成本低的特点。磁粉直接附着在缺陷位置，能直观地显示缺陷的形状、位置和大小，可大致判断缺陷的性质。磁粉在缺陷上聚集形成的磁痕具有"放大"作用，可检测的最小缺陷宽度可达 0.1 μm，能发现深度约 0.01 mm 的微裂纹，图 2-4-8 中的亮光处为紫光照射下的缺陷。磁粉探伤几乎不受零件大小和几何形状的限制，综合采用多种磁化方法，能检测零件的各个部位。采用不同的检测

图 2-4-8　孔边的亮光处为缺陷

设备，能适应各种场合的现场作业。磁粉检测设备简单，操作方便，检测速度快，经济性好。

磁粉探伤的缺点是只适用铁磁性金属材料，如碳钢、合金结构钢等，不适用铜、铝、镁、钛和奥氏体不锈钢等非铁磁性金属材料，不能探伤检查用奥氏体钢焊条焊接的铁磁性零件及其焊缝。只能用于检测零件表面和近表面缺陷，不能检出埋藏较深的内部缺陷，可探测的内部缺陷埋藏深度一般为 1～2 mm。对于较大的缺陷，检测深度可达 10 mm，但难以定量缺陷的深度，磁痕的判断需要有一定的技术经验。

4.3.3　射线探伤

射线探伤是利用 X 光的穿透性，X 光穿过零件时，因被材料吸收和散射，强度发生衰减。衰减程度与材料的性质和厚度有关，密度或厚度越大，衰减越大。若被检零件有孔洞等缺陷，透过缺陷处的射线强度就大，进而使射线胶片相应处的曝光量增多，暗室处理后呈现出较黑的缺陷影像，从而达到检验零件内部质量、确定缺陷大小及形状的目的。

射线探伤能准确、可靠和直观地显示材料内部缺陷，可对缺陷定量、定性和定位。能显示制作材料成分的明显变化，显示结果为永久性记录。可显示密封组合件的内部结构。射线探伤的缺点：较难检测与射线方向垂直的面型缺陷。探伤设备投资大，检测过程较复杂，周期较长，需要严格的防护措施。

射线探伤对零件表面的要求：铸造零件应无砂粒、氧化皮、毛刺等并要除去漆层和油污；焊接零件均须吹砂，除去氧化皮和漆层油垢等；凡经修整补焊后的零件，重复 X 光探伤透射范围不应小于补焊处尺寸的两倍，补焊处的熔焊金属与基体之间一般应打磨平滑。

射线探伤主要用于检查零件的内部缺陷，如内部裂纹、气孔、夹杂、偏析、锈蚀和焊缝等，附件机匣和焊接修理类零、部件。但 X 光探伤不能发现烧伤、过热和折叠等缺陷。X 光探伤设备按结构可分为两类，一类是固定式，另一类是便携式。便携式 X 光机越来越广泛应用于发动机零、部件原位检查。

常见的射线探伤缺陷胶片形状，一般裂纹呈锯齿形黑线条状；腐蚀呈无规则、边缘不整齐的斑点、块状；外来物呈现物体原状，易于识别；气孔呈圆形或椭圆形，也有不规则的；夹杂呈球状、块状或其他不规则形状。

4.3.4　超声波探伤

超声波探伤是利用高频声波与零件相互作用，声波遇到不同弹性介质反射或穿透来寻找产品中的缺陷。利用声反射或穿透能量的大小来判断缺陷的大小。利用声波在介质中传播至缺陷所需的时间来测定缺陷的位置。

超声波探伤灵敏度高，穿透能力强，设备小巧，易于实现自动化，可及时知道探伤结果。其可用于探伤金属、非金属和复合材料零件，常用于检查轴、锻压件、涂层与基体金属的结合质量、压气机盘以及涡轮叶片的厚度等。对确定内部缺陷的大小、位置、取向、埋深和性质等参量较之其他无损方法有综合优势。测量时，仅需从一侧接近零件，设备轻便便于携带，对人体及环境无害，可做现场检测。所用参数设置及有关波形均可储存供以后调用。检测涂层与基体金属的结合性时，先用校准试块调整仪器，再用探头检测基体金属无涂层的部位，调节仪器的灵敏度，最后检测结合性。

超声波探伤对零件表面的要求，被测零件表面粗糙度最好能达到 $Ra=0.5$ mm。在难以达到此要求时，应除掉零件表面的氧化皮、锈蚀、斑痕等不利于探伤的障碍物，也可利用砂轮或砂纸等进行打磨，以便能达到表面粗糙度 $Ra=0.3$ mm 左右精度。遇到粗糙度不好的情况，除用打磨的方法外还应采用其他方法予以补救，如提高仪器灵敏度，加浓黏合剂、降低探头的移动速度等，图2-4-9所示为超声波探伤。

超声波探伤是声学的具体运用，还有一定的局限性，不能完全代替其他探伤方法。特别是对缺陷性质、大小的判断要靠脉冲波推断，是间接的判断方法，要求做大量的对比试验。对试件形状的复杂性有一定限制，对操作人员的经验有一定要求，一般需用耦合剂。

图2-4-9 超声波探伤

4.3.5 涡流探伤

涡流探伤主要是利用涡流效应，当载有交变电流的检测线圈靠近导电零件时，由于线圈磁场的作用，零件会感应出涡流。涡流的反作用使检测线圈的阻抗发生变化，涡流的大小、相位及流动性受到试件导电性能等影响。因此，通过测定检测线圈阻抗的变化或线圈上感应电压的变化，得到被探伤零件有无缺陷的结论。

涡流探伤常用于探伤材料和零件的裂纹、折叠、气孔和夹杂等缺陷，如涡轮叶片的前缘尾缘、涡轮盘、压气机一级盘和直升机桨毂等；可测量材料的电导率、磁导率、晶粒度、热处理状况、材料的硬度和尺寸等；也可用于测量金属材料上的非金属涂层、铁磁性材料上的非铁磁性材料涂层和镀层的厚度等。涡流检测与其他无损检测方法相比，不需要耦合剂，与零件既可接触也可不接触；对管、棒、线材易于实现检测自动化；能在高温、高速下进行检测；能进行多种测量，能监控疲劳裂纹；设备简单、操作方便、速度快、成本低以及能在装配状态下对机械装置进行检测。

但涡流检测只适合导电材料表面和近表面的检测；难以判断缺陷的种类、形状和大小；干扰因素较多，需要特殊的信号处理技术；对几何形状复杂的零件进行全面检查时，检查效率低。

4.3.6 电位探伤

电位法又称微电阻法或四探针法。在被测零件上放置固定距离的4根探针，由外电路供给外端两根电流探针以一定的直流电流，则中间两根电压探针间就有一个直流电压差；与这两根探针连接的检流计上便有一定的指示值。若其间有裂纹，就改变了电力线方向，该电压增大，检流计的指示也偏大。这样，被测件的裂纹便能检查出来。

电位探伤用于发现零部件内氧化、夹杂、锈蚀、积炭和非导电层之类物质的裂纹缺陷，适宜检查金属材料的应力腐蚀裂纹等缺陷。如涡轮盘榫槽、榫齿裂纹；螺钉、螺栓及火焰筒燃油喷嘴的应力腐蚀裂纹；大于0.6 mm的裂纹；发动机组装状态下的涡轮盘榫槽检查。无损探伤越来越广泛地应用于发动机故检，表2-4-1所示为无损探伤灵敏度参考值。

表 2-4-1　无损探伤灵敏度参考值

检测方法		能发现的裂纹最小尺寸 /mm		
		宽	深	长
目视	肉眼	≥ 0.1	–	2 ～ 3
	放大镜	0.01 ～ 0.1	–	2 ～ 3
超声波	表面波	0.001	0.3	–
	纵波	0.001	0.1	10
着色探伤		0.000 6	0.01	0.1 ～ 0.3
荧光探伤		0.01	0.03 ～ 0.04	0.5 ～ 1
磁力探伤		0.001	0.1	0.5 ～ 1
涡流探伤		0.001	0.3 ～ 0.5	1.5 ～ 5
X 射线探伤		0.1	透视厚度的 1.5% ～ 3%	2 ～ 3

4.3.7　孔探仪探伤

一般的孔探检测是指将发动机内部零部件的表面图像传输至外部平台，目视检查是否有故障。其主要用于不分解发动机检查发动机内部的气流通道零部件和其他检测可达性较差的零部件，如压气机、涡轮、燃烧室、加力燃烧室、燃油喷嘴、空气导管和附件内部等。

使用孔探仪检查发动机内部状况，操作灵活、方便、色彩逼真、图像清晰，结果直观、准确且简单易行，能够尽早发现发动机内部部件的损伤，有利于将安全隐患排除在萌芽阶段。避免了分解发动机和相应的发动机装配、运输等费用以及不必要的飞机停运损失，减少了维修成本。不同的探头直径确保了对零、部件的不同空间进行有效的检查，通过与计算机连接实现了对检测画面的采集、录像、储存、冻结、放大、对比等功能。孔探仪探伤是发动机修理质量控制与维护检查不可缺少的检测工具。图 2-4-10 所示为孔探仪伸入压气机内部检查叶片、压气机盘等的故障，图 2-4-11 所示为孔探仪检测发动机。

图 2-4-10　孔深仪伸入压气机内部检查

图 2-4-11　孔探仪检测发动机

4.3.8 探伤实例

以渗透探伤为例:

1. 预清洗

预清洗去除妨碍和影响渗透探伤灵敏度的各因素。将去氧化层、表面漆层和防锈油等杂物的零件放入预洗槽;然后用清水冲洗清洗液,干燥零件,使残留在缺陷处的水分蒸发掉,冷却至室温。对于局部渗透探伤的清洗范围应大于直径 25 mm 的区域。

2. 渗透

对小尺寸零件可和标准件一起放入后乳化渗透液中浸涂。渗透液保持一定温度,零件的渗透总时间等于零件浸入渗透液的时间加上渗透液的滴落时间,控制好零件在渗透液里的时间。渗透完成后规定时间内完成乳化、干燥和显像等工序。零件渗透完后不能停留过久,以避免渗透剂干结于零件表面。

3. 清洗

使用规定温度和压力的水冲洗渗透液,保持喷头和零件的适当距离。注意不要过度清洗渗透液,防止前面的工序失效。清洗的目的是去除零件表面大部分的多余渗透剂,移动或翻动零件使其表面上的水滴干净,也可以采用吸水材料吸干或用清洁干燥的压缩空气吹干,压缩空气的压力不能过大。

4. 乳化

放入亲水性乳化剂中乳化,施加乳化剂时不要翻动或搅动零件表面的乳化剂。去乳化剂前先预水洗,乳化后终水洗。

5. 干燥

在一定温度下将零件干燥,时间以零件表面干燥为宜。

6. 显像

使用喷粉机器喷洒显像剂,未喷上的部位,可以人工补喷,喷好后显像剂保留一定时间。

7. 检验

根据需要选择暗室或白光环境下检测,白光照度应大于 1 000 lx。在暗室内的紫外灯照射下,零件及试件的缺陷显示出来。使用特殊铅笔对缺陷进行标记,并填写零件探伤情况记录。为提高着色精度,进入暗室适应环境大于 1 min 后开始检测。

8. 后处理

使用含防锈油的水液去除零件表面残留的渗透液和显像剂。

【知识拓展】

过程检验

发动机的修理过程,须在专职过程检验的监督下进行工作,以确保发动机的维修质量和效率。专职过程检验必须对所监督的工序内容明白、清晰,熟练掌握所监督的工作内容。专职过程检验的职责如下:

（1）核对发动机、部件及附件履历本信息，检查卷宗有无漏签。

（2）对装配过程的关键工序进行监督、复查，对关键尺寸进行检验性测量，检查零部件外观，复查保险是否打齐、预留的导管间隙等。

（3）监督装配程序的合法性、操作的规范性，有权制止不合法、不规范的行为，如零、部件不齐或者零、部件的文件资料不齐，则不应该开展下一步工作。

（4）使用相应工步的工具定期抽查螺母、螺栓的拧紧度。

（5）对产品质量负有主要的监督责任。

故检工作的好坏不仅影响发动机的修理质量，而且对扩大修理项目，节约航材，降低成本，技术积累均有重要作用。通过故检，掌握零件的技术状态，对相关零件悬挂故检结果标签。统计零、部件及发动机的故障发生规律，分析故障的产生原因，找出零件的薄弱环节，提出针对性的修理或改进设计建议，提高修理质量。因此，要求故检人员具备一定的专业理论和实践基础，时刻保持认真负责、严格把关和精益求精的工作态度。

【课堂练习】

一、简答题

1. 故障检验的目的、内容和结论是什么？方法有哪些？

2. 故障检验的依据是什么？故障检验的依据是一成不变的吗？为什么？

3. 为什么要求故障检验人员正确理解和掌握故检标准？意义有哪些？

4. 如何理解故障检验标准的"严"和"紧"？应当如何执行故障检验标准？

5. 故检时，常见的测量项目和内容有哪些？

6. 故检后的零件常用标记工具是什么？是否可以用普通铅笔或签字的中性笔？为什么？

7. 故检后的零件标记位置、技术要求和注意事项有哪些？

8. 常见的无损探伤故障检验方法有哪些？

9. 如何正确理解故检方法？选择故检方法主要考虑哪些要素？

10. 常用的清洗剂有哪些？这些清洗剂有什么特点？可以用于清洗航空发动机上的哪些零件？

11. 故检后报废的零件和可修的零件是否可以一起存放，可以一起存放和不可以一起存放的理由分别是什么？

12. 某刚进厂的新员工，被安排在专职检验岗位工作，如何才能做好专职检验工作？

13. 孔探仪的作用是什么？在航空发动机的维护、检查和修理工作中有何应用？

二、拓展训练题

1. 给航空发动机齿轮、轴承、轴、钛合金叶片、钢叶片、附件机匣、薄壁（体积较大）机匣、导管、油针等零、部件选择故检方法，并详细列出选择这种故检方法的原因以及可以检查的故障。

2．为图2-4-12的火焰筒选择故检方法，并说明为什么选择这种故检方法，以及写出故检的主要步骤内容。

3．什么情况下需要对涡轮叶片、压气机后几级叶片进行硬度测试？使用什么仪器测量硬度？测量叶片的硬度需要注意哪些事项？

4．现代的航空发动机，使用了越来越多的复合材料。查阅相关资料，清洗复合材料时，需要注意哪些事项？大修时，航空发动机上常用的复合材料使用什么清洗剂进行清洗？

图 2-4-12　火焰筒

5．参考本任务知识点，查阅相关资料，编制某型航空发动机零、部件的渗透工卡。

6．参考上文知识点，查阅相关资料，编制某型航空发动机火焰筒的故检工卡。

7．如图2-4-13所示，某型航空发动机的一薄壁圆形零件上，涂了一层涂层，使用什么方法进行探伤？探伤过程中需要注意哪些事项？如何提高结果的准确性？

图 2-4-13　薄壁圆形零件

【素养提升】

阅读以下教学案例，结合本任务所学习的专业知识和技能，从保障生命安全、保障财产安全、安全操作与劳动保护、工作规范、严格按照维修手册中要求的程序进行每一步操作，绝不偷懒省略步骤、不抱侥幸心理、遵章守纪的职业素养和工作习惯等。按照"三全育人"的要求，分析其中需要反思的内容，提出改进措施，并编写一篇读后感。

你三清点了吗？

一天，某型飞机在白云机场进行定期维修。机械师对照工具清单，将领取的工具包清点后，根据工作单开展维护工作。工作过程中没有清点工具，工作完成后，清点工具，发现缺少多用螺钉旋具的刀头，也想不起来放在什么地方，在工作区域快速地找了一遍仍然没有找到。于是在旁边的水泥地缝里找了一个生锈的刀头，作为配套工具放入工具包。他心里想：没有找到原工具的刀头，工具不齐不能合理解释。只要工具齐全了就可以还工具，结束维护工作。并没有进一步去想会不会影响运行，也并没有将此事上报上级。

完成了所有的维护工作后，发动机进行地面试车，出现异响。停车检查，发现前几级压气机叶片被打坏。经事故调查，是多用螺钉旋具的原刀头造成了前几级压气机叶片损坏，导致了这起中等安全事故。

任务 5 压气机修理

【学习目标】

【知识目标】

（1）掌握压气机转子的主要故障类型和修理方法；

（2）了解压气机叶片的振动类型、疲劳分类和测量内容；

（3）掌握压气机静子的主要故障类型和修理方法；

（4）掌握压气机轴的主要故障类型和修理方法；

（5）掌握压气机机匣的主要故障类型和修理方法；

（6）熟悉分析压气机典型故障的产生原因和影响；

（7）熟悉叶片称重排序。

【能力目标】

（1）能够分析压气机转子的主要故障类型和选择正确的修理方法；

（2）能够描述压气机叶片的振动类型、疲劳分类和测量内容；

（3）能够分析压气机静子的主要故障类型和选择正确的修理方法；

（4）能够分析压气机轴的主要故障类型和选择正确的修理方法；

（5）能够分析压气机机匣的主要故障类型和选择正确的修理方法；

（6）能够分析压气机典型故障的产生原因和影响；

（7）能够进行叶片称重排序操作。

【素质目标】

（1）培养爱护国家财产、爱护工具设备的职业道德；

（2）培养严格贯彻执行 6S 管理制度的工作习惯；

（3）培养强烈的国防责任感；

（4）培养认真、严谨、细致、工作积极、踏实肯干的职业精神；

（5）树立吃苦耐劳、实事求是、按规章办事的工作作风；

（6）培养表达、交流和沟通能力；

（7）培养团队合作能力。

压气机主要分为轴流式、离心式和混合式，压气机主要由转子和静子组成。压气机叶片分为转子叶片和静子叶片，叶片的主要作用是对流入的气体进行加功增压，使压气机达到一定增压比。一般前几级叶片的工作温度较低，后几级叶片的工作温度高达 400 ℃。本任务主要介绍压气机的主要故障类型、故障产生原因和故障修理方法。

5.1 压气机转子修理

压气机转子由转子叶片、轮盘和轴组成，如图 2-5-1 所示。转子支撑在轴承上，轴承安装在轴承座内，轴承座固定在静子机匣上。压气机转子是高速旋转的承力件，主要承受弯矩、扭矩及叶片和转子的离心力。压气机转子主要分为鼓式、盘式和鼓盘式结构，鼓式压气机转子鼓筒形轴外表面加工有槽用于安装叶片，主要负荷由鼓筒承受和传递。鼓盘式则在轮缘处的榫槽里安装转子叶片，叶片、轮盘和鼓筒的离心力由轮盘、鼓筒共同承受，扭矩经鼓筒逐级传给轮盘和转子叶片，转子的横向刚性由鼓筒和连接件保证。图 2-5-2 所示为多级压气机转子，图 2-5-3 所示为离心式压气机转子。

图 2-5-1　JT15 压气机转子

图 2-5-2　多级压气机转子

图 2-5-3　离心式压气机转子

5.1.1　压气机转子叶片的主要故障类型

压气机转子叶片主要由叶身和榫头组成，部分叶片具有凸台。叶片上作用着较大的离心力、气体力和振动负荷，工作条件非常恶劣。叶片的故障发生率较高，叶片的报废率也高，叶片的故障占发动机总故障的 20% 左右。叶片的主要故障类型有外来物打伤、表面腐蚀、应力腐蚀、应力破坏、振动疲劳损伤、变形、磨损、砂眼、静频和转子外径不符合要求等，其中振动疲劳损伤故障最多，危害最为严重。

1. 外来物打伤

含有灰尘、砂石和鸟虫等异物的高速气流冲击叶片，使叶片表面产生缺口、压痕、划伤、裂纹、掉块或防护层损伤，造成叶片局部区域应力集中、振动应力增大，损伤部位疲劳强度降低。外来物损伤主要威胁着压气机叶片的前几级，常发生在叶片的前缘附近。外来物如果落在叶片最大应力区域内，将加重危害性，影响叶片的使用寿命和安全性，如图 2-5-4 所示。空气中的污染物易造成气流通道冲蚀、结垢、堵塞叶片表面出气孔及腐蚀，增加了维护成本，降低了使用经济性。外来物打伤后，

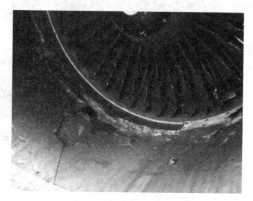

图 2-5-4　外来物打伤

出现超过一定深度的凹坑、孔洞或击穿，报废处理，图 2-5-5 所示为叶片表面产生较深凹坑，图 2-5-6 所示为受损严重的低压风扇及机匣。

图 2-5-5　叶片表面的凹坑

图 2-5-6　受损严重的低压风扇及机匣

2. 表面腐蚀

压气机叶片的表面腐蚀主要是化学腐蚀，尤其是沿海地区的气候环境，对叶片具有强烈的腐蚀性，易使叶片表面产生腐蚀现象。腐蚀严重的叶片，表面生成疏松的腐蚀物和有一定深度的疏松孔，叶片的表面强度和疲劳寿命大大降低。以某铝叶片为例，在中等腐蚀情况下，其疲劳寿命较未腐蚀的叶片下降一半以上。当叶片被外来物打伤后，叶片的防护层损伤或掉块，叶片表面的防护性能降低，易导致叶片产生腐蚀，叶片表面腐蚀后强度降低，在振动、与空气的摩擦过程中可能导致掉块，图 2-5-7 和图 2-5-8 所示为叶片不同的位置产生腐蚀。

图 2-5-7 压气机叶片表面的腐蚀和掉块

图 2-5-8 叶尖靠近排气边的腐蚀和掉块

3. 应力腐蚀

应力腐蚀是指叶片的加工或热处理过程留在叶片上的残余应力,发动机工作后,由于空气中水分、杂质等渗入材料晶界,导致叶片产生腐蚀裂纹。尤其是在盐分浓度高的沿海环境中,腐蚀现象更加明显。

4. 应力破坏

应力破坏是叶片因强度不足而造成的破坏,单纯应力破坏的现象较为少见。因为叶片在设计时,留有相对足够的安全裕度。但在外来物冲击、腐蚀和有穿透性裂纹等工况的影响下,可导致应力不足断裂故障,发动机的超转和超温对叶片的应力破坏也有一定影响。应力破坏断口产生在最大应力区,呈现沿晶裂纹,表面粗糙,有明显的断裂现象。

5. 变形

变形主要发生在叶尖和叶片尾缘的交合处。空气中的砂石等异物随空气进入气流通道后,在离心力的作用下被甩向叶尖方向,而越靠近叶尖离心力越大,经过碰撞、挤压易造成叶片的变形。叶片变形如图 2-5-9 和图 2-5-10 所示。

图 2-5-9 叶尖靠近排气边的弯曲变形

图 2-5-10 叶片打伤后变形

6. 振动故障

叶片受力较为复杂,出现振动后,叶片所受应力增大,加速了叶片的疲劳损伤。转子叶片振动故障较多,静子叶片较少,叶片的振动绝大多数是振动疲劳损伤,叶片断面呈现疲劳断口的特征，振动疲劳易产生发丝、裂纹甚至断裂。

7. 磨损

常见的叶片磨损部位有叶尖、叶片表面、榫头两侧和凸台结合面。叶片表面的磨损类型有与空气中的杂质摩擦产生磨损、腐蚀磨损、榫头与榫槽摩擦以及凸台减振工作面耐磨涂层的振动摩擦磨损。叶尖与机匣的磨损位置如图2-5-11所示。

8. 砂眼

叶片防护层和表面材料破损后，受空气中的沙、尘摩擦冲击，导致叶片表面出现细小砂眼，如图2-5-12所示。

图2-5-11　叶尖与机匣的磨损位置

图2-5-12　叶片砂眼

9. 静频不符合要求

当叶片经过一个维修间隔寿命后，叶身因腐蚀、摩擦等因素变薄或变形，可能使叶片的静频（叶片的自有振动频率，或称自振频率）不符合工艺要求。部分发动机叶片采取叶片测频和整修的预防性修理办法，保证叶片自振静频在规定范围内。

10. 转子外径不符合要求

当叶片经过一个维修间隔寿命后，叶身高度因腐蚀、摩擦等因素，使得叶片的高度不符合工艺要求。选择更换新叶片的维修方法后，新叶片和已工作叶片的高度不匹配，导致转子外径不符合要求。

5.1.2　压气机转子的振动故障

1. 叶片的振动类型

发动机转动时，转动零、部件产生的不平衡交变力和不平衡力矩称为机械激振力。机械激振力主要源于转子旋转、齿轮啮合不均产生的交变力和泵工作时的受迫振动，通过轴、轮盘等传递给叶片，使叶片产生振动。机械激振力是引发整机振动的重要因素，发动机的转速影响激振频率。

（1）弯曲振动。叶片的弯曲振动是叶片绕最小惯性轴与最大惯性轴所产生的弯曲变形，叶片绕最小惯性轴的弯曲最易出现，故称为弯曲振动。在叶片上出现一条节线的弯曲变形，称为一阶弯曲振动，所对应的频率称为一阶弯曲自振频率。有两条节线的变形振动的频率称为二阶弯曲振动自振频率，其他阶以此类推。一阶弯曲振动也称为基本阶振动，叶片节线靠近叶片根部，尖端振动应力最大，与节线位置相接近，一阶弯曲自振频率为所有各阶弯曲自振频率最低，因此最为危险，发动机比较容易出现一阶弯曲共振。

（2）扭转振动。绕着叶片刚心出现的带有纵向节线振动形式的振动称为扭转振动，一条纵向节线的振形称为一阶扭转振动，所对应的频率称为一阶扭转振动频率。二阶扭转振动是有一条纵向节线和两条横向节线的组合振形，所对应的频率称为二阶扭转自振频率，三阶扭转振动则有三条横向节线，其他阶以此类推。一阶扭转自振频率最低，叶尖端处两边缘的振幅最大。对于中等长度的叶片，通常一阶扭转自振频率高于一阶弯曲自振频率。

（3）复合振动。通常把弯曲振动和扭转振动的合成振动称为复合振动，振形比较复杂，频率较高，复合振动可造成靠近叶尖的部分疲劳损坏。

2．叶片的振动疲劳分类

叶片的振动疲劳主要有强迫振动疲劳、共振疲劳与颤振疲劳。三者均属于振动疲劳，但各自的振动状态不一样，疲劳裂纹的发展速度和危害等级各不相同。其中叶片强迫振动疲劳少，共振疲劳故障较多且严重，颤振疲劳少但危害性最大。对于叶片的振动疲劳现象主要有两种方法进行观察和研究，一种是对故障叶片进行金相检验，断口分析，判断疲劳现象。另一种是在实验室，对试件叶片进行故障再现试验，将试验结果与故障现象对比分析，确定故障的发生规律。图 2-5-13 所示左边为某型航空发动机的第三级转子叶片疲劳断裂，右边为叶片叶盆侧和叶背侧的断裂形貌特征。

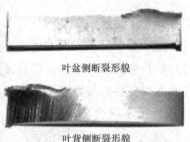

叶盆侧断裂形貌

叶背侧断裂形貌

图 2-5-13　疲劳断裂特征

（1）强迫振动疲劳。叶片旋转时，持续受到力值和频率变化的强迫激振力作用。激振力小且频率较高时，叶片的振动应力小，一般不会导致疲劳损坏。激振力较大时，可能导致强迫振动疲劳故障。对于长寿命叶片，则需了解其故障发生规律。

（2）共振疲劳。共振疲劳损伤故障是发动机叶片的主要故障，属于高周疲劳。叶片共振疲劳产生裂纹或者折断的发展过程：一定力值的交变应力持续作用于叶片，叶片材料逐渐疲劳而产生疲劳源，疲劳源一般在应力最大的截面上或者在较大应力区域的表面缺陷处；疲劳源点处产生发纹，并不断扩张形成裂纹甚至疲劳环，同时开始向叶片内部或前后方伸延使裂纹不断扩大成为断口，断口扩大到一定程度后，叶片截面的有效承力面积减小到不能承受上部叶片的离心力时，叶片便从断口处被拉断。共振疲劳裂纹属于穿晶裂纹，表面光滑，晶粒细小，受气流或燃气冲刷多呈黑灰色，叶片强度不足的撕裂缺口表面粗糙。共振疲劳折断的叶片，断口呈现两种特征，即疲劳断口与强度不足的撕裂断口。

叶片的共振疲劳须具备两个条件：达到一定的交变应力，振动到一定的时间。影响叶片疲劳寿命的因素有温度、叶片表面质量、应力幅、离心负荷和热疲劳。外来物打伤、应力腐蚀、表面腐蚀及高温蠕变等降低了叶片的振动疲劳寿命。高温下材料的疲劳极限降低，但温度增高，材料的内阻即材料衰减率增大，在一定程度上提高了叶片的抗振性。叶片振动的应力幅小，一般为高循环疲劳损坏，疲劳区大；应力幅大，一般是低循环下疲劳损坏，断口疲劳区小。叶片旋转时，离心应力与振动应力叠加，总应力增大，降低了叶片的疲劳寿命。叠加离心应力后，叶片的最大应力截面改变，叶片原对称循环振动应力变为非对称循环振动应力，从疲劳角度看非对称循环比对称循环安全。

（3）颤振疲劳。颤振疲劳由叶片的颤振所引起，颤振疲劳属于低周疲劳。某压气机叶片颤振瞬时测得的振动应力高达 392～490 MPa，一阶弯曲振动自振频率为 140 Hz，振动 10 s 后叶片折断，即其循环疲劳次数 $n=1.4\times10^3$。叶片颤振时振幅大，振动应力大，并伴随有"哨叫"声。这种大振幅、大应力幅下的振动使叶片材料进入弹塑性变形，加速了叶片疲劳损伤的扩展速度，致使叶片在短时间内产生严重裂纹甚至断折，破坏性严重，危害大。叶片颤振断口疲劳区较小，呈疲劳断口特征。叶片颤振故障发生后，多数情况下故障叶片的相邻叶片同时产生裂纹。

3．叶片的测量

为了避免叶片的自振频率与发动机的工作频率重合发生共振，叶片的自振频率应限定在规定范围。为了使转子叶片的质量分布更均匀，可以采取测频和称重排序相结合，也可以用测量静力矩的办法来实现。常用的叶片静频测量仪器是激振测频仪和静力矩测量仪。

（1）激振测频仪测量。激振测频仪是利用共振测量法测量叶片的频率。当叶片在激振力的作用下且当该力的频率等于叶片的自振频率，其位置和相位适当时，叶片则由强迫振动进入共振状态，发生共振时的激振力频率即为叶片的自振频率。夹具固定在基座上构成固持系统，如图 2-5-14 所示。激振系统由激振器、放大器、音频发生器组成，测量系统由压电式加速度计、放大器、毫伏表、示波器和频率计所组成。

测量静频时，使用标准叶片校准仪器，注意夹持叶片的紧度对测量结果准确性的影响，夹紧力应大于临界夹紧力，但过紧则会夹伤接触面。合理控制叶片的共振时间，共振时振幅不能太大。外界的激振力频率等于叶片的自有振动频率时，叶片具有最大的振幅和最大的振动应力；外界的激振力频率除以叶片的自有振动频率为整数时，叶片则产生该阶振型的共振。两个相互垂直等频率谐振的合成振动图形为一椭圆方程所表示的图形，这个合成图形也称为"李沙育"图形，可通过这个图形来确定自振频率及振型。根据振动节点确定贴应变片的位置，即在所有可能共振的条件下确定最大应力。叶片测频后有磁性，应退磁。当叶片的一弯静频不符合要求时，故障叶片可选择停修油封保存处理。

（2）静力矩测量。静力矩测量仪主要通过测量叶片的质量和重心来得到叶片的自振频率是否在规定范围内，叶片的重心变化引起自振频率变化。主要由结构框架、万向支点、弹性支座、伸缩传感器、摆动传感器、三个配重砝码、一个安装配重盘、叶片安装座、两个电信号放大器、一个重心偏离显示器和计算机质量计数器所组成。

使用静力矩测量仪前，须用标准叶片校准测量仪，测得标准叶片的质量值和将显示器调为零。测量工作叶片时，工作叶片的轻重变化使转摆轴转动，伸缩传感器发出信号得到质量值。通过调整配重砝码的位置平衡叶片质量，使显示数为零。工作叶片重心与标准叶片的重心位置发生偏离时，转摆轴绕万向支点转动，摆针跟随转动，摆动传感器就会发出信号，使重心偏离显示器指针偏转，指示出换算好的频率值。叶片重心偏离量的大小由摆针摆转的角度大小指示，重心偏离大摆针转动的角度大。根据摆针指示的频率值刻度，得到叶片的自有频率。叶片重心向叶尖偏离，自振频率变低，振幅变大。

（3）叶片型面和质量测量。叶片的型面可以使用带有千分表的专用夹具测量，对不同的叶片选用不同的工装组件。

叶片的质量用质量天平测量，天平一边的托盘放叶片，另一边的托盘放砝码。叶片较多，可以采用标准砝码值，采用读取每一片叶片与标准砝码值的差值的办法来测量叶片的质量。称重精度由砝码精度实现，把叶片的质量标记在叶片表面，每级叶片的质量差不超过某个范围则合格。另外，也可以通过设计的夹具对叶片进行校准，如图 2-5-15 所示。通过精确的叶片称重，合理排序可以降低转子不平衡量，减小振动。

 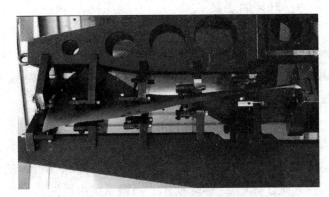

图 2-5-14　叶片振动测试　　　　　　　　图 2-5-15　叶片型面测量截面

5.1.3　压气机转子叶片的常规修理方法

叶片的常规修理方法有锉修、打磨、抛光、喷涂、磨削和校正等。打磨抛光去除打伤、划伤、腐蚀等浅表面故障，喷涂修复涂层，校正轻微变形。转子叶片有裂纹一般报废或停修，叶片的修理应以去除最少的材料达到修理工艺要求，始终保持叶型的弦长、厚度等基本尺寸范围最优为原则。

1．抛光

叶片工作一段时间后，表面常出现腐蚀、划伤和打伤等，使得叶片表面粗糙度、气动性能及压气机工作效率下降。叶片轻微的局部表面损伤常用油石、砂纸抛光处理，这种修理方式去材料最少。对于面积稍大的表面损伤或叶片数量较多，可以使用砂轮式抛光机。选用一定直径的毡轮，毡轮工作面上涂抛光膏，去除叶片表面的腐蚀层、打伤和划伤，提高表面粗糙度。使用砂轮式抛光机时，用力应均匀，运动连续平稳，随损伤程度调整磨削程度，从需去除材料多的地方过渡到不需抛光的地方要均匀，不能留有凸台。

抛光时，进排气边的半径转接要圆滑，半径大小应符合要求。抛光方向应沿叶身纵向抛向排气边，防止出现与气流方向不一致的加工痕迹。抛光后，可目视和手感检验。抛光后需避免出现的问题有表面粗糙度不合格、转接不圆滑、进排气边半径过大或过小、弦长小、叶片厚薄不均匀和有横向抛光痕迹或伤点，这些问题影响了叶片的强度、自振频率和疲劳特性，甚至成为裂纹源。

2. 锉修和打磨

锉修和打磨是对局部故障去材比抛光稍多的一种修理方法，主要用于处理轻微划伤、碰伤、打伤和压痕等。压气机叶片裂纹故障较多，故检时应仔细确定叶片故障是属于裂纹还是划伤，防止出现划伤视为裂纹报废现象。裂纹的特点是有发展的源头和末端，有一定深度，开口相对崎岖不规则。而划伤是首尾宽度基本一致，划痕表面光滑，深度较浅，一般可打磨、锉修或抛光修复。图 2-5-16 为叶片表面的划痕。

以某型涡轴发动机压气机为例，叶片根部区域不允许有压伤，进、排气边的压痕和侵蚀磨损深度不大于 0.1 mm。在确保叶片弦长的情况下，允许打磨抛光修复表面。叶盆和叶片的叶根截面以上区域，损伤、压痕、侵蚀磨损、缺口和划痕允许的深度不大于 0.1 mm，确保叶片厚度型面符合要求的情况下，打磨抛光处理。叶身的表面粗糙度应为 0.4 μm，不符合要求则抛光。叶冠进、排气边允许对局部卷曲、弯曲半径 2.5 mm 以内的故障打磨抛光修理。叶片榫头出现硬皮时，打磨、抛光后使用，轻者抛光或继续使用。叶片打磨如图 2-5-17 所示，打磨时，砂轮旋转径向和轴向跳动应小，砂轮机噪声应尽可能小。

图 2-5-16　叶片表面的划痕　　　　图 2-5-17　打磨叶片

3. 磨削转子外径

压气机转子经过一段时间使用后，部分叶片不能修复而更换新叶片。新叶片未经磨损，尺寸数据标准，通常会比使用过的叶片长，更换新叶片后转子外径值增大，需要磨削转子外径至规定值。磨削前，测量各级压气机转子外径，计算需去除的叶片高度值，可用绳子捆绑法把转子叶片轴向、周向固定，将固定好的转子放在磨床上进行磨削。磨削完成后，打磨去除加工毛刺，圆滑过渡尖角，抛光被磨削的表面。

4. 叶片校形

综合性能良好的钛合金叶片局部发生小弯曲变形后，可用铝片包裹叶身变形处，使用工装夹住铝片校正修复。对于有些钢锻件叶片可以采用加温校正，把叶片送入加温炉，加温至一定温度，保温一定时间，然后从炉内取出叶片，用铝锤、钢锤敲击或磨压，消除变形，矫正后对叶片进行回火恢复性能，消除内应力恢复材料结构，抛光和探伤。修理合格后对叶片做修理标记，便于掌握叶片的校正次数，避免后续修理过程中对叶片多次校正。

5. 修频

用磨修的方法把叶片的自振频率值控制在设计范围内。将压气机叶片划分为几个截面，对不同级的叶片采用磨修不同截面的方式调整频率。总的来说，磨修叶根，振动频率降低，振幅增大；磨修叶尖，振动频率增大，振幅降低。

6. 防护层损伤

叶片表面的渗氮涂层损伤，恢复涂层。榫头两侧受力面耐磨涂层脱落时，去掉旧涂层，重新刷涂，涂层表面应光滑、厚薄均匀，重喷后不应有掉皮和掉块现象。局部防护漆层损伤、掉块和变色时，应补漆处理。

压气机转子叶片严重的弯曲变形、榫头卡环槽损坏或锈蚀，影响叶型基本尺寸则不进行修复，报废处理。部分叶片榫头工作面的轻微磨损，可涂二硫化钼修复配合关系，如图 2-5-18 所示。凸台的耐磨涂层、轻度尺寸修复及耐一定温度的涂层，可重新喷涂或电镀修复。

图 2-5-18 凸台修复

5.1.4 压气机叶片的振动故障实例

压气机叶片振动故障，绝大多数属于共振疲劳损伤，有的属于颤振疲劳损伤。叶片的疲劳裂纹产生在振动应力幅度较大的部位，低阶共振多接近叶根，高阶或扭转共振多位于叶尖部位。裂纹在排气边缘较多，因为排气边较薄且同截面承受的应力相对大。外来物打伤、表面磨损和腐蚀等加速了叶片的振动疲劳损伤。叶片裂纹折断后，折断的部分易打穿机匣飞出，或者随气流方向打伤后方零件，造成严重的飞行事故。

1. 一阶扭转共振故障

某压气机铝叶片，叶尖进、排气边缘外经常发生裂纹或者折断故障。叶片裂纹多数发生在进气边缘距叶根 80 ～ 85 mm 的位置，排气边缘距叶根 50 ～ 56 mm 的位置，个别叶片在距叶根 2/3 处折断。其中一片叶片，在发动机慢车转速 n=4 000 r/min 时损坏，故障叶片前面的静子叶片一共 22 片，尾流激振频率 f=22×4 000/60=1 466.6（Hz）。

经试验台试验测试和断口金相检验分析，转子叶片的一阶扭转自振频率为 1 465 Hz，一阶扭转振动试验测试叶片产生的疲劳裂纹断口和故障转子叶片断口部位相吻合。这说明了静子叶片的尾流激振频率与叶片的一阶扭转振动频率基本一致，两者故障现象一致，即此故障属于共振疲劳损坏。

2．一阶弯曲共振故障

某型号发动机工作几小时或 20 ～ 30 h，一级转子叶片曾在低转速与高转速下分别出现了大批次的裂纹和折断故障。某台发动机一级转子叶片甚至有 30% 的叶片出现裂纹，裂纹发生在距叶根 10 ～ 40 mm 的进气边缘，裂纹向叶身内部延伸达 20 ～ 40 mm，个别叶片在此处折断，裂纹的发展速度迅速，断口呈疲劳断口特征。经排故试车验证，发动机慢车转速时，叶片产生旋转失速振动，强大的激振力使叶片产生一阶弯曲振动共振，最大振动应力接近叶根，与故障叶片的故障位置一致。裂纹的发展速度快说明激振力大，参考金相检验结果，将此故障归类为共振疲劳损坏。

3．颤振故障

某型发动机在低空大速度和高空大马赫数飞行后，较短的时间内压气机转子叶片产生了裂纹和折断。裂纹主要产生在叶身和叶根；叶身裂纹长 30 ～ 40 mm，在叶背进气边缘表面；叶根裂纹多发生在叶背中部，长约 40 mm，个别叶片沿叶根折断。

经工厂热试车检验故障，在某转速下，发动机产生"哨叫"声，数片一级叶片产生上述裂纹。裂纹在几秒内快速扩展。经重复试车，故障一致，说明该级转子叶片由于颤振造成疲劳破坏。

以上为典型的压气机叶片故障，对于大流量长叶片与超跨声速叶片，需注意叶片的旋转失速振动和叶片颤振故障。

5.1.5　叶片振动频率故障的排除

叶片振动频率故障的排除方法主要有调频法和提高抗振强度法。

1．调频法

调频法是指从振动内因着手，调节叶片的自振频率。叶片的自由振动频率调节，是把叶片的自有振动频率与发动机的其他可能共振点避开，防止叶片共振；也用于排除叶片的旋转失速共振故障。调节内容主要是调高或调低自振频率。在相同的激振力作用下，频率高的叶片刚性更好，振副小振动应力也相应变小，因此把叶片频率调高较好。叶片自振频率计算公式见式（2-5-1），调频就是改变公式中各参数以改变自振频率值。

$$f = \sqrt{\frac{K}{M}} = \frac{a}{l^2}\sqrt{\frac{EJ}{\gamma F}} \qquad (2\text{-}5\text{-}1)$$

式中：M——叶片质量；

  K——弹性系数；

  l——叶片的长度；

  E——弹性模量；

  J——最小截面的惯性矩；

  a——弯曲振动系数；

  F——叶片截面面积；

  γ——叶片材料密度。

叶片自有振动频率的调节方法主要是改变叶片的材料类型和型面。常采取改变叶片的型面排除叶片振动频率不合格故障，改变叶片型面分为两种，一种是在叶片的几个截面上加厚或减薄叶片，另一种是在叶身局部去除材料。

前述某压气机三级铝叶片排故时，采用"低频高抛、高频低抛"的原则去除材料。叶尖减薄或叶根减薄，分别提高自振频率或降低自振频率，以避开共振。图 2-5-19 所示为叶片截面分布，对叶片单面去除材料，见表 2-5-1。去材料后的频率改变值见表 2-5-2。

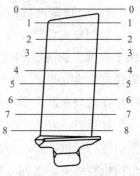

图 2-5-19　叶片截面分布

表 2-5-1　叶片单面去材料值

叶尖	截面	1	2	3	4	5	叶根	截面	4	5	6	7	8
	减薄量	0.1	0.075	0.05	0.025	0		减薄量	0	0.025	0.05	0.075	0.1

表 2-5-2　去材料后叶片自振频率改变值

振动类型	原型叶片	叶尖减薄	叶根减薄
一弯自振频率 /Hz	331 ～ 335	340 ～ 359	312 ～ 315
二弯自振频率 /Hz	1 152 ～ 1 161	1 160 ～ 1 165	1 150 ～ 1 152
一扭自振频率 /Hz	1 572 ～ 1 561	1 572 ～ 1 576	1 502 ～ 1 516
二扭自振频率 /Hz	3 780 ～ 3 794	3 712 ～ 3 725	3 705 ～ 3 724

通过比较静频看出，叶尖减薄使叶片一弯自振频率提高 5%，但对于一扭自振频率影响不大。因此没有能有效排除一扭共振故障，叶尖减薄提高了一弯自振频率，略微降低了振动应力。对于叶根减薄的叶片，各阶自振频率都有明显的改变，一弯自振频率降低约 6%，使一扭自振频率降低了约 4%，避开了共振。

前述的某机一级叶片排除旋转失速共振故障时，通过改变型面调节频率，见表 2-5-3。结果表明，方案二使频率降低，但振动应力增大，不能避开共振。方案三提高振动频率，降低了振动应力，避开了某阶共振，故障排除。

表 2-5-3　改变型面调节频率

项目	一弯自振频率 /Hz	二弯自振频率 /Hz	一扭自振频率 /Hz
叶片原数据	135 ～ 143	484 ～ 507	934 ～ 966
方案二（叶根减薄）	122 ～ 131	449 ～ 479	—
方案三（叶尖减薄）	188 ～ 194	553 ～ 565	1 112 ～ 1 132

允许使叶片局部变薄、加厚或削一角改变频率，图 2-5-20（a）和图 2-5-20（b）所示分别为压气机和涡轮叶片削角。对于中等长度的叶片，叶身中部减薄可以改变一阶弯曲

振动的自振频率，减薄叶尖可以改变二阶弯曲振动的自振频率。在叶尖排气边缘削一角对一阶自振频率影响较小，主要用于排除高阶或复合振动导致的叶尖局部裂纹故障。某铝叶片在叶尖排气边缘削角后，叶尖后缘部分削角对扭转振动影响较大，对弯曲振动影响较小。以叶片 5 为例，削角使一扭自振频率增加 16%，二扭自振频率增加约 7%，一弯自振频率增加约 6%，二弯自振频率增加 5%，三弯自振频率增加仅 2%。去材料可以改变叶片自振频率，避开某阶或第几阶次共振，但需注意修频后的叶片不能引起其他阶次的共振。图 2-5-21 所示为削角修理后的 JT15 压气机转子叶片。

图 2-5-20　叶片削角示意

（a）压气机叶片削角；（b）涡轮叶片削角

图 2-5-21　削角修理后的 JT15 压气机转子叶片

2．提高抗振强度法

大修中主要采取表面处理提高叶片的抗振强度，以减小振动强度或预防共振。对于振动应力不大的共振、非稳定振动及随机振动引起的强迫振动故障，表面处理效果显著。如斯贝发动机压气机叶片在燕尾槽榫头工作面涂有银层或二氧化铜，增加了叶片振动中的阻尼，增大了叶片振动的衰减率，消耗了振动能量，达到了减振效果。

叶片的表面质量对疲劳裂纹的产生有重要影响，提高叶片表面质量或进行表面强化处理，提高叶片的抗振性，延长使用寿命。提高叶片表面质量的方法有抛光、喷丸和喷涂。抛光易产生横向裂纹的叶片时，应主要采取纵向抛光的方式，使抛光痕迹沿叶片纵向分布，避免与可能发生的横向裂纹相一致。

以某压气机叶片为例，喷丸表面处理后，表面留有 588～980 MPa 的压应力，使寿命提高了 2～3 倍。叶片表面涂高温涂料时，提高了表面粗糙度、抗腐蚀能力和抗振性。

修理主要是排除现有故障，为了减少高转速转子叶片故障的产生，应当采用或研究新方法、新手段加强检查，提高故障的预见性，并及时采取预防性措施，将故障的影响降到最低。图 2-5-22 所示为压气机转子修理后的再次仔细检查。

图 2-5-22　压气机转子修理后的再次
仔细检查

5.2 压气机静子修理

压气机静子由静子叶片、整流环和封严装置等组成，也把压气机静子组件称为整流器组件，如图 2-5-23 所示。静子叶片主要有可调节静子叶片和不可调节静子叶片。

图 2-5-23 压气机静子组件

5.2.1 可调节静子叶片修理

带摇臂静子叶片的主要故障有磨损、涂层损伤、叶片表面损伤、变形、摇臂轴承内圈旋转不灵活和摇臂轴承外圈松动。轴颈磨损，允许直径在 90°减小至一定尺寸；轴颈涂层磨损时恢复涂层，恢复涂层后轴颈尺寸应不大于规定值。进排气边的损伤允许打磨，进、排气边边缘和叶尖处弯曲时校正，校正后探伤无裂纹可用，图 2-5-24 所示为叶片尖角变形。叶背和叶盆表面损伤，打磨抛光圆滑过渡，图 2-5-25 所示为叶片尖角磨损。

摇臂轴承内圈旋转不灵活时，可用煤油多次清洗，清洗后若不灵活则更换摇臂。外套圈有串动时，应铆紧；叶片弦长允许减小至一定尺寸。摇臂衬套不能自由转动时，更换。摇臂压伤、锈蚀和表面防护漆损伤，打磨抛光，重新涂防护漆。摇臂轴线与压气机轴线夹角不合格时，更换叶片或摇臂。

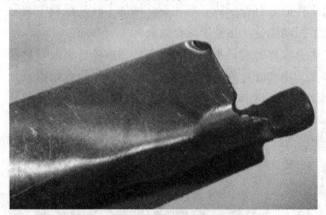

图 2-5-24 叶片尖角变形

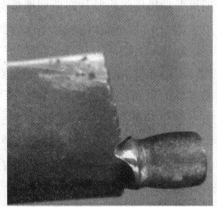

图 2-5-25 叶片尖角磨损

5.2.2 不可调节静子叶片修理

不可调节静子叶片的常见故障有腐蚀、磨损、防护层损伤、变形、表面损伤尺寸超差和叶片折断等。图 2-5-26 所示为折断的整流叶片，图 2-5-27 所示为静子叶片变形和打伤。整流器壳体表面有锈迹时，清洗去除腐蚀物。叶片表面轻微腐蚀，清洗和抛光，恢复涂层。轻微外来物打伤、碰伤和压痕，抛光圆滑过渡到基体金属表面。

图 2-5-26　折断的整流叶片

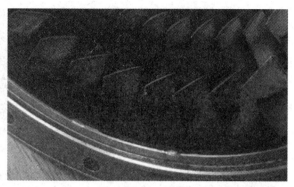

图 2-5-27　静子叶片变形和打伤

航空发动机径向驱动轴断裂，可导致打伤或损坏整流叶片，造成整流叶片穿透性损伤，如图 2-5-28 所示。

叶片周向偏移和翘曲变形时，应校正。叶盘、叶背上的凹痕不超过规定数量和深度时应校正，校正后无裂纹可用。表面防护层损伤或脱落时，恢复漆层。封严圈尺寸超差，车削至合格尺寸维修。

图 2-5-28　整流叶片穿透性损伤

5.3　压气机盘、轴和机匣修理

以某型涡轴发动机为例，其压气机盘、轴的主要故障与处理方法如下。

5.3.1　压气机盘修理

压气机盘上的非工作面深度不大于 0.3 mm 打磨处理，与基体圆滑过渡。对于轴上有篦齿的，篦齿外径尺寸要求在规定范围，目视检查缺陷。深度不大于 0.3 mm，弧长不大于 6 mm，同一层篦齿上不多于两处，总数量不大于 4 处，相邻篦齿上损伤距离不小于 50 mm，则可以打磨凸起修理，不符合要求的则待修或报废。与叶片的结合面，深度小于 0.1 mm，打磨至与基体圆滑过渡可用，大于 0.1 mm 报废。某型航空发动机压气机盘如图 2-5-29 所示。盘需进行无损探伤，有裂纹则报废，有明显裂纹的直接报废，如图 2-5-30 所示。

图 2-5-29　压气机盘

图 2-5-30　受损严重的盘

盘上的螺栓荧光探伤有裂纹的应报废，螺栓六棱面磨损、凹坑和凸起不大于0.3 mm，打磨凸起后允许使用。螺纹上的压痕，不大于 2 mm 的总长度上，压痕深度不超过螺纹高度的 1/2，在同一个螺纹丝扣上不多于两个压痕，带压痕的丝扣总数量不超过 3 个，则可以打磨凸起至圆滑过渡。此外，螺栓长度、垂直度和圆柱度应当符合要求。压气机盘需强化时，喷丸强化，如图 2-5-31 所示。

5.3.2　压气机轴修理

压气机轴颈非工作面，允许对小于或等于 0.3 mm 的凸起打磨至与机体圆滑过渡可用。轴颈内孔圆度为 0.025 ~ 0.5 mm，超过规定值时，轴颈的尺寸范围为 100 ~ 100.035 mm；磨修后内孔允许增大到 100.1 mm，以排除内孔的不圆度至尺寸合格。轴颈磨损后有必要时，把内孔打磨加工至 100.2 mm，镀铬加厚修复至合理尺寸，一般镀铬厚度不大于0.1 mm。压气机轴修理如图 2-5-32 所示。

图 2-5-31　盘表面强化

图 2-5-32　压气机轴修理

【知识拓展】

压气机机匣修理

压气机机匣的主要故障是表面损伤、安装边变形、定位孔位置度不合格、机匣椭圆度不合格、机匣内壁面磨损和外来物打伤等。机匣的表面损伤主要有碰伤、划痕和压痕，表面轻微损伤时，锉修。安装边变形和椭圆度不合格时，校正。定位孔位置度不合格时，与工艺配合件组装后铰孔恢复。

机匣结合面的轻微压、划伤，打磨凸起金属，圆滑过渡至基体表面。非工作面的碰、压和划伤大于一定深度时，打磨凸起金属，圆滑过渡至基体表面。机匣与叶尖接触处的涂层磨损时，机匣焊缝和支架裂纹时，补焊；裂纹形成封闭状或贯穿后安装边，报废。螺纹环规检查螺纹的拧合性，螺纹不合格时校准。如图 2-5-33 所示，进气机匣被击穿，报废。

图 2-5-33　进气机匣被击穿

【任务实施】

技能训练任务 2-5-1 第六级压气机叶片分解、称重、排序、装配与测量。

技能训练任务 2-5-2 叶片的静频和静力矩测量。

技能训练任务 2-5-3 可调静子叶片修理。

【课堂练习】

一、简答题

1. 压气机转子叶片故障有哪些类型？压气机转子叶片的主要故障属于哪种类型？

2. 压气机钛合金叶片表面产生腐蚀的原因、危害和修理方法都是什么？

3. 压气机转子叶片变形故障的主要产生原因、危害和修理方法都是什么？

4. 压气机转子叶片磨损故障的主要产生位置、产生原因、危害和修理方法都是什么？

5. 压气机转子叶片测量的是什么频率？测量方法和原理是什么？

6. 压气机转子外径不合格时，采用什么设备和方法修理？写出简要的修理步骤。

7. 打磨压气机转子叶片时，对穿戴防护、设备、场地和环境有什么要求，有哪些注意事项？

8. 压气机转子叶片的振动故障有哪些？

9. 测频、称重排序和测静力矩三种方法的作用分别是什么？三者有何不同？是否可以只用一种方法修理叶片，为什么？

二、拓展训练题

1. 写出压气机静子叶片的主要故障和修理方法。

2. 写出压气机轴的主要故障和修理方法。

3. 压气机盘裂纹故障主要有哪些？从受力、工作荷载和用户使用习惯等方面，分析故障产生的原因，写出故障的修理方法。

4. 压气机机匣与转子叶片叶尖间的涂层损耗超过正常值，试分析对航空发动机的工作有什么影响，如何修理？

5. 将如图 2-5-34 所示的压气机机匣最上面一级机匣结构简化，设计一台校正压气机机匣椭圆度不合格的装置。

6. 压气机轴一般安装在压气机盘上，轴上装有轴承等零件。压气机工作时，轴高速旋转，试分析轴的修理过程中，需要测量哪些项目？分别如何测量？

图 2-5-34 压气机机匣

　　阅读以下教学案例，结合本任务所学习的专业知识和技能，从无私奉献的航空报国思想、精益求精的航空工匠精神、遵章守纪的职业素养、团结协作的团队意识和吃苦耐劳的工作作风等方面，按照"三全育人"的要求，分析案例中所蕴含的优秀品质，编写一篇读后感。

段子俊：为航修事业奉献一生

　　1950年10月，中国军队在朝鲜半岛爆发战争以后，因为不能完全掌握制空权，军队的行动经常受到美国空军的威胁，甚至我国东北边境地区也受到敌机的骚扰。鉴于这种情况，毛主席等老一辈领导人开始筹建中国的航空工业。

　　1950年12月19日下午，段子俊接到命令返回东北驻地。刚见面，领导就告知段子俊："中央要筹建航空工业局，你要去参加工作。首个任务就是率领代表团到苏联，争取苏联对我国的援助。"段子俊又匆匆赶到北京，参加了会议。会议由周总理主持。参加会议的有聂荣臻、刘亚楼、粟裕和重工业部部长。会议的精神很明确：创建和发展我国航空工业；现在战争还在进行，急切的任务就是先发展修理飞机业务，然后发展飞机制造业；同时派出代表团到苏联求援。

　　1951年1月1日，段子俊和代表团其他成员乘坐飞机去往莫斯科。周总理临行前一再叮嘱："要谦虚、谨慎，我国航空工业没什么基础，要向苏联的同志说明。原则上依靠他们，请他们帮助我们建立起航空工业。"

　　段子俊完全没想到此后自己的人生就完全和中国航空挂钩了。他在莫斯科的谈判为我国争取苏联援助提供了很大便利，所有的工业项目都是在国内设计，而并非在苏联国内，这样就可以加速我国发展步骤。3月末，谈判结束回国，段子俊还没歇一口气就投入到工业建设项目中。1951年4月18日，航空工业局正式成立，段子俊成为首任局长。

　　当时战争还在进行，数百架飞机和发动机都急需修理。段子俊在短时间内组织起国内6家修理厂。当时条件非常差，技工水平低，甚至有人从来没见过飞机。他就动员企业力量，苏联顾问提供现代化的生产管理，保障了当时的飞机修理任务。

　　1950年年底，周总理就指示："中国有960万平方公里的国土，有巨量人口，靠买外国飞机和修理是不够的。我们要从修理发展到制造。"为了实现这个指示，段子俊向中央提出了一个5年计划。计划内容是在这5年内生产出教练机和喷气歼击机，毛主席和周总理批准了。1954年7月，南昌首先制造出初教-5国产教练机，结束了中国人自己不能造飞机的历史。1956年8月，第一架国产的米格-17试制成功。9月中央领导观看了飞行表演，并给试制单位以奖励。当时毛主席十分高兴，他说："以前中国人不能造汽车、飞机。现在可以了！"那个时代，可以说是中国航空工业的黄金时代。因为大家都有干劲、有工作激情、有理想。

　　航空工业建设除了工厂生产还需要各类人才。人才从哪里来，自然是教育工作培训出来的。1951—1952 年，在没耽误工业生产任务的情况下，段子俊积极创办了 5 所学校（限于当时普及教育水平，基本是中专和大专）。学校的教学质量和办校细节都是段子俊亲自操办。他坚持理论和实际结合。苏联的米格 -15 飞机和资料不能提供给学校，这是苏联顾问坚持的规定。但为了保证教学质量，段子俊就打破条例，把正在服役的米格 -15 飞机资料提供给了学校。

我国不会满足于仿制国外产品的飞机，最终要发展自己的独立研制道路。否则，就是永远跟在别人身后，永远达不到世界水平。1954 年，段子俊再次前往苏联，这次求援的目的是创办自己的独立科研机构。1956 年，响应中央号召，我国先后建立起飞机、发动机、技术情报等科研机构，并开始自行设计歼教 1 飞机。

国产航空工业的业务从来没有和外界断绝过，尤其是在 20 世纪 80 年代那个开放的年代。改革带给人们新的思想理念，新鲜外来的技术和物品大量涌入，同时也把中国的产品带给外界。1978 年 11 月段子俊作为主管率领代表团访问西德、法国、英国，西方人急于和中国合作，这是一次很重要的外访。代表团回国后立刻向中央首长做了汇报，成立了中国航空技术进出口公司。针对西方国家的渠道，段子俊积极跑到英国、美国等多次谈判，取得了积极成果。至于国际市场，从 1979 年开始，埃及、巴基斯坦、约旦先后购买了我国的歼 6、歼 7、强 5、运 12 等产品。为国家赚取了大量外汇，同时中航技公司还进入约旦进行工程承包业务，获得了约旦国王和首相的好评。

历史犹如长河一样奔腾向前，我们每个人的命运在中国的各个时代都和国运一起沉浮。段子俊接手一穷二白的烂摊子把中国从一个毫无航空工业基础的国家变成一个航空大国。然而类似他这样的人还有千千万万，很多人在岗位上默默无闻工作一生。支持我们工作的就是爱国热情和精神信仰，这是原则也是动力。

任务 6　燃烧室修理

【学习目标】

【知识目标】

(1) 掌握火焰筒的主要故障类型、故障产生原因和修理方法；

(2) 掌握环型燃烧室的主要故障类型、故障产生原因和修理方法；

(3) 熟悉燃烧室典型故障的分析、排除和预防；

(4) 了解燃油喷嘴的主要故障和修理方法；

(5) 熟悉燃烧室的维护内容及注意事项。

【能力目标】

(1) 能讲述火焰筒的主要故障类型、故障产生原因和选择修理方法；

(2) 能讲述环型燃烧室的主要故障类型、故障产生原因和选择修理方法；

(3) 能分析、排除和预防燃烧室的典型故障；

(4) 能讲述燃油喷嘴的主要故障和选择修理方法；

(5) 能应用燃烧室的维护内容及注意事项。

【素质目标】

(1) 树立工作中的自我保护意识；

(2) 培养"干一行，爱一行"的职业态度；

(3) 培养"干一岗位，精一岗位"的职业精神；

(4) 培养工具"三清点"的习惯；

(5) 培养分析、总结和归纳问题或故障的能力；

(6) 培养发现、分析和解决故障的思维；

(7) 培养对典型问题或故障举一反三的理念；

(8) 培养"不忽略任何细节，留意不同的地方"的故障排除思路；

(9) 树立安全、质量和规范意识。

6.1 燃烧室故障分析

6.1.1 燃烧室结构分析

燃烧室零件通常为薄壁件。燃烧室前端为扩压段，作用是降低进入燃烧室的气流速度，经扩压段后形成两股气流通道，对燃烧室表面进行冷却。燃烧区域组织空气与燃油燃烧，燃油喷嘴雾化或汽化燃油，加速油气混合，点火器点燃混合气，从而把进入燃烧室的空气加温到涡轮前允许的温度，使得高温、高压燃气进入涡轮膨胀做功。

6.1.2 燃烧室工作分析

燃烧室在高温、高压负荷下工作，是发动机中承受热负荷最大的部件，在发动机的热力循环中，燃烧室完成加热过程，高速气流和油气混合燃烧。承受着由气体力、惯性力产生的静荷载和振动负荷，受到热应力、热腐蚀的作用，工作条件十分恶劣。

为防止故障的发生，广泛采用耐高温、耐腐蚀的涂料，涂敷在燃烧室的内、外壳体的内壁上，提高了燃烧室内、外壳体的抗高温和抗腐能力。同时还提高了燃烧室内外壳体的抗热疲劳性能和使用寿命。

6.1.3 燃烧室的故障

燃烧室的故障主要受工作条件、燃烧过程的组织及零部件的技术状态影响，可划分为受高温热应力引起的故障、机械振动引起的故障、积炭、热腐蚀、燃烧过程组织不完善引起的故障等。常见的故障有裂纹、变形、翘曲、过热、烧伤、烧蚀、烧穿、积炭和磨损。

1. 高温引起的故障

高温引起的故障通常发生在火焰筒头部、筒身、燃气导管及后安装边等部位，如火焰筒的裂纹、烧蚀、掉块、变形，主要由气流和火焰的紊流脉动产生高温热应力导致。高温导致机械性能下降，温差引发热应力和热变形，甚至高温蠕变。由高温蠕变导致残余拉应力，拉压应力交替变化加速了零件的热疲劳，使与火接触的壁面产生裂纹。在局部高温、富油的条件下缺氧容易产生细微炭粒和黑烟雾，在主燃烧区高温燃气易导致腐蚀。积炭和腐蚀破坏了燃油出口的结构形状，改变了燃油雾化特性，拖长火焰，甚至烧坏叶片和其他零部件。

燃烧室外套、火焰筒各段焊接处以及联焰的焊缝和远离焊点的不同部位，均易产生裂纹，以疲劳裂纹和焊缝裂纹居多。积炭把火焰筒壁的金属表面和冷空气隔离，并使壁面形成局部过热，引起局部热应力，使火焰筒壁面产生翘曲和破裂。燃烧室工作时，由于温差大，气膜冷却孔的孔边及各段的连接处也易产生裂纹。

2. 机械振动引起的故障

机械振动引起的故障主要有联焰管锁扣裂纹、火焰筒进气孔镶套松动和磨损。高温部件在设计时，留有热胀冷缩间隙，振动及燃气脉动易使活动零件产生磨损。

3. 喷嘴引起的故障

喷嘴引起的故障主要有三种：一是喷嘴喷射角过大，引起火焰筒前段过热。喷嘴孔内含有杂质或发生锈蚀、积炭等现象可能引发喷射角过大；二是燃油锥体偏斜，喷嘴或喷嘴内部零件装配位置不正确，引起燃油锥体的偏斜，导致燃油锥体的中心线和燃烧室的中心线不在规定的范围内，偏斜严重则会导致火焰筒受热不均匀，产生较大的热应力；三是燃油雾化不良。喷嘴内部表面的杂质引发燃油雾化不良，严重时会出现由颗粒较大、密集的油珠构成的油柱，在油柱区域燃气温度显著升高，当油柱直接喷到筒壁时，局部过热现象会更加严重，容易烧伤、烧蚀火焰筒壁，烧毁导向器叶片、工作叶片及加力装置。此外，油门调节速度过快和装配了错误孔径的喷嘴也会导致局部过热。

4. 燃烧过程组织不完善引起的故障

燃烧过程组织不完善引起的故障主要是燃烧室出口温度场及全台发动机的燃气温度场不均匀，影响发动机整机性能。故障的产生原因是压力和速度脉动、燃油流量脉动、雾化质量、燃油与空气速度不匹配、油气分布不均匀等。

5. 熄火故障

燃烧室熄火时，可能导致飞机发生抖动、飞机发出不正常的声音、转速和排气温度突然下降、油门操纵失控、飞机失去推力和飞行速度不断减小等。

引起发动机熄火的原因主要有压气机失速、喘振、贫油和富油等。发动机在高空工作时供油量减少，喷嘴前油压低。当喷孔有杂质、锈蚀或积炭引发雾化不良时，会使高空稳定燃烧的范围变小引发熄火。低空大速度飞行时，收油门不规范引起发动机喘振导致熄火。飞机进入其他飞机的尾流区域，因进口温度突然升高，使空气流量突然减小，可能导致发动机进入喘振状态，同时由于废气内氧气减少，瞬间供油量不变，燃烧室将超出保持稳定燃烧范围的富油极限，造成发动机熄火停车。

6. 燃油质量引起的故障

燃油品质问题易造成燃油流量分布不均。燃油不干净或过滤不良，喷嘴油路堵塞，使实际流量比设计平均流量减少过多。喷雾锥角偏斜过大时，超出了工艺允许误差，使部分喷嘴喷油量过小；启动点火时，引发不能顺利点火和点火滞后故障；停车时，由于部分喷嘴喷油量比正常值小，可造成提前熄火。部分喷嘴与其余喷嘴工作不同步，使部分燃油没有在火焰筒中充分燃烧，随高速燃气流向火焰筒后方的涡轮部件，与高温燃气再次燃烧，导致高压涡轮导向器叶片过热等故障。

7. 超温引起的故障

燃烧室部件的以下几种故障，容易引起启动超温，特别是短时间内的多次试车启动，更应严加预防和避免启动超温烧坏涡轮部件。

燃烧室漏油系统工作不正常，产生积油，启动时可能出现如图2-6-1所示的冒白烟现象。启动时积油燃烧，火焰传至喷管尾及其后方，导致喷火故障，如图2-6-2所示。点火电嘴工作异常，不能及时点火。发动机启动后，积油燃烧使火焰拉长到尾喷管；发动机启动时间过长时，须检查启动系统的工作特性。发动机多次启动不成功后，须检查，放掉积油。

| 图 2-6-1 发动机冒白烟 | 图 2-6-2 发动机喷火 |

发动机启动时，喷嘴油压过低，雾化不良，使燃油在火焰筒内燃烧不充分，易导致火焰拉长。当发动机转速基本不变，涡轮出口温度上升速度过快时，尾喷管喷出大量明火。

另外，外厂维修试车时，为防止启动超温，试车时应尽量避免顺风开车，以防启动困难，造成超温。修理出厂前，应正确调整启动和加速性能，防止热悬挂。

8．气流结构引起的故障

燃烧室的火焰筒内壁、火焰稳定器、燃油喷嘴防积炭帽罩表面，以及喷嘴喷口周围的积炭，使燃烧室内的空气量分配，燃烧区、掺混区射流穿透深度发生变化，导致气流结构偏离设计要求，引发燃烧室出口燃气温度分布均匀性变差。

燃油喷嘴的喷孔与旋流器不同心、喷口倒角不均匀、加工面光洁度不够、喷嘴装配质量问题和工艺性能不良，将导致喷雾锥角各部位油量分配不均匀，产生火焰筒局部过热、烧蚀、变形、裂纹和掉块故障。

6.2　燃烧室修理

燃烧室的故障不仅损坏自身，也危及其他热端部件，甚至导致严重的飞行事故。下面以某型涡喷发动机的单管型燃烧室和 JT15 发动机环型燃烧室为例，介绍燃烧室的常见修理方法和工艺，图 2-6-3 所示为 JT15 发动机燃烧室全貌。

6.2.1　燃烧室内套和机匣故障修理

1．表面损伤的修理

表面损伤包括磨损、碰伤、划伤、锈蚀、硬皮和冷作硬化等，以及纱布打磨非工作表面的轻微磨损。空气收集器严重锈蚀时，更换。轴承机匣上的加强环与后套的结合面，磨损、硬皮和冷作硬化超过一定深度时，打磨修光。篦齿齿牙上允许一定深度的磨损，超过规定深度则更换。

排气管安装衬套，允许轻微的磨损存在；非轻微磨损，允许镗孔，镗孔后保证规定尺寸。排气管装配间隙不合格时，允许镀铜加厚一定尺寸，如图 2-6-4 所示。支架与球体配合面的间隙和密接度不合格时，先镀铬恢复配合间隙并留一定余量，研磨保证配合面的着色密接度。为提高研磨效率，可用风钻通过弹性夹具带动球体与支架球面研磨。

图 2-6-3　JT15 发动机燃烧室全貌

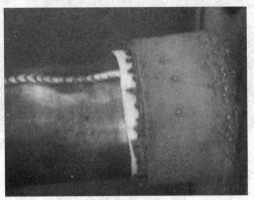
图 2-6-4　排气管尺寸修复

油气管、排气管与机匣配合圆柱面有轻微磨损时，车削排除磨损，镀铜加厚至规定尺寸，再车削至镀银尺寸，最后对配合面镀银。当磨损超过一定深度时，用纱布打光磨损处，堆焊恢复基本尺寸，镀铜镀银，研磨。

机匣支架销子磨损时，允许将大组别尺寸磨至小组别尺寸，以保证装配要求。销子打磨加工后，达不到组别尺寸且与所需尺寸相差不大时，镀铬修复。

2．变形的修理

机匣与后支点内孔同轴度不合格，说明机匣变形，非严重变形可校正处理。使用游标卡尺测量机匣的椭圆度，把校正夹具装于机匣上，参考椭圆度对夹具上的百分表进行压表。使用气焊枪等工具对影响机匣椭圆度的一定区域加热，通过火焰颜色判断加热温度，机匣软化后调整机匣圆度至合格值，用夹具把机匣的圆度限定在规定范围，同时用冷却介质快速冷却热影响区。机匣完全冷却后拆下夹具，最后进行应力时效，重新检查圆度。

校正时，需注意加温速度，避免由于夹具夹紧产生鼓包，产生轻微鼓包时，使用硬度不是太大的榔头敲击校正。要求熟练掌握校正工艺，避免热校次数超过规定次数，影响零件性能。热校合格后，进行密封试验。

轴承机匣后安装边与胀圈衬套配合的端面变形，锉修后油石打磨，研磨着色检查密接度。后回油管和传动导管安装座内有毛刺或螺纹变形，使用丝锥校正。导管安装时，位置有偏差，可校正。转接头安装边翘曲、压伤和划伤不大时，研磨排除，损伤较大或有裂纹则更换。中、后回油管和传动管轴线发生变形时，允许用木榔头校正，用放大镜检查表面裂纹，进行压力煤油密封试验。

3．裂纹修理

机匣主体裂纹一般比较少，多数产生在圆柱段滚焊缝和安装座焊缝附近。圆柱段裂纹一般比较稳定，多数裂纹发展至滚焊缝就停止，也有部分发展为超过滚焊缝而裂至圆锥段。机匣筒状部分加强环的裂纹，不长的允许锉掉裂纹；有一定数量和长度的裂纹，打光裂纹处，补焊修理；加强环扇形面撕裂掉块时，允许补片。当机匣主体材料缺陷，如腐蚀坑等导致漏气时，补片或更换机匣。机匣加强环上的半圆凹槽最低处易产生裂纹，一般发展到加强环与简体的焊接处则停止，修理时，开槽去掉裂纹区域，保留焊缝加厚区，补焊开槽区，打磨修整。

中、后支点焊点石棉层防护板脱焊，个别焊点脱裂时，可重新点焊。防护板裂纹不长时，打止裂孔，严重的裂纹则重新焊接新防护板。防护板折断时，补片焊接。固定卡箍凸块处的轴承机匣壁裂纹，打磨裂纹处焊缝，打光焊缝及裂纹部位，补焊。

叶片与机匣的连接螺栓工作一个维修间隔寿命后，进行腐蚀检查，除掉镀层，除油、化学腐蚀和除氢，使用放大镜检查表面，有裂纹则更换。部分安装座焊缝裂纹，焊接后不进行强化处理，会导致材料强度极限和疲劳强度下降，允许对焊接的部位进行旋板强化，预防新裂纹出现。发动机在场外使用过程中，应加强裂纹检查，及早发现裂纹并采取防止裂纹继续扩展的措施，避免其发展成为爆破事故。

前、中和后套主体材料及焊缝裂纹，在裂纹末端冲眼，钻止裂孔，打磨待焊处，补焊。燃烧室内壁孔边小裂纹，可焊接修理，燃烧室内壁孔边裂纹如图 2-6-5 所示，燃烧室壁面焊接处裂纹如图 2-6-6 所示。

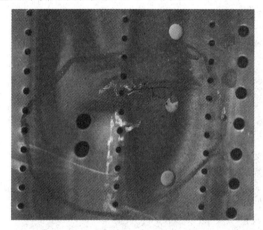 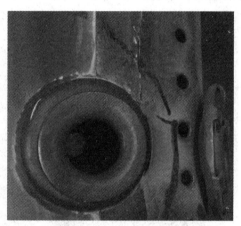

图 2-6-5　孔边裂纹　　　　　　　　图 2-6-6　焊接处裂纹

4. 螺纹断扣和表面黏结

前套螺纹断扣严重时，钻掉旧螺纹，孔边倒角，堆焊螺纹孔，打磨焊接处至与基体材料平齐。把焊接处与配合零件组合装配，钻孔，攻丝，恢复螺纹。零件的表面黏结主要是积炭和腐蚀物，积炭可以使用化学浸泡和抛光排除，轻微腐蚀抛光排除。

滑油喷嘴油滤表面有积炭、脏物，可用汽油清洗。也可用加热的化学溶液浸泡，热水冲洗，对于难以除去的，允许用软刷刷除。

6.2.2　火焰筒故障修理

燃烧室的主要故障是火焰筒故障，火焰筒承受较大的热负荷和振动负荷。高温、应力、应变和火焰筒内的燃烧过程不正常时，易使燃烧室产生过热、烧伤、变质、烧蚀、变形、鼓包、裂纹和掉块，振动易使火焰筒磨损。修理前，对零件除油、除积炭和吹砂或化学浸泡，去除表面防护层。有的火焰筒有规定总寿命，定期修理；部分机型火焰筒无规定总寿命，无故障则允许继续使用。

1. 表面损伤

火焰筒的表面损伤主要是划伤、高温燃气腐蚀、机械磨损和涂层损伤。涂层损伤一般发生在火焰筒内表面，小面积的涂层划伤、碰伤和掉块，补喷涂层。火焰筒表面涂层损伤严重时，去掉旧涂层，重新喷涂。机械磨损主要是点火器保险孔磨损变大。挡气圈、球体、定位块和引燃管磨损，在磨损许可范围内可不修，超过规定磨损值时更换新品。

球体磨损量超过规定值时，更换。取出球体时，将球体旋转90°，使球体端面与有冲眼的两平行安装边平行，轻轻敲出球体。安装新球体时，竖直对准两平行安装边放入，旋转90°，冲眼锁住球体，旋转球体检验冲眼保险是否可靠。

安装边磨损或裂纹时，堆焊，打磨成型，恢复原来的形状和机械性能。燃烧室表面允许存在轻微的局部腐蚀，图2-6-7所示为燃烧室局部高温燃气腐蚀。非严重的局部高温燃气腐蚀时，打磨去掉腐蚀物，恢复防护层。严重高温燃气腐蚀时，则更换新品，图2-6-8所示为燃烧室大面积高温燃气腐蚀。

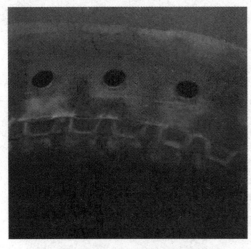 

图2-6-7 燃烧室局部高温燃气腐蚀　　　　　图2-6-8 燃烧室大面积高温燃气腐蚀

2. 烧伤、烧蚀和裂纹

火焰筒的裂纹主要发生在头部孔边、联焰管和火焰筒头部的连接处、各段之间的焊缝处和局部高温区域。一般由局部燃气温度过高导致表面过热，过热严重时烧伤、烧蚀、烧裂，甚至穿孔。烧伤一般是由内往外，内表面比外表面严重。轻微的表面烧伤，打磨排除；发生严重烧伤、烧蚀和龟裂故障时，常常伴随有宏观裂纹出现，主要采取补片的方式。大面积严重烧伤则停修。

壁面的长裂纹如图2-6-9所示，补片修理。补片时，根据故障形状画线，将故障部分切除，如图2-6-10所示。切故障区域时不局限于固定形状，根据损伤区域及位置来定，常见的有矩形、椭圆形和三角形，但一个火焰筒不能补片次数过多，每个补片面积不超过规定面积。补片材料所属的火焰筒寿命应等于或大于故障火焰筒寿命，补片材料所属的位置应和故障火焰筒的故障处同位置，补片材料的面积等于或稍大于故障区域。将补片材料与故障区域比对，画线打磨，修整出需要的形状、尺寸和表面。放于故障区域的内嵌片应与故障区域保持一定的焊接间隙，以保证焊接质量。可使用风动砂轮切割内嵌片、烧蚀、龟裂和穿孔区域。

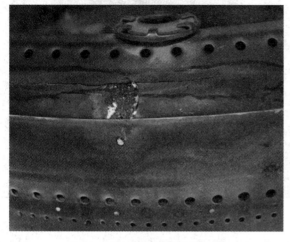

图 2-6-9　壁面的长裂纹

图 2-6-10　去除故障区域材料

　　传焰管部分烧蚀和裂纹时，打磨去掉损伤处或切除故障部分，从好的传焰管上切除需要的部分，焊接于故障件上。传焰管根部烧蚀和裂纹时，打磨掉损伤处，取下故障传焰管，装新传焰管。使用专用工装把新传焰管和与其配合的火焰筒定位，点焊固定新传焰管，专用工装如图 2-6-11 所示。点焊后，检查点焊定位质量；点焊后若定位有偏差，则校正后再重新点焊固定。固定完成后，正式焊接，焊好后探伤应无裂纹，图 2-6-12 所示为焊接修复后的传焰管。

图 2-6-11　火焰筒专用工装

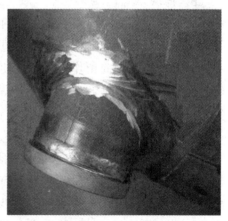

图 2-6-12　焊接修复后的传焰管

　　头部孔边裂纹和气膜孔边裂纹，一般焊接修理；单条往火焰筒气流方向延伸的裂纹可打止裂孔，如图 2-6-13 所示。气膜孔边的小裂纹焊接修理，严重的裂纹或掉块则停修，如图 2-6-14 所示。各段主体裂纹分为单条裂纹和龟裂，单条裂纹允许打止裂孔，轻微的小片龟裂可打磨焊接，龟裂区域较大则补片。各段之间的结合处焊缝裂纹分为单壁面裂纹和双壁面裂纹，单壁面的裂纹打磨外表面后焊接。双层壁裂纹则需打磨内外表面，再焊接。

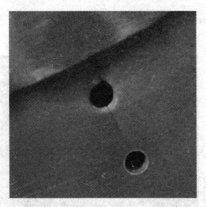

图 2-6-13　孔边裂纹止裂修复

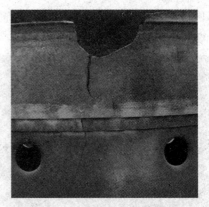

图 2-6-14　气膜孔边严重裂纹和掉块

对于裂纹排除方法，补片效果优于裂缝焊接和打止裂孔。根据实践经验，打止裂孔后，止裂孔边易出现新裂纹。

3．磨损

由于火焰筒是高温部件，因此必须允许它有热胀冷缩的余地，有能自由活动端，这种活动端由于长期胀缩摩擦产生磨损。如后安装边搭接面和联焰管凸包，磨损可采用堆焊硬质合金修复，后安装边厚度规定小于 2.6 mm 时焊修。

4．穿孔

火焰筒局部长时间过热，易导致耐温涂层失效，材料表面烧伤、烧蚀；材料受热应力过大，强度降低产生裂纹，薄弱区域被烧穿。对烧穿区域一般补片修理。

5．掉块

火焰筒的掉块主要发生在火焰筒头部与第一段的接触区域，轻微掉块允许打磨圆滑过渡，超过一定尺寸则停修，把火焰筒留作补片备件使用。燃烧室外套转接座掉块时，如图 2-6-15 所示，焊接修复，打磨恢复转接座工作面。

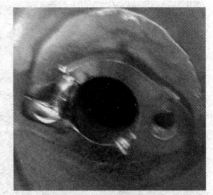

图 2-6-15　燃烧室转接座掉块

6．气膜间隙超差

火焰筒各段的焊缝结合处区域易发生气膜间隙超差故障，一般是内层悬臂式火焰筒壁面发生变形所致。当间隙过小时，允许使用工装沿圆弧方向，校正变形。当间隙过大时，使用榔头和芯棒敲击恢复，敲击时注意力度和校正后的变形量，应使校正位置的壁面圆滑过渡，无明显凹凸感，避免产生校正残余应力。

7．变形

局部过热时，易导致燃气导管壁面鼓包变形，鼓包处未烧伤时，可使用胶木榔头敲击校正。鼓包处烧伤、烧蚀时，补片焊接修理。

8．积炭

喷嘴积炭易造成喷嘴局部堵塞，影响雾化质量，导致喷油不均，燃油雾化质量不良，进而导致燃油浓度场不稳定；也可能出现火焰后移，降低燃烧效率，燃烧室出口局部温度过高，图 2-6-16 所示为积炭严重的燃油喷嘴。局部的高温气流易导致火焰筒和涡轮导向器及转子叶片过热和烧蚀。

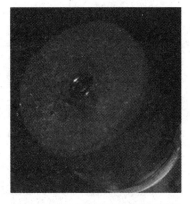

图 2-6-16　积炭严重的燃油喷嘴

为了防止积炭而引起燃烧室出口燃气温度分布不均，日常维护时应加强对发动机进行内窥检查。检查中若发现发动机燃烧室积炭较多，通气孔部分覆盖，甚至完全覆盖时，进气道、压气机叶片表面有明显污垢，发动机推力不足、排气温度偏高时，应适时进行清洗。使用中根据收集的积炭过多故障现象，综合分析，及时采取处理措施，确保发动机安全、可靠工作。

【知识拓展】

燃烧室的使用及维护注意事项

在维修过程中，使用符合技术规范的喷嘴，加强对喷嘴的维护，使喷嘴不受到损伤和腐蚀；正确分解和装配燃烧室，使燃烧室各部分的间隙保持正常。使用中，按规定操纵发动机，不使燃烧室喷油量突然增大，避免局部过热、燃烧室的火焰筒损伤或损坏。若发动机使用和维护不当，燃烧室因热疲劳而导致局部结构变化故障，如火焰筒烧伤、变形、裂纹及掉块等，不仅降低了发动机的工作性能和可靠性，也易引起燃烧室出口燃气温度的不均匀而烧伤涡轮叶片，穿透性裂纹导致的轻微掉块甚至打伤涡轮叶片。因此，在外场维护中应严格遵守有关规定，防止烧坏燃烧室。外场维护中需要注意的事项如下：

（1）严格遵守发动机各工作状态下对排气温度和连续工作时间的规定，并按规定进行暖机和冷机，防止温度过高、使用时间过长或燃烧室骤冷骤热，造成火焰筒烧坏、裂纹和掉块等故障。严寒季节发动机停车后，为防止火焰筒骤冷，产生大的热应力，应及时加盖飞机堵盖。

（2）保持燃油清洁，以防止工作喷嘴部分堵塞、锈蚀或划伤。否则，由于喷油不均或雾化不良，会造成局部温度过高损坏机件。

（3）日常维护中，要定期清洗油滤，经常保持加油口周围的清洁，把好加油、拆装燃油系统附件和使用地面设备的关口，防止脏物和金属屑进入燃油系统。拆装启动点火器等附件时，防止杂物掉入燃烧室。

（4）加强对发动机排气温度的监控，排气温度在上限的，要调整发动机最大工作状态的转速至规定的下限，对排气温度变化较大的要查明原因。发动机启动不成功时，应当查明原因，再次启动前必须进行冷开车，以吹除燃烧室内的积油，防止再次启动时因过分富油引起局部温度过高而烧坏机件。试车检查发动机加、减速性能时，推、收油门须严格按规定进行，防止推、收油门过快。

（5）试车时，试车间的油箱不供油时，发动机内的剩余燃油可能仍然满足发动机启动耗油需求。发动机启动后，突然把试车间油箱的油向发动机供应，则可能导致涡轮前温度过高。

【任务实施】

技能训练任务 2-6-1 某型涡桨发动机点火器的拆卸与装配。

技能训练任务 2-6-2 某型飞机发动机点火线圈的拆装（左发右侧）。

【课堂练习】

一、简答题

1. 单管型燃烧室火焰筒的主要故障类型有哪些？

2. 环型燃烧室的裂纹故障有哪些类型？分别如何进行修理？

3. 燃烧室积炭通常是怎么产生的？有什么危害？如何去除积炭？有哪些措施可以减少积炭的产生？

4. 火焰筒变形有什么危害？如何进行修理？

5. 写出燃烧室产生磨损故障的主要位置，并说明原因。

6. 什么是燃烧室的补片修理？什么情况下可以补片修理？补片数量有何限制？

7. 如何进行补片修理？

8. 火焰筒修理时，为什么需要使用专用工装把新传焰管和与其配合的火焰筒定位？说明原因。

9. 燃烧室使用和维护注意事项有哪些？

二、拓展训练题

1. 分析打止裂孔的原理、目的和方法，编写《燃烧室火焰筒壁面打止裂孔工卡》。

2. 分析补片的原理、目的和方法，编写《燃烧室火焰筒壁面补片焊接工卡》。

3. 分析冷校正的原理、目的和方法，编写《燃烧室机匣冷校正工卡》。

4. 分析热校正的原理、目的和方法，编写《燃烧室机匣热校正工卡》。

5. 2019 年，某型涡扇航空发动机，地面检查发现外涵道有大量煤油，孔探检查燃烧室内部，燃油喷嘴无漏油痕迹，从外涵道孔探检查燃油总管与燃油喷嘴壳体外部发现顺航向 6 点半方向的燃油喷嘴壳体上挂有油滴。发动机冷运转发现该位置燃油喷嘴与总管连接处滴油，假开车漏油量增大。初步的检查情况如下：

（1）对燃烧室进行外观检查，顺航向 6 点位置 10 号燃油分管表面有油迹。

（2）在主燃烧室联合单元体状态下，对带喷嘴的燃油总管进行密封检查，发现 10 号喷嘴对应的燃油分管有明显漏气现象，如图 2-6-17 所示。

（3）燃油总管 10 号分管螺母处保险外观检查良好；返工序检查螺母拧紧力矩大于 22.6 N·m，未见异常。

（4）分解检查燃油总管10号分管、10号喷嘴，发现结合面均有异常磨损，如图2-6-18所示。

（5）对分下的燃油总管单独进行密封试验，10号喷嘴对应的燃油分管未漏油。

（6）将10号喷嘴重新装上燃油总管，按工艺规程带紧力矩，进行密封试验，未漏油。

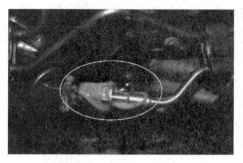
图 2-6-17　燃油分管漏气

图 2-6-18　喷嘴和对应燃油分管锥面磨损

对此故障进行分析，提出修理方法、改进建议和避免措施。

【素养提升】

牢记"血写的规则"

"规则是铁，谁碰谁流血；规则是高压线，谁碰谁触电。"这是人尽皆知的道理，可为什么漠视规则的现象频频发生？原因是多方面的，其中很重要的一点，就是很多人没有认识到，一项规则的制定发布，往往是以高昂的代价换来的，很多时候是"吃一堑，长一智"。

飞机是特殊的交通运输工具，有很多非常特殊的规则和制度。例如，航空公司规定，在航班飞行期间，客机驾驶舱内必须同时有两名机组人员，以防发生不测事件。这一规则，就是源于一起重大空难事故。

2015年3月24日，一架满载150人的飞机由西班牙巴塞罗那飞往德国杜塞尔多夫，机长桑德海姆早已驾轻就熟。和往常一样，他登机、检查准备工作，和副驾驶卢比茨打招呼。飞到中途，桑德海姆起身去了洗手间。回来后，他按照程序输入密码，按下开门键，请求却一次次被拒绝。

这可是2万5千英尺[①]的高空，一旦出现问题后果不堪设想。"看在上帝的分上，把门打开！"机长一边踹门，一边用几乎哀求的语气喊着卢比茨，里面依旧没有半声回响。8 min后，飞机失控向下俯冲，迎面撞上阿尔卑斯山，全机人员无一幸存。这就是曾经轰动世界的"德国之翼"事件。

据调查，这次空难是副机长卢比茨有预谋的自杀行为，他患有严重的抑郁症。一人轻生，149人为其陪葬。现场全是被炸飞的骨头和残肢，搜救人员共采集了四五百块遗体残骸，没有一具是完整的。"客机驾驶舱内必须同时有两名机组人员"的规定，就是在这一

① 1英尺≈30.48厘米。

无比惨烈的事故之后修订的。

血的代价换来了规则的完善。坐过飞机的人都有过这样的经历，空姐会反复提醒：系好安全带，打开遮光板，调直座椅靠背，收起小桌板。同时，航空业还有很多微小却很重要的规定，如不能带打火机、不能带液态物品等。这些看似不近人情的规定，其实大多是用血的教训换来的。是的，这是生命所系、性命所托。

1983年6月2日，由美国达拉斯至加拿大蒙特利尔的航班，因为乘客带打火机在洗手间吸烟，发生火情，虽然飞机最终成功迫降，但仍有23名乘客被活活烧死。1988年4月28日，阿罗哈航空243号班机在飞行途中发生爆炸性失压，虽然迫降成功，但仍有一人出现意外，就是那一名因为在通道进行服务而没有系安全带的机组人员。

然而，这并不能唤起人们对用血的代价换来的规则的敬畏。无关人等不能进入驾驶舱，这是一条铁的规定。可是，桂林航空某机长带女网红进入驾驶舱的照片，在网上引发热议。照片中，一名女孩没有戴工作牌照，没有穿专业制服，开心地比着"V"字，笑得很甜美。但背景让人很揪心，那是正由桂林飞往扬州的航班驾驶舱。

事后，桂林航空公司做出回应：当事机长终身禁飞，其他涉事机组成员无限期停飞并接受进一步调查，公司高层全部降职罚薪处理。罚得重吗？有点重。应该吗？太应该了。试想，如果这张照片不被发到网上，涉事机长就不会受到处罚，这就意味着很多人就会一直将生命交到他们手上。一旦出事，又将会有多少无辜的生命灰飞烟灭。

军队是最讲规则的地方。条令条令，条条是令。从队列到内务，从训练到作战，从装备到后勤……每一个领域都有清晰的制度，每一个细节都有明确的规定。军队是要打仗的，每一条规则都不是凭空想象出来的，而是从血火战场中得来的，又经过实战实践检验，最终才成为钢规铁矩。人们必须充分认识到规则背后血的代价，真正做到凡是条令明确的，都要不折不扣地执行；凡是条令禁止的，绝不打"擦边球"、碰"高压线"。

任务 7　涡轮修理

【学习目标】

【知识目标】

（1）掌握涡轮转子叶片的常见故障及修理方法；

（2）熟悉涡轮叶片的振动故障类型；

（3）理解涡轮叶片的热疲劳损伤故障和修理方法；

（4）熟悉涡轮盘的常见故障；

（5）熟悉涡轮轴的常见故障；

（6）熟悉导向器通道面积的测量和调整。

【能力目标】

（1）能讲述涡轮转子叶片的常见故障及修理方法；

（2）能讲述叶片的振动故障类型，并进行航空修理器材入场验收；

（3）能讲述涡轮盘的常见故障；

（4）能讲述涡轮轴的常见故障；

（5）能测量和调整导向器通道面积。

【素质目标】

（1）树立安全意识、质量意识和规范意识；

（2）培养乐于学习、善于沟通的思维；

（3）培养严格执行工作纪律的习惯；

（4）培养严格贯彻执行 6S 管理制度的工作习惯；

（5）培养"干一行，爱一行"的职业态度；

（6）培养把事做好的平和心态；

（7）培养发现、分析和解决故障的能力；

（8）培养对典型问题或故障举一反三的理念；

（9）培养"不忽略任何细节，留意不同的地方"的故障排除思路。

先进航空涡扇发动机的涡轮进口温度已经达到 1 800 ～ 2 050 K，燃气涡轮和燃气进行能量交换，燃气涡轮的工作特点是功率大、燃气温度高、转速高、负荷大，是发动机使用中故障较多的部件之一。燃烧室的高温、高压燃气流经导向器整流，在收敛通道中将部分热能、压力能转换为动能，以一定导流角度冲击转子叶片，使涡轮高速旋转，通过涡轮轴旋转带动压气机和其他附件工作。涡轮转子作为高速旋转的动力部件，主要将燃气的动能与热能转换为旋转的机械功。

7.1　涡轮转子叶片修理

7.1.1　涡轮转子工作分析

随着航空发动机涡轮级数的减小，单级涡轮的能量转换越来越大，工作叶片的叶型剖面曲率大，叶身厚，即折转较大，气流速度大，叶身气动力大。部分涡轮叶片叶身内部有冷却空气通道，通过对流、气膜、冲击等冷却技术降低工作叶片温度，冷却气流对叶片形成包裹保护，降低了叶片的故障率。

高温、高转速和高压的工作环境产生离心负荷、气动负荷、热负荷以及振动负荷等，叶片承受很大的离心力和气动力作用，产生拉伸应力与弯曲应力等。涡轮叶片承受的离心力与转速的平方呈正比，转速越高，离心力越大，拉应力越大。叶片在高温燃气包围下工作承受很高的热负荷。

金属材料的强度随温度的升高而降低，其材料强度显著降低。高温状态下，容易使叶片产生高温蠕变，燃气中的杂质对叶片有一定的腐蚀作用。

燃烧室各燃油喷嘴的喷油量、喷射速度和均匀度，导致涡轮前燃气温度和压力分布并不均匀。温度分布的不同导致了叶片上的温差应力，高速燃气流的脉冲作用引起燃气作用在涡轮叶片上的热应力各不相同。涡轮旋转，涡轮叶片受到燃气的交变热应力和振动应力作用，导致叶片内部产生附加应力，易使叶片疲劳而失效。发动机启动或停车使叶片上的温度剧烈变化，造成叶片的热疲劳。

发动机超温易引起涡轮等热端部件过热、烧伤，导致材料内部结构晶粒粗大或晶粒边界出现氧化及熔化，引起材料的塑性、冲击韧度、疲劳性能、断裂韧度和抗腐蚀能力下降。尤其是发动机启动时，各部件都是冷态，若温度上升过快，可引发涡轮出口温度过高或尾喷管喷火，短时间的超温和喷火也可能引起涡轮导向器和转子叶片的烧蚀、裂纹、断裂等故障。掺混孔位置的改变和各气膜孔的流量不同，导致气流结构、燃油浓度场和燃气温度场的变化，引起燃烧室出口燃气温度的变化，也会使涡轮叶片局部超温而烧蚀。

7.1.2 涡轮转子叶片的常见故障及修理

涡轮叶片的常见故障有裂纹、表面损伤、防护层损伤、擦伤、磨损、腐蚀和过热等。

1. 裂纹

涡轮转子叶片有裂纹，一般以换新件为主。某型发动机高压涡轮转子叶片叶尖裂纹故障，允许采用高钨、锰含量的镍基超合金作为补焊材料，用固体激光脉冲焊填充修复。焊前将叶片叶尖浸入有机溶剂用超声波清洗，用镍基高温合金用微弧火花在整个补焊区预置涂层，使激光可能达到的作用区被完全保护起来。填焊时为防止焊料堵塞气孔，补焊区应留有足够的打磨余量。焊后将补焊区打磨成规定型面，超声冲击去除补焊区应力，荧光检查是否有裂纹，对叶片做焊后性能恢复热处理。由于叶片叶尖存在氧化腐蚀、组织衰变，要彻底消除裂纹，就要消除腐蚀层和组织衰变层，但又不能使基材损伤过大，因此焊接开口大小要合适。

2. 表面损伤

叶片的表面损伤主要包括表面硬化、砂眼和外来物打伤。图 2-7-1 所示为叶片进气边被外来物打伤，产生凹坑；若打伤超过一定深度，更换新叶片。叶片表面有硬化痕迹时，与标准件对比，符合要求可用；不符合要求时，用什锦锉锉修硬化痕迹至圆滑过渡，把叶片装上涡轮盘，如果周向叶片间隙合格，则可用。叶片距进排气边大于一定距离不允许出现砂眼，超过一定距离时允许存在深度浅、不超过叶身厚度的 1/3、直径不大于规定值且数量不大于一定数量的砂眼，叶片不允许有重合的铸造砂眼，不合格时更换。叶片表面的轻微打伤、划痕，研磨抛光修理。

3. 防护层损伤

叶片表面允许存在轻微的表面防护层变色或褪色，有明显的掉皮和掉块时补防护层。叶片常见的防护层是防护漆、渗元层和涂层，图 2-7-2 所示为涡轮叶片的表面防护层脱落。

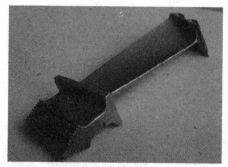

图 2-7-1 叶片进气边被外来物打伤

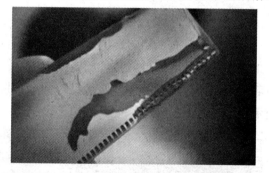

图 2-7-2 涡轮叶片的表面防护层脱落

4. 擦伤

叶片在离心力、热应力的作用下被拉长，使叶尖、叶冠封严齿与封严装置摩擦，擦伤叶尖或叶冠封严齿。叶尖擦伤时，剥离内、外部防护涂层，焊修叶尖，检查内部裂纹，重新喷涂，涡轮叶片内部的典型结构如图 2-7-3 所示，叶尖擦伤焊接修复如图 2-7-4 所示。检查叶片的冷气流量，冷气孔流道面积不合格时，钎焊减小孔径，焊接完成后检查冷气孔流量，如图 2-7-5 所示。

 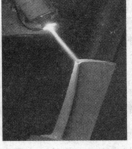 

图 2-7-3　涡轮叶片内部结构　图 2-7-4　叶尖擦伤修复　　图 2-7-5　涡轮叶片冷气孔流量试验

5. 磨损

叶片的磨损主要是叶冠封严齿、叶冠减振工作面、榫头两侧和表面腐蚀磨损。叶片的磨损主要是叶冠封严齿和叶尖。叶冠封严齿磨损、烧蚀时，允许焊接修复，如图 2-7-6 所示。榫齿表面有接触和磨损痕迹时，与标准件对比，符合要求可用；不符合要求时停修。转子叶片叶冠锯齿形结合面磨损如图 2-7-7 所示，电镀修理恢复尺寸。

图 2-7-6　焊接修复叶冠　　　　图 2-7-7　转子叶片叶冠锯齿形结合面磨损

6. 腐蚀

高温燃气具有强烈的腐蚀性，易使叶片表面出现麻坑，表面质量下降，进而降低涡轮的气动效率和表面性能，如图 2-7-8 所示。麻坑还可能成为叶片的疲劳源，叶片表面有轻微麻点时，抛光排除。合金钢叶冠表面防护层脱落后，表面产生锈蚀，如图 2-7-9 所示。

图 2-7-8　叶片表面的高温燃气腐蚀　　　　图 2-7-9　防护层脱落后叶冠表面生锈

7．过热

发动机超转或超温时可能导致叶片过热，应检查叶片的过热情况，使用硬度计测试表面硬度是否合格。允许叶片表面存在轻微的过热，严重过热时涂层烧坏、烧伤、烧蚀、烧熔甚至烧裂，如图2-7-10所示，严重过热则更换全级叶片。

图 2-7-10　叶片涂层烧伤及烧裂

7.1.3　叶片的振动和热疲劳损伤故障

叶片的振动不可避免，叶片的振动疲劳应力是叶片产生裂纹的主要因素。涡轮叶片与压气机叶片的工作条件不同，振动的原因和振动故障现象也不同。涡轮叶片在高温燃气的包围下工作，高温使叶片的性能降低，同时由于涡轮叶片在设计时留有的安全系数较小，叶片的振动应力易造成疲劳裂纹或折断。叶片的横向裂纹和过热烧蚀裂纹是涡轮叶片的常见故障。

1．涡轮叶片的振动疲劳裂纹

振动疲劳损伤故障属于涡轮叶片的常见故障之一，如某发动机一级、二级涡轮叶片发生叶身疲劳裂纹、榫齿间疲劳裂纹和导向器疲劳裂纹，严重的使叶片折断打穿机匣。据统计，涡轮叶片的疲劳裂纹故障与叶片的使用时间有关，某发动机一级叶片使用时间150 h以下，故障叶片占20%；使用时间250 h，故障叶片占43%，增加了1倍。

以某型发动机一级涡轮叶片为例，其裂纹的产生部位与形式如图2-7-11所示，主要如下：

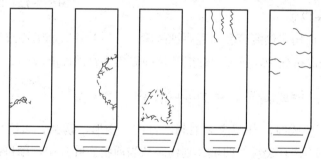

图 2-7-11　涡轮叶片的主要裂纹部位与形式

（1）叶片进、排气边缘横向裂纹，多位于近叶根部，裂纹向叶身中部扩展。多为单条裂纹，常产生于接近叶根的 1/3 ～ 1/2 区域。

（2）叶背中部裂纹，靠近叶根，常出现于距叶根20%的叶高区域。

（3）叶尖纵向裂纹，有时为数条，多由热疲劳所引起。

（4）叶身排气边缘的穿透性裂纹较多，位于高温区。

（5）皮下裂纹，隐藏在叶片表面以内，有时在表面的 0.02 ～ 0.03 mm 深度以下，打磨表面后可见。这种皮下裂纹通常是叶片裂纹的初始状态，为潜在的裂纹故障。

（6）个别叶片断裂于叶身 1/2 叶高处，断口呈疲劳断口，有一个 45° 向上的倾斜角。

（7）叶背与叶盆的鱼鳞状孔边及交界处也易产生裂纹。

据某型发动机大修统计数据显示，涡轮叶片的裂纹故障占叶片总故障的 5% ～ 6%。涡轮叶片的尾流激振易引起共振疲劳，在热疲劳和热冲击下，又加速了叶片的振动疲劳破坏。高压涡轮叶片叶背的裂纹少于叶盆，曲率半径最大处是叶盆裂纹的主要集中地。对叶片裂纹处进行能谱分析，若出现氯、氧、碳等元素，说明裂纹表面有腐蚀产物。

控制叶片的自振频率，改变叶片的激励因素，减小叶片的振动程度，防止叶片自振频率和其他零部件自振频率一致引起发动机零部件共振。避免共振是预防和排除叶片裂纹的重要手段，在修理过程中，严格控制每片叶片的自振频率在合理的设计范围内，避免发动机进入工作状态时产生共振。涡轮叶片的称重、测频和测静力矩方法与压气机一致。

2. 涡轮叶片的热疲劳损伤

热腐蚀、热疲劳可能使叶片出现细小成片的龟裂。热疲劳损伤多发生于涡轮叶片，叶片受到时冷时热高变温度场的作用，使叶片热疲劳。热腐蚀、热疲劳使叶片出现细小成片的龟裂。热疲劳损伤部位多位于叶片进、排气边缘，通常以横向裂纹居多，也有纵向裂纹。横向裂纹多位于叶片进、排气边缘，裂纹细且多，呈发纹状，集中于一个区域，裂纹为沿晶裂纹，与应力破坏现象相似。工作时间长的叶片易发生热疲劳损伤，热疲劳损伤如图 2-7-12 所示。

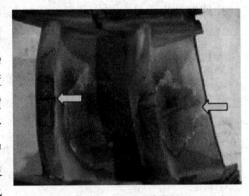

图 2-7-12　热疲劳损伤

涡轮叶片的热损伤、热疲劳和高温腐蚀故障，可对叶片表面喷涂或渗元，使叶片表面获得防护涂层，提高抗热性、抗疲劳性能和抗高温燃气腐蚀性能。

7.1.4　新入厂涡轮转子叶片的检验内容

涡轮叶片入厂验收时，外观应无毛刺、打伤、变形、锈蚀、裂纹。用放大镜检查叶身圆角半径区域，不许有裂纹、凹坑、划伤。从当前批次叶片中，随机抽取一片，检查过热情况，金相分析材料的组织状态；随机抽取一片检测涂层厚度。测试所有叶片的自振频率，频率应在工艺范围内。测量叶片的主要截面厚度，荧光探伤表面是否有裂纹。所有检查项目合格后，油封包装，储存期一般为 3 年。

7.2　涡轮盘的常见故障修理

涡轮盘包括盘体和榫槽两部分，盘体是指圆心到完整的最大圆周部分，榫头为盘外端的纵树形部分，如图 2-7-13 和图 2-7-14 所示。涡轮盘直径、厚度和转动惯量大，离心力大，其应力和应力容积增加，故障率增加，寿命降低。

图 2-7-13　涡轮盘　　　　　　　　图 2-7-14　装涡轮叶片的涡轮盘

1. 涡轮盘的常见故障

裂纹、表面损伤、防护层脱落是涡轮盘的常见故障,特别是涡轮盘的很多小裂纹故障,属于典型的热疲劳龟裂现象。涡轮盘裂纹主要分为榫头裂纹、槽底裂纹、锁孔裂纹和密封齿齿底径向裂纹。裂纹可分为单条裂纹和贯穿性裂纹,贯穿性裂纹危害较大,可能导致榫齿裂穿掉块,打坏发动机后面的零部件。

(1)榫头裂纹。榫头裂纹由结构、受力、高温、高转速、高压、热疲劳和热腐蚀等因素引起。纵树形榫头裂纹一般从最外榫齿开始,逐渐向盘心各齿发展,裂纹断口有明显的疲劳源,疲劳源起始点一般在最外榫齿与叶片接触面压痕处。断口有明显的相互平行的弧形线和显微疲劳条带。裂纹从晶界开始,穿晶发展,晶界有氧化现象,氧化加速了裂纹的形成和发展。叶背面的榫头比叶盘面裂纹多,进气方向比排气方向边缘裂纹多。

(2)槽底裂纹。涡轮盘的槽底径向裂纹位于槽底放锁片处,由盘缘向盘心发展,裂纹发展速度较快。有的裂纹从外向内扩展,有的从内向外扩展,表面的晶界、晶粒先氧化,然后沿晶界扩展,如图 2-7-15 所示。

(3)锁孔裂纹。锁孔裂纹非直线扩展,裂纹附近有晶间氧化,裂纹处有腐蚀产物,属于典型的腐蚀疲劳裂纹。

(4)密封齿齿底径向裂纹。齿面后端倒角处裂纹,与涡轮盘槽底径向裂纹相似,属于热疲劳裂纹现象,如图 2-7-16 所示。

图 2-7-15　涡轮盘榫齿裂纹和槽底裂纹　　　　图 2-7-16　密封齿齿底径向裂纹

（5）表面损伤。涡轮盘的表面损伤主要有榫齿上有锐边、毛刺、压伤，表面有接触痕迹、划伤和划痕。

（6）变形。涡轮盘的变形主要是指涡轮盘的直径增大、榫齿变形，部分涡轮盘存在拉紧螺栓孔变形和孔口硬皮现象。

（7）接触面积不合格。两级涡轮盘通过端面接触时，要求端面的平面度和两端面的平行度符合一定要求。使用锥形螺栓固定涡轮盘的轴向位置时，应检查锥形螺栓与涡轮盘螺栓孔的接触面积，主要通过着色检查接触面积。着色面积不合格时，易导致受力不均匀，可能引起螺栓变形或裂纹。

2. 涡轮盘的修理

（1）常规修理。涡轮盘表面的轻微压痕、压坑和凹坑，打磨凸起。表面的浅表龟裂，采用铲除细小裂纹的方法，排除故障。封严齿裂纹，更换封严圈。单条浅裂纹，圆滑过渡到裂纹尖端，磨削、提槽消除尖端应力集中。榫齿上有锐边时抛光型面，圆滑过渡，倒角半径应在规定范围。表面有接触痕迹、划伤和划痕时，使用放大镜和标准样板对比检查，允许存在不超过一定深度的划痕和划伤，超过规定时打磨凸起。当涡轮盘的直径增大、榫齿变形超出规定时，更换新件。当两级涡轮盘的接触面、涡轮盘螺栓孔与锥形螺栓的接触面积不合格时，研磨，着色检查，直至恢复到规定接触面积。

（2）特殊修理。涡轮盘的高温燃气腐蚀和热疲劳破坏是其最大故障特点，常规修理方法可以确保修理后继续使用。也可以采取预防性修理措施，对涡轮盘表面采用喷丸和抛光的表面强化方法进行预防性修理，延长使用寿命，提高抗高温燃气腐蚀和抗疲劳破坏能力，提高材料的热强度性能。

涡轮盘表面精度提高，表面层强化和获得一定的残余应力能显著提高零件在振动和循环应力作用下的寿命。为使表面粗糙度值小、表面被强化和表面留有一定残余应力，采用喷丸法强化涡轮盘表面，通过丸子与涡轮盘表面互撞时在两者的接触区发生塑性变形，使涡轮盘表面层内形成压应力，即表面获得负应力层，表面获得强化，消除或减小了机械加工产生的拉应力，提高了疲劳强度和抗热腐蚀性能。

涡轮盘圆周、榫槽和端面的毛刺及倒圆，可使用"海草刷"或"卡普隆刷"抛光加工。圆盘刷和涡轮旋转，毛刷穿透深度 0.4～0.5 mm。使用钢丝刷毛的圆盘刷去除涡轮盘圆周、榫槽和端面的毛刺和倒圆边缘，使用海草刷毛的圆盘刷抛光各加工位置。

7.3 涡轮轴及与其配合的其他零件修理

1. 涡轮轴修理

以某型带销子的涡轮轴为例，主要通过荧光探伤检查是否有裂纹，有裂纹则更换。用标准件目视对比检查轴的花键齿磨合痕迹，轻微磨合凸起，允许油石或砂纸打磨。测量某轴径相对其他轴径的跳动，轴径小于规定值时报废。篦齿表面的轻微损伤，总弧度不小于 180° 时，打磨凸起，至与基体金属圆滑转接。涡轮轴轴径有磨损时，可以喷涂修复尺寸，如图 2-7-17 所示。

涡轮轴与轴承接触的区域，应严格控制表面质量。表面有接触痕迹、轻微碰伤时，使用细油石、抛光砂纸研磨，否则可能导致振动过大故障。

2．拉紧螺栓修理

某型发动机多级涡轮盘的轴向位置通过拉紧螺栓固定，拉紧螺栓如图 2-7-18 所示。拉紧螺栓有裂纹直接报废。允许凸肩 B 表面有轻微的接触痕迹、划伤和划痕，表面损伤深度大于 0.05 mm 时，打磨抛光至与基体圆滑过渡。表面 ϕA 和过渡半径 R 上的划伤、划痕，深度不大于 0.1 mm，打磨抛光至与基体圆滑过渡。表面 G 和 H 划伤、划痕，深度不大于 0.3 mm，打磨抛光至与基体圆滑过渡。

图 2-7-17　喷涂修复轴径

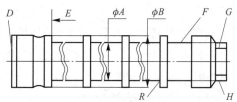

图 2-7-18　拉紧螺栓

目视检查凸肩 B 表面的硬化，每个硬化痕迹不大于规定面积时，打磨抛光凸肩至工艺要求的公差，大于则报废。使用螺纹规检查螺纹的拧合性，使用直线度检查工装检查 ϕB 轴颈直线度，ϕB 轴颈相对端面 E 的不垂直度应小于 0.03 mm，超出允许公差时，报废。使用螺纹环规检查螺栓螺纹拧合性，轻微损伤时理丝修复。螺母棱面磨损、有压痕和断扣时，更换螺母及其配套的螺栓，但需保证更换前后的两套螺母与螺栓配合件质量之差在规定范围内。

7.4　导向器的修理

导向器在高温、高速燃气的恶劣环境条件下工作，温差大，承受热应力、热冲击和振动负荷。高速燃气对导向器产生气动力，燃气流的脉动效应使叶片产生振动负荷，燃气中的氧对流道表面有着强烈的高温氧化作用。导向器各零件受热不均匀，存在一定的热应力。发动机启动时，导向器叶片受到热冲击，产生冲击应力。其中，一级导向器叶片前缘承受温度最高，高温导致导向器叶片的耐热、抗氧化、抗腐蚀、抗热疲劳和抗热冲击等性能下降，故障较多。

1．导向叶片的故障及修理

导向器的常见故障是腐蚀、过热、裂纹、外来物打伤、积炭、磨损和涂层脱落等。

（1）外来物打伤及修理。距离进、排气边缘一定尺寸内，深度和数量不大于规定的打伤，且撞伤处无裂纹，锉修或抛光至与基体金属圆滑过渡可用，超过规定则报废。距进、排气边缘一定尺寸范围内的损伤容限比叶片其他位置低。图 2-7-19 所示为导向器叶片被外来物打出凹坑和缺口。距排气边一定尺寸外，不超过规定数量和深度的凹痕和压痕，打磨凸起金属，抛光至与基体圆滑过渡。

图 2-7-19　被外来物打伤的导向器叶片

（2）磨损及修理。导向器叶片磨损产生的原因主要有导向器叶片与内外环的接触、摩擦，外来物损伤表面，叶片表面产生腐蚀。叶片表面腐蚀后生成结构疏松的腐蚀物，这层腐蚀物易被空气摩擦去除。对于空心导向器叶片的表面磨损，应测量壁厚，确定是否处于修理范围，壁厚不足时停修。导向器叶片与内外环的接触和磨痕，打磨抛光。

（3）腐蚀及修理。导向器叶片轻微的局部腐蚀和一般的腐蚀，打磨抛光，如图 2-7-20 所示；严重且大面积腐蚀，甚至掉块时报废，如图 2-7-21 和图 2-7-22 所示。

（4）过热及修理。叶片表面的轻微烧伤、局部龟裂，锉修去除烧伤部位，堆焊修复至规定型面。叶片严重过热、烧蚀和烧裂时，应停修，图 2-7-23 所示为扇形涡轮叶片组件的表面烧伤。如叶片已断裂或裂纹太大，以及过热使叶片组织完全损坏，则直接换件不予修理。

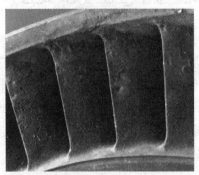

图 2-7-20　被腐蚀的导向器叶片

图 2-7-21　高温氧化腐蚀的叶片

图 2-7-22　导向器高温燃气腐蚀

图 2-7-23　扇形涡轮叶片组件的表面烧伤

（5）裂纹及修理。发动机的启动、停车、加速和减速，导向器的温度上升和下降，易使叶片产生疲劳裂纹。特别是前缘、尾缘承受较大的温度梯度，裂纹较多。

叶片排气边裂纹长度不大于规定尺寸，裂纹条数不多于规定数量，打磨去除裂纹；在不影响发动机性能的前提下，允许将裂纹区域锉修成月牙形状，锉修后抛光；裂纹超过规定尺寸和条数时报废处理。叶片排气边冷却孔处单条裂纹，长度小于规定尺寸，打磨排除裂纹，抛光去除毛刺；长度大于一定尺寸时，焊接修复；裂纹长度超过规定尺寸时报废。堵盖单向裂纹长不大于规定尺寸，允许使用。超过规定尺寸时可去除旧堵盖，焊接新堵盖。叶片表面的轻微烧伤，锉修去除烧伤部位，堆焊修复至规定型面。叶身其余表面有非轻微裂纹和宏观裂纹，叶片报废。

使用放大镜检查裂纹、掉块和龟裂，进排气边的轻微裂纹、掉块和龟裂，允许打磨消除，进排气边的非轻微裂纹、掉块和龟裂则换新件。有涂层的叶片，去除涂层后检查故障。表面裂纹的宽度或者热腐蚀、磨损深度大于规定值时，氩弧焊修理；轻微的表面裂纹使用真空钎焊来修理，但导向器叶片壁厚不符合要求时，停修。焊接前将导向叶片清洗干净，焊接时采取措施避免焊料进入叶片内的冷气通道或堵塞冷气孔。焊接后钻冷气孔，去除冷气孔毛刺，对叶片进行气流量试验。

（6）积炭及修理。目视检查表面积炭，化学清洗法去除积炭，化学清洗法难以去除时，允许使用抛光纸抛光处理。

（7）防护层脱落及修理。叶片表面防护层烧伤、烧裂和脱落时，与标准件对比检查，打磨抛光，振荡清洗，恢复防护层。以某型发动机导向器叶片为例，对比检查不能有效确定导向器叶片表面的涂层质量时，可用热显像方法判断涂层的存在情况。使用小压力沿发动机工作的气流方向在导向器叶片表面上吹砂，表面干净后，将叶片放入炉中保温一定时间，冷却后在空气中观察表面的颜色。附加涂层显金黄色，扩散涂层呈褐色，表面呈蓝色则说明涂层已基本脱落。涂层剥落面积小于规定值，且表面没有腐蚀，局部修补。防护层修理完成后，进行导向器叶片的气流量测试。

（8）脱焊及修理。叶片排气边缘的厚度、长度和冷气孔直径超差时，允许焊接修复。导向器叶尖冷气孔盖脱焊或松动时，校正焊接修复，如图 2-7-24 所示，最后涂敷防护涂层。

某型发动机第一级导向叶片的上、下冷却挡板和内部冷却导流管脱焊时，用激光焊焊接修复。焊接前去除表面防护层，打磨焊接区域，清洗，焊接后研磨抛光。对于其双叶组导向叶片，若其

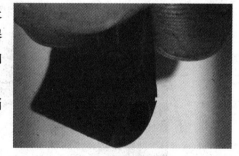

图 2-7-24　叶片冷气孔盖板翘曲变形脱焊

中的一片叶片报废，其他旧叶片很难与底座实现规定的配合关系，一般换装新叶片。叶片同一堵盖脱焊点不大于规定数量，长度不大于规定长度时，允许故障存留使用，超过则焊接修复。导向器叶片的焊接修复，一般是修理完叶片的其他故障后，最后进行焊接修理。

（9）砂眼及修理。导向器叶片排气边不允许有砂眼，进气边和叶身允许存在规定直径、深度和数量范围内的砂眼。

2．封严装置修理

目视检查蜂窝层密封工作面，划伤和磨损不超过规定时可用。磨损、毛刺，打磨机打磨，锉修去毛刺。蜂窝层内部有异物，如图 2-7-25 所示，使用工装将杂物勾出。磨损超

过规定深度更换封严圈，去除旧封严圈，真空钎焊新封严圈。封严圈与壳体配合的表面有轻微的金属凸起，可打磨至平齐。封严圈圆周结合处有裂纹，重新焊接。封严圈与基体金属间有裂纹和掉块时，换装新件。蜂窝层与转子叶片的间隙小，线切割或车削蜂窝层，尺寸小时，更换新件。蜂窝层焊接时，焊料堵塞、材料倒塌及磨损可能导致蜂窝格缺失，缺失面积符合要求时，允许使用。蜂窝层与导向器壳体跳动超差时，使用专用工装调整。

图 2-7-25　蜂窝孔内堵塞

3．内、外环及壳体的修理

目视检查外罩材料的凸起或凹陷，不超过规定次数的凸起或凹陷锉修排除。外罩裂纹和焊点脱落，外环外圆圆度超差时报废。内外环燃气通道表面允许储存点状凹坑和非穿透性砂眼，但靠近排气边的范围内不应有砂眼、铸疤和疏松。叶片、内环和外环上允许有规定直径范围内的气孔和夹杂。

图 2-7-26　内环裂纹导致的断裂

内环的主要故障是变形、过热、裂纹、腐蚀和磨损，图 2-7-26 和图 2-7-27 所示为内环裂纹导致的断裂与过热变色及裂纹故障。内环的主要修理方法有焊接、打磨、校正、吹砂镀镍等。导向器壳体的主要故障是腐蚀、变形与裂纹，图 2-7-28 所示为导向器壳体腐蚀故障。着色检查导向器转接环与导向器的接触面积，不合格时，研磨修理。导向器壳体轻微腐蚀时，锉修排除，严重腐蚀时报废。

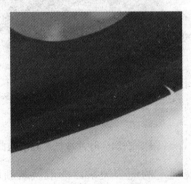

图 2-7-27　过热变色及裂纹

图 2-7-28　导向器壳体腐蚀

【任务实施】

技能训练任务 2-7-1 一级涡轮导向器叶片的表面故障检查与修理。

技能训练任务 2-7-2 导向器通道面积测量与调整。

技能训练任务 2-7-3 后机匣的分解与装配。

一、简答题

1. 简述涡轮转子叶片的常见故障及修理。

2. 叶片的振动故障有哪些？

3. 什么是涡轮叶片的热疲劳损伤故障？如何修理？

4. 涡轮盘的常见故障有哪些？

5. 涡轮轴的常见故障有哪些？

6. 如何对涡轮叶片的热疲劳损伤进行修理？

7. 导向器通道面积如何测量和调整？

二、拓展训练题

1. 2020年进行孔探检查时，发现低压涡轮二级导向器 2～3 点钟方向，一件低压涡轮二级导向叶片叶背中部位置有 3 条裂纹，其中第 1 条为纵向裂纹，第 2 条为轴向裂纹，第 3 条为轴向裂纹，3 条裂纹交叉相接。在 6 点钟方向一件低压涡轮二级导向叶片的叶背中间位置有一条纵向裂纹，如图 2-7-29 所示。对低压涡轮二级导向器叶片进行分解、故检和故障分析。3 件叶片的裂纹均已裂穿，具体故检情况如图 2-7-30 和图 2-7-31 所示。试说明这是什么故障？分析其产生原因，提出故障的修理和排除措施，并分析故障的预防措施。

图 2-7-29　发动机孔探检查故障情况

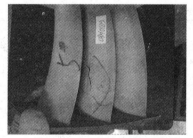

图 2-7-30　导向器组件裂纹故障

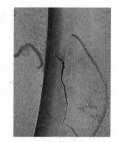

图 2-7-31　导向器组件故障区域放大图

2. 2019 年，某型航空发动机地面特检延寿工作，孔探检查发现高压涡轮导向器叶片排气边存在裂纹，叶片与缘板结合处有严重烧蚀发黑，如图 2-7-32 所示。裂纹有闭合趋势，存在掉块打伤发动机的风险。根据外场检查情况，结合使用意见，延寿检查不通过，发动机返回大修。经分解检查，如图 2-7-33 所示，高压涡轮导向器叶片排气边存在封闭趋势裂纹，叶身与缘板焊接部位烧蚀，其他叶片整体状态较好。试说明这是什么故障？分析其产生原因，提出故障的修理和排除措施，并分析故障的预防措施。

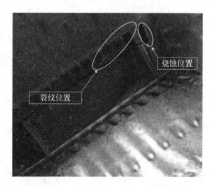

图 2-7-32　高压涡轮导向器叶片裂纹与烧蚀

图 2-7-33 高压涡轮导向器叶片封闭趋势裂纹

3. 某型航空发动机高压涡轮叶片 1 片前缘掉块，1 片前缘呈"ㄱ"形裂纹。经查询，改机型检试后曾发生同类故障：发动机在检验试车合格后的通道检查时发现两件高压涡轮叶片叶尖掉块。叶片分解后，目视检查发现两件叶片掉块位置均位于叶盆位置，掉块形状为"ㄱ"形，断面平整，为基体与接长区界面处，如图 2-7-34 所示。试说明这是什么故障？分析其产生原因，提出故障的修理和排除措施，并分析故障的预防措施。

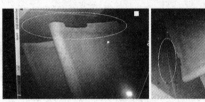

图 2-7-34 叶片掉块形貌

【素养提升】

大国工匠：国产大飞机的首席钳工胡双钱

胡双钱是中国商飞大飞机制造首席钳工，人们都称赞他为航空"手艺人"。在 35 年里他加工过数十万个飞机零件，令人称道的是，其中没有出现过一个次品。在国产 C919 大飞机迎来立项后的第九个年头，胡双钱也将迎来人生的第 55 个生日。距离退休还有 5 年，老胡觉得这个时间太短了，他最大的理想是为中国的大飞机再干 10 年或 20 年，为中国大飞机多做点贡献。

C919 的首架飞机正在为早日首飞做准备，在这架有着数百万个零件的大飞机上，80% 是我国第一次设计生产。复杂程度可想而知。航空工业要的就是精细活，大飞机的零件加工精度要求达到 1/10 毫米级，对此胡双钱这么描述："相当于人的头发丝的 1/25 这个概念的公差。"胡双钱曾经在这个车间里工作了 35 年，经他手完成的零件，没有出过一个次品。在中国民用航空生产线，很少有人能比老胡更有发言权。胡双钱回忆："一个零件要 100 多万元，关键它是精锻出来的，所以成本相当高，因为是有 36 个孔，大小不一样，孔的精度要求是 0.24 mm。"0.24 mm 相当于人头发丝的直径，这个本来要靠细致编程的数控车床来完成的零部件，在当时却只能依靠双手与传统的铣钻床，连图纸都没有。打完这 36 个孔，胡双钱用了 1 h 左右。当这场金属雕花结束之后，零件一次性通过检验，送去安装。

钳工胡双钱的手，工作 30 多年来，创造了打磨过的零件 100% 合格的惊人纪录。在中国新一代大飞机 C919 的首架样机上，有很多是老胡亲手打磨出来的"前无古人"的全新零、部件。

任务 8　加力燃烧室修理

【理论学习】

图 2-8-1　某型航空发动机加力燃烧室

某型航空发动机加力燃烧室由扩散器、预燃装置组成，扩散器由外壁、内壁、整流支板、火焰稳定器和输油圈组成，如图 2-8-1 所示。外壁具有按等压力梯度设计的特殊型面，能减小气流的压力损失。锥形内壁用于固定预燃室，流线型的整流支板将涡轮后的气流整流，减小气流的扭转和分离，在结构上连接内、外壁，并传递荷载。火焰稳定器用于形成回流区，稳定和传播火焰，输油圈用于运输

和雾化供油。内壁、整流支板

加力燃烧室的主要故障是表面损伤以及过热、烧伤、烧蚀、积炭、裂纹和变形等。表面损伤主要包括硬皮、磨损、压伤、螺纹损伤和防护层脱落。

8.1 加力燃烧室的表面损伤故障和修理

8.1.1 磨损与硬皮

对于磨损，需要综合考虑零件的工作环境、受力、材料及温度等因素选择修理方法。磨损常发生于安装边、整流支板、安装座和内孔，轻微局部锈蚀可打磨排除，安装边的定位槽、安装边凸边和外壁表面允许一定程度的磨损或打伤存在，超过某个值时允许焊接修理打磨。外壁安装边的轻微压伤，锉修；非轻微压伤时，补焊，打磨恢复型面。

安装座表面硬皮和轻微磨损时，打磨抛光排除；严重磨损时，焊修，研磨平面，使安装座的密封工作面平面度合格。外壁与整流支板接触位置易产生磨损和冷作硬化，轻微的磨损和冷作硬化打磨抛光，非轻微则堆焊，打磨抛光至规定尺寸。燃油总管安装孔轻微磨损，打磨抛光，超过一定尺寸时焊接填充孔，重新钻孔。

导电杆安装座球面轻微磨损和导管安装孔磨损，研磨修理，不允许出现毛刺和凸起，超过规定尺寸时更换新品。气管安装座与点火器气管管接嘴凸肩接触处的凸台、内壁安装边压伤磨损超过规定值时，补焊磨损处，打磨抛光至与基体平齐。

8.1.2 防护层脱落

整流支板镀铜处于恶劣的工作环境，防护层易脱落，局部脱落时，纱布打光重新防护。当固定销磨损较大时，焊接修复磨损，车加工保持直径，重新镀铜。整流支板的导向销为了获得耐温和耐磨性，采用电子火花强化法把硬质合金涂于导向销表面，使表面黏附一层不间断的硬质合金层。导向销磨损较大时，去除原有防护层，焊接修复至基本尺寸，表面防护处理。对于镀铜和镀银零件，使用一个寿命期限后，为了确保下一个翻修寿命镀层零件可靠工作，一般均需要重镀。

8.1.3 螺纹损伤

螺纹孔螺纹轻微损伤，打磨修理；严重损伤时，除去旧螺纹，填充焊，攻螺纹。机匣转接座上的螺纹脱扣时，钻掉旧螺纹，焊修。

8.2 加力燃烧室的其他故障

8.2.1 裂纹

加力燃烧室主要有龟裂、基体材料裂纹、焊缝裂纹、焊缝开焊和安装边孔边裂纹，以单条裂纹和龟裂为主。主要采取焊接修理的方式，裂纹的尺寸和数量超过一定值时，停止修理。龟裂不大于规定面积时补片修理，大于规定面积时更换。焊缝裂纹以补焊修理为主，超过一定长度时，在焊缝的裂纹两源点打止裂孔，补焊。裂纹较长时，可通过点焊定位，减小焊接变形。

安装座螺纹孔裂纹，往裂纹方向开槽，除去旧螺纹，填充焊，打磨表面与基体平齐，攻丝。前安装边孔边裂纹，沿裂纹开 V 形槽，焊接填充 V 形槽，恢复孔形状和尺寸。后安装边的周向裂纹，在裂纹终端钻止裂孔，焊接裂纹的其他部分，将焊接处打磨至与基体圆滑过渡。安装座裂纹长度过大时，则更换。外壁更换安装座或补焊后，应热处理恢复性能。

8.2.2 过热、烧伤和穿孔

过热、烧伤和穿孔主要由于局部燃气温度过高导致，温度过高时零件表面过热、烧伤及强度降低而产生爆破或烧穿，燃烧室出口温度场不均匀会影响加力系统及喷管的温度场；当修理后的零件间隙不合理时，热胀补偿间隙过小，造成热应力过大且无法有效释放也会导致此类故障；当燃烧室出口局部温度过高时，导致其后的热端部件过热，一般是局部、成块状。轻微的表面过热允许打磨抛光使用，穿孔、严重过热和非大面积龟裂允许补片。补片时，划线切除故障区域，从好的零件同位置挖片焊接到故障切除区域，保持补片与故障切除区域的间隙均匀，先点焊固定补片和母体，再校正补片和母体型面，外壁非严重烧穿补片修理，内壁不超过规定面积和数量的孔洞焊修，内壁和外壁烧穿面积过大时，则更换。

加力燃烧室在规定时间的全加力状态工作时，火焰稳定器受气动振动冲击和燃气热负荷的共同作用。常出现的故障有火焰稳定器被烧伤、烧蚀和烧裂，如火焰稳定器局部烧蚀，火焰稳定器与燃油系统、支撑传力系统均烧蚀变形等。金属壁面由于热塑性，在气动力作用下产生微裂纹至裂开。烧蚀发生时，可导致发动机尾喷口后部燃气流中喷射出呈亮点的金属残片碎粒。进气温度过高时，燃油的压力脉动和燃烧扰动可能使火焰前传，产生非正常燃烧区，非正常燃烧区离火焰稳定器较近时产生烧蚀。稳定器轻度烧蚀时打磨，超过允许值时补焊，当烧穿或烧成较大缺口时，可更换单个稳定器。稳定器壳体安装边的孔边烧毁时，除去损坏段，补块焊接，修整保持图纸尺寸。

火焰稳定器变形或支撑拉杆失效时，稳定器位置发生变化，使稳定器置于稳定器的回流区火焰中而烧蚀，更换支撑拉杆。火焰稳定器内油管烧蚀时，允许去除内油管排除。烧蚀问题的常见排除措施有采用耐高温的材料、设计预冷却的结构和改善火焰稳定器与燃油系统的匹配性。火焰稳定器前方存在积累燃油蒸气的回流区时，可从火焰稳定器的结构上减小回流，将回流去引导至距离安全区或断油源点较远的区域。

8.2.3 变形

外壁允许存在一定尺寸范围内的变形，超过规定值时用木榔头校正，外壁翘曲时矫正，凹陷敲修排除。整流支板长期处于高温条件下工作，热应力和振动应力较大，易产生变形故障。整流支板壁弯曲时，用橡皮锤敲击复位，使导向销可以自由装入扩散器壳体外壁衬套。安装边的孔变形时，允许敲修排除。稳定器允许轻微的翘曲变形和多棱化，可以校正一定程度的翘曲，变形过大时更换。

点火器螺纹过度下沉时，将零件放入校正夹具，使用压力机压，恢复至螺纹的正常下沉量，热处理除应力。

8.2.4 积炭

发动机断开加力后，供油圈、输油圈和喷嘴内残存无压力燃油，不能喷出，但可以流出，而加力燃烧室中的燃气温度超过了燃油的燃点和沸点，使燃油自燃，或在喷口处产生结焦和积炭，易造成喷嘴堵塞，严重时导致局部区域燃气温度过高。喷嘴表面的黏结物主要是积炭、高温氧化物和其他物质，可采用物理刮除、加温和化学浸泡方法排除。

8.2.5 发动机与加力泵进口相连接的管接头漏油

某型涡扇发动机与加力泵进口通过管接头相连接，管接头位置如图 2-8-2 所示。加力泵进口转接管内壁磨损或密封圈破损时，会使发动机与加力泵进口相连接的管接头漏油。图 2-8-3 所示为发生扭切的密封圈，第二道密封圈裂纹沿胶圈表面呈螺旋状分布，逆时针旋转，共有 3 节螺距，3 节螺距的间距大致相等，胶圈上有裂纹的一边表面无光泽；第一道密封圈有一节螺旋裂口和周向裂口。图 2-8-4 所示为磨损的加力泵进口转接管内壁。

装配时，密封圈被偏斜压入或润滑不足，会导致装入过程因摩擦力过大发生滚动爬行，或内部产生较大的扭转预紧力。在长时间的油压及微动影响下，应力集中部位成为薄弱处，产生裂纹，随后应力在径向拉力、压缩力和油压力等的持续作用下稳定或加速扩展。加力泵进口接头与变形后呈椭圆状的配合管路之间局部间隙较小时，两者均可能导致密封圈局部压缩过大，进而造成装入时，垂直于胶圈轴向的压力和摩擦力增大，加剧密封圈的旋切。

在环境低温、发动机运转时高温的反复加温冷却作用，以及脉冲油压的挤压作用下，密封圈槽边缘受到较大应力，可能被切割掉块，掉块后的部分强度减弱，在胶圈整体拉伸作用下截面变细，局部压缩率减小，失去密封作用。另外，密封圈截面成型不稳定，橡胶原材料质量下降，添加剂含量有所增加，将导致橡胶的耐久性能降低。

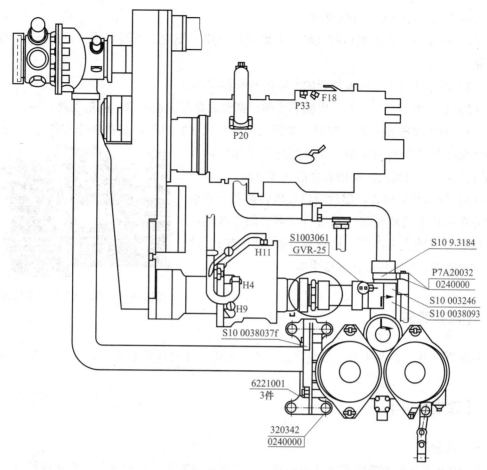

图 2-8-2　管接头位置

图 2-8-3　发生扭切的密封圈

图 2-8-4　磨损的加力泵进口转接管内壁

8.2.6　慢车活门故障

　　某型涡扇发动机加力调节器上的节流嘴直径 1 mm 左右，节流嘴在慢车活门上，节流嘴影响发动机的节流状态，进而影响喷口收小与放大的对应转速差值，节流嘴与慢车活门位置如图 2-8-5 所示。其他条件不变的情况下，收放喷口的转速差值应随着节流嘴的直径变化而变化。此发动机的转差故障处理，当更换节流嘴故障不变，且喷口可以正常收放时，可以从以下几个方面进行排除：

（1）试车时，无论喷口收放转速差值是否合格，都应检查慢车活门是否合格，是否有卡滞。

（2）慢车活门在节流嘴位置的实际流量与预期不符。

（3）节流嘴本身精度低，更换节流嘴后调整效果与预期不符，调整无效。

（4）此处是机械－液压控制，油路内部有空气（装机时燃油系统进入空气），或者某种污染物导致节流嘴堵塞，没有起到调整作用。节流嘴直径较小，少量的污染物就会造成流量偏差。

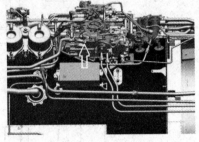

（5）外场开车检查，出现喷口收放转速差值较小的故障影响因素有机械液压系统自身调节的不准确；目视检查带来的人为误差；检查喷口收放转速时，油门杆移动速度、发动机燃油温度影响。

图 2-8-5　节流嘴与慢车活门位置

【任务实施】

技能训练任务 2-8-1 加力燃烧室点火器空气进气管的拆卸与装配。

【课堂练习】

一、简答题

1. 加力燃烧室的哪些零件易产生防护层脱落故障？产生原因是什么？如何修理？

2. 加力燃烧室的磨损和硬皮故障的产生原因是什么？如何修理？

3. 加力燃烧室过热、烧伤和穿孔故障的产生原因是什么？如何修理？

4. 加力燃烧室的裂纹故障有哪些？分别如何修理？

5. 加力燃烧室的薄壁零件裂纹是否可以打止裂孔修理？为什么？

6. 加力燃烧室的常见故障有哪些？

7. 加力燃烧室的积炭主要发生在哪个部位？是如何产生的？如何修理？

二、拓展训练题

1. 飞机在飞行爬升过程中，正常进入加力后，油门手柄在加力位置保持不变，加力信号中断。通过判读某型涡扇发动机飞行参数，发现该机在空中 8 396 m 爬升，进加力 115 s 后油门杆在加力位置（113.8 刻度）保持不变，加力信号中断。信号中断后喷口由 83.6 刻度收小到 77.7 刻度，其他参数无异常变化，发动机外场继续使用。该发动机的离子火焰探测器位置如图 2-8-6 所示。请分析该故障的产生原因和排除方法，并提出预防和控制措施。

图 2-8-6　离子火焰探测器位置

2. 某型涡扇发动机装机试车检查时，喷口收放转速的差值比正常值小，更换节流嘴后故障不变。喷口 – 加力调节器上的慢车活门位置如图 2-8-5 所示。请分析该故障的产生原因和排除方法，并提出预防和控制措施。

3. 某型涡扇发动机，在机械日检中发现离子火焰传感器烧蚀。离子火焰探测器本身工作位置为加力燃烧室的火焰稳定器附近，在加力点燃后，离子火焰探测器在探测到加力火焰后发出电流信号，离子火焰探测器位置如图 2-8-6 所示。由于该位置有高温燃气冲刷，且燃气速度极快，工作环境非常恶劣。在外场长时间工作后，加力燃烧室流场火焰分布和燃气的冲刷情况对离子火焰传感器性能有影响。试分析该故障可能产生的原因和排除方法，并提出预防和控制措施。

【素养提升】

一项为中国人民争气的重大发明

航空发动机是飞机的心脏，在喷气式发动机里有一个部件称火焰稳定器，它的性能是关系到发动机能否正常工作的关键。那么火焰稳定器是怎么回事呢？

这个火焰稳定器究竟起一个什么作用呢？就像点一支蜡烛，风一吹它就灭了。如果加力燃烧室里面没有火焰稳定器，有那么高速的气流流动，要点火是非常困难的。火焰稳定器为什么会能够起稳定火焰的作用？主要原因是它有一个圆圈，带有一定角度的喇叭口，哪组供油，气流就从哪边流过来，到了这个地方会有一个旋流，喷油点火就可以燃烧起来。再喷油点火就可以烧到后面去，这样就可以使得加力燃烧室点起火来继续燃烧。

自 20 世纪 40 年代涡轮喷气发动机面世以来，V 形槽火焰稳定器一统天下。但火焰不易稳定，而且效率低，耗油率高，更可怕的是容易出现振荡燃烧，危及飞行安全。在世界航空史上，因航空发动机出现"振荡"燃烧故障而导致机毁人亡的事故并不罕见。几年来，美国、苏联、英国相继做出了几种新型火焰稳定器，但性能上没有重大突破。在中国，却有一个年轻人传奇般地实现了这一突破。

这个年轻人叫高歌，毕业后他被分配到青海茫崖石棉矿工作。在青海，他一干就是10 年。

"在我去这个地方报到的路途上，我就注意到了沙漠里形形色色的沙丘。其中有一种沙丘样子很好看，像一个弯弯的月牙形。东方的第一名胜是莫高窟，第二名胜就是鸣沙山和月牙泉。月牙泉和鸣沙山有数千年的历史了，就是一个大的月牙形的沙丘。白天去的游客很多，把鸣沙山的沙子都踩下来，搞得形状有所破坏，经一夜大风，第二天去看看沙丘就恢复了原状。"

"我当时就想了，这个沙丘为什么这么稳定呢？它如果能够一直停在那儿，停上几十年、几百年甚至上千年，那必然有它的道理。当时我也做了一些试验，比如说找一些纸屑放在沙丘上，让风吹着它。结果发现风吹过了沙丘以后就形成了一些旋涡，这些旋涡很有规律，一方面往后转一方面还有一部分好像龙卷风一样往沙丘两个月牙尖上抽吸，总是这样往两边抽吸。当时也就是觉得好奇而已，并没有想怎样利用它。

1978 年，高歌考回母校——北京航空学院航空发动机系读研究生。在我国著名燃烧专家宁榥教授的指导下，高歌毅然选择了沙丘驻涡火焰稳定器的研究课题。

宁榥教授对此非常感兴趣，当高歌讲述了沙丘的形状以后，他说这里一定有道理。如果沙丘稳定，沙丘后边的漩涡就肯定是稳定的，它要是不稳定就把沙卷跑了，好好研究研究到底是什么道理。于是高歌就找工人师傅一起，自己动手用铁板敲出来一个沙丘前弧面形状的月牙形实验器，然后放在小实验室里做吹风试验。试验结果让人振奋，高歌把这个试验结果向专家做了汇报，大家感到既惊讶又不敢相信。

有一位个性非常开朗的老教授，他就说这怎么可能呢？从第一届国际燃烧学会的文集查到第十九届，没有哪一届的文集里有任何一篇文章说阻力小了能使稳变定性大，这个东西很难叫人置信。后来老教授去看了试验，看完以后就信服了。

高歌不负导师的殷切期望，经过刻苦攻关，找到使旋涡稳定的途径和方法。1980 年年底，沙丘驻涡火焰稳定器原理试验取得成功；火焰燃烧的稳定范围提高了好几倍。还能降低燃油消耗，增大发动机推力，可谓一举多得。

很多领导都到现场进行指导，这个试验结果是非常令人鼓舞的。410厂（沈阳发动机厂）当机立断，要求把现在生产的这种发动机全部改成沙丘驻涡燃烧系统。仓库里十多年累积下来的不合格产品（就是推力不合格，推力达不到军方规定的额定值），将那些发动机全部都搬出来，一个一个全换上这种稳定器。装上这种稳定器以后，经测试发现，发动机推力一次试车的合格率是 100%。

钱学森同志称沙丘驻涡燃烧系统为"一项为中国人民争气的重大发明"，现已用于中国多种军用航空发动机。

任务 9 排气装置修理

【学习目标】

【知识目标】

(1) 熟知排气装置裂纹故障的产生原因和修理方法；

(2) 熟知排气装置压坑、变形和翘曲故障的产生原因和修理方法；

(3) 熟知排气装置表面损伤故障的产生原因和修理方法；

(4) 熟知排气装置安装座的主要故障的产生原因和修理方法；

(5) 熟知排气装置管路安装座的主要故障和修理方法；

(6) 熟知排气装置液压作动筒和同步活门的主要故障及修理方法。

【能力目标】

(1) 能讲述排气装置裂纹故障的产生原因和修理方法；

(2) 能讲述排气装置表面损伤故障的产生原因和修理方法；

(3) 能讲述排气装置压坑、变形和翘曲故障的产生原因和修理方法；

(4) 能讲述排气装置安装座的主要故障的产生原因和修理方法；

(5) 能讲述排气装置管路安装座的主要故障和修理方法；

(6) 能讲述排气装置液压作动筒和同步活门的主要故障及修理方法。

【素质目标】

(1) 树立安全意识、质量意识和规范意识；

(2) 培养崇德向善、诚实守信、爱岗敬业的职业态度；

(3) 培养严格执行工作纪律的工作作风；

(4) 培养严格贯彻执行 6S 管理制度的工作习惯；

(5) 培养"干一岗位，精一岗位"的极端负责精神；

(6) 培养收集、总结和归纳问题或故障的能力；保持一颗把事做好的平和心；

(7) 培养发现、分析和解决故障的思维。

排气装置主要由筒体、隔热屏、防振屏、调节环、调节片、前罩、后罩和液压作动系统组成。排气装置的主要作用是将燃气的一部分热能转换为动能，即调节排气速度改变发动机推力，根据发动机的工作状态匹配最合适的喷口面积。筒体前端和扩散器连接，筒体后端为可调节喷口的调节环、调节片和液压作动系统。冷却空气流在筒体与前后罩间流动散热，然后流入喷口调节片的内腔冷却调节片。防振屏安装于加力筒体内，主要用于防止振荡燃烧。隔热屏上开有许多冷却气孔，用于降低筒体壁温，防止飞机机身蒙皮受筒体热辐射的影响，使冷却空气有规律地流动。

9.1 裂纹故障及修理方法

9.1.1 尾喷管安装边裂纹

尾喷管安装边裂纹主要发生在两个位置：安装孔孔边和安装边与筒体的接合处。孔边裂纹易发展为贯穿性裂纹，安装边与筒体的接合处裂纹主要是圆周裂纹，裂纹集中在安装边的下方。安装边的螺栓拧得过紧，使安装边承受过大的预压应力，是造成孔边裂纹的主要原因。安装边与筒体的接合处裂纹受安装边局部温度过高和燃气振动的综合影响，温差过大，局部应力过大产生开裂。

对于较易产生裂纹的部位，允许铣花边预防。非严重裂纹，焊接填充排除。裂纹严重和数量较多时，允许切除旧安装边，换装新安装边。

9.1.2 筒体裂纹

筒体裂纹主要发生在离安装边不远处和热电偶安装座附近，以单条裂纹为主，也有局部变形、鼓包、枝状和碎裂纹。裂纹发展较为缓慢，一般不会产生闭合掉块现象。主要原因是涡轮后温度场分布不均匀，温差过大产生单条居多的热应力裂纹。加力时火焰瞬时延伸到尾喷管，引起筒体局部温度过高，导致材料过热、变色、烧伤和裂纹，如筒体轴向碎裂等。燃气噪声大，振动频率高，高频振动产生疲劳裂纹，尾锥整流支板受燃气冲击振动，使支板与锥体接触处磨损，材料减薄，导致支板表面碎裂纹。筒体裂纹的主要修理方法是补片焊修，如图 2-9-1 所示。对裂纹处进行单纯的焊接修复，易导致焊缝附近出现新裂纹，图 2-9-2 所示为焊接修复的裂纹。

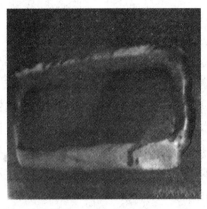
图 2-9-1 排气装置的补片修复

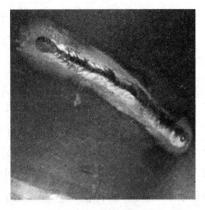
图 2-9-2 焊接修复的裂纹

尾喷管滚焊裂纹以轴向和周向为主，轴向裂纹以成片的碎裂纹为主，与滚焊缝上的"点核"裂纹同时出现，尾喷管圆周方向的滚焊出现较多。周向裂纹以单条居多，主要出现在靠近轮缘的滚焊缝上。碎裂纹由点核发展起来，发展速度较为缓慢。滚焊缝脱焊主要表现为滚焊的搭接体上有开口，一般为局部出现，主要采取挖补和重新焊接的修理方法。对于轻微的轴向滚焊缝裂纹，发展速度较慢，允许继续使用一段时间。

9.1.3 锥体及整流支板裂纹

整流支板裂纹出现在点焊位置附近、支板排气边、支撑板内部和进气边转角处。锥体和整流支板裂纹大多属于稳定性故障，整流支板的裂纹有时形成闭合状，为过渡性质裂纹，有一定危害性。尾喷管内温度场分布不均匀时，可能导致支板的点焊点、支板和锥体的滚焊缝上出现脱焊，修理方法与筒体的滚焊脱焊相似。

9.1.4 隔热屏裂纹

隔热屏常存在长度处于规定范围且条数不超过规定值、影响区域小的裂纹，允许打止裂孔保护，如图 2-9-3 所示。当裂纹较长时，打止裂孔和焊接相结合修复。龟裂至一定区域时，切掉损伤区域，补片焊接。隔热屏直角槽口裂纹时，打磨槽口裂纹两边材料，补焊恢复至图纸尺寸。焊接后，隔热屏发生变形时，使用型胎或橡胶榔头校正，校正时避免对表面涂层造成二次损伤。

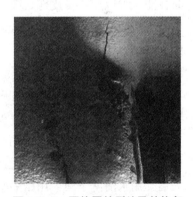
图 2-9-3 隔热屏的裂纹及其修复

9.1.5 焊接处裂纹

点焊、滚焊和其他补焊处焊缝，允许注入煤油检查焊缝密封性，双层壁结构和搭接结构的焊缝应对内、外表面均进行着色检查。更换安装座或补焊主体材料后，需对焊接处进行局部热处理，允许使用气焊枪加热，通过火焰颜色判断温度，保持一定的时间，冷却。补焊后若有裂纹、气孔和未焊透等缺陷，允许对同一处进行补焊，但次数不能超过规定值。

9.2　排气装置的其他故障及修理

1. 压坑、变形和翘曲

变形主要发生在主体壁面、安装边、孔边和端面，零件焊接修复后也可能产生变形。允许存在轻微压坑、变形和翘曲，压坑、变形和翘曲超过规定要求时，使用橡皮锤、胶木锤和纱布等进行冷校正，校正时不许损伤主体，保持圆度和压坑在工艺许可范围内。图 2-9-4 所示为隔热屏变形，图 2-9-5 所示为隔热屏翘曲。当压坑超过规定值时，壁面相对变薄，而薄的壁面热容量小，受热后强度急剧降低，无法承受热端部件的典型工况，高温、高压和高燃气流量冲击时可能导致发生爆破或烧穿。

图 2-9-4　隔热屏变形　　　　　　图 2-9-5　隔热屏翘曲

燃油收集器变形时，使用木槌或胶木榔头校正。外壁允许存在轻微鼓包，严重鼓包时报废。外壁裂纹焊接修复后也可能产生变形。允许存在变形和翘曲，变形和翘曲超过规定时校正，可以使用橡皮槌、胶木榔头和纱布等进行冷校正。

维护喷管时，注意检查轻微裂纹和变形等故障，准确记录并加强监控，分析其发生原因，总结归纳其发展规律。

2. 表面损伤

流道表面的划痕、划伤和轻微凹坑，打磨至圆弧过渡，避免应力集中，修复防护层。隔热屏主体局部磨损至一定厚度时，补片修复。直角槽口掉块时，打磨焊前处理，堆焊。发动机试车时将未完全固化的高温铝粉漆渗入发动机的空气或燃气，黏附于流道内表面及机匣安装边端面，造成零件表面"挂铝"。使用腐蚀法去除铝层，放入腐蚀液浸泡，铝消失后，用水清洗干净，用压缩空气吹干。也可以用砂纸或毡轮抛光去除。

喷口调节片在冷热交替工作环境影响下，表面与空气、燃气杂质发生摩擦，导致防护涂层变色、脱落或掉块。小面积变色、脱落不影响正常工作，可以采用局部补喷涂层，超过一定面积时，进行重新喷涂。漏油箱耐热漆脱落时根据脱落面积，采取局部补漆、重新喷涂等措施；对于补焊部位，补涂。调节片允许存在轻微的磨损，磨损超过规定时更换，图 2-9-6 所示为调节片的磨损。

隔热屏涂层过热时颜色发生变化，涂层黏结力降低，容易导致涂层脱落，如图 2-9-7 所示。另外，加力燃烧室后的燃气局部温度过高区域位于隔热屏的焊接处时，导致焊接处收缩变形，加剧了涂层的脱落程度，脱落面积不大时，局部补喷涂层，超过一定面积时，重新喷涂涂层。

图 2-9-6　调节片的磨损

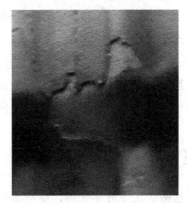

图 2-9-7　隔热屏的防护层脱落和掉块

3．安装座螺钉折断和隔热屏耳环断裂

安装座螺钉和尾喷管机匣螺钉由于高温易产生腐蚀，如图 2-9-8 所示。严重腐蚀时，喷洒松动剂，锉扁严重变形的螺钉头，拧出螺钉；或者钻孔去除螺钉。避免使用錾子錾削螺钉，錾削螺钉可能导致机匣安装边变形。安装座螺钉折断，把折断螺钉打磨至与基体平齐，钻掉折断螺钉残余部分的主体材料，使用镊子或丝锥等工具取出残余螺纹，也可以参考螺桩的方法排除螺钉折断故障。

图 2-9-8　高温氧化的螺钉

耳环折断时，把折断处修理成直线，与隔热屏中心线平行。从报废的隔热屏上取下耳环，使用工装保证两耳环的中心距，打磨保持焊接间隙，焊后打磨焊缝与基体平齐，但不能减薄隔热屏厚度。

4．管路安装座

管路安装座的安装孔磨损不能修复时，更换。使用夹具固定零件，划针划线，用等离子切割划线部位，处理切割部位表面，焊接新安装座。

5．液压作动筒及同步活门异常

作动筒异常主要分为声音异常、工作迟滞和压力不足。其主要由于密封件失效、活塞与筒体的配合尺寸不合格导致，主要采取换密封件和活门组件的方式排除故障。

【课堂练习】

一、简答题

1．尾喷管的主要故障类型有哪些？

2．尾喷管的三种常见故障及其主要产生原因是什么？

3．尾喷管主要故障的修理方法有哪些？

4. 液压作动筒的主要故障和修理方法有哪些？

二、拓展训练题

1. 如图 2-9-8 所示，紧固件（螺钉）高温氧化，不能正常分解，试问：用什么方法分解合适？为什么？

2. 某型涡轴发动机，试车时出现尾喷管漏油，漏油主要出现在发动机启动、地面慢车加速至空中慢车、空中慢车减至地面慢车等状态，严重时试车台消声塔可见浓烟。写出可能的故障现象，分析故障原因，提出故障排除和预防措施。

【素养提升】

仔细阅读以下教学案例，结合本任务所学习的专业知识和技能。从工匠精神、爱岗敬业、劳动精神、奉献精神和钻研精神等方面，分析案例中所蕴含的积极元素，并参考个人学习情况，写出感想和启示。

喷嘴与钢针

一天，修理厂来了位年轻人，由一位工作经验丰富的师傅带着。这位年轻人工作积极、干劲十足，经常询问师傅问题。在修理燃油附件时，年轻人对师傅们习以为常的更换孔径变小的喷嘴的举动感到很疑惑。工作完成后，年轻人征得师傅和主管管理人员同意，借了 2 个喷嘴学习研究，图 2-9-9 所示为燃油喷嘴。

图 2-9-9　燃油喷嘴

工作之余，他一边想一边看。这么小的一个零件堵塞了修一个报废一个，又不宜用力修。喷口孔径是固定的，想增加雾化和输送效果只能更换更大孔径的喷头。

怀着总能找到更好办法的信念，他白天想，晚上想，上下班路上也想。一天下班的路上，他偶然看到隔壁工友用钢针在织毛衣，钢针的直径与孔径差不多大。突然头脑中蹦出一个想法，借了一根钢针。上班后，经测量，发现钢针和孔径大小相近，还有助于扩大孔径。

他找到师傅上报了这件事，在师傅的反复验证下将这件事上报给了主任和主管部门，主管部门同意将钢针作为喷嘴的维修工具。从此燃油附件的修理工具里，多了一个钢针，提高了维修效率，换件降低了成本。同时，也获得了厂领导的赞许与表扬，把他的这个事迹作为典型号召大家学习，并希望厂里有越来越多这样善于发现问题、思考问题和解决问题的人。经过厂与厂之间的经验交流，兄弟工厂也用上了钢针。

【学习目标】

【知识目标】

（1）理解精密测量在航空发动机维修中的应用；

（2）了解精密测量的注意事项和常用量具的保管措施；

（3）熟知燃油附件修理的基本技术要求；

（4）理解燃油调节器的主要故障和修理方法；

（5）了解油泵的主要故障和修理方法；

（6）理解燃滑油散热器的主要故障和修理方法；

（7）理解燃油系统的典型故障分析和排除。

【能力目标】

（1）具备进行航空发动机精密测量的基本理论基础；

（2）能讲述精密测量的注意事项和常用量具的保管措施；

（3）能讲述燃油附件修理的基本技术要求；

（4）能讲述燃油调节器的主要故障和修理方法；

（5）能讲述油泵的主要故障和修理方法；

（6）能讲述燃滑油散热器的主要故障和修理方法；

（7）能分析燃油系统的典型故障，并选择故障排除方法。

【素质目标】

（1）培养燃油附件修理相关的人身和技术安全意识；

（2）培养极端负责的工作精神；

（3）培养不解决故障不罢休的工作干劲；

（4）培养对修理工艺的超强理解力和坚决执行力；

（5）培养对燃油系统故障排除的"牵一发动全身"和全局性思维；

（6）培养"干一岗位，精一岗位"的极端负责精神；

（7）培养收集、总结和归纳问题或故障的能力；

（8）培养对典型问题或故障举一反三的理念。

燃气涡轮发动机在高转速下的工作可靠性，很大程度上取决于附件的工作。燃油附件作为发动机的关键部件之一，主要由主燃油泵、加力燃油泵、燃油调节器、离心增压泵、油滤、输油圈和燃油喷嘴等组成。主要功能是根据油门杆位置、飞行条件和大气条件，将清洁、无蒸气和增压的计量燃油按照预定调节计划供应燃烧室燃烧，向执行机构供应规定压力的油液，以保证发动机被控参数不变或按预定规律变化，实现控制发动机推力的目的。

10.1　燃油附件修理基础

为了准确把握和控制产品的技术状态，发挥零、部件的最佳技术性能，使修理后的产品留有更大工作余量。应了解燃油附件的常见故障类型，探究各故障的发生机理，分析各类故障的危害程度及排除方法。不断发现新问题，研究新工艺、新技术和新设备，不断总结维修方法和工艺，总结针对性的修理措施，制定典型的修理方案，解决修理生产线和外厂出现的附件故障。应分析、总结燃油附件全寿命周期的故障发生规律，找出避免故障再次发生的方法，从维修工艺方面减少或避免故障的发生，提高产品的可靠性。将完整的修理工艺步骤标准化，将修理内容的执行深度同步化，防止不同操作人员对同一故障的修理结果不同，避免产品的修理质量问题。

10.1.1　燃油附件修理的基本技术要求

（1）修理时用的测量工具应当和故检相同，测量部位应当同位置和同角度。

（2）对难确定的故障，可以在高倍放大镜下观察，或荧光探伤，钢材料则采用磁粉探伤。

（3）孔与轴同时更换新品或其中一个更换为新品时，配合关系按照制造要求确定。

（4）孔与轴同时更换已使用零件时，配合关系应参考修理要求。

（5）研磨孔和平面前，先准确测量零件的尺寸精度或零件之间的配合关系，按故障深度，既确保修理合格，又研磨去材料最少。

（6）有寿命要求的零、组件进行串件时，串件寿命应大于与串件配合的零件寿命。

（7）有寿命要求的铝制零、组件，允许在规定位置使用钢印做标记。

（8）修理工艺无特殊规定的一般零件，表面锈蚀、磨损和损伤允许刮刀刮修，允许研磨、砂纸打磨抛光。零件间的结合面允许存在轻微但不贯穿油道的划伤。

10.1.2　精密测量技术

附件上的一些配合偶件，不仅测量精度要求高，而且须确保发动机的单个工作寿命周期内各种工作状态下运动灵活。修理时对相关精密零件的测量精度可达：粗糙度

Ra =0.4～0.05 μm，锥度和椭圆度 0.001～0.003 mm；配合间隙下限 0.005 mm，甚至为 0.003 mm。

以活门为例，若测量不准确，计算出来的间隙就不是真实的间隙。如果计算的间隙名义上合格，实际上小或局部小则造成精密偶件运动不灵活、不正常磨损，甚至卡滞。如果实际间隙大或局部实际间隙大，则致使漏油串油，影响调节精度或导致其他故障。因此，要求测量过程科学、数据准确、结果客观和测量快速。

1．精密零件测量前的准备

测量人员须穿戴防护用品，如衣服、帽子和防静电鞋。工作场地应当清洁、干燥、避风。测量前，精密零件必须清洗干净，并用麂皮布擦拭测量面；测量人员应去除身上静电。使用专用工作台和专用的工夹量具；零组件根据需要及时清洗、封存和干燥，整台附件和零组件按序、成套分放；测量室温度应保持为 18 ℃～22 ℃，零件在此温度应停放一段时间，使零件内部温度与测量室温度相一致以后才能进行测量。当测量室温度超出 18 ℃～22 ℃时，使量具和零件温度相一致再测量，以减小测量误差。

2．选择量具

选用量具时，既要保证测量精确，又要考虑测量效率。量具的测量极限误差应比零件的公差小，一般选择量具时，按量具的测量极限误差为零件公差的 1/3～1/2 进行。对量具的要求太高，不仅使量具的成本高，而且精密量具往往使用效率较低，操作较复杂，定检计量要求更高。量具的要求太低，则测量不准确。

3．正确使用

有了合适的量具和仪器，还必须学会正确使用，越是精密仪器和量具，对测量者的技术要求越高。否则，不能发挥精密量具的有效作用。以杠杆千分尺为例，测量轴径时，测量面对轴的接触应当松紧适度才能使测量结果更准确，如图 2-10-1 所示。但测量用力的大小和速度不同，测量结果也不同。因此须把握测量用力的大小，用力过大、过急不但测量结果有偏差而且容易损伤量具和零件。

4．测量的注意事项

用内径百分表时，测量前后都应该对零。样板法测量表面粗糙度时，用"粗糙度样板"与零件比较的方法鉴别，为了减少检验误差，使用的"粗糙度样板"应符合：粗糙度样板与零件必须是同类材料，粗糙度样板与零件的加工方法必须相同，粗糙度样板与零件的形状必须接近。专人根据测量标准程序进行测量，可以减小由测量标准和测量技术差异带来的测量误差。图 2-10-2 所示为千分表测量，使用千分表时，须注意以下几点：

图 2-10-1　杠杆千分尺测量

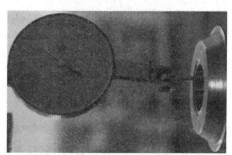

图 2-10-2　千分表测量

（1）使用前，应检查量具的合格证，检验日期在有效期内，无检验标签则应有专业机构出具的检验报告。检查测量杆活动灵活性，轻轻推动测量杆时，其在套筒内的移动要灵活，没有任何卡滞，每次放松测量杆时，指针能恢复到原来的刻度位置。

（2）使用时，须把千分表可靠地固定在夹持架上，如固定在万能表架上、磁性表架座或专用测具上。固定要牢靠，以免使测量结果不准确或摔坏表，但压紧力不能太大，以免将套筒压变形使测量杆活动不灵活。

（3）测量时，先将表对到零位，表杆不宜压缩太多，一般百分表为 $0.3 \sim 1$ mm，千分表为 $0.1 \sim 0.3$ mm。

（4）测量时，测量杆必须垂直于被测表面，即使测量杆的中心线与被测量尺寸的方向一致，否则将造成测量杆不灵活或测量结果不准确。

（5）测量时，测量杆要避免撞击和振动，测量凸台时，靠边以前应提起表杆，不要将机件强行挤入测量杆，也不要用以测量比较粗糙的机件表面。

（6）测量过程中，严禁水、油和灰尘渗入表内，测量杆上不要加油，以免粘有灰尘的油污进入表内，影响表的灵活性。

（7）用百分表或千分表测量内径，尽量使表的尺寸和被测量尺寸接近，测量杆在测量时工作量程缩小，以减小误差；测量杆应与圆孔同轴心，否则测量不准。

（8）精密件的外径测量一般不用外径千分尺，采用专用环规，专用环规的实际尺寸应和被测尺寸相近，并定期送计量站检验。

（9）测量完成后，应使测量杆处于自由状态，避免表内弹簧减弱弹性。测量内径的千分表或百分表，不用时应将表与测量杆分开，将活动圆头拆下来保存好。

精密测量人员应熟悉所用量具和仪器的原理、构造和性能，熟悉各种量具的测量方法和应用范围，做到多次测量数据一致，且经过计量部门鉴定。确认测量数据准确后，才能正式进行测量。测量过程中，应防止测量误差大的情况发生，以免造成成批的质量问题。例如，不同的修理机构，修理同一型号同一图号的机件，使用的量具和仪器相同或相似，机件寿命一样，但机件的报废量各不相同，测量技术和测量标准的掌握程度可能是产生这一现象的重要原因。采用专人测量，可以避免测量技术和测量标准的差异，使测量结果更准确。

燃油附件上的精密偶件，一般不是一个完整的圆柱或平面，而是有台阶或圆孔。不同位置的台阶、凸台或圆孔，作用不同。修理时，根据作用，要求的测量标准不同。有的工作面，如油门开关油针，制造时为同一尺寸，修理时允许两头的尺寸和间隙不同，油针型面部分要求严，齿条部分要求宽。因此测量时，要严格选择工艺规程规定的位置、规定的仪器和方法，以确保附件的效率和性能。机件的锥度和不圆度等测量项目一般都有明确的数据，有明确的数据要求的必须保证，而不能只要测量数值在公差带范围内就视为合格。

5. 量具的维护保养

量具的维护保养对测量精度有重要影响，从事精密测量，须善于维护和保养量具和仪器，以保证它的精度和工作可靠性，延长使用寿命。

（1）机件修理过程中，无论是最终检查还是中间检查，都要把机件清洗干净，并用麂皮布或绢布擦净机件和量头，再测量。否则，脏物、磨料和油污等将使测头加快磨损，失去精度。

（2）量具应按规定摆放，不要将其他物品与量具放到一起，以免碰坏量具。

（3）量具的保管处或放置处，应避免高温，以免受热引起变形。

（4）不要把量具放到磁场附近，如磨床、磁力探伤机附近，以免使量具感磁。

（5）量具使用不灵活或不准确，或对测量结果有疑问时，使用者不得自行拆修，应送计量站检修。

（6）量具要保持清洁，放在专用盒内，有的量具还要涂防锈油，以免生锈。

（7）由计量站进行定期鉴定和保养，有量具合格证，确保量具和仪器符合规定的精度。

10.2 燃油调节器修理

发动机的燃油调节器简称燃调，是一套复杂且精密的自动调节系统，是发动机燃油控制系统的执行部件，主要作用是根据飞行条件和油门指令，对经过燃油泵增压后的向发动机供应的燃油进行调节。调节功能有两点：一是控制燃油调节器计量系统，向燃油喷嘴精准输出燃油；二是控制伺服燃油作动相关系统部件，同时反馈信号，从而实现对发动机状态的精确控制。

燃油系统主要分为机械式（液压机械式、气动机械式）和电子式，其中机械式燃油调节器结构最为复杂，零件最精密，可靠性高，但故障排除难度最大。要确保发动机在不同的进气压力、不同的进气温度、不同的发动机转速和不同的空气密度等条件下均能精准输出燃油，间接地说明了燃油调节器的关联参数多，燃油调节器的修理、调试技术难度大。修理时要保证质量，就必须具备一套精密完整的修理工艺。必须进行精密测量和修理，进行多项试验，保证原台装配等。

10.2.1 活门组件

燃油调节器故障的影响因素有机械磨损、油液污染、压差活门不能正常关断、垫片磨损、密封老化变形、性能衰退、活门内活塞碰磨、电磁阀故障、弹簧断裂等。燃油调节器的修理以研磨、镗孔和抛光为主，修理过程中应尽量少去除材料。

活门组件的机械故障主要是掉块、锈蚀、划伤、配合间隙超差、锐边磨钝等。非工作面轻微锈蚀、碰伤、划伤，应抛光，工作面锈蚀、划伤，研磨至合格尺寸范围内，对修理的活门组件进行低温、高温性能试验。有掉块、严重碰伤和裂纹则更换新品。活门的球面磨痕、划伤和擦伤，应研磨抛光，保证球面半径和球面表面粗糙度。

计算活门的孔轴间隙时，注意间隙的计算方法。有的要求以轴的最大尺寸和孔的最小尺寸计算，而有的以被测截面最大、最小尺寸的平均值为实际尺寸计算配合间隙。活门修理完后标记流量、寿命等数据。

分油活门与衬套卡死故障，故障形貌属于严重的高温粘着卡死。故障发生时，油门杆处于加力支点位置，调准弹簧力大于飞重离心力，分油活门移向右极限位置，第一凸台伸出衬套外，其包容面即承力面，面积最小，温度高，在轴向力和侧向力的作用下，活门的第一凸台与衬套的间隙变小或无间隙，摩擦产生高挤压、高温诱发活门组件卡死，这些因素相互作用，相互影响。处理措施：确保试验用油清洁，严格检查组件加工质量，改进试验工艺。

"停车延时"故障大多由于燃油主控制器的压差活门不能正常关断导致，油门钢索、曲轴连杆调节不当可能造成此类故障。

10.2.2　弹簧

大修时，检查弹簧的机械损伤和性能。机械损伤主要是表面锈蚀、磨损、变形、裂纹和镀层脱落，轻微的表面锈蚀、磨损、划伤可通过抛光维修，点状锈蚀、严重磨损、变形和裂纹应更换新品，镀层脱落大于一定面积时重镀。性能检查主要是用弹簧拉、压试验机试验，第一是重复一定次数测量自由高度；第二是在一定的荷载力作用下测量弹簧的拉伸或压缩长度，当两者都满足且无其他机械故障时，可以正常使用。表 2-10-1 所示为弹簧试验参考数据。

表 2-10-1　弹簧试验参考数据

产品号	规定自由高度 /mm	实测自由高度 /mm	规定力值 /mm	压缩后高度 /mm	压缩后力值 /N	结论
1	6.67 ~ 4.83	4.45	3.92±0.20	3.2	3.93	报废
2	14.61	15.33	30.59	5.86	27.58	报废
			15.49±0.98	10.20	13.76	
3	20.91	20.37	21.52	9.90	21.19	报废
			13.42±0.61	14.02	12.67	
4	35.65	35.71	110.82	21.39	112.93	报废
			81.43±2.16	25.01	87.00	
5	60.06	60.21	45.42±2.28	57.52	44.63	合格
			272.42±13.61	45.84	272.89	

注：实际操作中，当自由高度不合格，可以不测量规定力值下的压缩高度或规定压缩高度时的力值。测量过程中，注意测量数据的准确性、稳定性和可靠性。

以 CFM56-7 发动机的燃油调节器为例，其故障多表现为漏油、发动机活门灯亮、控制灯亮和燃油计量活门位置信号问题。典型的故障原因是积分器活门弹簧断裂和超速控制器弹簧断裂。积分器活门弹簧断裂是由旁通活门的异常转动造成的，积分器活门弹簧磨损后，金属屑进入旁通活门和衬套间隙，致使旁通活门卡阻于过于偏开的旁通位，从而旁通过多燃油，导致发动机缺油停车。超速控制器弹簧断裂会导致弹簧力不足，燃油泵输出轴带动飞重，飞重离心力作用带动活塞克服弹簧力做功。飞重在很小转速时就能带动活塞克服弹簧力做功，当电门在开位时使主燃油调节器内部旁通活门处于旁通位，造成无燃油流量。

燃油管接头内侧连接螺杆拧紧力矩不恰当时，可能引起燃油从燃油调节器出口的燃油管接头松动处渗漏，导致油门自动脱开而空中停车故障。

10.2.3　油滤

油滤主要由壳体、滤盖、活门、滤网、压差信号器和骨架组成，骨架起对滤网的支撑作用，滤网用于过滤油液中大于滤网直径的杂质。油滤主要分为粗滤和细滤，细滤的过滤精度可达 16～25 μm，粗滤的过滤精度约为 40 μm。内部一般比较清洁，无故障。油滤的主要故障有堵塞、脱焊、裂纹、变形、磨损、破损和表面腐蚀，掉块、严重磨损、裂纹和滤网破裂则更换新品，虚焊的地方进行补焊，非滤网表面破损、腐蚀打磨去除凸起，抛光。变形则校正，用量规检查直线度。油滤堵塞主要是油液不清洁，异物掺混导致。对于清洗不掉的骨架表面污垢可以采用抛光去除，也可以采用超声波清洗油滤，清洗时应当防止污染油滤内部。图 2-10-3 所示为变形的滤网。

图 2-10-3　滤网变形

修理后的油滤装配后，须进行调节工作。光调整安全活门工作压力，再调整压差信号器工作压力，最后进行密封试验，将其装于试验台上，向进油口输入燃油，打开放气活门放气，关闭进、出口油路，保持内部油压一定时间，规定时间内无油压下降则为合格。否则进行排故，重新试验。

10.2.4　离心传感器

离心传感器的主要故障有锈蚀、划伤、磨损，离心飞重转动不灵活、转动有停顿卡滞感，离心飞重与支架的配合间隙不合格，球窝内表面损伤等。球面损伤研磨修理，测量配重块在配重支架内的轴向间隙，间隙超差停用。经过大修后，记录寿命。

10.2.5　调节螺钉和顶杆

调节螺钉主要是螺纹损伤、棱边损伤和表面防护失效，螺纹损伤不大于一扣时板牙打磨校正。顶杆主要是两端球形面损伤，一般研磨修理。

10.2.6　皮碗组件

检查皮碗密封件有无破损、磨损、老化、变色，查看皮碗与其连接零件的结合状况。皮碗组件如有破损、严重磨损、老化应进行更换。

燃油系统密封不良或密封件安装不正确产生泄漏，将导致燃油流量传感器管路油压难以保持，需要加大油门位置才能保证系统按不漏油的状态运行，使得燃油流量和燃油消耗量增大，同时也增加了相关系统的负荷。

10.3 油泵修理

油泵是航空发动机燃、滑油系统的重要附件。航空发动机工作时，需要有连续的滑油给轴承、齿轮等零件进行润滑、冷却、散热和清洁，需要燃油附件向燃烧室及其他部件供应燃油。为了循环使用滑油，通过供油泵把油输送出去，用回油泵把滑油抽回来，把滑油的热量传递给燃油，完成对燃油的加温。油液须保持一定的压力，且经管道流动就会有流动损失，因此需要油泵对油液进行增压。飞机油箱的燃油流入发动机燃-滑油散热器，燃油泵对燃-滑油散热器流出的燃油增压，经过过滤流入主泵和加力泵。航空发动机附件系统常见的增压泵有齿轮泵、柱塞泵和离心泵。

柱塞泵常用于燃油供油泵，流量大、增压能力强，油量调节方便，转速不变时可以通过发动机的反馈信号控制斜盘角度调节供油量；缺点是结构复杂、加工精度要求高、抗脏性能不好。齿轮泵一般用作计量泵，滑油供、回油常用齿轮泵，流量易控制。离心泵一般用来输送大量流体或增压，如将来自燃油箱的燃油进行一级增压。

10.3.1 齿轮泵修理

齿轮泵连续地使密闭的可变容积不断吸油和排油，将机械能转换成液体的压力能，主要由互相啮合的齿轮、轴承、进出油通道和壳体等组成。两啮合的齿轮将齿轮泵的内部空间隔开为两部分，齿轮泵的内部总容积不变，主动齿和从动齿旋转时，退出啮合的一侧齿轮齿间空间把吸油腔的燃油输送到压油腔，吸油腔的压力降低或形成一定的真空度，使得燃油被吸入吸油口。齿轮开始啮合的一侧容积内被压入新燃油，齿轮开始啮合一侧的原有空间受到挤压，燃油压力提高，燃油视为不可压缩流体，燃油被从压油腔挤压克服管路上的阻力排出。由于齿轮连续旋转，齿的不断啮合，泵的出口不间断地排出燃油，泵的流量主要受泵的转速控制。

1. 工作特点

齿轮泵的吸油腔与压油腔靠两个齿轮的啮合线隔开。齿轮泵的燃油排出压力受泵出口处阻力的大小影响。吸、压油腔的压力不同，有压差存在而产生径向力，因此使齿轮受到不平衡的径向力，轴承负载增大。齿顶与泵体内表面有径向间隙，压油腔因齿顶泄漏，从压油腔到吸油腔油液的压力分布逐步分级降低，作用在齿轮外圆上的压力分布不相同，油液不均匀力的合力作用在齿轮及轴上，使轴承受到单向压力而产生的径向力，两不均衡压力作用于齿轮和轴上形成合力，油泵工作压力越高，该力越大，图 2-10-4 所示为齿轮泵的工作原理。

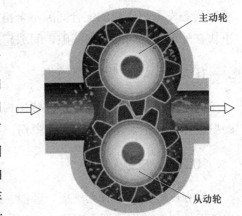

图 2-10-4　齿轮泵的工作原理

齿轮泵的优点是结构简单紧凑、体积小、自吸力强、对油液污染不敏感、转速范围大、能耐冲击性负载、维护方便、工作可靠。其缺点是径向力不平衡、流动脉动大、噪声大、效率低，零件的互换性差，磨损后不易修复，不能作变量泵用。

齿轮泵的主要损失是容积损失和机械损失，容积损失包括齿轮端面间隙的泄漏、径向间隙泄漏、齿面啮合处的泄漏及与壁面的接触损失等，机械损失主要由齿面磨损、啮合间隙不合格、齿顶损伤、燃油与泵的摩擦力、齿轮的摩擦、轴承等引起。

2. 常见故障类型及其产生原因

（1）齿轮间隙不合格。齿轮间隙主要包括齿轮轴向间隙、齿轮与壳体壁面的径向间隙及齿轮啮合间隙，啮合间隙、轴向和径向间隙可以通过选配不同厚度的调整垫进行调节。当选配调整垫不合格时选配齿轮或更换成套新齿轮。

（2）齿面着色不合格。齿面磨损、划痕和主从动齿轮轴不平行等造成齿面着色不合格，在齿轮的尺寸公差许可范围内则打磨抛光齿面。

（3）流量不足。由于齿轮端面间隙、啮合间隙、壁面间隙过大，泵盖与密封圈配合过松等原因，导致泄漏增加，使泵不能建立足够的吸入真空度，因此使泵的压力不足。此外，燃油温度的变化影响黏度，黏度对流量有一定影响。

主要处理措施：调整泵盖与密封圈间隙，间隙过大或过小都严重影响泵的正常工作。更换密封件，密封不良使泄露增加及不能建立有效的压力。

（4）工作噪声大。轴承损坏、齿面损伤、固定齿轮的键松动、两齿轮轴不平行、轴变形和齿轮啮合不良等是引起噪声异常的原因之一，此外，油内的空气对噪声有一定影响。处理措施：检查泵表面是否漏油，振动是否异常。泵分解后检查齿表面、齿轮的啮合间隙、着色痕迹，检查轴承是否异常损伤等。

（5）泵运转不正常。泵运转不正常包括咬死、突然停止等现象。原因主要有泵体轴向间隙、啮合间隙及径向间隙过小，齿轮咬入异物，齿轮轴的不平行度大，轴承滚动体损坏等，使泵的齿轮磨损加剧，甚至产生内部零件打坏、断轴事故。把泵分解下来后，用手盘车是否过重，如果盘不动说明齿轮卡阻，转入大修。

（6）困油。困油是指齿轮泵工作时，总有两对齿同时啮合，一部分油液被围困在两对轮齿所围成的封闭容腔之间。这个封闭的容腔开始随着齿轮的旋转逐渐减小，以后又逐渐加大。

（7）泵体内表面磨损。泵体内表面磨损主要是吸油区段圆弧形工作面。如果出现轻微磨损，可用油石修磨去毛刺后使用，出现严重磨损时应更换新件。

（8）齿轮泵轴磨损。齿轮泵中轴的磨损主要是因为轴两端与轴承的摩擦磨损，使轴径变小。在工艺的许可范围内，镀铬修复轴或孔的尺寸，轻微压痕可抛光修复，保证轴与轴承孔的表面粗糙度、轴承孔与轴的配合公差。

（9）壳体漏油。其主要分为渗和漏油，允许微量的渗，不允许漏，一般由密封失效导致。泵体密封面漏油时，检查密封面的平面度、密封垫是否失效，重新测量、研磨工作面。密封垫常见的故障有掉块、脆断和腐烂，常由于材料及加工原因导致。壳体漏油一般是细小砂眼、裂纹导致漏油，发生少，一般以更换新件为主。

以 CFM56-5B 发动机为例，燃油泵壳体渗漏是由于低压级和高压级同体制造，并且燃油泵处在连续高速运转状态，驱动轴与泵体之间的密封性可能会在长时间旋转后部分失效，导致燃油泵油液从密封不良处渗漏，导致油压无法建立和维持，不能正常向燃烧室供应足够压力流量的燃油。燃调壳体渗漏主要原因是 O 形密封圈弹性不足和磨损，以及关断阀机械卡阻。

3．泵运转时的注意事项

油泵压油腔供油压力超负荷，导致吸油腔和压油腔的不平衡力增加，使齿轮、轴和轴承过载，加速了轴承、齿面和齿顶磨损，降低轴承的寿命，可能导致工作部件变形，磨损和泄漏增加。严重时使轴弯曲，齿顶与壳体接触，齿轮卡滞。

齿轮泵虽有自吸能力，但修理后试验前需先往泵内注油，否则会加剧齿轮磨损，引发自吸能力下降。部分齿轮泵，允许使用镍铜焊条焊补油泵壳体的裂纹，焊接完成后打磨抛光焊缝，100% 着色检查，打压密封试验。

10.3.2　离心泵修理

离心泵是航空发动机燃油系统中的重要组成部分，通常用作增压燃油泵，结构简单、体积小、质量轻、抗污染能力强、工作可靠性高，故障少，寿命长。它的比质量优于柱塞泵和齿轮泵，抗燃油污染能力优于柱塞泵，而供油量的调节性能又比齿轮泵好，目前，在先进的高性能发动机上多采用离心泵作为主、加力燃油泵。航空燃油增压离心泵工作介质为航空煤油，流量大、转速高。

1．工作特点

离心泵依靠导流器、离心叶轮旋转对液体加速加压，泵的转子旋转时产生的离心力作用将液体吸入或排出，其速度能和压力能都得到增加，被叶轮排出的液体经过活门，大部分速度能转换成压力能，克服管路阻力向主泵、加力泵供油。泵的入口因燃油的排出而形成真空或低压，油箱中的燃油在液面压力的作用下，被压入叶轮的进口。因此，只要叶轮旋转就能连续不断地吸入低压燃油和排出高压燃油。

2．主要故障及处理

（1）导流器。导流器打伤、裂纹、叶尖磨损、掉块，导流器表面轻微损伤、叶尖轻微磨损打磨抛光，裂纹和掉块则更换新品。导流器叶尖局部变形、轻微弯曲和损伤的主要原因是导流器把油压出时，叶尖与壁面的燃油压力大，对叶片产生挤压、摩擦作用，叶尖成为相对薄弱的区域。

（2）离心叶轮。叶片根部轻微的腐蚀、划伤及打伤，油石、砂纸打磨。叶片和工作叶轮的表面防护层损伤，重新表面处理。叶轮表面的轻微划伤、变形、冲击伤或皱纹，用刮刀刮修，打磨抛光，确保叶片型面基本尺寸及表面粗糙度。叶片表面和叶轮上掉块、非轻微变形或裂纹一般更换新品。

（3）油泵壳体故障。油泵壳体表面有黏结物、划伤、毛刺，油泵壳体材料相对较软，手指甲可刮出划痕。另外，分解、装配、运输过程中的不规范操作行为容易导致油泵壳体的密封工作面轻微划痕或划伤。密封面没有深划伤、凹坑或贯穿性划伤，使用刮刀刮修、油石或砂纸打磨抛光。

（4）转子振动异常。振动异常的主要原因有导流器被异物冲击打伤、固定导流器和离心叶轮的键失效，转子和静止部件间隙过小，叶轮旋转产生的力不平衡，轴承座开裂后轴承在轴承座内松动、轴与轴承有相对转动、保持架松动，转子不平衡量过大。旋转部件不对中可引发轴向振动和径向振动。不同的原因导致振幅和频率不一样，破坏力也不同。

（5）喘振。喘振时，燃油周期性倒流或压力强烈波动，振动、噪声异常，产生热应力，引发零件表面疲劳、麻坑和剥落，严重时损坏叶轮，使泵的流量和效率急速下降而无法正常运行。气蚀和入口燃油密度发生变化可能引起喘振，气蚀是由于燃油汽化引起的，燃油中有空气会导致燃油密度变化，油液的温度变化、压力变化引起溶解气体的变化，导致入口燃油密度发生变化。

油液中含有气体时，气体的压缩性和膨胀性很大，在叶轮的低压区内体积膨胀，当空气被燃油带到高压区时又受压缩，体积迅速变小，产生局部的高压区，在随液体一起流动时，周围压力降低时又高压膨胀释放。因此，泵体内的空气压力、体积不断变化，造成低压区真空度下降，吸油能力降低，高压区产生冲击，也可能导致喘振。进行泵的试验时，注意观察泵的密封性、泵入口的油压，泵工作时不允许离心叶轮前产生漩涡，允许零件串台解决离心泵的喘振问题。

10.3.3　柱塞泵修理

1．柱塞泵的工作特点

柱塞泵利用柱塞在转子衬套孔内往复运动，使柱塞与衬套孔间形成容积改变，反复吸入和排出并增高燃油压力。柱塞泵的工作介质航空煤油黏度低、润滑性差，泵的转子和柱塞、转子端面和分流盘的结合面等主要摩擦副是主要的磨损检查点。

柱塞泵向燃油调节器供应高压燃油，供油量取决于转速、斜盘角度和供油效率，转速不变时改变斜盘角度调节供油量，斜盘角度相对容易调节。但是柱塞之间的供油量不完全一致可能引起供油量脉动，燃油中有水分或杂质可能引发部分柱塞卡滞或卡死，可能引起供油压力不足、燃烧室内混合气燃烧不稳定。柱塞和斜盘负载较大，受力复杂，易导致柱塞头部磨损、裂纹，甚至掉块。

2．柱塞泵的主要故障

（1）转子。转子的主要故障有柱塞孔尺寸超差；表面粗糙度不合格；圆柱度不合格；同一个转子各柱塞孔间的直径差不合格；与传动杆配合的内花键齿齿顶圆有金属堆积、齿面有划痕或磨损严重；端面的平面度不合格；与分油盘接触的端面与转子中心线的跳动不合格；防护层脱落面积过大；转子轴与衬套配合不合格。图 2-10-5 所示为柱塞转子修理。

（2）油泵盖。油泵盖的主要故障有与转子轴配合的孔磨损；圆柱度、表面粗糙度不合格；非密封面上允许

图 2-10-5　柱塞转子修理

有一定深度的轴向划伤；对划伤进行打磨抛光，使其与基体圆滑过渡。

（3）衬套。衬套内有轻微毛刺、磨痕或贯通的划伤，圆柱度、表面粗糙度超差，同一

转子各衬套孔直径超过工艺规定，衬套孔冲蚀。根据需要使用油石、刮刀或什锦锉去毛刺，使用研磨工装、设备、研磨膏研磨和抛光衬套孔。若衬套孔超差或衬套孔与柱塞配合间隙超差，可以考虑研磨后镀镉修复尺寸，如果不能通过研磨修理合格，则更换新品。

（4）柱塞。柱塞的主要故障有球面磨平、卷边、剥落、总长度过小及裂纹，表面粗糙度和圆柱度不合格，柱塞与衬套的配合间隙不合格。

（5）分油盘。分油盘的主要故障有裂纹、划伤、偏磨、锈蚀，表面粗糙度、平行度或厚度不合格、工作面不均匀磨损、孔隙或砂眼，环形划伤、工作凸边冲刷痕迹以及气蚀。

气蚀是指在机械剥蚀和化学腐蚀的共同作用下，离心泵的过流部件受到破坏的过程。离心泵运转时，燃油通道里的液体速度和压力并不稳定，当流道中局部区域，通常是叶轮进口边稍后的某处，液体的绝对压力降低到当时温度下的气化压力时，液体便在该处发生气化，形成许多气泡。气泡随液体向前流动至压力大于气化压力的区域时，气泡内外产生压差，气泡急剧地缩小以至凝结，凝结过程中，液体质点高速填充空穴，液体质点就像无数小弹头一样，连续打击在金属表面上，在高压力、高频率的连续冲击下，金属表面逐渐因疲劳而破坏。另外，产生的气泡中夹活泼的气体氧，与气泡凝结时所放出的热量引发金属化学腐蚀作用。

气蚀的部位通常出现在转子与分油盘接触的端面、转子孔口中心线与孔壁的右交点处。转子孔口中心线与孔壁的右交点处是柱塞腔高压油与低压区的最早接通处，流体冲击最厉害，压力最低，自然气泡易溢出。气泡多时它沿气蚀点向右转移，沿孔口气蚀区向孔口内有一条气蚀带。气蚀轻微时孔口气蚀区有变形，零件表面出现麻点。气蚀严重时，金属晶粒松动并脱落，气蚀区产生缺口或掉块，缺口呈现出蜂窝状、海绵状、沟槽状、鱼鳞状特征，气蚀带内甚至穿孔、裂纹，气蚀的表面如图 2-10-6 所示。一旦发生气蚀，会使发生气蚀的区域磨损加剧，甚至引起活门卡滞或油嘴堵塞。

图 2-10-6　分油盘上的气蚀凹坑

另外，当柱塞移动到上死点时，柱塞腔充满了低压油，柱塞向下移动时，分油盘的排油腔接通，压力的振荡使柱塞腔油压高于油泵出口油压，导致柱塞对斜盘的冲击，使油泵的可靠性下降，寿命降低。修理时，应减小或避免上死点的冲击和下死点的气蚀。

影响气蚀的主要因素：出口压力或泵后压力越高，油液渗合时的动态过程越剧烈，越易产生气蚀；进口压力低，当压力稍有振荡时就可能达到气体分离压，进入气蚀状态；燃油温度高，气体分离压也增高，易产生气蚀；油液中含有一定的机械杂质时，气体以杂质的颗粒为核，逐渐积聚形成气泡，可能导致气蚀。

气蚀能使泵的性能下降，产生噪声和振动，缩短泵的寿命，发生气蚀的零件通常不能继续使用。

（6）斜盘。斜盘的故障主要是偏磨、划痕和裂纹，用放大镜可以观察球面划伤、磨痕、点状脱落和硬化，检查球面半径。

226

（7）传动杆。传动杆的主要故障有花键齿锈蚀、压痕、磨痕、弯曲变形、异常磨损及掉块。有裂纹则不可用，常用量规的过端和止端检查内花键齿的磨损量，平口刀尺检查端面平面度，专用固定工装和千分表测量端面与中心线的跳动，标准样块测量表面粗糙度。

（8）轴承内圈。轴承内圈的主要故障有轴承内圈外圆柱面轻微环形划伤、磨伤或锈蚀，圆柱度、表面粗糙度不合格，可以视情况使用纱布、砂纸打磨，转子偏心导致轴承内圈偏磨。

3．柱塞泵的主要修理方法

（1）待修或报废。尺寸超出修理极限，转子、柱塞有裂纹，转子内花键的磨损量超过修理允许范围极限。

（2）打磨抛光。锉修后油石打磨齿顶、面的轻微划痕或凸起，研磨排除端面的砂眼及针孔，防护层超出规定损伤范围的重新镀防护层。

对打磨抛光不影响零件正常工作的表面轻微划伤、锈蚀、磨损等进行抛光处理。非工作表面上的微小划伤、毛刺等缺陷可用油石和砂纸去除，采用化学法除锈处理时允许被除锈的表面有点状发暗现象，经过除锈后的零组件允许其表面局部无处理层。

（3）研磨。研磨密封作用的工作面，不同的零件采用不同的研磨平台、研磨粉及研磨液，研磨后清洗，检查尺寸和被研磨面的边缘或其他孔口是否有由于研磨操作造成的毛刺、薄边等，去除零件表面的所有毛刺，保持工作需要的棱角，尺寸合格后，先用汽油清洗，然后用热煤油或超声波清洗干净。柱塞外径可以使用双盘研磨机抛光，保证柱塞圆柱度、表面粗糙度，修理完成后允许有非常轻微的划伤存在。转子端面对转子轴线的跳动、端面的平行度不合格时，可以使用振动研磨机研磨抛光处理。

（4）车修。柱塞球面后磨削，磨削后抛光，使用标准工装检验球面，球面尺寸合格后探伤检查。

（5）表面处理。对于铜制零件，镀镉可以修复尺寸，钢制零件镀铬修复尺寸，但轴和孔两个零件配合时，一般只允许镀镉配合件中的一个，且电镀只能修复一定量的尺寸。镀后进行零件的尺寸精度和表面粗糙度技术处理。

4．柱塞泵修理的注意事项

转子柱塞孔与柱塞的间隙超过规定值但在修理范围，或者多个孔与柱塞的间隙超标时，优先研磨柱塞孔，重新选配柱塞，但不能使用超过规定尺寸的柱塞，只能选用在公差允许范围内的柱塞。检验合格的柱塞放入专用盒内的专用油中浸泡，使用带滑油的汽油洗涤的柱塞进行工序间转移时，不能放置过夜，过夜则需临时油封。

对于柱塞孔，先粗研磨、清洗、测量，然后精镗磨、清洗、测量，研磨后允许有微细砂眼存在，研磨合格后使用热煤油清洗，去掉研磨膏等杂质。对关键零件标刻修理次数、累计寿命及修理时间。转子轴承内圈的轻微划伤，砂纸打磨抛光，保证各个位置的表面粗糙度、锥度、椭圆度和内外径尺寸，可以选配转子轴承内圈，保证与转子轴的配合关系。

使用平晶测量分油盘的表面粗糙度，通过读取平晶上的光带来得出表面粗糙度值。点接触式测微仪测量分油盘平行度，这种装置的测量头部直上直下，能最大限度地减小测量过程中与零件的摩擦。对于球面、球窝类零件，首先要求准确、可靠测量或测试，反映零件的真实情况，其次使用或设计合理的工装，严格检验零件修理后的技术状态。

修理完成后，对重要零件标刻已累积工作小时数等信息。转入装配、试验，二次分解，对重要零件故检、修理、二次装配，试验合格则发往发动机主机装配。

10.4　燃–滑油散热器的修理

1. 壳体裂纹故障

某型发动机燃–滑油散热器壳体成批次、同位置发生了裂纹故障，裂纹呈线状不开叉，如图 2-10-7 所示。对裂纹采取焊接方法修理后，工作远不到一个大修寿命同样的位置又发生裂纹。燃–滑油散热器右边的泵为悬臂结构，如图 2-10-8 所示。发动机工作时，产生各种轴向、径向振动及复合振动，使得泵与燃–滑油散热器连接的区域变成了高应力区。焊缝区域由于振动激振力形成高应力区，叠加焊缝自身的特性，导致裂纹发生处成为裂纹易发区域。

图 2-10-7　燃–滑油散热器壳体裂纹

图 2-10-8　悬壁结构

修理思路：提高产品的质量、刚度或阻尼，改变应力集中区域的分布，降低最大集中应力，使用胶结强化。避免裂纹再次发生的措施：改变燃–滑油散热器的安装方式，避免装配燃–滑油散热器时产生挤压应力，优化约束方式增加阻尼。修理措施：使用砂纸或锉刀去除易发生裂纹区域的漆层，也可以喷砂去除漆层。在裂纹末端钻止裂孔，用金相砂纸打磨修补位置，使用四氯化碳擦拭除油，涂阿洛丁，使铝合金表面形成氧化膜，改善黏结表面状态，提高黏结性能，以环氧树脂胶（120 ℃固化，可在 55 ℃～130 ℃长期使用）为黏合剂涂于损伤部位，粘贴高强度无碱玻璃布 5 层，将产品放入耐温的真空袋，抽真空，放入加温设备，大气压压力加温，预热一定时间，正式加热一定时间以便胶进行固化，固化后自然冷却。打磨修整修补处，探伤是否有缺陷，试验密封性。密封性合格则清洗、涂漆。

2. 后盖支架局部断裂

底盘上有带四方法兰盘的导管，导管与低压泵悬臂连接。裂纹出现于后盖支架与底盘的交接处，A 处出现裂纹占总裂纹故障的 78.6%，B 处占比 21.4%，部分裂纹穿透底盘。发动机不工作时，支架的 A 点受到拉应力，B 点受到压应力作用。如图 2-10-9 所示，底盘与油箱、低压泵通过螺栓连接，支架处于油箱和低压泵的中间，当先拧紧底盘上的螺栓或先拧紧导管法兰盘上的螺钉时，导管性能都会受到装配应力影响。发动机稳定工作时，发动机振动使燃－滑油散热器产生高频率、低幅值的激振力。发动机加减速时，受到变化的加速度荷载作用，即 A、B 两处在持续的交变拉压应力作用下产生疲劳裂纹。

图 2-10-9　燃－滑油散热器后盖裂纹

修理方法：增加加强筋，焊接支架裂纹。

预防措施：对支架表面喷丸强化处理，提高支架表面的表面粗糙度，减小装配应力；改进结构设计，减小支架与盖板接合处的应力集中程度。

3．外来物打伤

对于外来物打伤、划痕和刮伤，允许存在轻微的打伤、划痕和刮伤。对一定深度和宽度的划痕进行研磨或锉修；深的则补片，打伤严重时更换。

4．表面凹坑

校正，允许轻微的凹坑存在，严重则报废。

5．铜片焊接处裂纹

补焊或更换。

6．表面掉漆

允许不露出基体金属的掉漆现象存在。掉漆超过一定面积时，则补漆。

10.5　燃油系统的典型故障分析和排除

以某型涡轴发动机为例，燃油系统部件导致的发动机性能故障主要有空中起火、发动机自动停车、发动机无法停车、发动机启动超温等故障。

10.5.1　空中起火故障

1．故障现象

某直升机悬停时，其中一台发动机舱突然失火。直升机紧急着陆，收油门停车。

2．原因与机理分析

对发动机灭火后，现场检查发现发动机周围位置低的部件有少量残余燃油。经分别接通直升机燃油系统增压泵和发动机假开车检查，发现启动放油活门结合面有滴状的燃油渗漏。放气活门工作时的排气容易将燃油吹到涡轮机匣和排气管等高温部件上。

经外场人员对启动放油活门进行分解。除去活门壳体 4 个固定螺钉的保险丝后，用螺刀拧松固定螺钉时，其中一只螺钉无明显紧度，其他均紧度合适。松动螺钉的大部分螺纹上有积炭。分解上、下壳体后，活门内橡胶薄膜靠外圈压紧部位局部有破损。因此发动机工作时，燃油从启动放油活门薄膜破损处往螺钉松动方向泄漏，燃油被放气活门的排气吹到高温部件上，导致了本次发动机起火故障的产生。

3. 解决与预防措施

更换有故障的启动放油活门，排除故障。检查其他同批次修理的发动机启动放油活门内橡胶薄膜质量，维护时加强启动放油活门的检查。

10.5.2 自动停车

1. 故障现象

某涡轴发动机按开车正常程序启动，发动机各参数指示正常，前推油门。当转速上升到80%时，旋翼转速表变动并迅速减小，发动机声音异常并很快消失，可以归类为发动机自动停车。

2. 原因与机理分析

当燃油管路泄漏、启动放油活门漏油、超转放油活门漏油和燃油调节器故障时，可能导致发动机贫油或断油而停车。经停车检查，管路无泄漏。将燃油调节器、超转放油活门、启动放油活门返厂检查。超转放油活门、增压活门和启动放油活门在试验台上试验检查合格，分解后检查各零件正常。燃油调节器在试验台上性能复试性能不合格，启动和加速供油量偏小，与发动机 Ng 转速80%相对应的实测加速流量为 $94.8 \sim 109.6$ L/h，合格范围为 $100 \sim 119.6$ L/h，偏小 $5.2 \sim 10$ L/h。

分解燃油调节器旁通活门时，发现活门座封严口上粘着一鱼钩状异物，约3 mm长、0.025 mm宽。旁通活门是一个单向活门，其打开压力为 (0.005 ± 0.002) MPa。该活门主要由一个直径8 mm的钢球，一个孔径为6 mm的活门座和一个复位弹簧组成。其作用是在发动机启动前向燃油调节器内充油、排气。发动机停车时，旁路活门在复位弹簧的作用下处于关闭位置。启动增压泵，燃油增压后经增压泵后出口油滤分为两路：一路直接到达旁路活门，将旁路活门打开，并经发动机启动放油活门回到油箱；另一路到燃油调节器齿轮泵出口。

发动机启动以后，燃油调节器出口压力大于旁路活门打开压力时，钢球压在活门座内孔的尖边上，关闭旁路活门，切断回油。发生故障时，由于燃油中有异物，在发动机加速过程中，燃油调节器出口压力大于活门打开压力，钢球在关闭过程中，将燃油内异物压在活门座上，使钢球不能复位，形成缝隙，造成一部分供应给发动机的燃油回到燃油调节器泵进口，由于加速供油量偏离燃油调节器加速曲线范围，导致发动机贫油熄火停车。

为了验证异物对旁路活门工作的影响，进行故障再现试验，试验结果与本次故障现象相一致。如异物在燃油调节器出厂前粘在旁路活门内活门座上，则无法交付用户使用。由于燃油调节器已在外场无故障工作308 h，排除了燃油调节器在出厂前有异物粘在旁路活门座上的可能。因此，旁路活门内发现的异物为外来异物，该异物造成了发动机自动停车。

3. 解决与预防措施

为确保燃油调节器内无其他异物，将燃油调节器全部分解和清洗，未发现其他异常。

燃油调节器重新装配和调试验收合格后，交付用户使用。

4．同类故障

某型直升机在地面运转过程中，先启动右发正常，Ng 达到 85%。再启动左发，当左发 Ng 为 45% 左右时，右发突然自动停车。经检查为燃油系统中启动放油活门密封性不合格，通往发动机燃烧室的燃油经过启动放油活门的放油口流入直升机燃油箱，导致发动机缺油停车。更换启动放油活门后，故障排除。

10.5.3　收油门无法停车

1．故障现象

发动机进行地面开车，双发启动正常，发动机各项性能参数正常。运转 5 min 后，正常收油门到地面慢车位置，30 s 后收油门到底关车。当双发 Ng 正常下降到小于 20% 后关闭燃油增压泵，旋翼转速下降到小于 100 r/min，收旋翼刹车。此时左发 Ng 一直保持在 14° 左右下降，T4 温度保持在 500 ℃ 左右。右发 Ng 下降到 0，T_4 温度正常。当旋翼转速为 0 时，左发继续运转，切断应急燃油开关，涡轮转子惯性 30 s 后停止运转。

2．原因与机理分析

通过对燃油调节器和超转放油活门的分解检查，发现燃油调节器油门角度关闭不到位，转放油活门双层薄膜积油。发动机停车时，燃油调节器主开关关闭，切断供油，超转放油活门接通甩油盘到油口的油路，发动机熄火停车，燃烧室内的剩余 P_2 空气将甩油盘、喷射油道内剩余燃油通过超转放油活门从放油口排出。

发动机不能正常停车，表明有燃油持续进入发动机参与燃烧，其必要条件是主油路有持续燃油供应和超转放油活门 40% 转速不放油或者超转放油活门中 40% 活门薄膜失效。

主油路持续有燃油供应可能与直升机增压泵未关闭和增压活门未正常关闭或燃油调节器未完全关闭等因素有关。燃油调节器油门角度关闭不到位，同时超转放油活门因双层薄膜积油，影响了其中上下两个球形活门的运动，使其不能完全关闭和打开，也就是不能完全切断燃油和正常放油，导致发动机无法正常停车。

3．解决与预防措施

更换故障燃油调节器和超转放油活门。

10.5.4　启动超温

1．故障现象

某型直升机发动机第一次地面开车正常，悬停试飞正常，落地后发动机停车。发动机余温降到 140 ℃ 后第二次启动，显示 T_4 温度上升较快，迅速将油门杆后拉，T_4 温度上升至 400 ℃ 时略收油门，T_4 温度继续上升，再收油门，控制困难。当 T_4 温度接近 785 ℃ 时迅速回拉油门杆，此时 T_4 温度继续上升至 900 ℃ 直至温度指示最大处，并在此停留三四秒。最后将油门杆于后位连续摇动，T_4 下降，发动机停车，排气段内无冒火和冒烟现象。

2．原因与机理分析

检查发动机主体及燃油附件，除超转放油活门上 40% 活门的薄膜破裂外未发现明显导致发动机超温的原因。超转放油活门破裂的薄膜是40%活门上的薄膜，40%活门的作用是感受燃油泵压力，发动机停车过程中，当 Ng 转速降到40%时，切断发动机的供油，并放掉喷射油道中的燃油。

正常启动时，主燃油通过超转放油活门的燃油进口从进油球形活门进入甩油盘，增加发动机的供油量，加快发动机启动时温度上升速度。油门关闭时，由于40%活门上的薄膜破裂，燃油通过薄膜裂口进入超转放油活门薄膜下方，将两个球形活门向上顶，进油球形活门不能关闭。因此不受燃油调节器计量油针控制的燃油进入甩油盘，增加了发动机供油量，发动机 T_4 温度上升。

3. 解决与预防措施

故障发生后，应当采取关闭燃油防火开关的措施避免发动机超温，本次故障采取停车更换故障件的方法排除。

10.5.5　启动失败

1. 故障现象

某型直升机在高度1 200 m实施第四次空中开飞行训练时，先开左发飞行，发动机工作正常；再关闭右发飞行，发动机单发工作正常。当机械师依照程序按压启动按钮启动右发时，Ng 为零不上升，扭矩不上升，T_4 上升到260 ℃，10 s后机组中止启动。当 T_4 温度下降至160 ℃后，实施第二次启动，Ng 和扭矩仍没有上升，启动时间10 s后再次中止启动。对该发动机实施冷转，Ng 不上升，再次启动发动机，Ng 和扭矩仍不上升，T_4 上升至432 ℃后不再上升，再次中止启动。在高度分别下降至800 m、200 m时再次启动右发，现象同上，仍不成功，最后直升机单发滑跑安全着陆。

地面检查发动机：

（1）外观检查无异常，转动自由涡轮转子未见异常，转动轴流压气机转子未见异常。

（2）启动该发动机检查。冷转检查，Ng 指示正常；启动发动机，T_4、Ng 和扭矩指示正常，发动机启动成功；工作3 min后关车，检查余转时间缩短，停车过程中发动机有异常声音。

（3）停车后进一步检查，转动尾桨发现右发动机有异常声音；转动轴流压气机转子有异常声音。发动机返厂排故。

2. 原因与机理分析

（1）分解及检查情况。发动机返厂后进行分解检查，发现一级涡轮叶片与一级涡轮导向器径向刮磨，其余各零部件外观检查正常，轴承目视检查正常；启动继电器线路失效。从尺寸检查的情况看，一级涡轮导向器组件已产生较严重变形；一级涡轮叶片叶尖中间位置和排气边发生磨损，磨损量最大半径方向为0.4 mm，但从进气边测量尺寸可以看出，一级涡轮叶片并未发生超过规定尺寸的蠕变。

抽取一片故障涡轮叶片进行金相分析，组织正常；对一级涡轮导向器涡轮外环上的黏结物刮下做能谱分析，其材料成分主要为一级涡轮叶片材料，含有少量一级导向器材料。在试验器上检查启动放油活门时，发现其密封性能、漏油压力及关闭放油的泵压均不合格，失效。复查发动机原始加工记录，表明零件合格，装配正常；冶金分析结果表明发动机没有出现超温现象，排除了发动机进入多余物的可能性。

（2）机理分析。根据空中多次启动和冷转时燃气涡轮转速都为零，着陆后地面检查指示系统正常的情况，可以判明在空中启动时燃气涡轮转子未转动，而导致燃气涡轮转子不转动的原因只能是以下两种情况：转子卡滞或启动电动机不工作。

当转子卡滞时，空中进行的多次启动过程中，电动机保护轴折断可能性极大。在发动机着陆后第一次转动燃气转子时也应有卡滞声，且地面将再无法进行冷运转和启动发动机。由此判断，在空中燃气涡轮转速为零的原因是启动时电动机没有工作。着陆后该发动机可以实施冷转和启动成功，说明空中多次启动电动机不工作的原因可能是启动电路失效。

综上分析，得出此故障产生的机理：发动机在空中几次进行启动时，由于启动继电器线路失效，按压启动按钮后电动机不工作，因此发动机燃气涡轮转速无指示，同时由于启动系统放油活门失效造成启动喷嘴异常供油，直升机在一定的平飞速度下有少量的空气在冲压作用下进入燃烧室参与点火燃烧，在这种情况下，燃烧室温度场极不均匀，在空中反复几次后，必将导致一级导向器组件变形。直升机降到地面后，转子检查发动机转动灵活，无异响，说明导向器的变形量还不足以在冷态下使发动机转子产生卡滞。但由于这时导向器已经变形严重，降落到地面开车时，在离心力和高温作用下，涡轮叶片伸长，消除了导向器组件和涡轮组件的工作间隙，造成两者碰磨，产生转子卡滞，导致了发动机停车时余转时间缩短并有异响。

因此，空中多次启动不成功是由于启动系统放油活门失效和启动电动机电气线路失效造成的。

3．解决与预防措施

（1）检查并修复启动继电器线路；

（2）更换启动放油活门；

（3）更换一级涡轮导向器叶片，修复一级涡轮导向器。

10.6 油料污染

发动机附件，都不乏大量精密配合偶件，对工作介质都有极高的清洁度要求。油液污染破坏了其工作条件，造成了摩擦副运动表面加速磨损和划伤，使泄漏加大，效率降低，流量和压力脉动增大，油温升高；污染物堵塞或卡滞活门，折断转动或滑动部件，造成机构失控、失效，致使发动机超温、超转、喘振和停车，甚至破坏整台发动机，从而导致重大事故发生。油料污染对飞机和发动机的安全可靠工作构成严重威胁。

10.6.1 航空发动机油料污染物的类型

航空发动机燃油系统的污染物有固态、液态、气态和化学污染物。

1．固态污染物

固态污染物是最危险的，包括金属毛刺、飞边、焊渣、尘埃、砂粒、氧化皮、橡胶颗粒、油垢、镀（涂）层剥落物、油液衍生化合沉淀物及高温时生成的碳化粒子等。这类污染物主要来自以下污染：

（1）潜在污染：零部件装配前清洗不彻底，或在装配及注油时混入污染物。

（2）环境污染：执行机构未装防尘装置或空气过滤器。

（3）诱发污染：在构件工作过程中，运动表面摩擦产生固体颗粒。

2．液态污染物

水是油液中最常见的液态污染物。水对油液的主要污染方式为腐蚀，溶解于油，生成细菌和结冰。当油液中水分子含量超过 5×10^{-4} 个时，则加速油质恶化。水的污染使零件表面生锈，在一定温度下聚合成碳氢化合物，这种胶状物附在零件表面上起腻塞作用，影响系统性能。燃油中的胶质物与水发生混合作用产生黏性，并与燃油一起形成胶状薄膜，沉积在过滤网或其他零件上，对油滤有一定的堵塞作用。当油液中含有铜、铅元素时，将对胶质物的产生起到催化作用。

3．气体污染物

空气是常见的气态污染物。通常，油液中含有 5% ～ 13% 的空气。当油温升高或压力降低时，气体从油液中游离出来，产生气穴，造成控制失真，系统响应灵敏度降低，甚至造成气蚀破坏。在气蚀过程中伴随化学腐蚀和电解作用，加速了金属的腐蚀和疲劳破坏。此外，空气进入系统内，在一定压力下促成油液某些成分衍生成化学沉淀物。

4．化学污染物

燃油中存在大量微生物，如厌氧细胞、喜氧细胞、病菌、海藻等，分布在油水界面及附近的燃油层内。燃油中的水分、矿物质（金属、尘埃、锈蚀物、盐分等）是上述过微生物生存、繁衍的条件。这些微生物小到 0.5 μm，大到 10 μm，不仅污染燃油，而且牢固地附着在零件表面上，发生阻腻、堵塞，还原成硫酸盐，形成碳化氢和氧化物，乃至分泌出酸，使金属腐蚀。燃油中的硫和硫化物具有很强的腐蚀性。青铜、锌和镉在硫酸作用下形成复杂的不溶解化合物，这种黏性胶状物附在零件表面上，使零件腐蚀。

10.6.2　油料污染对燃油系统的影响

燃油被污染后，将显著影响燃油系统的性能。燃油中的污染物对燃油系统造成的破坏方式有加速磨损与疲劳破坏、化学腐蚀、油料变质及机械阻塞与卡滞。

1．加速磨损与疲劳破坏

磨损和疲劳破坏主要由固态污染物引起。固体颗粒嵌入运动表面，使运动表面产生压痕、划伤、沟槽，使材料产生错位和滑移，与颗粒接触的运动表面附近产生高应力区，因而加快了缺陷的生成和扩展，并导致加速疲劳。如果运动表面上被牢固地嵌入坚硬颗粒，则在运动过程中就会发生类同切削过程一样的连续破坏作用，剥离金属表面。这种磨损对工作表面的损伤更加严重。油液中溶解的各种气体、油料中易挥发成分、溶剂及水，在流动过程中产生压降，达到气体分离或液体饱和蒸气压时，发生汽化，分离的气泡在高压区破灭，产生气蚀过程。气蚀过程发生在零件表面，对表面产生应力循环，造成疲劳破坏，如分油盘气蚀。

2. 化学腐蚀

由于零件表面和油液中的各种化学元素化学反应产生的磨损称为化学腐蚀，包括电化学腐蚀、液流电势反应及对表面的直接化学侵蚀。对零件表面极易引起化学反应的物质有空气、氯化碳氢化合物溶液及耐压添加剂等。化学腐蚀污染主要以两种方式出现：零件表面反应生成物溶于油液，被油液带走；零件表面生成硬壳，使运动副间隙变小或变大，引起流量变化和静摩擦变化；当硬壳剥落时，硬壳颗粒引起零件表面加速磨损。

3. 油料变质

油液中的固体颗粒的剪切力和热负荷作用可能导致油料变质。悬浮于油液中的固体颗粒对油料变质具有一定的催化剂作用，气蚀也是引起油料变质的另一个重要因素。变质后的油料某些重要特性降低，如润滑性的降低加速零件的磨损，并产生大量碳素颗粒和胶状物质，造成运动零件表面有覆盖物、黏结、堵塞或卡滞。

4. 机械阻塞与卡滞

固体颗粒、胶状物、沉积物、化学纤维和尘埃等，黏结、覆盖、堵塞或卡滞在零件表面上和间隙内，可能导致相关零件运动阻滞，油滤和节流孔堵塞，活门运动摩擦力增加，甚至卡死或折断。而这种机械故障具有突发性质，一旦产生危害较大。

【知识拓展】

燃油系统的污染控制

为了确保燃油系统的正常工作和可靠性，保持燃油附件规定的大修寿命，须严格保证燃油的污染容限。

1. 地面燃油污染控制

须对燃油的运输、储存和使用环节实施污染控制程序。使用燃油时，须过滤，按加油规定操作，定期排放加油设备中的沉积物，事先对准备加注的燃油进行定时沉降。储存燃油的容器内壁应当防腐措施可靠，并及时检查清洗，及时报废污染严重的燃油储存容器。定期检查油水分离器和油滤滤芯。

2. 发动机燃油污染控制

发动机的燃油过滤主要由主油滤、专用油滤和回油滤完成。主燃油和加力燃油系统入口的低压油滤，对燃油箱和流经燃油管路、燃油泵、燃滑油散热器等零部件的污染物进行过滤，燃油调节器的抗污染能力相对弱，泵后加装高压油滤，过滤度可达 $5 \sim 10\ \mu m$。燃油回油路的油滤对控制燃油附件工作时自身产生的污染物有重要作用。因此，控制发动机加注燃油的品质、燃油流经燃油系统的自身污染和燃油的环境污染程度具有非常重要的意义。

燃油附件自身的污染物的来源主要有零件运动摩擦的磨损颗粒；零件表面材料剥落；气蚀破坏产生的金属颗粒；高温工作状态生产的胶状物和沉积物；装配过程留存于部件内的毛刺、橡胶残余等杂质；封严装置的封严问题导致侵入空气和水分。

【任务实施】

技能训练任务 2-10-1 АИ-24ВТ 型发动机高压燃油泵拆装。

技能训练任务 2-10-2 油门拉杆的拆装与调整。

【课堂练习】

一、简答题

1. 航空发动机修理的精密测量和普通测量有什么不同？

2. 燃油附件修理有哪些基本技术要求？

3. 活门组件的主要故障和修理方法有哪些？

4. 航空发动机修理时，需要检查弹簧的哪些项目，什么情况下弹簧不能再使用？

5. 燃油滤的主要故障和修理方法有哪些？

6. 柱塞泵的主要故障和修理方法有哪些？

7. 燃滑油散热器的主要故障和修理方法有哪些？

8. 什么是油料污染？污染有哪些类型？

二、拓展训练题

1. 修理如图 2-10-10 所示的油针活门，有两种方法。第一种方法：零件 1 和零件 2 单独研磨修理。第二种方法，将零件 1 和零件 2 对研修理。试问：两种方法有什么不同，应该优先使用哪种方法？

2. 某直升机的阿赫耶发动机进行地面开车，双发启动正常，发动机各项性能参数正常。运转 5 min 后，正常收油门到地面慢车位置（油门杆在 28°），30 s 后收油门到底关车。当双发 Ng 正常下降

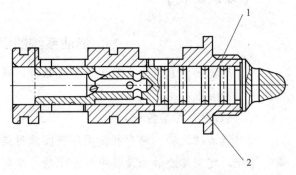

图 2-10-10　油针组件
1，2—零件

到小于 20% 后关闭燃油增压泵，旋翼转速下降到小于 100 r/min，收旋翼刹车。此时左发 Ng 一直保持在 14° 左右不下降，T_4 温度保持在 500 ℃ 左右。右发 Ng 下降到 0，T_4 温度正常。当旋翼转速为 0 时，左发动机继续运转，切断应急燃油开关，涡轮转子惯性 30 s 后停止运转。对此故障的可能产生原因与机理进行分析，并提出解决办法与预防措施。

3. 2005 年 7 月 5 日，某型发动机第一次地面开车正常，悬停试飞正常，直升机落地后发动机关车。待发动机余温降到 140 ℃ 后第二次启动，发现 T_4 温度上升较快，迅速将油门杆后拉，T_4 温度上升至 400 ℃ 时略收油门，T_4 温度继续上升，再收油门，感觉控制困难。当 T_4 温度接近 785 ℃ 时迅速回拉油门杆，此时 T_4 温度继续上升至 900 ℃ 直至温度指示最大处，并在此停留约 3.4 s。最后将油门杆于后位使劲摇动，T_4 下降，发动机停车，排气段内没有冒火和冒烟现象。对此故障的可能产生原因与机理进行分析，并提出解决办

法与预防措施。

　　讲规矩是每个机务人员必须恪守的底线，任何人都不例外，只有从严从实抓起，从紧从快做起，才能毫不动摇地守住规矩，赢得航空安全这场保卫战的最终胜利。阅读下面的内容，结合实训内容，写出体会和感想。

知敬畏、明底线、守规矩

　　没有规矩不成方圆。讲规矩不仅是机务人员的一种政治觉悟，更是一种品德素养。每个机务人员都要明白，只有不断增强规矩意识，才能自觉树立高线、守住底线，成为合格的机务人员。

　　讲规矩的前提是懂规矩。作为机务人员，按工卡作业是必须遵守的基本行为准则，无论管理人员在不在场，都要讲纪律守规矩，认真做好飞机的维护和检查工作。在机务的所有纪律和规矩中，首先，是保证安全，减少人为因素导致的维修差错，按工卡作业是山东航空工程技术公司每一个机务人员必须遵守的刚性约束，也是最重要、最根本、最关键的纪律和规矩。遵守机务维修的纪律和规矩，首要的是严守一个机务工作者的人格操守，切实做到明底线、知敬畏。其次要牢记并认真践行"四个意识"即风险意识、红线意识、举手意识、规章意识，"五个到位"即准备到位、施工到位、测试到位、收尾到位、交接到位。必须保证机务工作的维修质量，在任何时候、任何情况下都要保持精力高度集中；必须维护机务队伍的团结，坚持互相帮助、团结进步的机务优良传统；必须遵循工作程序，遇到问题及时上报，自己拿不定的主意赶快寻人帮忙，在保证安全的前提下为航班的整点做出最大的贡献。同时要在职业道德、家庭美德、个人品德方面加强自我约束，自觉做到端正做人、严谨做人、忠诚做人，在心中牢记按卡作业的各项要求。不折不扣地做到这一切，才能慎思慎微，慎独慎初，进而立根固本。

　　规矩意识，是做好机务工作的基础。少数人靠觉悟，多数人靠制度。将制度转化为内在的遵从，就会铭记于心而不去逾越，更不会变通和突破，只会模范地严守，成为自觉自愿的行动。在铁面无私的规矩面前，绝大多数机务人员认真执行，但也有一些机务人员感到不习惯，把各种规章看成难以忍受的"清规戒律"，总想走捷径，处处不讲规矩，管理就会失序。事事不守规矩，按卡作业就是一纸空谈，航空安全就难以保障。如果规矩没有了分量，制度失去了刚性，品行放弃了坚持，不仅严重降低了机务维修的标准，而且极易滑向差错的泥潭，最终铸成大错。因此，强调讲规矩是对每个机务人员的保护。对机务人员来说，规矩既是"紧箍咒"，更是"护身符"，只有对照规矩认真执行，坚持"时时勤拂拭"，把工作程序、规章制度挺在前面，才能在机务工作中真正有所提升、有所成就。

　　规矩既成，重在践行。讲规矩要从每一个细节开始，每个机务人员都要树立更高的追求，筑牢底线意识。谨慎工作是机务人员的基本品质，要时刻把"严谨"二字悬于心中，从细微处、小事上加强自我管理，工作作风上求真务实、一丝不苟。

任务 11　滑油附件修理

【学习目标】

【知识目标】

（1）理解滑油附件常见的性能故障及产生原因；

（2）理解滑油附件常见的机械故障、产生原因及修理方法；

（3）了解滑油系统的维护内容；

（4）理解滑油附件维护的注意事项。

【能力目标】

（1）能讲述滑油附件的常见性能故障及产生原因；

（2）能讲述滑油附件的常见机械故障、产生原因及修理方法；

（3）能讲述滑油系统的维护内容；

（4）能讲述滑油附件维护的注意事项。

【素质目标】

（1）培养滑油使用相关的人身和技术安全能力；

（2）培养"干一岗位，精一岗位"的极端负责精神；

（3）培养对滑油系统故障排除的"牵一发动全身"和全局性思维；

（4）培养遇到问题解决问题的习惯；

（5）培养收集、总结和归纳问题或故障的能力；

（6）培养对典型问题或故障举一反三的理念。

【理论学习】

航空发动机的滑油系统将滑油喷到轴承、齿轮等转动部件上，对这些转动件进行润滑和冷却，带走了摩擦产生的热量和杂质，减少了转动部件的摩擦。零件表面一定厚度的油膜将零件与空气隔离，防止了零件与空气发生氧化或腐蚀。滑油也被用作其他系统的工作介质，如加温燃油，作为防冰系统的热源，以及作为涡桨发动机变距系统和测扭系统的工作介质。

滑油系统是发动机的重要组成部分，如果出现故障，功能失效严重时会影响飞机飞行安全，甚至导致事故。滑油系统主要包括壳体、齿轮、轴端及轴端密封滑油箱、滑油进油泵、油滤、主回油泵、前轴承回油泵、油气分离器、离心通风器、供油泵、磁堵、最小滑油压力信号器、滑油喷嘴和供油回油管路等。随着发动机技术的发展，作为发动机重要组成部分的滑油附件，承受荷载逐步增加，功能逐渐多样化，寿命可靠性也不断提高。这些部件在结构上相互关联，受力上相互影响。国内航空发动机的滑油附件主要采用定期修理模式，定期检查更换磨损零部件来保持工作寿命。

11.1 滑油附件的工作特点

发动机处于工作状态时，高压转子将转动转矩传递给滑油附件。启动状态时，启动机按相反路线将启动机转矩传递给发动机。滑油附件作为飞机发动机的承力件，主要承受气体荷载和质量惯性力，这些荷载以轴向力、横向力、外压力、扭矩、弯矩和振动荷载的形式作用在滑油附件上。高温滑油附件还要承受由温差引起的热荷载，飞机在每次起落和飞行过程中，滑油附件内产生多向疲劳应力。由此可见，滑油附件所受的荷载复杂，给滑油附件修理人员准确、快速和经济的维修带来了较大挑战。

根据美国对 TF33-P-7、TF30-P-1/P-3、TF30-P-100 和 F100 四个机种的调查结果发现，由于高温循环疲劳、低循环疲劳、热应力和蠕变等原因造成静子滑油附件裂纹或变形故障，在从进气滑油附件到加力燃烧室滑油附件上发生过。在国内，据某型发动机滑油附件故障的统计表明，外套壳体安装座焊缝处裂纹故障率接近 2%，甚至发生过约 100 mm的裂纹。此外，发动机各部分滑油附件还出现过静叶开裂、凸耳开裂、变形和连接螺钉断裂等故障，给飞行安全带来了严重的隐患。

11.2 滑油附件的主要性能故障

11.2.1 滑油压力不合格

滑油压力可以分为慢车滑油压力、地面滑油压力和空中滑油压力。滑油压力过高时，增加了转动部件的磨损程度，增加了系统的持久密封难度，易引起漏油、堵塞和发动机功率下降。滑油压力过高也可能导致滑油持续产生泡沫，使金属表面油膜不连续，增大摩擦和磨损，降低冷却效果、功率和高空性能。滑油压力过低时，黏度升高，供油量不足，润滑冷却不良导致摩擦阻力上升，轴承过热，引起功率下降，甚至导致启动困难。滑油压力过低时，应停车检查。

滑油压力是发动机安全监控的重要指标，滑油压力低故障影响发动机滑油系统工作可靠性。某型发动机使用过程中，滑油压力常出现压力不合格。影响滑油压力的因素比较多，有滑油附件增压泵结构、限流嘴特性、增压泵出口调压活门的参数、滑油供油量、滑油油道畅通情况、车台供油和测压系统因素等。此外，滑油管接头接合面的毛刺可能对滑油流通有阻碍作用，降低下游的滑油压力。

滑油压力不正常的原因及常见的措施如下：

（1）滑油压力传感器有故障或校准不当，重新校准或更换。

（2）滑油附件的调压活门调整不当或卡住不动，重新调整。

（3）滑油箱内油量不足，开车前检查滑油箱内的油位，视情补加滑油。

（4）滑油系统密封失效、漏油，更换密封件。

（5）滑油泵故障，更换。

（6）检查节流嘴到滑油喷嘴之间的滑油管路、管接头、油滤、油滤底座和喷嘴等零部件是否正常，是否有毛刺等缺陷，密封圈封严是否良好。

（7）车台试验出现滑油压力不合格时，可检验车台测压系统和供油系统的通畅性。

（8）检查限流嘴的型号，测量限流嘴的尺寸是否在公差范围以内。

11.2.2 滑油温度不合格

滑油温度过低其黏度大，不易流动，可能导致供油量不足；温度过高其黏度小，不易留存在摩擦面间隙处，工作面的滑油层变薄，增加了摩擦。滑油中的水分和化学活性物质高温下易氧化成胶状物沉淀堵塞油路，使滑油变稠，黏度增大，酸值提高，加速零件腐蚀。

某型发动机滑油附件主要有前腔、中腔、后腔和散热器，它们都能够影响滑油温度。当出现某腔滑油温度高时，可能是轴承齿轮啮合的阻力大，摩擦产生的热量大而造成温度升高，可以通过增加滑油压力来增加某腔的供油和加大某腔的回油能力来达到加速循环降低温度。如果某腔温度还高，可能是燃 – 滑油散热器芯体损坏或脏污造成阻力过大，导致一部分燃油或滑油从旁路活门流过，造成滑油没有得到充分冷却。

11.2.3 滑油消耗量异常

1. 假开车或冷运转时异常

假开车或冷运转前，滑油量正常，假开车或冷运转后，滑油箱油位异常，一般是由于滑油流出后未实时流回造成看不到真实的油位。供油系统附件外观没有油迹，说明滑油经过供油系统，供油系统正常。假开车或冷运转时，滑油压力和温度不高，挥发量很少，通过通气系统的油气较少，不足以导致滑油油位下降。

2. 正常开车滑油消耗量大

滑油消耗量大是指发动机工作的单位时间内滑油消耗量超过某一规定值。当发动机出现消耗量大时，首先检查发动机外观和管路是否漏油。开车过程中滑油附件、滑油供油压力、滑油供油温度、中腔温度、后腔温度、总回油温度和振动是否正常，确定发动机各轴承工作正常。检查滑油箱、发动机附件滑油附件、飞机附件、滑油附件、中腔和后腔放油磁塞处漏油情况时，确定上述各处漏油系统正常。检查发动机进气滑油附件和低压涡轮处是否有油迹，确定可见各腔封严情况。

造成滑油消耗量大的可能原因如下：

（1）胀圈、篦齿等挡油装置在工作中异常磨损，使零件配合间隙过大，挡油能力降低。

（2）胀圈弹性下降，导致胀圈在发动机轴上发生相对转动，使三个一组的胀圈缺口转到同一角度形成"对口"。

（3）飞行中离心通风器的膜盒盖卡在打开位置时，持续排出油气。

（4）滑油系统密封性差，发生泄漏。

（5）滑油箱油量过少。

（6）滑油压力过高。

措施及影响：检查管路及其连接情况，必要时更换故障管子和密封垫，检查油气分离器和离心通风器性能，检查滑油系统是否发生泄漏。滑油量过少时，滑油循环加快，消耗量增加，滑油温度升高，影响轴承齿轮的润滑和冷却。加油过多时，油温上升后，油箱内的空气少影响油箱通气，使油中气体增多，影响润滑冷却，还可能引起气塞。前支点泄漏时，导致压气机叶片和机匣有油污。涡轮处支点泄漏时，滑油可能流入燃气，造成排气管冒烟。

11.2.4 发动机主气流通道有油污

以前支点为例，压气机前面几级叶片有油污时，查看压气机前挡油圈是否甩油，前挡油圈甩油使第一级转子叶片粘上油雾，油雾吸收空气中的杂质产生油污。前支点漏油严重时将引起座舱冒烟，检查通向前支点封严圈空腔的供气管和前支点空腔的通风管密封性，必要时更换。

11.2.5 停车时滑油箱漏油

停车时滑油箱漏油，一般是由于滑油附件的单向活门密封性不好。先查看单向活门表面质量，必要时清洗重装或更换。如果不能排除则更换滑油附件，更换前和启动前从附件机匣放出滑油，然后向滑油箱补加滑油。

11.2.6 滑油压力信号灯亮

滑油压力信号灯亮主要分为三种情况：发动机进口滑油压力小、最小滑油压力信号器有故障和滑油金属屑信号器灯亮。高于慢车状态下，按滑油压力表检查进口滑油压力。若压力不符合规定则按滑油压力过小处理。如果滑油压力符合规定，拆下信号器接头，若指示灯熄灭，更换信号器；仍然亮，则检查金属屑信号器中的油滤是否堵塞。

滑油金属屑信号器灯亮时，拆下滑油金属屑信号器，清洗并收集金属屑，检查是否金属屑超标。金属屑超标将导致油滤堵塞，引起回油压力和流量变化，进而影响后续回油和供油，以及滑油系统的循环使用。

11.2.7 滑油中混有燃油

滑油中混有燃油时，首先检查燃–滑油附件的燃油腔密封性，必要时更换相关零部件，故障排除后更换滑油。主泵、加力泵的封严圈密封性不好也可能导致此故障，检查主泵、加力泵的封严圈是否损坏或封严圈后的腔室是否有燃油，如果有则更换油泵。

11.2.8　滑油系统外部漏油

发动机停放期间外部有少量渗油，工作时不再出现，座舱也不冒烟，滑油消耗量在规定范围，则继续使用。维护时注意检查漏油及滑油消耗量的变化。以某型涡喷发动机为例，滑油系统外部漏油主要有以下几种情况：

（1）较长时间慢车状态下或冷开车次数多，允许压气机前支点外部出现油迹。

（2）第六、七级机匣与后机匣结合面漏油。

（3）附件机匣与压气机机匣结合面漏油。

（4）加力燃烧室有滑油油迹。

（5）热端封严篦齿泄漏，排气管内冒烟或有滑油。

压气机机匣内积有滑油，易引起座舱冒烟，维护中应特别注意检查。当出现外部漏油时，应着重检查滑油系统各部分的密封性。

11.2.9　滑油系统内部漏油

滑油系统内部漏油是指发动机停放一段时间后，滑油流到附件机匣，滑油箱油量减小。试车后，滑油经循环流回滑油箱，滑油箱的油量恢复正常。产生的原因如下：

（1）滑油箱加油口油滤的锥形胶垫不密封或安装时未装正压紧，油箱内导管有裂纹或砂眼，滑油由这些地方漏入回油管，经回油路漏至附件机匣。

（2）滑油附件的盘形单向活门不密封或进油泵出口至回油泵的钢珠单向活门不密封，滑油经进油泵和上述两活门流至附件机匣，使得滑油箱内的滑油量减少，随放置时间有变化。

11.2.10　滑油中混有金属

滑油中含有金属屑时，磁性金属检屑器将发出信号。对不具备发出报警信号的磁性金属检屑器则由维护人员进行定期拆下检查，使用高倍放大镜观察分析。滑油滤上有金属屑，一般是发动机的封严篦齿、胀圈、轴承及附件机匣等旋转零件发生工作磨损。常见的磨损现象表现如下：

（1）胀圈上磨下来的金属屑为粉末状。

（2）齿轮上的为块状金属屑或硬皮。

（3）篦齿上磨下来的金属屑为丝条状。

（4）轴承磨损一般伴随滑油温度升高，滑油变色，严重时，引起发动机振动增加，转子转动惯性量下降和出现杂声等。

排除方法：根据金属屑材料的元素成分判断故障源，分析故障发生的原因，清楚其危害，判断发动机是否可继续运行、可运行时间或必须停车待修。

11.2.11 滑油变色

发生滑油变色时，查看滑油是否受到污染，检查滑油滤和磁性金属检屑器是否有金属屑。可以通过滑油油样分析获得其中的金属含量和理化性能，抽取滑油样品应在发动机停车后和维护前进行，通过光谱和铁谱分析判断发动机内部工作情况。滑油的主要污染物有燃油、水分、灰尘、炭渣、金属屑和酸性物质等。滑油被污染时，应更换滑油。

11.3 滑油附件的机械故障及修理

修理前，先制作滑油附件修理关键工序工卡，准备相关工具和设备，清点工具设备后准备接收修理部附件。在分解前，要进行外形检查，有无变形，机件是否完整无缺，实物是否与文件相符。当缺件或有表面故障，附件或组合件已不是原台，应做详细记录，重要的问题还要报告车间、技术组、检验组等业务部门，弄清原因，做出处理。分解时，打开放油开关，彻底放出滑油箱内的滑油和机体内的油封油，去除全部保险和铅封。

11.3.1 滑油附件壳体修理

对于壳体的密封面表面，有轻微的碰伤时，锉修毛刺，使碰伤处的表面圆滑过渡。清洗擦拭后，涂双氧水或香蕉水，使碰伤处表面发生氧化，实现防护作用。表面有轻微划痕时，锉修去除毛刺，油石或砂纸抛光表面，再做防护处理，如图 2-11-1 所示。对于壳体的非密封表面允许有轻微的碰伤和划伤存在，严重时打磨，打磨后允许存在一定深度的损伤。当离心飞重的顶杆脱离正常工作位置时，造成离心飞重高速旋转刮伤壁面，产生严重划痕，如图 2-11-2 所示。

图 2-11-1　壳体非密封面和密封面划伤　　　图 2-11-2　壳体壁面刮伤

对于壳体表面脱漆故障，表面脱漆面积大于一定面积时，打磨光脱漆处氧化层至露出基体金属。清洗打磨处，用毛笔蘸配好的防护液涂于补漆表面，出现棕黄色后用抹布擦去多余防护液。采取防护措施后补漆，补漆时先涂底漆，再涂面漆。当脱漆面积大于规定值时，应当把整个表面除漆并再次喷漆。

11.3.2 油滤修理

（1）滤网非严重断丝时，允许补焊修理，每组滤片补焊总面积不大于规定值，单片滤片单面补焊不超过规定处数。补焊后用酒精擦洗干净，焊瘤应光滑圆整无堆积。严重断丝和压伤变形时报废。

（2）滤网表面锈蚀，允许除锈后堵焊，但焊接面积及处数应满足工序（1）的要求。

（3）油滤两端工作面有毛刺、磨损及划伤时研磨。研磨后着色检查工作面色痕沿圆周应无间断，宽度不小于规定值。非工作表面轻微磨损，打磨抛光，如图 2-11-3 和图 2-11-4 所示。图中的轻微划痕，打磨抛光后重新防护。

图 2-11-3　壳体壁面刮伤

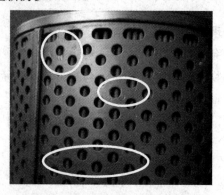

图 2-11-4　壳体非密封面划痕

11.3.3 滑油箱修理

（1）导管变形。产生原因：维护或装配不当，工作中受装配应力，有的甚至产生裂纹。一般采取冷校正。预防方法：合理装配，对于两头螺纹螺母的导管，先把一端带几扣，再把另一端带几扣，逐渐拧紧，不能一次把一端拧得过多，再强行拧另一端。

（2）被外来物打伤，划痕、刮伤或掉漆，一定深度和宽度的划痕进行研磨修理；深的则补片或更换。

（3）允许存在轻微的凹坑，表面凹坑严重时校正。

11.3.4 磁性金属检屑器修理

磁性金属检屑器的主要故障有漏油量超标、自封活门密封面划伤、自封活门倾斜、误报警、表面异物和弹簧失效等，磁性金属检屑器工作原理如图 2-11-5 所示，磁性金属检屑器结构如图 2-11-6 所示。当漏油量超标时，在放大镜下检查自封活门表面质量，自封活门有压痕、划伤时，车加工使划痕消失，将密封面进行抛光后密封试验。自封活门与检屑体接触部位轻微磨损时，研磨自封活门，使自封活门与检屑体接触面平齐，如图 2-11-7 所示。自封活门发生磨损严重时，则报废。

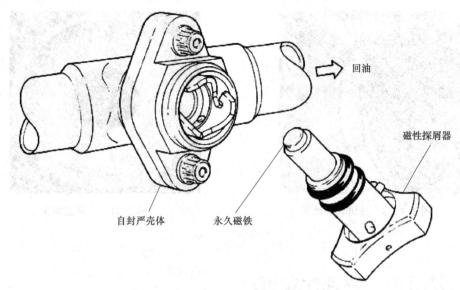

图 2-11-5　磁性金属检屑器工作原理

永久磁铁

磁性探屑器

自封严壳体

回油

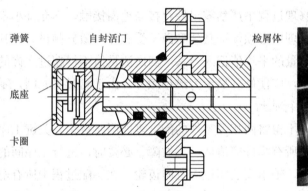

弹簧

自封活门

检屑体

底座

卡圈

图 2-11-6　磁性金属检屑器结构

图 2-11-7　车修非密封面和密封面划伤

11.3.5　活门修理

检查活门弹簧弹力、自由长度，锈蚀和镀层脱落情况，磁力探伤是否有裂纹，有裂纹则报废。

对于盘形单向活门，首先手顶动盘形单向活门数次，检查活门杆的工作灵活性，要求活门杆在导筒内无阻滞。其次检查活门的密封性，不合格时对研，对研后着色检查色痕宽。最后进行压力试验，不合格则更换弹簧。对于调压活门，着色检查活门与活门座的配合关系，不合格则对研修理。

11.3.6　其他零件修理

当涨圈缺口处于同一角度时，造成密封失效，如图 2-11-8 所示。检查涨圈各项性能，涨圈正常则装机试验。当镀层轻微磨损时，允许继续使用，如图 2-11-9 所示。当镀层严重磨损甚至掉块时，去掉原有镀层重镀。

图 2-11-8　涨圈缺口位置

图 2-11-9　镀层脱落

11.4　滑油附件修理注意事项

零组件投入修理必须经过故检，修理过程中严禁零组件直接与地面接触。不允许小零组件产生新的损伤，各类齿轮的齿牙修理后必须保证其牙型面不受破坏。微分测量时，其测量点不得少于均布的四点，取四次测量的平均值记入卷宗，四次测量值不得超过允许的极限值。在保证修理技术要求的前提下，应使修理显示为最小微分。由于测量等原因，零组件在空气中裸露超过 24 h 时，必须进行油封。

当用镀铬方法保证配合要求时，均不得将两相关零件的配合表面同时镀铬。关键工序应在专职检验的参与下完成。装配前，所有零件应清洁，无故障。必要时，进行工序间的洗涤，置于空气中晾干。除特别指明外，轴承安装印记应背向齿轮。在装配过程中所有配合面和摩擦面应涂上防水滑油。为了便于安装装配滚子轴承和中介齿轮的垫圈，允许涂上规定黏合剂安装。装配镁合金零件安装螺母或螺钉时，应加垫片。

【知识拓展】

滑油系统的维护

为使滑油系统正常工作，必须切实做好定期维护。通过适当的定期检查，做到早期发现故障，防止事故于未然。维护时应注意检查滑油量，保持滑油清洁，保证系统密封性良好。

1. 滑油系统的维护内容

（1）检查并记录滑油箱油量，计算滑油消耗量。飞行前应检查滑油油位，滑油量应符合规定。飞行后检查滑油油位并计算消耗量，若消耗超过规定，应记录并逐级上报。

（2）按规定要求加油，清洗油滤。使用清洁绸布擦拭加油口盖及加油工具。添加滑油时，保持拆装工具、加油工具和加油口清洁。拆卸油箱口盖后应及时盖好油箱口盖或及时捆扎，防止异物掉入。

（3）定期清洗油滤。定期检查、清洗和更换滑油滤，使用清洗汽油清洗油滤，可选用合理规格的绸布收集油滤杂质，以判断发动机的运行情况。

（4）检查滑油系统的密封性。拆装导管、附件后应注意检查安装是否正确可靠。试车时或飞行后应注意检查系统的密封性，若发现外部漏油或内部漏油，应及时记录并上报。

2．滑油附件维护的注意事项

滑油附件的维护过程中，应当注意如下事项：

（1）放滑油时，防止高温滑油溅到身上，以免发生烫伤事故。

（2）加规定牌号的滑油，不同牌号的滑油不得混合使用。

（3）使用专用设备检查滑油污染情况，禁止目视检查清洁度。

（4）下雨加油应采取防雨措施，防止雨水进入油箱。

（5）开封的油桶不要第二次使用。

（6）沿海、沿河地带或多雨水地区，发动机滑油系统外部水分易沉淀产生积水，应及时清理。

（7）橡胶、塑料和密封零件不能长期浸泡在油中，否则容易产生化学反应和老化掉块。

（8）手上沾有滑油时应及时洗掉，防止其毒性伤害皮肤；避免长时间暴露和接触皮肤。必要时戴防护手套，因为航空合成滑油从动物、植物、矿物基滑油提炼人工合成，合成滑油有添加剂，易被皮肤吸收，有一定毒性。

【课堂练习】

一、简答题

1．滑油的作用是什么？润滑的作用是什么？

2．油脂在飞机及发动机维修中的适用范围是什么？

3．是否可以混合使用不同厂家或不同类型的航空滑油？为什么？

4．如果眼睛接触到滑油，应如何处理？

5．磁性金属检屑器有哪些常见故障？分别如何修理？

6．写出滑油滤的主要故障和修理方法。

7．写出滑油压力不正常的原因及常见的措施。

8．写出滑油消耗量异常的原因和排除措施。

9．写出滑油压力信号灯亮的三种情形和处理措施。

10．什么是滑油系统外部漏油？涡喷发动机哪些部位可能产生外部漏油？分别有什么影响？

11．滑油附件维护的注意事项有哪些？

12．滑油系统的维护内容有哪些？

二、拓展训练题

1. 2007 年 6 月 15 日，空军某部 J8B 型飞机在起飞滑跑过程中，左部发动机出现自动停车故障，分解检查燃油泵，发现油泵转子端面异常磨损，如图 2-11-10 所示。油泵转子材料为镀青铜，油泵工作时，转子端面与分油盘贴合间隙约 0.005 mm，为防止转子端面与分油盘高速旋转时磨损，转子端面镀铅铟提高耐磨性。试分析油泵转子异常磨损故障的可能产生原因，并提出有效的控制措施，预防故障再次发生。

2. 阿赫耶涡轴发动机（见图 2-11-11）在外场地面启动过程中，从燃气发生器后轴承通气管里向外冒浓烟，并伴有轻微的滑油油珠。该发动机累计工作 375 h 10 min，循环次数为 386.15 次，且已经过一次大修。外场人员将发动机滑油系统的单向活门拆下，检查发现该单向活门密封性已失效，更换新的单向活门后，故障排除。对此故障的可能产生原因与机理进行分析，并提出解决办法与预防措施。

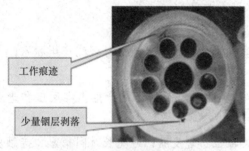

图 2-11-10　油泵转子磨损

图 2-11-11　阿赫耶涡轴发动机

3. 某发动机在飞行训练中，出现"左发降转"告警信号，并伴随语音告警，2 s 后告警信号自动消失（高度 6 600 m，速度 616 km/h，双发转速 92%），收左发油门至慢车，飞机安全着陆。地面判读发动机飞参，由于滑油压力低故障触发"左发降转"信号，触发告警。分解检查各支点封严、喷嘴流量、泵组性能、活门性能、散热器及油箱流阻，均符合工艺要求，未见明显异常。请分析产生故障的原因，并提出解决方法与预防措施。

4. 某型涡扇发动机附件机匣产生皮碗漏油故障。经分解，皮碗唇口部位未见明显磨损痕迹，但唇口尺寸变大，皮碗外边缘起丝，如图 2-11-12、图 2-11-13 所示。皮碗一般与旋转轴承并用，在座孔与旋转轴之间，如图 2-11-14 所示，皮碗安装位置如图 2-11-15 所示。试分析皮碗漏油故障的产生原因，选择合适的修理方法，并提出控制方法和预防措施。

图 2-11-12　液压泵皮碗唇口磨损

图 2-11-13　下皮碗外边缘起丝

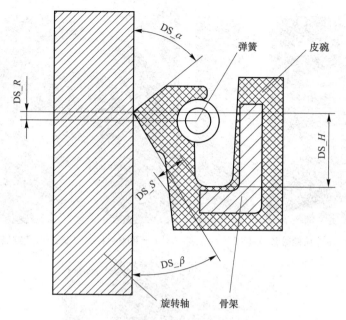

图 2-11-14　皮碗结构

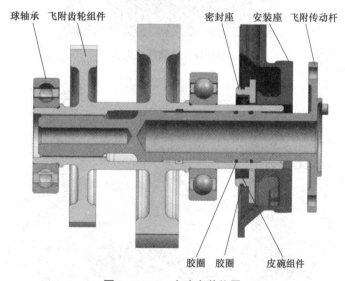

图 2-11-15　皮碗安装位置

5. 某型涡扇发动机自装机使用以来，多次出现发动机滑油的铁、铝元素含量超标故障。某次试车分解检查发动机附件机匣，发现中央传动杆花键齿面磨损，花键副之间有小振幅的相对振动，花键副接触部位有外界强加的微动，如图 2-11-16～图 2-11-18 所示。中央传动杆花键齿磨损的方向主要是附件机匣一侧，附件机匣位于中介机匣上方，靠四点定位固定在发动机上（见图 2-11-19），即与中介机匣后安装边连接的左①、右②两个下吊耳组件和中介机匣支板接口处的止口③及附件机匣前端盖与中介机匣前安装边上的中间支架④。四点定位增大了定位面，防止附件机匣在工作中摆动。试分析皮碗漏油故障的产生原因，选择合适的修理方法，并提出控制方法和预防措施。

图 2-11-16　齿轮轴齿面磨损　　　　　图 2-11-17　齿轮内花键磨损

图 2-11-18　传动杆花键磨损

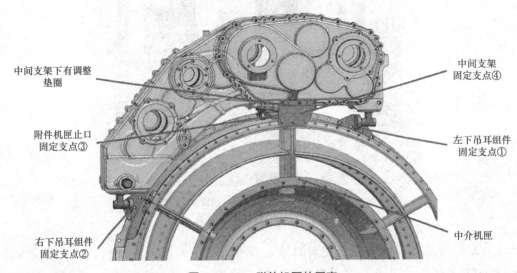

图 2-11-19　附件机匣的固定

【素养提升】

　　航空发动机的维修工作过程中，应严格执行三清点，自检、互检及专检工作，并逐项签字确认。对于可能遗忘的操作步骤，需再检查一遍，不可侥幸通过。联系工作中的三清点、三检制度，签字注意事项等内容，分析如下事故的发生原因，此类事故可能会在哪些实训项目中发生以及应当如何避免。

遗忘导致的一起空中事故

太阳神航空 522 号班机空难发生于 2005 年 8 月 14 日，发生空难的班机是一架塞浦路斯的太阳神航空客机，班次 ZU-522（HCY 522），机身编号 5B-DBY。此架飞机在 1997 年 12 月首航，使用不到 10 年，于希腊当地时间 12 时 04 分在雅典东北方的马拉松及 Varnavas 之间山脉坠毁，机上 115 名乘客及 6 名机员全部罹难。塞浦路斯政府为此次空难举国哀悼 3 天。机上有 59 名成年人及 8 名儿童是度假完后返回雅典的旅客。另外 46 名成年人及 2 名儿童是要前往捷克首都布拉格。

飞机起飞不久，空调系统出现问题，10 时 30 分与地面失去联系。11 时 18 分希腊空军派出的两架 F-16 战斗机飞行员在 34 000 英尺高空发现飞机，并看到班机副机师趴在驾驶舱的仪表板上不省人事，而另一名驾驶员不见踪影。有一个人则在试图操纵飞机。12 时 04 分，无人操控下的飞机耗尽燃料后坠毁。机尾首先触地，机身翻滚了 500 m 后停下，除了机尾及驾驶舱尚保持完整外，全机已成为碎片。警察出动了 35 辆消防车，8 架灭火飞机和 3 架直升机，营救失事人员和扑灭引燃的大火。

据调查报告，机务做完机舱加压测试后，忘记把加压掣从"手动模式"变回"自动模式"，而飞行员未有察觉。当航机以"自动驾驶模式"爬升超过 15 000 英尺后，因机上的加压系统处于手动模式而未能自动为机舱加压，空气稀薄，氧气不足。正常情况下，若飞机高空失压，便应该降低高度至含氧量高的空域，但由于机长及副驾驶并不知道机舱失压，一直以为是机上空调失灵而没有戴上面罩，因此很快便失去意识并处于昏迷状态，导致飞机无人驾驶，飞机便以自动驾驶模式一直爬升。机长可能是为了检查位于驾驶舱后部的空调装置是否有问题而离开座位，缺氧而晕倒。

客舱内，由于在机舱缺氧的情况下，客舱顶部的氧气罩会自动降下，因此客舱乘客都自动戴上氧气罩。可是氧气罩内的氧气只可支持约 12 min，因为这个设计只是用来支持像高空失压的情况下短暂使用，直至飞机下降至高含氧量空域为止。可是由于正副驾驶当时已昏迷，飞机并没有下降反而继续爬升。当氧气面罩内氧气用完后，大部分人因缺氧而失去意识进而陷入昏睡状态。因此 F-16 战机机师看见客舱内的所有乘客都毫无反应，而在驾驶舱内也只能看见副驾驶，机长则不知所踪。飞机在希腊境内没有飞行员控制进场，只得依靠自动驾驶模式留在空中盘旋待命。

一名曾当过潜水员并在特种部队服过役的空中服务员安德列亚斯，靠紧急备用氧气瓶到驾驶室为副驾驶戴上面罩，然后坐在机长席试图挽救飞机，并曾以极微弱的声音求救，可是最后飞机因燃料不足而坠毁。

另外，出事客机的机长是一名德国驾驶员，是太阳神航空因应当时假期客量增长的需求而聘请的特约机长。可是，该名机长可能因沟通问题，而未能听得懂地面控制员的指示，又或是因为当时飞机缺氧，影响机长判断力及集中力下降。无论如何，由始至终该名机长都一直以为是机上空调系统故障，而不知道加压装置没有调校至正确位置。最终令机组没有及时阻止事故发生，并导致希腊史上最严重空难。

任务 12　其他附件修理

【学习目标】

【知识目标】

（1）理解附件机匣的常见故障、产生原因及修理方法；

（2）熟知螺纹连接的常见故障、产生原因及修理方法；

（3）理解轴承的常见故障、产生原因及修理方法；

（4）理解轴承的修理内容；

（5）熟知导管的常见故障、产生原因及修理方法；

（6）了解附件传动装置的常见故障、产生原因及修理方法。

【能力目标】

（1）能讲述附件机匣的常见故障、产生原因及修理方法；

（2）能讲述螺纹连接的常见故障、产生原因及修理方法；

（3）能讲述轴承的常见故障、产生原因及修理方法；

（4）能讲述轴承的修理内容；

（5）能讲述导管的常见故障、产生原因及修理方法；

（6）能讲述附件传动装置的常见故障、产生原因及修理方法。

【素质目标】

（1）培养"动手之前先动脑，动手之后再动脑"的工作思维；

（2）培养"顺藤摸瓜"的故障排除思路；

（3）培养"干一岗位，精一岗位"的极端负责精神；

（4）培养遇到问题解决问题的习惯；

（5）培养"对比法"排除故障的能力；

（6）培养分析附件常见故障的能力；

（7）培养利用故障再现解决问题的能力。

12.1　附件机匣修理

12.1.1　附件机匣壳体修理

对于进入修理线的附件壳体，先检查外观有无宏观裂纹等故障再清洗。清洗要求一般采用汽油或汽油与热煤油的方式，清洗要求较高时采用汽油和超声波清洗的方式。清洗完成后，除漆，表面探伤，表面有非常轻微且浅表面裂纹，允许锉修打磨排除，非浅表面裂纹及其他严重缺陷或故障一般更换新品。

12.1.2　附件机匣结合面修理

机匣结合面上有石棉垫或其他脏物时，采用刮削或化学法清除干净。机匣结合面有毛刺、轻度的未贯穿性划伤、碰伤、压伤和腐蚀等故障，不便于研磨的刮修或砂纸打磨去除毛刺、凸起和腐蚀物，对于壳体上无凸台、无阻碍研磨的，研磨去除毛刺、凸起和腐蚀物，并与未刮削或研磨处圆滑过渡，修理区域做氧化处理。修理过程中应尽量少去材料。对于悬挂式泵的钢制转接座，经过长时间悬臂压缩、振动等负载的综合影响，使得转接座发生局部变形，致使转接座的平面度不合格，可以采用涂尼龙的方式修复转接座的平面度，防止平面度不合格漏油。

机匣结合面存在严重腐蚀及有影响密接性能的其他缺陷时，首先，刮修打磨去掉腐蚀层或缺陷部分，用丙酮将刮修的区域擦拭干净，以免影响黏结性。将打磨部位进行局部氧化处理，清除多余的氧化液。将调好的环氧树脂填补于结合面的凹陷处，常温晾干。晾干后放入 80 ℃～100 ℃ 的电热箱，保温一定时间至烘干。再填充环氧腻子，腻子于常温下晾干一定时间，在 50 ℃～60 ℃ 下保温一定时间，然后加温到 105 ℃ 保温一定时间。如果腻子黏度过大，可适当加入稀释剂。用油石打磨环氧树脂或腻子区域至水平，着色检查结合面密封性能，接触印痕沿周向连续，接触面积不小于80%。对于缺陷附近修复过程中被磨损的应氧化处理。

12.1.3　附件机匣非结合面损伤修理

机匣表面的碰伤和压伤，使用平面刮刀刮修，砂纸或油石打磨，打磨后氧化处理损伤部位。局部氧化处理前清洗打磨部位，用画笔沾氧化液擦拭已打磨的表面至出现棕黄色痕迹。将多余的氧化液擦干净。铝镁合金材料的机匣因维修或其他原因露出机体金属时应进行氧化处理。工作中不损坏结合面，如有损伤时打磨并进行氧化处理。机匣表面裂纹，刮修和打磨排除，去掉的材料应不大于机匣厚度的1/3。机匣裂纹、严重打伤、严重腐蚀穿孔及掉块，清理整修故障后进行焊补修复，对焊缝进行射线探伤。机匣螺纹孔螺纹轻微损伤时，可安装丝套，也可以扩大原螺纹孔；或堵焊重新钻孔攻丝。机匣壳体定位销松动，严重变形或压伤，则更换合适的销子或换装加大的特制销子。更换成特制销子时，需将安装孔及与其配合的孔预先扩孔并氧化处理。附件机匣壳体短裂纹或小面积凹坑，允许将故障处钻孔攻内螺纹，螺纹表面涂密封胶，装配紧固螺钉修复。

12.1.4 丝套凸出结合面修理

安装丝套的转接座螺纹脱扣时，可能导致丝套位置向上移动，凸出结合面。修理方法：将零件结合面清理干净后钻除旧丝套并镗孔。用汽油将零件清洗干净，用压缩空气吹干，氧化处理防护加工表面。将转接座放入电热箱加温至一定温度保温一定时间。取出转接座将丝套压入孔内，丝套不得凸出结合面，允许凹下一定深度，不合格时锉修丝套表面。

机匣盖丝套因盖子螺纹落扣而外移，钻孔打止动销修理。将盖子结合面清理干净后送机加工组钻掉旧丝套并镗孔。用汽油将盖子清洗干净，用压缩空气吹干，对加工处进行氧化处理。按要求选配丝套并于丝套和盖上做缺口对准线。取出盖子，将丝套对准压入孔内直到顶住为止。丝套不得凸出结合面，允许下凹 0.7 mm，当不合格时锉修丝套端面。按要求打止裂孔并收口锁紧。堵死丝套孔两处，将煤油灌入孔内，对煤油加压，保持一定时间，观察丝套和盖子结合处不渗油时为合格。注意机匣加工处尖边必须倒圆后氧化处理。

12.1.5 铝杯套的修理

铝杯套在使用中易产生磨损，在磨损处涂耐磨性能好的尼龙，修复铝杯套的尺寸。为便于常温操作，可采用熔点低的三元尼龙。尼龙为固体，使用时将尼龙在高温下煮熔成液态，三元尼龙可用酒精和三氯乙烯稀释。调制尼龙液需要较长时间，将溶解好的尼龙胶液装在带盖的瓶内待用，允许把多个需要涂尼龙的零件累计到一起修理。杯套内表面镀层损坏尺寸不合格时，磨修镀铬修复。零件表面防护层损坏时，打磨除锈后重新表面处理。

12.1.6 表面防护层修理

机匣及其部分附件壳体或零件表面允许存在轻微的表面防护层变色和不露出基体金属的磨损，如漆层、阳极化表面和电镀层等。

壳体表面的漆层，局部脱落、鼓包、脱皮和掉块面积不超过一定比例时，补漆处理。打磨刮削去除残漆，用汽油冲洗晾干或压缩空气吹干，氧化处理打磨区域，先涂底漆，再涂面漆。底漆的主要作用是增加结合力，面漆主要是防护和装饰功能。若机匣表面是绿色涂层，则没有底漆，补漆时不刷底漆，只用绿色环氧漆补漆。

壳体表面的漆层，局部脱落、鼓包、脱皮和掉块面积超过一定比例时，一般采取对整个漆面重新喷涂的方式修复，图 2-12-1 所示为油漆脱落的附件壳体。可以采用吹砂的方式将旧漆吹磨掉，部分

图 2-12-1　油漆脱落的附件壳体

零件也可以采用化学法除漆。吹掉所有漆层后用汽油洗净，压缩空气吹干，对表面进行氧化处理。然后对原漆层表面重新喷、烤漆。由于漆的自然固化特性，常采用现用现配的方式，称取适量的清漆，将清漆稀释到适量的浓度，均匀搅拌，一次用多少配多少。根据需要用铜丝网对稀释后的油漆过滤，确保漆的色泽一致、厚度均匀。壳体修理后试验，二次装配后，在规定位置标记零、部件寿命，无规定位置的，则在壁厚且醒目的位置标记。

12.1.7　壳体接头处的封严胶圈或铝垫圈更换

更换壳体接头处的封严胶圈或铝垫圈时，首先去掉接头上的保险丝，拧下接头后将螺纹孔清洗干净。然后将旧的胶圈清除并报废处理，更换接头装铝垫圈件，最后拧紧接头，拧好保险。

12.2　螺纹连接修理

螺纹连接是发动机零件、部附件重要的连接方式，发动机上的螺纹连接主要有普通螺纹、自锁螺纹、紧配合强固螺纹、丝套和钢套。丝套、钢套和普通螺纹不能承受高负载、高温，紧配合强固螺纹主要用于关键旋转部件。

12.2.1　螺纹修理

带有螺纹的零件，螺纹部分是整个零件的薄弱环节之一，螺纹部分主要承受拉伸、扭转、剪切力和振动应力。故检时，目视和使用放大镜检查表面的宏观故障，对重要的螺栓、螺母进行探伤。

在一些航空发动机机型上，机匣上的自锁螺钉一般一次性使用。对于附件上某些不太重要的场合，自锁螺母自锁性能完好，经故检检验无故障则允许再次使用，如附件机匣、防喘机构等。与螺纹配合使用的丝套、钢套一般只使用一次，性能完好且无故障时允许再次使用。螺母变形时，则更换，图 2-12-2 所示为变形的螺母。

图 2-12-2　变形的螺母

1．螺纹部分

螺纹的主要故障是划伤、变形、变色、镀层脱落、掉块和裂纹等，主要的修理方法有锉修、理丝、重新攻丝或套扣。螺纹局部轻度碰伤、划伤和压伤，可用丝锥重新攻丝内螺纹，用扳牙对外螺纹理丝。内螺纹相对外螺纹故障较少，因为内螺纹强度大于外螺纹。螺纹受到过载挤压、拉伸可能导致螺纹角发生变化，沿螺纹沟槽易出现裂纹，有裂纹则停用。要求不严格的螺钉、螺栓、螺母、螺桩及管接头螺纹，存在轻微的局部损伤、变形和缺口时用什锦锉锉修、细砂纸抛光排除。在高低温度、交变应力和镀层磨损等综合因素作用下，螺纹可能发生粘连，轻微粘连可锉修、抛光处理，严重粘连导致掉块，甚至凹坑时报废。

螺桩内螺纹孔损伤时，安装加大节径的螺桩，加大节径不符合要求时，允许使用加大一号螺纹孔的方式扩孔修理。

2．螺栓部分

承受高温或螺纹单位面积受力大的某些螺钉、螺母，随着使用时间的增加，螺杆出现了轻微的塑性变形，以致与正常的螺钉、螺母装配时发紧。应通过选配法将螺钉、螺母松紧合适地成对拧好，以便再次使用。在使用中要经常拆卸的螺钉、螺母，拧不上又还不属报废范围的，修理后在工艺允许的范围内配对。对于有定位功能的螺杆，应按规定测量螺杆的圆柱度，测量螺杆与螺栓端面的垂直度。过度拉长、弯曲变形严重则报废。

当调整螺钉的球面或锥面磨损、划伤时，使用标准工装、研磨膏对损伤面研磨。为提高效率，可以利用钻床、研磨机、工装、研磨膏和砂纸进行研磨抛光。调整螺钉有裂纹、长度不合格时更换新品。

3．镀层损坏

螺纹表面的镀层以镀铜、镀银为主，主要是防止粘连、便于分解。在高低温环境、交变应力场合工作以及精密偶件的螺纹，对镀层要求较严，允许存在轻微的镀层变色和不露出基体金属的磨损，有非轻微损伤、磨损、脱皮和掉块则重镀。重镀时应注意采取除氢措施，防止氢脆。

12.2.2　螺桩修理

航空发动机常用的螺桩为双头螺桩：一端为普通螺纹；另一端为紧度螺纹，与机匣、壳体和轴承座等连接的螺纹采用紧配合。螺桩使用后出现伸长、弯曲、折断、螺纹严重损伤和裂纹等故障，须更换。通常，螺桩有无法排除的故障或必须更换时才拆卸。拆卸和安装螺桩时注意保护螺纹。

1．螺桩标记

（1）直径加大螺桩。直径加大螺桩属于过盈螺纹，在制造时按直径大小划分为两组，一组小、一组大，标记为冲点，Ⅰ组打一个冲点，Ⅱ组打两个冲点，其代号则是在原螺桩图号后面标注"XL加大"字样，见表2-12-1。

表2-12-1　直径加大螺桩组别

组别	代号	端头标记	零件号
Ⅰ	XL加大	冲一点或写"1"	0101010XL加大
Ⅱ	XL加大	冲两点或写"2"	0223010XL加大

（2）节径（中径）加大螺桩。为了修理方便，设计了加大螺桩，加大螺桩是指加大了螺桩紧固部分的节径。制造时加大螺桩分为三组，标记为Ⅰ组端头开槽、Ⅱ组端头钻圆锥孔、Ⅲ组端头钻圆柱小孔。代号为在原螺桩图号后标注"XLⅠX""XLⅡX""XLⅢX"字样，见表2-12-2。

表 2-12-2　节径加大螺桩组别

组别	代号	端头标记	XL Ⅰ X	XL Ⅱ X	XL Ⅲ X
Ⅰ	XL Ⅰ X	端头开槽			另一端开圆柱孔
Ⅱ	XL Ⅱ X	端头钻圆锥孔	另一端开槽		
Ⅲ	XL Ⅲ X	端头钻圆柱小孔		另一端开锥孔	

2. 拆卸螺桩

拆卸螺桩的方法主要有偏心夹具法、扳手拧出法、钻孔法和腐蚀法，偏心夹具法效率最高，使用最多。除双螺母法对螺纹基本无损伤或损伤较小外，其他方法均会产生由于拆卸原因造成的破坏性损伤。

（1）双螺母法。当螺纹部分完好时，可用双螺母对拧拧紧，用扳手拧下面螺母，将螺桩缓慢、匀速拧出。拧出的螺桩经故检检查合格或修理合格后，允许继续使用。

对拧螺母时，不可拧得过快、用力过大，以有一定紧度为原则。对拧的位置应避开螺纹的最上部或最下部，可选螺纹的中下部。为了防止干摩擦，在对拧的螺纹上涂抹润滑剂。为减小拧出螺桩的阻力，可往螺桩与壳体螺纹孔配合处注入煤油。拧出螺桩时保持螺桩与壳体内螺纹孔表面的垂直度，螺桩歪斜则会损伤壳体内螺纹。

（2）偏心夹具法。当螺桩露出壳体外的部分完好，或有足够余留长度时，可用偏心卸具拧出。偏心夹具内有两孔，孔间有一偏心轮，偏心夹具如图 2-12-3 所示。选一与螺桩粗细合适的孔套在螺桩上，手柄逆时针转动偏心夹具时，偏心轮上的直螺纹与螺桩螺纹摩擦、夹紧，偏心轮随同转动卡住螺桩，并随反旋力增大而增大，使螺桩随夹具的转动而被旋出，把螺桩拧出。偏心轮上的直螺纹硬度高，与螺桩螺纹摩擦挤压而损坏螺桩螺纹，因此使用偏心夹具拧出的螺桩不能再次使用。

（3）螺旋锥取螺器法。螺旋锥取螺器为杆状旋转工具，取螺器尖端呈四角或五角棱状，在杆身上有类似钻头的螺旋槽，但其旋向与钻头相反，在尾部有四方头与扳杆连接，如图 2-12-4 所示。使用时，用小于螺桩直径的钻头在螺桩断口钻孔，然后把取螺器敲入孔内，逆时针旋转。由于棱尖和螺旋槽方向均在反时针旋转时与孔壁增加摩擦作用，因此可将螺桩取下。也有全杆均为四方形的取螺器，其作用一样。

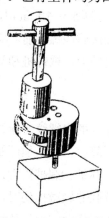

图 2-12-3　偏心夹具

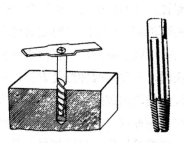

图 2-12-4　螺旋锥取螺器

（4）压板取螺法。压板取螺工具为一弓形支架，如图 2-12-5 所示。一端为固定支撑点，另一端有一个安装螺刀的套筒，中间段开一长槽，压板固定螺杆可在槽内滑动，固定螺杆安装在拆卸工件的螺纹孔内同时压紧套筒，对螺钉头施加压力。套筒上端用扳杆带动旋转拆卸螺钉，拧松即可。

（5）振动螺刀。振动螺刀包括铆枪和螺刀杆，铆枪是冲击部分，螺刀杆是旋转部分，如图 2-12-6 所示。螺刀头可更换。使用时，将螺刀杆配以合适刀头放入铆枪的铆头安装孔，接上气源，利用铆枪的振动对紧固件敲击，松动螺纹间的锈蚀、杂质。用扳杆旋转螺刀杆拆下螺钉。注意使用此方法时要控制好振枪，避免伤及机件。

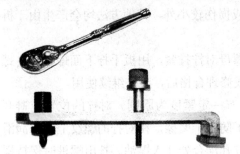

图 2-12-5　压板取螺工具

图 2-12-6　振动螺刀

（6）扳手拧出法。当螺桩露出壳体一定长度时，可把螺桩光杆部分锉扁，使用开口扳手拧出。锉扁螺桩时，既要保证螺桩具有不被拧断的强度，又要增加扳手工作面的接触面积，防止拧断螺桩，可设计专用开口扳手。

（7）钻孔法。当螺桩在根部折断或用以上方法不能有效去除螺栓，而螺桩材料不是很硬时，可采用钻孔法。钻孔后又可以分两种方法：一种是攻螺纹；另一种钻孔后直接取出。钻孔后攻螺纹是指对螺桩上的孔攻左螺纹，拧入左螺纹工装，把螺桩拧出。钻孔后直接取出是指通过钻孔去掉残余螺桩的主要材料，选用的钻头小于壳体螺桩孔，以钻孔时不损伤壳体安装螺桩的内螺纹孔为原则，钻孔后，用三棱锥或四棱锥插入孔内取出残余部分，也可用钩针、镊子等取出残余部分。

当材料比较硬时，则钻的孔要小一些，对于硬材料，钻孔越大，技术要求、成本均越高。

（8）腐蚀法。当材料很硬，螺桩较大，配合紧，与螺桩配合的材料是铝合金，不能用上述方法拆卸时，可在螺桩上钻小孔，往孔内注入硝酸，每隔 5 ～ 10 min 换一次硝酸，螺桩腐蚀后取出清洗腐蚀物。注意硝酸液的配比，使用硝酸液腐蚀螺桩前，应用现配的硝酸液对与螺桩配合相同的材料进行腐蚀试验，其他材料的腐蚀液，视螺桩和与其配合的材料不同进行配置，以不损伤与螺桩配合的壳体材料为准则。

3. 螺桩及与螺桩配合的内螺纹孔修理

螺桩松动时，取出螺桩，目视检查螺桩螺纹和与螺桩配合的内螺纹。螺桩与内螺纹孔均无可见损伤时，主要有两种修复方法：一是螺纹表面涂厌氧胶；二是加厚螺桩的表面镀层。螺桩螺纹损伤而内螺纹孔无损伤时，安装加大节径的新螺桩。螺桩正常，内螺纹孔轻微损伤时，修复内螺纹，选配螺桩装入。螺桩正常，内螺纹孔非轻微损伤时，对内螺纹孔扩孔。螺桩一端螺纹损伤，与螺桩另一端配合的内螺纹孔无损伤时，允许使用一端加大、另一端不加大的螺桩。

当其他办法不能解决螺桩松动问题时，使用扩孔法。选用加大一号的丝锥扩孔，扩孔后要确保孔原来的位置度和垂直度，避免与螺桩连接的零件和安装的新螺桩无法装配，扩孔后选配螺桩装入。螺桩孔轻微损伤或加大螺纹孔时，使用专用的紧配合强固螺纹丝锥攻丝，攻丝后使用。不允许使用普通丝锥代替强固丝锥，普通丝锥攻的内螺纹孔改变了与螺桩的紧配合关系，不能有效预防螺桩由于发动机振动而导致的脱落现象。

对于附件机匣螺桩，允许用铜口钳检查螺桩是否松动，拧出松动螺桩，换上节轻加大或直接加大螺桩。螺桩螺纹轻微锈蚀，螺纹轻压伤，脱扣不超过两圈时，用纱帘、什锦锉、扳牙进行修理。螺桩轻微弯曲，校正排除。螺桩严重弯曲，螺纹重伤及锈蚀严重的更换新品。选择好所更换螺桩的级别，螺桩节按一二三级加大。原第三组节径加大的螺桩松动或螺纹孔脱扣时，更换成直径加大螺桩。

4．安装螺桩

（1）安装前准备。当螺纹孔无损伤时，按照原螺桩尺寸选用加大一号的加大螺桩。分辨不出原有螺桩组别时，则进行试装。试装时，螺桩螺纹涂润滑剂，选用小号螺桩慢慢拧入 $1 \sim 2$ 扣，拧入后无紧度或无明显紧度说明螺桩小，应选用加大节径的螺桩，如果 1 扣拧不进去说明大了，拧入 $1 \sim 2$ 扣后开始有紧度且难以拧入为正好。当原螺桩已使用节径加大的最大号，或内螺纹孔已损坏，无法装加大螺桩时，进行扩孔。

安装前，对于有特殊要求的螺桩或按直径打的螺桩，测量配合紧度，便于选取合适号的螺桩。计算螺桩的拧入深度，把螺桩和安装夹具清洗干净，螺桩拧入端、安装夹具与螺桩的工作面涂抹润滑油，防止杂质、干摩擦损伤螺母表面。

（2）螺桩安装。拧螺桩时，可用直角尺检查螺桩与配合零件表面的垂直度，以免螺桩歪斜，螺桩歪斜会导致螺桩受的预应力不均匀。螺桩拧紧后，高度应与原螺桩一致，太高说明与螺纹孔的结合扣数少，结合强度不足，还会影响螺桩另一端的螺母拧紧。螺桩凸出太多，则螺桩另一端的螺母拧入扣数太少，不能拧紧。

螺桩一经拧紧，不允许往回拧松，往回拧会影响螺桩与螺纹孔的配合紧度。必须把螺桩拧出时，安装时需安装加大一组的螺桩。

5．紧固件的安装

成组螺母（螺钉）的装配要求如下：

（1）用手把全部螺母都拧入几扣，手上感觉有劲为止。

（2）用扳手把全部螺母拧到刚接触。

（3）分别按成组情况的拧紧顺序，逐步拧紧。

拧紧顺序：多圈同心圆组按十字交叉，由内向外逐次拧紧，如图 2-12-7 所示；周围排列组按十字交叉，两两相对的顺序拧紧；直线排列组按中央到两头的顺序拧紧；正方形按对角线拧紧。如图 2-12-8 所示。

（4）用限力扳手拧到位。若用机动（自动）扳手拧紧时，分三遍按图中顺序拧。第一遍初拧调一个较小的紧力；第二遍又重复以上顺序把拧紧力调大些；最后一遍将拧紧力调到所要求的大小，重复以上顺序。拧到位后，可按习惯顺序全部再拧一遍做检查，防止漏拧。

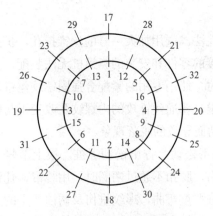

图 2-12-7　多圈同心圆排列拧紧顺序

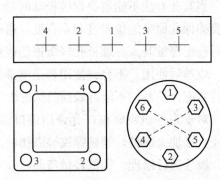

图 2-12-8　直线、正方形和一圈圆形排列拧紧顺序

6.拆装紧固件的注意事项

（1）应根据手册或图册的规定领用航空器紧固件，决定安装的方向和方式。除非特别说明，航空器的螺栓应从上往下、从前往后安装，安装时必须与部件安装表面垂直。

（2）在安装前检查螺栓或螺母与零件贴合的表面要光洁、平整，螺栓或螺母如有受损或自锁力不足，应更换新件。

（3）紧固件装配时，按手册相关章节对安装材料进行表面处理以防电化学腐蚀。当螺栓安装需要密封剂和防咬剂时必须在安装垫圈之前完成。对螺栓、螺母进行正确的润滑。通常螺栓和螺栓孔的配合都是松配合，可以较轻松地用手装入螺栓孔。安装紧配合螺栓用胶锤打入时要检查孔是否校齐，孔的直径以及螺栓的尺寸是否正确。

（4）在拆装螺栓时，应尽可能通过固定螺栓头、拧松螺母的方式进行，如果通过固定螺帽、拧松螺栓头的方式，可能导致孔壁或螺纹的损坏。

（5）当在旋紧螺母时，应先用手将螺母带上螺纹牙后再用工具紧固。如果一开始就感觉很紧，可能是位置不正确，应旋松再重新旋紧。

（6）拧紧成组的螺母时，须按照一定的顺序进行。

（7）航空器上的螺纹紧固件都有力矩要求，手册中规定的力矩值是指加在螺母一端的力矩值。拧紧力矩后根据手册规定采用防松装置或防松动标记。

（8）严禁使用丝锥修理自锁螺母的螺纹。

12.2.3　更换丝套、钢套

1.更换丝套

（1）拆卸丝套。使用专用工具拆卸丝套，将工具压入丝套内约一个螺距深度，逆时针旋转，带出丝套，丝套一经拧出则报废，图 2-12-9 所示为丝套装配专用工具。拆卸丝套时，不允许有丝套折断残留在丝套孔内。如残留较多，使用镊子或其他工具把丝套头夹住拉出一定距离，继续使

图 2-12-9　丝套装配专用工具

用工具把丝套带出。残留不多，则使用镊子或其他工具把丝套头夹住拉出。

（2）安装新丝套。安装新丝套前，清洗丝套孔，确保内螺纹孔内无异物。使用工装插入丝套内，丝套与螺纹孔的安装面垂直，对准螺纹孔缓慢旋转拧入，以丝套下沉螺纹孔表面 1 个螺距左右为装好。拧入丝套时，不能用力过大往螺纹进入的方向压，防止压坏丝套，装好丝套后，去掉丝套尾柄，丝套拧入一定深度后则不能往回拧，防止丝套失效。

2．更换钢套

（1）拆卸钢套。把三棱锥、四棱锥放入钢套安装孔，保持棱锥与安装孔的垂直度敲入钢套，旋转锥体带出钢套。偏斜敲击锥体进入钢套时，可能损伤钢套安装孔。

（2）安装新钢套。使用专用工装，工装一端有螺纹，螺纹端有限位，限制钢套的拧入深度。拧入前，把工装与钢套的螺纹部分涂抹滑油，把钢套拧入工装螺纹端，工装与钢套一起旋入钢套安装孔，拧到底为止，在钢套圆周均匀冲三个点，防止钢套松动。

12.3　轴承修理

发动机转速高，受质量限制不能设置复杂的冷却系统，需要尽量减少轴承摩擦产生的热量，一般采用摩擦因素小、轴向尺寸小和所需冷却润滑油量少的滚动轴承。旋转部件荷载小时所用轴承数量少，一般为一个，负荷大时采用轴承并列。轴承用于传递荷载、支撑旋转部件和引导旋转运动。

发动机上的任何一个轴承损坏，都可能导致整台发动机无法正常工作，甚至造成重大事故。因此，轴承的维护、检查和修理对保证发动机正常工作意义重大，轴承修理的主要内容有外观检查、旋转灵活性检查、游隙测量和振动噪声测量。

12.3.1　外观检查

航空发动机的轴承按分离方式可分为可分离轴承和不可分离轴承。可分离轴承分离后进行全面检查，不可分离轴承和密封轴承主要依靠选择灵活性、振动噪声和游隙测量判断性能。检查轴承外观时，可用多倍放大镜，利用光反射的阴暗不同发现问题，也可以使用标准件比对。部分故障性质不容易判断，故障的轻重程度不能准确衡量，需要工作人员在工艺规程的指导下，凭经验进行判断。

1．轴承的常见故障及其产生原因

（1）点状或片状锈蚀。产生原因：酸、碱、水蒸气、手汗、尘埃、杂质等有害介质侵蚀，图 2-12-10 所示为腐蚀的轴承。

（2）碰伤、磨损、划伤和冷作硬化。其产生原因：滑油系统不清洁，装配时磕碰或轴承不平衡量大等。工作面未超标准件的轻微损伤、偏磨和碰伤允许抛光。图 2-12-11 所示为滚动体划伤压痕。

图 2-12-10　腐蚀的轴承　　　　　　　图 2-12-11　滚动体划伤压痕

（3）裂纹、剥落和脱皮。游隙过小、局部腐蚀导致表面材料性能降低，产生疲劳剥落和脱皮。轴承超负荷工作和加工制造时留有残余应力也可能导致滚动体裂纹、掉块，甚至碎裂。图 2-12-12 所示为轴承外圈内壁的掉块，图 2-12-13 所示为滚动体疲劳剥落，图 2-12-14 所示为轴承内圈疲劳剥落。

（4）过热、变色、黏结、局部发蓝、烧伤。其产生原因：润滑不良或发动机超转引起轴承温度过高，滑油温度过高时产生黄色烧灼。黏结主要是由轴承温度过高引起的，杂质进入滚道与滑油形成油泥，形成轴承滚动阻力，此时滚动体可由滚动变为滑动，滑动导致摩擦增大。轴承过热导致润滑失效，零件局部表面呈黑灰色，部分表面呈蓝黑色，钢球直径变小或变形。轴承过热时，可用溶液清洗过热变色部位，再涂滑油，若颜色未消除，则报废。

（5）麻点一般在磨合运转过程中产生，麻点成片出现，点小而密集，磨合后很少发生。与锈点相比，锈点比麻点大且深，锈点会持续发展。图 2-12-15 所示为轴承座的点状故障。

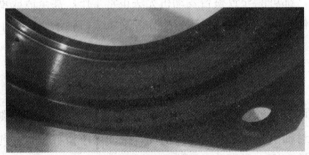

图 2-12-12　轴承外圈内壁的掉块　　　　　图 2-12-13　滚动体疲劳剥落

图 2-12-14　轴承内圈疲劳剥落　　　　　图 2-12-15　轴承座的点状故障

（6）压沟、压窝和压破。主要由于过大的瞬间冲击外力和长期静止停放产生。图 2-12-16 所示为轴承座的压坑故障，图 2-12-17 所示为轴承滚道的片状腐蚀故障。

图 2-12-16　轴承座的压坑故障

图 2-12-17　轴承滚道的片状腐蚀故障

（7）小轴承保持架故障较少，大轴承保持架常见的故障有剥落、划伤、磨损、裂纹、铆钉松动和铆钉断裂等，图 2-12-18 所示为保持架磨损、镀层脱落。铆钉松动、保持架裂纹、严重磨损和剥落时报废处理。保持架内表面磨偏，主要是由于加工及斜传动误差引起的。保持架上的铆钉钉头脱落，有的断裂位置存在周向摩擦痕迹且没有拉断痕迹，主

图 2-12-18　保持架磨损、镀层脱落

要是微动磨损导致的疲劳断裂。铆钉孔与铆钉配合关系、铆钉头端面与保持架端面的间隙对铆钉断裂有一定影响，不正常的轴向振动冲击力超过轴承负荷极限时会拉断铆钉。

2．轴承的主要修理方法

轴承剥落、脱皮、裂纹、压破和发动机超转后的轴承停止使用。轻微划伤、碰伤和磨损抛光修复后可用，大轴承允许存在轻微的压沟和压窝，非轻微压窝压坑时修理。轴承内圈与轴、轴承外圈与轴承座孔配合不合格时，可对两个配合零件中的一个进行镀铬修复尺寸，镀层不能太厚。部分轴承经使用一次修理间隔寿命后，允许翻面使用。装配不当、润滑不良、水分和异物侵入、腐蚀和过载等会导致轴承过早损坏，即使装配、润滑和使用维护都正常的情况下，经过一段时间运转，也可能出现疲劳剥落或磨损而导致轴承不能正常工作的情况，因此应加强轴承的预防性检查和修理。

12.3.2　旋转灵活性检查

可用手感觉旋转阻力、听转动声音和看转动惯性等相结合的方法，检查轴承旋转灵活性。检查时，固定内圈，使外圈向某一方向转动，再往相反方向转动。出现灵活性不好、有杂声等异常现象时，将轴承重新清洗，滴或涂抹滑油，缓慢转动几圈，异常现象仍然存在时轴承报废。若轴承转动无杂声、无卡滞，但旋转时发滞或比正常停止的速度快，使用磁力表检查磁性。有磁性的轴承应退磁再检查，完全磁化的轴承停用。滚珠轴承受轴向力，检查时将轴承置于水平状态转动检查；检查后，将轴承沿水平方向翻转 180°，再重复检查。滚棒轴承一般进行垂直状态的检查。

轴承有剥落、锈蚀、划伤、磨损、压窝和压沟等故障时，其表面的尺寸、形状和表面

粗糙度等偏离标准值，旋转时可能产生杂声和抖动，转动惯性较正常轴承差。

12.3.3 测量游隙

轴承游隙是指滚动轴承的滚动体与内外圈滚道之间的间隙。即轴承在未安装于轴或其他与其配合工作的零件上时，将内圈或外圈固定，用规定大小的荷载将未被固定的外圈或内圈做轴向或径向移动时的移动距离。使用规定大小的荷载测量游隙有助于获得稳定的测量值，测量荷载大小的选择应当考虑轴承材料弹性变形量对测量结果的影响。轴承游隙按移动方向可分为轴向游隙和径向游隙，也可分为原始游隙、装配游隙和工作游隙。装配时，内圈与轴、外圈与轴承座为不同程度的过盈配合，一般装配游隙小于原始游隙。由于轴承运转时摩擦生热，内圈升温大，热膨胀使游隙减小；滚动体与滚道接触处产生弹性变形使游隙增大，这两种因素对轴承的工作游隙有重要影响，一般轴承的工作游隙小于装配游隙。

轴承修理时，一般测量其原始游隙，即自由状态下的游隙，工作游隙不做测量。滚棒轴承只可测量径向游隙，滚珠轴承可测量轴向游隙和径向游隙。游隙过小时，可能造成抱轴、转动阻力大、轴承过热和滚动体变形等故障；游隙太大时，可能造成跳动、振动、异响和滚动体滑动等。因发动机上不同安装位置的工作条件不一样，所以测量项目也有区别，有的只测径向游隙，有的只测轴向游隙，有的径向和轴向游隙都测量。合适的工作游隙对轴承的滚动疲劳寿命、温升、噪声、振动等性能有重要影响。主要使用轴承游隙测量仪、专用工装测量轴承游隙，禁止使用手感确定轴承的游隙范围，图 2-12-19 所示为轴承游隙示意图。

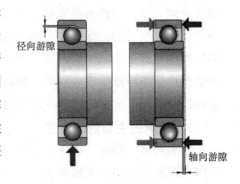

图 2-12-19　轴承游隙示意图

12.3.4 轴承的振动和噪声测量

轴承在运转时，滚动体的运动并无清晰规律，滚动体与滚道相互接触、摩擦而发生接连轻柔的动静或振荡现象称为轴承的噪声。轴承越来越精密，但用手滑动正常的轴承时，可听到清脆的动静；当轴承滚道和滚动体之间有杂质、滚动工作面有划伤等故障时，与正常转动时叠加在一起的动静称为异声或反常声。因此只要轴承转动就会有振荡，有振荡就会有振荡能量转换为压力波，即噪声。规定范围内的噪声允许，超过则需修理。

轴承的振动噪声的测量方法主要有两种：一种是直接测量振动和噪声；另一种是从振动测量中鉴别轴承的噪声。常见的测量噪声和振动的仪器是轴承测试仪。轴承测量仪自身噪声非常低，包含旋转主体、振动测试和噪声采集三部分。滚动轴承运转过程中出现的异声种类较多，形成机理比较复杂，有时异声叠加难以分辨。根据振动鉴别轴承噪声的依据，是特定轴承的振动图谱与其噪声的对应关系，但两者的对应关系存在不确定性，因此目前应用较少。

轴承产生振动的原因主要如下：

（1）轴承内、外滚道存在磕碰伤、划伤或严重缺陷引起的周期性振动脉冲。

（2）滚动体表面磕碰伤、划伤等缺陷引起的非周期性振动脉冲。

（3）由于剩磁吸附铁粉末存在于滚道或滚动体上而引起的周期性或非周期性的振动脉冲。

（4）杂质或尘埃进入轴承滚道运行区域引起的非周期性振动的脉冲。

（5）滚动体与保持架兜孔之间的剧烈碰撞引起的非周期性振动脉冲。

（6）润滑剂性能不良，滚动体与保持架兜孔之间的滑动摩擦以及滚动体运转时碾压润滑剂产生的振动脉冲。

12.3.5　轴承修理的注意事项

轴承钢容易生锈，尤其在夏天，轴承故障检查后，存放时，要妥善封存。如涂防锈油脂，或泡入脱水的润滑油或淀子油中。轴承的修理注意事项如下：

图 2-12-20　戴手套拿轴承

（1）工作中严禁赤手拿轴承，戴绢布手套拿轴承（见图2-19-20），夏季太热，在无降温措施的设备间或者工作间，长时间的工作要每隔一段时间洗手，以免汗水湿透绢布手套。工作时最好戴口罩，若不戴口罩，不要对着轴承说话，且工作后及时清洗轴承。

（2）单独清洗可分离轴承，轴承分解后，应单独存放或成套存放，可以使用塑料软管捆绑，避免串件。故检时，应当核实轴承各零件的零件号，确保号码一致性。

（3）厂区内用装配车推发动机时，道路不应有深坑，并注意速度不要太快，装配车车轮为橡胶可以减轻发动机的振动，避免造成压油、压窝和压破。

（4）分解和装配时，要注意保护轴承，以免造成划伤、碰伤、磨伤和掉落，并防止将轴承打散。

（5）润滑脂一定要干净，加脂量适量，一般不超过轴承油室的2/3。加脂后，一定要随手盖好润滑脂桶，以防止杂质、灰尘污染。

（6）轴承及带轴承的零件存放间温度为10 ℃～35 ℃，湿度不大于70%，应每天两次检查存放轴承的室内温度和湿度，并记录。

（7）轴承及带轴承零件存放时，存放间应干燥、清洁、通风、避免阳光直射。防止蒸气、水分及有害气体对轴承的侵蚀。一般使用脱水滑油浸泡轴承。

（8）轴承及带轴承的零件存放时应检查包装情况，如果发现包装损坏及潮湿应存放到隔离区，检查后重新油封、包装。

（9）存放轴承的架子应使用有防护涂料的木质架子或金属架子，架子与外部墙壁的间距不应小于75 cm。架子的下部与地板之间的高度不小于20 cm，不允许用湿抹布擦拭轴承存放间，可用蘸有煤油的擦布拧干后擦拭架子上的灰尘。

（10）不允许用压缩空气吹轴承。

（11）使用油浴加热法更换轴承，油温不能过高。

12.4 导管修理

导管内流通燃油、滑油、液压油和空气等，常用的材料为航空不锈钢。有一定耐温要求的导管，则需检查隔温措施。导管的修理内容主要是外观检查、性能试验，部分重要导管需要探伤是否有裂纹。导管的主要故障有密封面磨损、接头处故障和导管本体故障。一般的故障以打磨、研磨和加套为主，非轻微故障则酌情修理，整体严重腐蚀则修理价值低，应更换。

12.4.1 转接头

转接头又称管接嘴，转接头球面分为球头和球窝，球头与球窝线接触实现密封。主要故障有球面磨损、划伤和裂纹，安装平面磨损、硬皮、划伤和变形，导管内的拉、压力使得安装平面变形，振动可能加速导管磨损，人为因素易导致划伤。安装平面变形大时，先校正再修理，非严重磨损、硬皮、划伤和变形，研磨修理。转接头裂纹时，把故障件加温或锉掉焊缝，焊接新管接头。

球型密封面磨损时，使用标准工装研磨修理，可以把工装装于台钻旋转主轴上，球面涂研磨膏进行研磨，使用标准工装检验球面度，也可以着色检查配合。发动机长时间工作，振动可能导致管路连接处松动或变形产生泄漏。转接头变形可用芯棒校正，校正后有裂纹则报废。转接头与导管焊接处有裂纹时，补焊或更换新的转接头。转接头主体裂纹，加热焊缝处，拔下故障转接头，焊接新的转接头。

12.4.2 压帽

1. 主要故障

压帽的主要故障是保险丝孔断裂、螺纹损伤、镀层损伤和棱角磨钝。保险丝孔断裂时，在断裂处焊接，把原孔填充，锉修后重新钻孔，也可以在方便打保险的棱角两相邻棱面钻孔。转接头和压帽的螺纹，轻微损伤锉修，严重损伤或反复修理后仍漏油则更换。一处棱角被磨钝，锉修抛光可以用，两处棱角磨圆堆焊锉修抛光，两处以上时不再修理，更换压帽。

镀层脱落时，去除原有镀层，重新电镀。电镀后需确保螺纹有镀层，管道内壁工作面不允许有镀层。

2. 拆卸压帽

拆卸压帽时，主要有两种方法：一种是把螺母固定在虎钳上，在垂直压帽螺纹的方向锯槽或用砂轮机开槽，取出压帽和压帽止动杆，止动杆的安装位置如图 2-12-21 所示；另一种方法是用铣床把压帽铣出两道槽，对压帽开槽时可留一定余量，使用錾子分开把压帽分为两半取出。

图 2-12-21　导管上的止动杆安装位置

3．安装压帽

把压帽套在导管上，使用压力机将止动杆压入止动孔，阻挡螺母滑出转接头。使用压力机不能完全压入止动杆时，允许使用带球窝、直径与止动杆接近的圆柱杆和榔头把止动杆敲入压帽，也可以使用冲子将止动杆冲入。

12.4.3 导管本体

1．表面损伤

轻微划伤、磨损、腐蚀和碰伤打磨抛光或补焊修理，导管有砂眼补焊。导管直线段损伤严重可加套管焊接，弯曲段严重损伤则导管报废。导管表面允许存在轻微压坑，对于需要修理的直线段压坑可以校正、加套管处理，弯曲段存在非轻微的压坑或不能修复则导管报废，导管上的凹坑如图 2-12-22 所示。某型航空发动机上附件导管允许的压坑见表 2-12-3。内表面磷化层损坏或锈蚀，则重新磷化处理，导管局部严重腐蚀时，切掉腐蚀段，焊接套管，焊后打磨至与主体齐平。表面隔热层损伤时，去掉原有隔热层，重新安装隔热层，图 2-12-23 所示为有隔热层的导管。

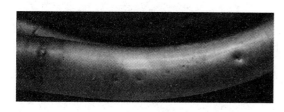

图 2-12-22　导管上的凹坑

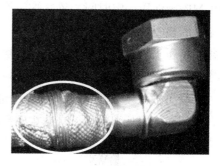

图 2-12-23　导管上的隔热层

安装导管时，导管上受的拉力不均匀，局部接触应力过大，导管抖动等是造成一系列故障的原因。

表 2-12-3　导管外径和压坑的关系

导管外径 /mm	$\phi6 \sim \phi8$	$\phi10 \sim \phi12$	$\phi14 \sim \phi18$	$\phi20 \sim \phi27$	$\phi27$ 以上
允许压坑深度	0.3	0.4	0.6	0.8	2

为了检测导管修理后的内表面流道质量，使用钢球通过来检验，导管规格和钢球直径的关系见表 2-12-4。

表 2-12-4　导管内的钢球直径大小

导管规格	$\phi6 \times 1$	$\phi8 \times 1$	$\phi10 \times 1$	$\phi12 \times 1$	$\phi15 \times 1$	$\phi16 \times 1$	$\phi18 \times 1$
钢球直径	$2.1 \sim 3$	$4.5 \sim 5$	$6.5 \sim 7$	$8.5 \sim 9$	$11 \sim 11.5$	$12 \sim 12.5$	$14 \sim 16$

2．裂纹

导管上的耳环与导管的接合处裂纹，应补焊，耳环损坏时焊接新耳环。加套管换段处内腔允许一定厚度的焊瘤存在，打磨、抛光加套管焊接处的焊瘤，使套管与导管光滑过渡，当钢球通不过加套管的导管时，报废。图 2-12-24 所示为某导管裂纹断口宏观形貌。

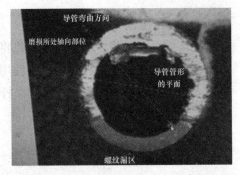

图 2-12-24　某导管裂纹断口宏观形貌

3．变形

变形故障主要发生在转接头圆柱段、导管主体和转接头工作面，非严重变形时，校正，严重变形则更换导管。校正导管时，应离焊缝处一定距离。

4．加套管

变形故障主要发生在转接头圆柱段、导管主体和转接头工作面，非严重变形时，校正，严重变形则更换导管。校正导管时，应离焊缝处一定距离。

5．试验

主要是进行密封性试验，一般的导管使用煤油或防锈液进行打压试验，如导管的油压为 1 MPa，保压一定时间。氧气管用氮气试验，试验合格后对导管可能的故障部位和修理质量最后检查一次。检查后使用干净汽油清洗导管，也可以使用超声波清洗，超声波清洗后须用高压水冲洗导管，用压缩空气吹干。

6．油封

导管可放入变压器油或防锈油中油封保存，交付时，挤出塑料袋内的空气，装入导管，使用绳子捆扎塑料袋，悬挂在导管车上，既防止导管碰撞又防止杂质污染导管。

12.5　传动装置修理

12.5.1　齿轮修理

齿轮是传力件，齿轮传动可用来传递运动和转矩，改变转矩的大小和方向，可实现平行轴、相交轴和交错轴之间的传动。

齿轮传动要求传递运动准确、平稳和承载均匀。当齿轮最大转角误差在一定范围内，其转过一个齿距角时传动比变化越小传递运动越准确。齿轮副的瞬时传动比变动越小传动越平稳。齿轮传动时的工作齿面接触越好则承载越均匀，否则荷载集中于局部区域而引起应力集中，加速局部磨损，影响使用寿命。齿轮转动过程中的瞬时传动比变动是引起齿轮噪声和振动的主要因素，一般用控制齿圈径向圆跳动公差、公法线长度变动公差等来调节传递运动的准确性，用控制齿距和基节极限偏差以及切向和径向综合公差等来调节传递运动的平稳性、噪声和振动，用限制齿向公差、接触线公差等来调节齿面荷载分布的均匀性。

齿轮副的非工作面间要求有一定的间隙，用以储存润滑油，补偿齿轮的制造误差、装配误差、受热膨胀及受力后的弹性变形等。这样可以防止齿轮在传动时发生卡死或齿面烧蚀现象。但侧隙也是引起齿轮正反转的回程误差及冲击的不利因素。当需要正反转可逆传动时，侧隙要小些，以减少其回程误差。

1. 齿轮齿面磨损

在齿轮相对运动过程中，其表面材料相互摩擦逐渐耗损的过程称为齿面磨损。齿面在摩擦力的作用下，表面材料剥落损坏，造成了材料耗损，破坏了齿面型面。齿面的磨损主要有黏附磨损、磨料磨损和腐蚀磨损。黏附磨损是指两齿轮相对运动时，齿面相互接触，材料发生粘连，一个齿轮上的材料转移到另一个齿上。黏附磨损的主要原因可能是润滑油不足或齿轮没有正确啮合。磨料磨损是指由于滑油中的金属或非金属颗粒在齿面发生的"微切削"过程。腐蚀磨损是指滑油中的腐蚀物对齿轮表面的化学侵蚀作用。

图 2-12-25　齿面磨损

齿面轻微磨损用油石或细砂纸研磨，严重磨损则报废，如图 2-12-25 所示。

2. 齿轮齿面压伤、压坑和油渍

轮齿啮合的相互滚压与滑动引起材料塑性移动，材料的流动方向和齿面所受的摩擦力方向一致，导致轮齿沿相对滑动的痕迹处被压伤或压出沟槽。齿面在机构启动和突然加速时，易受到冲击和振动荷载，过大荷载与过高频率的冲击使渗碳层碎裂，齿面产生压痕或沟槽，最后出现压坑，沟槽或压坑的方向与啮合轮齿的接触线相一致，如图 2-12-26 所示。当润滑齿轮的油液被污染时，滑油里的表面油污、油渍沉积在齿表面，降低了滑油的润滑、清洁效果，如图 2-12-27 所示。齿面没有得到充分润滑、清洁进而加速了齿面的损伤。齿面压伤、压坑超过一定深度和宽度则报废，轻微压痕研磨修理。当齿轮齿牙表面压、划伤痕大于一定深度及其体材料剥落时，则报废处理。

图 2-12-26　齿面的压伤和压坑

图 2-12-27　齿面压坑和油渍

3. 齿轮的裂纹、掉块和折断

重复、过大的荷载易导致齿轮齿根或靠近齿根处产生微裂纹，微裂纹扩张后导致齿轮掉块或疲劳折断。齿轮齿牙及齿根有裂纹时则报废，如图 2-12-28 所示。

4. 齿轮变形

齿轮在过大的应力作用下，轮齿材料处于屈服状态可能导致齿面或齿体塑性变形。一般发生在硬度低的齿轮上；但在重载作用下，硬度高的齿轮上也会出现，如图 2-12-29 所示。维修措施：提高轮齿齿面硬度，采用高黏度的或加有极压添加剂的润滑油均有助于减缓或防止轮齿产生塑性变形。

图 2-12-28　轮齿掉块、断裂

图 2-12-29　齿面变形

5. 齿面点蚀和剥落

齿轮的齿面接触应力脉动循环变化，当接触应力超过材料的疲劳极限时将导致表面产生微裂纹，微裂纹在高压油的持续挤压下扩展生成微粒，微粒剥落产生点蚀现象。点蚀一般先出现在节线处，严重时可导致剥落及掉块，齿面点蚀如图 2-12-30 所示。齿面硬度越大，抗点蚀能力越强。齿轮的接触疲劳强度不足以导致点蚀和剥落失效。对于受力较大的主动轴和液压泵齿轮的齿牙，修理时对工作表面进行预防性修理，允许对修理表面进行喷丸强化提高疲劳强度，增加抗点蚀能力。图 2-12-31 所示为通过仪器放大修理齿轮。

图 2-12-30　齿面点蚀

图 2-12-31　通过仪器放大修理齿轮

6. 齿面防护层脱落

齿轮相对运动表面允许轻微的局部发蓝层变色或脱落，发蓝层非轻微剥落时，重新表面处理，标刻齿轮的组件号、级别号。齿轮齿牙、端面及花键牙面发蓝层脱落时，修除花键牙面的毛刺，轻轻打磨齿轮牙型的毛刺，保证表面粗糙度并保持牙型面，打磨齿轮端面毛刺。过大的工作荷载易导致齿轮渗碳层碎裂，渗碳层碎裂即硬化的表面被压裂，裂纹主要由渗碳层心部开始，向齿面延伸出现长条裂纹。齿轮有裂纹则报废，图 2-12-32 所示为齿面防护层变色和脱落。

7. 齿面腐蚀

齿面受到过大的冲击荷载,表面防护层磨损时,导致齿轮、齿套表面防护层脱落,金属与滑油中的水蒸气发生化学反应而腐蚀。齿面腐蚀的处理方法:去除腐蚀物,重新防护处理。严重腐蚀使齿牙型面无法修复时,则报废。图2-12-33所示为齿面腐蚀。

8. 表面划伤故障

表面划伤故障是当滑油中含有金属颗粒等杂质时,与齿面的摩擦导致齿面磨损,主要采取研磨抛光的方式修复。图2-12-34所示为齿面划伤。

图 2-12-32 齿面防护层变色和脱落　　　图 2-12-33 齿面腐蚀　　　图 2-12-34 齿面划伤

12.5.2 齿轮轴修理

当齿轮轴的划伤不大于一定深度时,磨修镀铬,但非修理表面不得有铬层。磁力探伤有裂纹则报废。

齿轮轴工作面有毛刺、划痕、轻微划伤或磨损时,电镀修复尺寸。油石或砂纸打磨轴颈表面损伤,修磨后用麂皮蘸滑油、研磨膏抛光至表面粗糙度合格,图2-12-35所示为齿轮轴划伤磨损。当轴孔尺寸超差时,轴颈处允许镀铬研磨,镀前尺寸不应小于规定直径,铬层厚不大于0.10 mm。允许单个零件表面磨修镀铬,两个零件不得均镀铬修复尺寸。转速表传动从动齿轮允许齿轮轴颈磨修镀银增厚一定尺寸,与转速表传动从动齿轮配合的主动轴允许镀铬。镀铬前先阳极化,从动轴轴颈允许镀银修复尺寸。

齿轮轴孔、径不允许轴向伤痕存在。齿轮轴孔有轻微毛刺或划伤时,将带凹槽的研磨杆插入主动齿轮轴孔,螺旋往复运动研磨修复。划伤、压伤大于一定深度,基体材料剥落或严重磨损则报废。齿轮轴上有粘连时,锉刀锉修,刮刀刮除,研磨,图2-12-36所示为齿轮轴表面黏附。

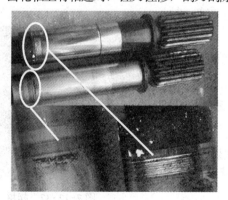 

图 2-12-35 齿轮轴划伤磨损　　　　　　图 2-12-36 齿轮轴表面黏附

离合器的修理

销子、销轴铆头裂纹或松动时则更换，销轴弹簧折断或弹力下降时更换弹簧。更换销轴、销子时，离合子长度不合格时则更换，着色检查离合子表面与棘轮贴合面沿轴向方向的着色面积，接触面积不合格时用油石或砂纸打磨。离合子表面防护层脱落时重新防护，修理后的离合子装配后等距离差应符合要求，离合器与棘轮的接触应为面接触，且三个爪尽可能同时受力。离合子应在规定转速下完全脱开，脱开不合格时允许选配弹簧，多次转速脱开测试的脱开转速差之和应符合规定。

摩擦离合器的主要故障是摩擦片磨损，当摩擦片过度磨损且摩擦力不符合脱开力矩要求时，则更换。

套齿锈蚀和硬皮时用砂纸打磨排除。滚棒表面不允许有轴向划伤，滚棒表面允许有轻微的压印和细小麻点，但不允许有压沟和材料压破、压裂。滚棒表面有锈蚀和轻微碰伤，用羊毛毡沾油抛光，抛光后允许存在轻微的加工或碰伤痕迹；锈蚀成片或滚子凸出两对称滚棒的距离小于规定尺寸时应更换新品。铆钉镦头处允许无防护层，铆接好的滚棒离合器应转动灵活。修理后的滚棒离合器停放超过一定时间时，用滑油将离合器油封，用石蜡纸包装。

【任务实施】

技能训练任务 2-12-1 CFM56-3 发动机区域标准线路施工。
技能训练任务 2-12-2 轴承的清洗、检查与维护。
技能训练任务 2-12-3 补充放气电磁活门的拆卸与装配。

【课堂练习】

一、简答题

1. 说明附件机匣的常见故障、产生原因及修理方法。
2. 说明螺纹连接的常见故障、产生原因及修理方法。
3. 说明轴承的常见故障、产生原因及修理方法。
4. 说明轴承的修理内容有哪些。
5. 说明导管的常见故障、产生原因及修理方法。
6. 说明附件传动装置的常见故障、产生原因及修理方法。

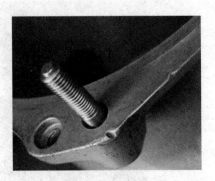

图 2-12-37 螺桩

二、拓展训练题

1. 试问图 2-12-37 所示的螺桩有几种方法取出，哪一种方法最佳。

2. 导管上螺母的连接方式一般有两种：一种是喇叭口；另一种是焊接转接头。还有没有别的连接方式？有的理由是什么？

3. 试设计轴承的轴向游隙测量装置，写出测量的详细工艺步骤（测量前准备，测量时如何固定，固定什么位置，固定时注意什么事项，移动到哪个位置，每个零件用序号表示，拧紧某个零件），测量中如何保护精密轴承？并画出完整的测量工装草图。

4. 请写出轴承的振动噪声测试原理，测试过程中需要注意哪些事项？

5. 请设置一个轴承的径向游隙测量装置，画出草图，并说明测量原理。

6. 导管装入压帽后，需要再装入止动杆，请设计一种可以把导管压入压帽的装置，可以直接把止动杆慢速、均匀用力、完整地压入压帽。要求：装置结构简单，实用性强，成本低，可维护性好。

7. 某型航空发动机附件机匣装配时，发现该机匣安装电机的固定卡箍变形。快卸环用于将附件与机匣固定在一起，用快卸环外部的箍带拉紧，如图 2-12-38 所示。快卸环外部箍带是薄壁钣金件，在装配或拆卸时的一些操作，可能使箍带变形。请分析固定卡箍变形故障的产生原因，选择合适的修理方法，并提出控制和预防措施。

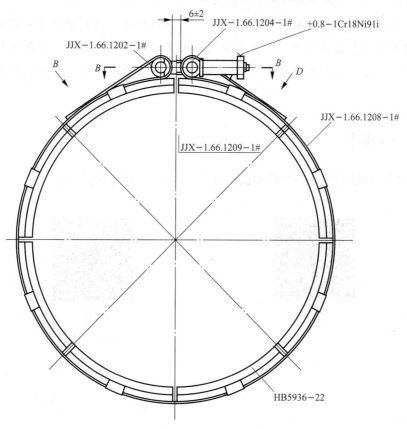

图 2-12-38 快卸环结构

阅读以下教学案例，结合本任务所学习的专业知识和技能，从保障生命安全、保障财产安全、安全操作与劳动保护、工作规范、严格按照维修手册中要求的程序进行每一步操作、绝不偷懒省略步骤、不抱侥幸心理、遵章守纪的职业素养和工作习惯等方面，按照"三全育人"的要求，分析其中需要反思的内容，提出改进措施，并编写一篇读后感。

生命标记

某轰五飞机，在进行维修时，发现起落架收放作动筒的收放橡胶管道使用寿命到期，需要更换。把飞机机体结构支撑起来后，更换了一段新的橡胶管道。进行标记时，维修人员没有严格按照维修手册进行，而是根据经验进行标记，未正确标记。密封性试验时，接上作动筒单元两边的气源接头，工作人员开始检查起落架舱门处是否漏气，此时舱门意外收起导致工作人员死亡。

经过事故调查发现，在检测是否漏气的过程中，因为错误的标记将作动筒单元两边的气源接头接反。工作人员并未注意到异常，而是在起落架舱门处检查是否漏气，舱门的意外收起导致了事故的发生，造成了不可挽回的后果。

在维修过程中我们应时刻保持认真、细心，保持警惕，时刻绷紧心里那根"安全"之绳。既要保证飞机安全运行，又要注意自身安全。在工作过程中需要做的标记较多，我们应该查询手册、按照程序办事，这也是保证人身安全和航空财产安全的客观需要及要求。

【知识拓展】

下面主要讲述航空发动机装配和试车方面的内容，可以扫码获取。

装配

试车

任务 13　航空发动机油封、包装和运输

【学习目标】

【知识目标】

（1）了解航空发动机油封、包装和运输的意义；

（2）熟悉航空发动机检配的内容；

（3）了解航空发动机常用的防锈介质类型；

（4）熟悉航空发动机的内部油封内容和工艺；

（5）熟悉航空发动机的外部油封内容；

（6）理解航空发动机的包装和运输；

（7）了解发动机油封、包装和运输的文件编制。

【能力目标】

（1）能讲述航空发动机油封、包装和运输的意义；

（2）能讲述航空发动机的检配的内容；

（3）能讲述航空发动机的常用防锈介质类型；

（4）能讲述航空发动机的内部油封的内容和工艺；

（5）能讲述航空发动机的外部油封内容；

（6）能讲述航空发动机的包装和运输的内容；

（7）能编制发动机油封、包装和运输文件。

【素质目标】

（1）培养防火、防盗和防窃密意识；

（2）培养工作认真负责、细心，勤快有条理的能力；

（3）培养航空发动机的接收和移交能力；

（4）培养"6S"应用和现场管理能力；

（5）培养编制油封、包装和运输基本文件的能力；

（6）培养油封、包装和运输岗位的服务意识和服务能力。

修理后的发动机并不都立即投入使用，一些发动机需要保存一定的时间才能装机，或修理后作为备用机保存。为了使发动机能够保持修理后的最佳技术状态，避免航空发动机的零部件与空气接触产生锈蚀和腐蚀，须对航空发动机采取使其材料不被锈蚀和腐蚀的油封与保存保护措施。为了使发动机在运输过程中不被损坏，须将发动机按规定的防护要求进行包装，将发动机装入专门设计的箱体，按规定的防护要求进行运输，否则可能由于运输导致零、部件的碰撞造成损伤，避免修理的发动机在送达客户之前，影响发动机的技术状态，甚至由于封存、包装和运输问题导致发动机重新返厂维修。

13.1 发动机油封的必要性

发动机大修分解后，常检查出锈蚀和腐蚀。有的发动机出厂后，放在库房未经使用就有锈蚀。零件受力部分锈蚀时，可能形成疲劳源，造成零件裂纹或断裂，影响运动的灵活性，造成故障或事故，如轴承、柱塞等的转动部分光滑面。金属的腐蚀是一种复杂的电化学反应过程，空气易导致发动机的金属零件锈蚀，影响锈蚀性的因素主要是空气的温度和湿度，空气中的水蒸气随温度升高浓度逐渐加大。水蒸气在电化学反应过程中是一种电解液，在湿度大的环境，即使温度上升很慢，腐蚀也可能快速增长。一般湿度对金属锈蚀所起的作用比温度明显且严重。

室外温度明显比室内低时，零件表面易凝露产生冷凝水，加速了腐蚀。空气中的氧气、氧化物、酸、碱和盐等物质也易导致零件腐蚀。盐类物质可能增加电解液膜的导电性。夏天赤手接触光滑的金属零件时，易导致零件表面出现指纹痕迹的锈蚀，汗液中氧化物的氧离子对金属氧化膜有侵蚀作用，可使零件表面在极短的时间内发生锈蚀。大气中的尘土、微粒降落在金属表面上时，由于其吸湿性凝聚水珠产生腐蚀，因此发动机停放于车间内时，应采取防护措施，如用布盖好。

13.2 发动机的检配和常用防锈介质

发动机的检配包括油封前的检查和油封相关配件的配置。

13.2.1 发动机油封前的检查

试车后的发动机进入油封部门，应当进行必要的检查和配置堵头、堵盖等零、配件。发动机油封前主要检查发动机的文件资料、外观质量和保险，尤其需要检查发动机试车单，确认发动机试车合格。文件资料包括卷宗、零件清单和履历本等，检查文件资料是否记录清晰，检查与实物相符性。外形检查主要是检查外表有无掉漆、打伤、碰伤、划伤和漏油,各保险片、保险丝、开口销是否按规定打好,调整螺钉等规定铅封的部位是否按规定打了铅封。检查转子叶片的表面质量,转动发动机转子是否有异响和异常阻力,检查静子叶片有无变色和打伤,测量叶片与导向器叶片叶冠的间隙等。

13.2.2 发动机的检配

发动机油封前,须按给定的目录对发动机进行检配。应配齐堵头、堵盖及其他需要配置的配件。为了防止系统内油的泄漏,各管接头处须配装堵头。为了抽气或尽量减少发动机腔内的气体流动,发动机前后两头或转速表座等处应加堵盖。部分发动机附件须分开装箱,待发动机和附件送达客户后再装配,应配齐附件和配置必要的安装用配件。配齐发动机使用和维护过程中的常用必换件。

13.2.3 常用的防锈工作介质

常用的防锈介质有防锈水、防锈油、气相缓蚀剂、药品和可剥性塑料等。防锈水主要是在水中加水溶性缓蚀剂,用于工序间短期防锈,如防护钢件的亚硝酸钠,防护铝和铜的重铬酸钾、三氧化铬等。防锈油是指在一般矿物油中加入油溶性缓蚀剂和其他添加剂,利用油溶性缓蚀剂在金属表面上的吸附行为进行防锈。气相缓蚀剂是一种挥发性缓蚀剂,能减慢或完全停止金属在侵蚀性介质中的破坏过程,防锈效果好,封存期长,操作方便。药品直接接触零件会造成腐蚀,因此先用石蜡纸包好,再放药品。可剥性塑料是一种以塑料为主体的成膜材料,通过隔绝侵蚀性介质起防锈作用,用于包装发动机。

发动机试车合格后的封存是设法减缓、破坏或避免锈蚀和腐蚀的产生,达到金属件缓腐蚀或避免被腐蚀的目的。发动机的油封分为内部油封和外部油封。

13.3 发动机的内部油封

油封包装车间应保持干燥和整洁,室内温度 5 ℃～ 30 ℃,相对湿度 45%～ 75%,工作间采取防尘措施,油封间设置排风装置,防止油封发动机试车时排出的油气污染工作间。油封时,应根据油封时间和封存条件选择相应的油封工艺,既达到防护的目的,又降低了油封成本。

13.3.1 发动机内部油封技术

发动机内部油封的技术要求如下:

(1)发动机停车到内部油封的间隔时间应严格限制,防止发动机内部零件温度过高,油封油损坏或燃烧。自然散热环境中,间隔时间建议 30 min 以上。

(2)油封用油料必须有化验室做出的合格结论。

(3)油封设备应进行有具体要求内容的定检工作。

(4)对被油封的发动机及其附件,工艺文件应对油封运转工作状态下的技术要求、油封标准和安全操作内容给出具体规定。

（5）发动机在油封运转过程中，须对空中点动供氧系统吹氮气，氮气压力应保持大于油封过程中氧气喷嘴出口处的压力。确保油封时，油封油不进入发动机氧气系统。

（6）发动机试车后自燃油系统放油时间算起，须在 24 h 内完成内部油封工作。

（7）进行内部油封后的发动机必须在试车后 48 h 内，将发动机发往下一工序，进行发动机外部油封。

13.3.2　发动机的内部油封工艺

发动机的内部油封可分为热油封和冷油封。热油封是发动机在工作条件下进行的，即发动机在试车台的最后一次试车过程中，将发动机的燃油换成油封油。冷油封是指采用油封设备进行油封，可减少发动机对试车台的占用时间。常见的油封设备主要包括储油装置、供油系统、抽风装置和滑油脱水装置等。

内部油封主要是油封燃油系统。燃油系统经过试车后，系统内的部分空间存留煤油，部分空间被空气填充。通过加入滑油将煤油挤出，同时使零件表面覆盖一层滑油油膜，避免了零件与空气直接接触，实现了防护保存的目的。内部油封时将燃油管换成脱水航空滑油管，用三通接头连接燃油系统和启动系统，放出滑油箱内的原有滑油，加入脱水滑油。通过假开车，将滑油压入燃油系统和滑油系统，加力预燃室内有滑油时油封完成。

13.4　发动机的外部油封

发动机的外部油封是指通过一定措施将发动机外部的镀锌、镀镉、镁合金、有色金属和钢零件的未涂漆表面与空气隔离，达到防锈的目的。发动机外部隔离主要有涂外部油封油和使用特殊材料包装等措施，图 2-13-1 所示为典型的发动机外部油封包装形式，图 2-13-2 所示为民航发动机的蒙布包装。

图 2-13-1　典型的发动机外部油封包装形式

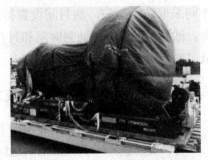
图 2-13-2　民航发动机的蒙布包装

13.4.1　外部油封前的检配

对发动机进行外部油封前，须检查发动机的相关文件、发动机外观质量和检配发动机出厂的零件，确保发动机进行了内部油封并具有相关记录。将试车时加装的工艺配件用出厂零件替换。把橡胶密封金属导管与发动机机体通电搭接线进行连接，搭接面要清洁，搭接线要保持合适的松度。按具体发动机机型检配工卡，完成出厂发动机零、组件的安装，拆下工艺堵头和盖板，更换成正规的运输件。运输件的表面一般为红色或涂红色漆。

13.4.2　外部油封前的清洁

清洁发动机前应对电气附件进行防油和包装保护。包装前使用干净布块擦净被保护部位，允许使用工业酒精擦拭。用石蜡纸将防波软管、电插头和电动机包好，用电容器纸将放气活门、氧气活门和各种电磁活门包扎，允许使用亚麻绳捆扎。

发动机零件表面有锈蚀时用砂纸打磨，漆层局部损伤时应补漆，铝镁合金氧化膜损伤时应防护处理，处理后的各表面应无加工痕迹和符合表面粗糙度要求。发动机所有外表面和进气部分的灰尘与油污用布块沾洗涤汽油擦净，对不便于擦拭的部位允许用毛刷沾洗涤汽油刷净，严禁向发动机泼洒汽油。清洁后的发动机室温晾干一定时间或用经过干燥及过滤的压缩空气吹干。不允许赤手接触清洁后的发动机，否则应重新清洁，除汗迹。

13.4.3　外部油封的技术要求

发动机外部油封的技术要求如下：
（1）使用规定的油封油。
（2）油封用的油料保存在清洁带盖的容器中，不少于半年化验一次。
（3）油封工艺卡片须对发动机外部油封的部位和油封质量给出具体规定。
（4）封存期限在 6 个月以内的发动机外表面钢制零件，可不进行外部油封。
（5）发动机涂漆的零件表面、电气附件、导线和非金属零件表面不需进行油封。

13.4.4　外部油封工艺一

发动机外部油封前，漆层有损伤应局部补漆。零件表面应清洁，检查并配齐出厂时附带的零件和保险，发动机应处于完好状态。

无防护层的钢和铝镁合金零件可涂防护油，常见的防护油有防锈油、60 ℃～80 ℃的枪炮油和工业凡士林。有色金属和黑色金属结合的零件及镀锌、镀镉的零件表面，涂工业凡士林或 60 ℃～80 ℃的含蜡滑油，将油加热后，可以降低油封油的黏度。用石蜡纸包导线防波套，以免接触油封油影响使用。漆层零件和电气设备零件不油封，加力筒体的作动筒壳体、活塞杆、调节片和紧固螺钉涂凡士林或滑油。发动机涂油后，缠石蜡纸和牛皮纸，安放防潮砂袋，防潮砂的数量应以确保规定封存期内不吸满水分为宜，当吸满水分时防潮砂指示剂变色。最后装氟塑料蒙布，并用脉冲熨头封口，使用真空吸尘器抽掉蒙布内的空气，也可以将蒙布内充入干燥空气。此工艺油封效果好，一般可达两年油封期，将工艺改进也可以用于 5 年的油封，但成本较高。

13.4.5　外部油封工艺二

使用多效能气相防锈纸将发动机包裹起来，然后用蒙布包好。多效能气相防锈纸上涂有防护药品，防锈纸与发动机接触的一面有石蜡纸，或者采用带塑料薄膜的防锈纸。工艺简单，免除了涂油和挂防潮砂等工序，防锈效果较好。避免了药品直接与某些金属接触，由于气相缓蚀剂无置换洗净能力，发动机油封包装前应加强清洗。采用加有置换性防锈油的汽油清洗，以提高防锈效果。气相封存的封存期一般为两年。

13.4.6　外部油封工艺三

将发动机用蒙布包裹，蒙布内挂一定数量的布袋，布袋内的药品释放防锈气体，达到防锈的目的。这种方法免除了涂油和去油封油的系列工艺，但气味大，对皮肤有一定危害，且布袋内的药品对有色金属有一定的腐蚀性。

另外，也可以采用往包装发动机的蒙布内充入氮气、干燥气体或抽气的方法。氮气为惰性气体，充入氮气时排出了空气，避免了零件与空气发生反应。但由于蒙布的密封性不好，油封时间受到限制。

13.5　发动机的包装

将油封的发动机用防护性材料和箱子包装，装箱既有利于运输，又有利于延长封存时间。装箱质量好，运输过程中发动机不容易损坏，在存放过程中，同样封存条件的发动机，装箱质量好存放时间更长。装箱不牢靠或箱子不结实，长途运输就容易造成箱体损坏，甚至造成发动机在箱内移动，损伤发动机。箱子密封性不好，则水蒸气进入发动机箱内，易引起零件锈蚀和霉烂。

发动机的包装一般与装箱结合进行，将蒙布套在箱底的发动机架上，固定发动机的位置装较厚的塑料或涂胶密封。需对蒙布抽气时，检查蒙布的砂眼，有砂眼则补好，抽气检查蒙布的密封性。不抽气的蒙布可不检查砂眼，为了防止发动机上的某些尖角处顶坏或刮坏蒙布，可将发动机的尖角处与蒙布之间多垫几层塑料布。干燥剂和气相防锈纸从容器拆封，至完成封存包装的最后一道封口的时间间隔，不得超过 1 h。包装前应将发动机可靠地固定在包装箱底座上，干燥剂或气相防锈纸在发动机上的放置要均匀分布，并固定在发动机上，易锈蚀部位应增加放置数量。干燥剂或气相防锈纸与发动机的接触部位要衬垫石蜡纸，防止干燥剂或气相防锈纸直接接触金属或油封油。湿度指示剂或指示纸要放置并固定在透过包装箱观察窗口能观察到的部位。封套通过包装箱支架的部位时，要在封套垫子与压紧垫圈之间涂密封剂。干燥剂气相防锈纸、湿度指示器配置完毕后应立即封口，并用包装布袋将封套多余部分包在发动机上捆紧，用抽气设备抽除封套内的多余空气，抽至封套稍贴近发动机，但不需抽至紧贴发动机，避免封套损坏。采用金属密封容器包装时，密封后应向容器内充以 0.3 个大气压的氮气或干燥空气。图 2-13-3 所示为涡轴发动机的专用包装箱，图2-13-4所示为打开包装箱前盖后，查看包装箱内的压力、湿度等参数；图2-13-5所示为包装箱打开后，固定于箱子底座上的发动机。

图2-13-3　涡轴发动机的专用包装箱

图2-13-4　打开包装箱前盖，查看参数

封装用的干燥剂和湿度指示剂的含水量不应大于2%，不符合要求时复新。复新方法：将干燥剂或湿度指示剂放入带孔、网的铝盘或铁盘，然后置于烘箱烘干，烘干后的干燥剂和湿度指示剂自然冷却到40 ℃，然后按用量装入特制袋和指示器。

封箱前应检查发动机封存包装工作完成无误。随机发送的发动机零件、备件、工具应分别进行干燥空气封存包装，然后放在小包装箱，箱

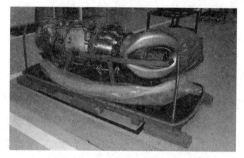

图2-13-5　包装箱打开后，固定于箱子
底座上的发动机

中要放置目录清单，箱盖须打好铅封。随机技术文件应装入聚乙烯薄膜的包装袋，放入包装箱文件盒。所有随机物件必须按照工艺文件上规定的位置和固定方法摆放、固定。固定后，应检查确信其不会在发送过程中发生位移、串动。封箱工作完成后由订货代表将包装箱观察窗口开放部位和包装箱盖固定部位进行铅封。封箱工作完成后，在包装箱上按规定字体和位置标写或喷涂发动机号、封存日期和给定的封存期限。按规定设置运输标志和装箱单。

【知识拓展】

航空发动机的运输

发动机和加力燃烧室可分成两个箱子装，箱子用铁木结构，箱子外壳用经过防潮处理的木料制成，并用铁板条加强和包封。为了防水，箱顶铺有油毡纸和沥青。有的工厂为了克服油毡纸和沥青防水性能差且易损坏的缺点，改用箱顶铺铁皮，虽然单次造价较高，但提高了质量，而且以后不必修箱顶。木箱四周刷漆，达到美观和防潮效果。在箱内六面均铺油毡纸以防在箱内有固定发动机的铁架子，铁架子固定在箱底架上，架子固定和发动机的固定是重点，必须特别注意。在箱子外面，为了识别方便，还必须喷有发动机型别号码，为保证运输过程中不损坏发动机，须喷有不准倒放、防水等各种标记以及箱子（包括

发动机）的质量和容积，并写明油封期和封存年限，以免存放超期。

发动机无论装箱运输还是用运输车直接运输，都要避免强烈振动，以免造成轴承的压窝、压沟和压破，影响使用，甚至提前损坏。发动机装箱后，应存放在室内并通风，以保证箱体干燥。当室内无法存放须出厂时，应将箱子放于不积水的地面，并设法避免箱底腐烂。

【任务实施】

技能训练任务 2-13-1 某型航空发动机卸荷腔压力调整。

技能训练任务 2-13-2 某型航空发动机启动喘振故障排除。

【课堂练习】

一、简答题

1. 简述航空发动机油封、包装和运输的意义。
2. 航空发动机检配包含哪些内容？
3. 油封的定义是什么？如何分类？
4. 什么是内部油封？哪些零部件需要内部油封？
5. 什么是外部油封？指出其有何应用？
6. 航空发动机的包装和运输有哪些技术要求和注意事项？

二、拓展训练题

1. 写出某个型号发动机的外部油封工艺内容。
2. 根据修理厂实际，编写一份航空发动机油封的注意事项文件。
3. 根据修理厂实际，编写一份包装的注意事项文件。
4. 根据修理厂实际，编写一份运输的注意事项文件。

【素养提升】

航空维修设备的自动化、信息化和智能化程度逐渐提高，是不是意味着只需要能够操作机器，不需要过多地去了解机器的工作原理、方法，以及没有自动化机器时的维修方法？从下面的案例中得到哪些启示？

过度依赖自动操纵导致的事故

1997 年 8 月 5 日，大韩航空 801 号班机于当地时间 20 时 53 分（关岛时间 21 时 53 分）由汉城（今首尔）金浦国际机场飞往关岛阿加尼亚市，机上共载有 17 名机组人员和 237 名乘客。航管员科特马约接管 801 号航班后，让班机从 FLV410 下降并告知用 LLZ06L 跑道进场（没有下滑道），但机长被下滑道信号干扰，导致机长把飞机设在 568FT，撞上 630FT 的尼米兹山而坠毁。

美国国家运输安全委员会（NTSB）在事后的调查报告中指出事故发生主要原因如下：801 次航班在准备降落至机场 6L 跑道时，塔台人员曾告知韩航机组人员仪表着陆系统中的下滑道信标因为故障关闭。但可能是由于其他信号源的干扰，韩航客机的机长在录音记录中曾一度表示他看到下滑道表尺有信号，并询问副驾驶下滑道是不是真的有故障。机场的最低安全高度警告系统由于经常被机场附近的错误信号干扰而造成误报，因此被工程人员一再修正，导致有效作用范围离机场越来越远，而无法涵盖靠近机场的周边范围。

事发时，机长没有严格执行手动降落操作程序，过度依靠自动操作，过早地下降了飞行高度。韩航对机组人员的相关飞行训练不够，在韩航的训练资料中，机场跑道的测距仪永远都是设在跑道的端点，虽然这是大部分机场的设计，但关岛机场 6L 跑道的距离量度仪表是设在跑道末端 5 km 外的山上。因此，当因天气恶劣，机组无法看到远处，而依靠距离量度仪表来认定跑道的位置时，他们认为的跑道末端实际是在真正跑道的末端 5 km 外，导致他们过早下降飞行高度。事实上，一直到放弃降落决定重飞时，机组人员仍然以为他们就在跑道上空。

机场对事故航班的仪表着陆系统未做出正确反应。航班机组也使用了过期的飞行图，飞行图中所标示的降落时最低安全高度为 540 英尺，而正确的安全高度为 656 英尺。事故航班机组在准备降落前，将飞机的高度维持在 570 英尺。

项目 3

03

航空发动机排故基础

【项目简介】

本项目主要参考阿赫耶涡轴发动机，介绍了航空发动机的故障及其分类、排故原则和排故方法，引入故障树分析法对典型故障进行了简要分析，宜作为航空发动机排故的基础内容进行学习。

任务 1 发动机的故障及分类

【学习目标】

【知识目标】

（1）理解故障和失效的概念；

（2）了解阿赫耶涡轴发动机的故障判定；

（3）理解故障的宏观发生规律；

（4）熟知常见的机械故障和性能故障。

【能力目标】

（1）会判断零件是故障还是失效；

（2）能判定阿赫耶涡轴发动机的故障；

（3）能应用故障的宏观发生规律并进行故障分析；

（4）会判断航空发动机的机械故障和性能故障。

【素质目标】

（1）培养认真、严谨、细致、一丝不苟的故障发现、分析和排除思维；

（2）培养发现故障、分析故障的能力；

（3）培养排除故障、选择故障修理方法的能力；

（4）培养知识的综合应用能力；

（5）培养多角度看待问题的能力；

（6）培养化繁为简的能力。

现代航空发动机技术日臻成熟，其维修性、可靠性已达到相当高的水平。但任何产品在使用过程中都有可能出现一些故障。即使是可靠性很高的产品，也不能完全避免故障的发生。发动机发生故障后，为了保证飞行安全，不影响使用或减少对使用的影响，必须尽快地排除故障。

排故是维护工作时十分重要的一个方面，而故障分析诊断是排故工作中的首要环节。有效的故障分析可以避免不必要的分解等工序，缩短故障诊断时间，降低使用维护以及修理费用，使航空器在最短的时间恢复，达到规定的工作性能。

1.1 故障和失效的概念

产品在原设计规定的使用条件下，在规定的时间内，完全丧失规定性能或危害安全的现象，称为故障。故障是指直接导致无法正常工作的情况。

失效是指零部件失去原设计文件所明确规定的功能，包括完全丧失原定功能、功能降低和有严重损伤或隐患，继续使用会失去可靠性及安全性。失效零件可以工作，但不正常，有无用输出。机械零件的失效主要由断裂、过大的残余变形、零件的表面破坏和破坏正常的工作条件引起，失效有时也被称为一种故障，这些故障是可修复的。

航空发动机某一系统的故障，通常是指该系统因偏离设计状态而丧失部分功能或全部功能的现象，这里的系统可以是发动机整机、单元体、发动机系统、零部件或附件等。以阿赫耶涡轴发动机为例，下列情况均应判定为航空发动机故障：

（1）由于航空发动机自身的原因，迫使发动机不得不停车或减小总距杆，导致发动机功率下降超过正常要求值的 10%。

（2）由于有故障迹象而造成发动机停车，除判定是人为错觉的情况外，即使在停车后并不能证明发动机发生故障仍应作为故障。

（3）由于发动机附件故障，而不能得到或保持在发生故障的某些油门杆位置所要求的推力，推力损失等于或大于该位置最小推力的 10% 时。

（4）如果故障通过更换附件已经排除，即使更换下来的附件在试验器上不能证明有故障仍应作为故障。

（5）由于发动机的原因，规定的时间内发动机不能按规定启动。

（6）由于滑油消耗量超过规定或滑油分析结果异常，导致发动机需要修理或更换。

（7）由于振动超过允许极限而导致发动机的修理或更换。

（8）装配部位和管路接头处的漏液量超过规定。

（9）利用规定的检查设备和检查方法，发现由于发动机的原因造成发动机零件超过规定容限的损伤。

1.2　故障的宏观发生规律

任何机器设备，随着使用时间的延长，就会磨损、老化、破裂和失效。按照故障出现的时域可分为早期故障、偶然故障和耗损故障。图 3-1-1 所示为某型发动机零件的典型故障（失效）率曲线。

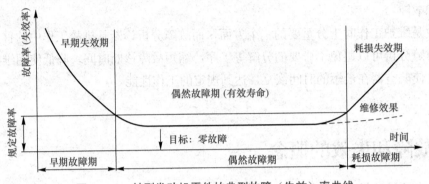

图 3-1-1　某型发动机零件的典型故障（失效）率曲线

1．早期故障

早期故障是指航空发动机开始使用后，不太长的时间内发生的故障。故障率高，随着使用时间的增加而减少。早期故障的原因有装配不当、零件配合不协调、加工质量不好或原设计不足等。装配不当可导致漏油、漏气、错装和未拧紧，零部件配合不严密、工作不协调和调整部位不准确时，筛选、磨合和调试排除故障。通过原位和原台装配可减少早期故障的发生。

2．偶然故障

偶然故障是因环境条件、荷载变化、材料工艺和损伤等随机因素造成的，也称为随机故障。发生时间不确定，无法预估，故障率低。不能通过磨合、定时修理或更换零件解决。主要通过修改设计，提高零件性能；采用监控技术，对故障信号进行采集、测定、判断、比较，确定故障的部位、影响、原因和处理措施，将故障扼杀在萌芽状态，预防故障发展到临界点。

3．耗损故障

发动机经过一定时间的工作运行，由于零部件发生了物理、化学变化，如磨损疲劳、老化、腐蚀和耗损等因素造成产品性能的衰退或老化，使发动机产生耗损故障。耗损故障发生在产品使用后期，故障率随着使用时间的增加而迅速增加。发动机进入耗损阶段后应进行大修，延长有用寿命期。对于易产生金属疲劳或磨损的零件以及耗材件，应限制工作寿命，主动控制维修性故障的产生。

1.3　航空发动机故障的分类

航空发动机故障按故障后果可分为危险故障、使用故障和非使用故障，危险故障是指可能导致机毁人亡的事故，如滑油系统、燃油系统不工作，发动机操作失灵等。按故障形式将故障分为潜在故障和功能故障，如图 3-1-2 所示。

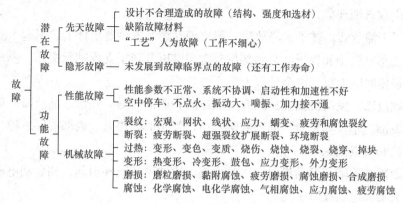

图 3-1-2　故障的分类

1.3.1　潜在故障

潜在故障是指产品合格出厂，工作运行中如不采取预防性维修或调整措施，在一定的工作条件下，就会发生的故障现象。潜在故障可分为先天故障和隐形故障。先天故障是指由于产品设计不合理、选材不当、工艺或人为因素造成的故障隐患。

隐形故障是指产品工作以后，已产生故障先征兆，未发展到故障临界点且有工作寿命的未被发现故障。故障临界点是指具有故障失效特性的开始节点，在这点之前不具备故障的失效特性，还可以使用一定时间，超过这个点则失效或故障。

1.3.2　功能故障

产品或零部件，不能满足原设计规定性能指标的现象，称为功能故障。功能故障可分为机械故障和性能故障。

1．机械故障

机械故障是指航空发动机的零件、部件或附件工作过程中发生破损，丧失了原设计的机械性能指标的现象，也称为基本故障，如裂纹、断裂、过热、变形、磨损和腐蚀，零件损伤，部件、组合件或附件松脱与失控等。

2．性能故障

性能故障是指产品的性能参数、系统协调或配合关系，工作时偏离了规定指标的现象。如 T_4、T_m、R、n、PT、PM、pH 值发生改变，系统工作不协调，启动性和加速性不好，空中停车、振动大、喘振、悬挂和加力接不通，热膨胀间隙改变等。

3．性能故障实例

以某型涡轴发动机为例，其主要性能故障如下：

（1）金属屑故障。滑油系统中出现金属屑，预示着发动机内被润滑的某部位零件可能发生了异常磨损。常见的产生原因有齿轮、轴承和齿轮减振环磨损等。

（2）冒烟故障。冒烟故障包含排气管冒烟、通气管冒烟或发动机外部某处冒烟。发动机前轴承封严不良，后轴承封严不良或积炭堵塞，可引起排气管冒烟。发动机回油单向活门不密封，后轴承积炭堵塞可引起通气管冒烟。后轴承座与滑油导管结合部渗油，可导致相应机匣处出现冒烟现象。

（3）转子卡滞故障。转子卡滞故障一般出现在燃气发生器部件上。引起卡滞的原因有涡轮导向器变形、转子和静子间某些部位异常碰磨以及转子支承轴承损坏。停车操作时，慢车状态的稳定时间太短，也会导致卡滞。

（4）漏油故障。发动机漏油故障有滑油渗漏和燃油渗漏。外部渗漏故障一般发生在磁性密封圈、胶圈、垫片等密封件的密封结合面，管路的连接处。内部渗漏故障一般发生在封严篦齿部位和支点处。

（5）启动困难故障。发动机启动困难主要由燃油系统附件引起，如启动电磁活门、点火系统的点火器和电嘴故障引起。

（6）意外停车故障。发动机意外停车有空中停车和地面停车。空中停车故障主要是因燃气发生器鼓筒轴内积聚灰尘引起后轴承损坏、转子卡滞而停车。燃油系统附件启动放油活门、燃油调节器、燃油泵的某些故障也可能导致发动机停车，动力传动部件失效或超转保护系统故障可能使发动机超转保护停车。

（7）其他故障。除上述故障外，振动、超温、功率衰减等也是常见的故障现象。此外，各种附件也有可能发生不同形式的故障。

【课堂练习】

一、简答题

1. 什么是故障？什么是失效？两者有什么不同？对故障和失效分别举出一个实例。
2. 什么是航空发动机的系统故障？举例说明三种故障名称。
3. 功能故障可以分为哪两类故障？

二、拓展训练题

1. 画出故障的典型故障率曲线，并就其三种类型的故障做简单说明。
2. 什么是机械故障？写出航空发动机不同部件上的 5 种典型机械故障。
3. 什么是性能故障？写出航空发动机不同部件上的 5 种典型性能故障。
4. 同型号的两台航空发动机，1 号和 2 号发动机，同一维修机构的 AB 维修团队进行维修，A 维修团队专门维修 1 号机，B 维修团队专门维修 2 号机，仅从维修的角度考虑，这两台航空发动机，从第一次维修到最后报废期间，其主要被维修零件的故障率是否接近？接近是为什么？不接近又由哪些因素导致？

【素养提升】

仔细阅读以下教学案例，结合本任务所学习的专业知识和技能。从工匠精神、奉献精神、拼搏进取精神和家国情怀等方面，分析案例中所蕴含的积极元素。作为新时代的航空维修事业接班人，了解当前的时代背景和航空维修事业现状，结合案例中的优秀品质，希望自己成为一名怎样的航空维修人，应当具备哪些品质和精神才能行稳致远，实现目标？

择一事而终一生，不为繁华易匠心

航空发动机是飞机的心脏。一旦发动机关键零部件损坏，就会导致"战鹰"因"心脏病"无法升空。与航空发动机的制造不同，维修面对的零件已是成品，基体材料性能也已退化，常会因焊接变形和再次裂纹故障导致停修。

蓝天工匠孙某某在工作中敢闯敢试，将无数次"不可能"变成"可能"，先后开发应用 10 余项行业内领先的装备核心修理技术，破解上百个生产修理"瓶颈"、难题，维修过 600 多台航空发动机，填补了多项国内空白，累计节约装备修理经费近亿元。

2013 年，一批某型军用飞机发动机机匣损坏，国内没有成功修复案例。行业专家给的答案是"这个问题连制造厂也束手无策"。眼见 30 架飞机即将"趴窝"，孙某某主动请缨，带领团队摸索出一套方案。机匣内部构造就像俄罗斯套娃，一层又一层，故障点多发生在腔内。经过近半年研究攻关，在上百次的反复试验下，团队通过开"窗口"利用镜面反射原理查找故障点，采用仰焊将漏气部位修复。整个过程精准把控工艺参数，而且将修复精度控制在 0.003 mm，也就是 1/25 根头发丝。突破了修理禁区，30 多架飞机重返蓝天。这一道工序后来被命名为"镜面反光仰焊法"，直接解决了机匣死角故障的修复难题。

孙某某说："从最开始不能修，再到现在我们把变形范围降到 0.003 mm 这个数字，这一路我们走了很多很多年。"通过改善工艺，用计算机程序来控制，用程序来走自动化焊接，极大地提高了焊接效率。

她说："焊接是个良心活，毫厘之间精益求精，才能对得起良心。"失之毫厘则差之千里，毫厘之间攻坚克难，创新突破永不止步。每一项数据都要细致、严谨。"不能放过任何一处可能的隐患，也不能放过任何一个可疑之处，要细致了解有偏差的原因和影响。"这是一种强烈的使命感和责任感。

2014 年，为提升技术能力，孙某某萌发了读研的想法。她把目标锁定在华中科技大学。但该校要求全脱产学习。当时，其母亲生病，无人照料，老师都建议她不要报考。她却做出决定：带着母亲去进修。白天在学校上课，放学回宿舍安顿母亲，周末再赶回家看望儿子。凭着这股刻苦的钻劲，不到 1 年修满 2 年的学分。

"择一事而终一生，不为繁华易匠心。"这是她的座右铭。孙某某团队为新机型进行试修试验，加班加点啃资料成为家常便饭。她说，现在的目标是瞄准新工艺和新技术，让更多"战鹰"重返蓝天。

任务 2　发动机的排故原则及流程

【学习目标】

【知识目标】

（1）理解航空发动机排故的基本原则；

（2）了解故障的一般处理方法；

（3）了解航空发动机排故的注意事项；

（4）熟知航空发动机的排故流程；

（5）了解航空发动机典型故障的排除。

【能力目标】

（1）能应用航空发动机排故的基本原则；

（2）能选择正确的故障处理方法；

（3）能应用航空发动机排故的注意事项；

（4）会根据航空发动机的故障编写排故流程；

（5）能够排除简单的航空发动机典型故障。

【素质目标】

（1）培养故障预防的理念；

（2）培养"学""思""用"相互贯通的能力；

（3）培养严谨、细致、一丝不苟、持之以恒的排故工作作风；

（4）培养严密的故障排除逻辑思维；

（5）培养发现问题、分析问题和解决问题的能力；

（6）培养遇事不拘泥于小节、善于抓住事物本质的能力。

【理论学习】

2.1　发动机的排故原则

排故工作需要排故人员具有相应的专业知识、技能和方法，熟悉相应的航空发动机机型结构、工作原理和性能，同时应具备严谨的工作作风、清晰的思路和科学的方法。排除故障首要的一环是故障分析诊断，准确的诊断是排除故障的前提。只有对发动机结构及其有关系统的组成和工作原理熟悉掌握，加上恰当的分析方法，才能使诊断更准确，排故更迅速，成本更低。排故方案根据具体情况制定，通常包括故障识别、故障分析、故障件隔离及排故方法选择。

1．排故的基本原则

（1）缩短产品的停放期。尽可能缩短排故的时间，使产品尽快恢复到良好状态。

（2）适度地分解零部件。避免大拆大卸；需要分解零部件时，尽量使拆卸的零部件最少。

（3）属地原则。能在现场排除的应当在现场排除，能在基地排除的不发往修理厂。

2．故障的一般处理方法

发现故障或故障征兆后，首先要详细了解故障当时的情况，认知查看记录，同时应全面地仔细检查现场，根据需要记录和拍照。综合产品结构特点和工作原理，运用相关的故障分析程序，并结合以往的经验进行初步判断，确定查找故障的初步范围。

分析查找故障时，一般采取由静到动、从外到内、由表及里、从简单到复杂的顺序进行查找。故障的分析方法介绍如下：

（1）由静到动。由静到动是指先从静态方面着手，首先向有关的空地勤人员了解详细的故障情况，以及发动机当时的工作条件、使用环境、飞行任务类型等情况，必要时查看发动机的使用维修记录。拟定初步的排查方案，在排查方案中，一般优先考虑能在地面停车状态进行的查找工作，然后考虑需要开车或试飞的故障验证工作。

（2）从外到内。从外到内是指先了解、检查产品外部的环境条件和外表情况，分析这些外部环境与产品内在品质的联系和影响，然后深入内部检查和查找故障原因。

（3）由表及里。由表及里是指从表面现象着手，逐步深入检查分析。有些表面现象容易让人迷惑，这时需要用有关的知识和经验，分析各个可能的原因。对于复杂的疑难故障，还可以运用故障树等方法帮助进行分析，找出可能引起这种故障现象的原因，然后对这些可能性逐一检查，最后找到真正的原因。

（4）从简单到复杂。从简单到复杂是指检查时先从简单易行的工作着手，仔细检查，逐渐缩小检查范围。从简单处入手，有助于提高效率。有时，故障原因可能就在简单的一步工作之中。

3．常用的排故检查方法

航空发动机排故检查中，常用的方法有目视检查法、自动检测法、金属屑检测法、滑油光谱分析法、人工检测法、事件法和拔插法等。通过灵活运用这些方法，逐步缩小查找范围，直至确定故障部位。

（1）目视检查法。通过肉眼观察，检查发动机机件表面有无异常情况，如裂纹、变形、腐蚀、碰伤、烧伤等，检查机件之间安装连接有无松动、结合面渗漏等，必要时利用渗透显示剂、孔操仪等进行检查。这是在排故检查中普遍使用的一种方法。

（2）自动检测法。利用故障诊断系统检测故障。通过机载系统或地面诊断系统检测发动机故障。例如，某型涡轴发动机的控制系统，具有随机自动检测控制系统故障的功能。在航空发动机运行过程中，控制系统出现故障，系统会提示故障信息，包括故障类型、故障级别等，机组人员可根据故障信息决定是继续飞行还是返航排故；维修人员也可以按照信息提示的方向去查找故障部位。如某直升机飞行中右发参数提示有故障，查看故障页面显示故障代码"RESOL"，表示解算器故障；可能是机械液压组件、燃油泵或电缆有故障。直升机着陆后检查，发现发动机计量器的油针位置传感器插头有松动。通过故障诊断系统检测，可以缩小查找故障的范围，提高排故的效率。

（3）金属屑检测法。通过对滑油系统中出现的金属屑进行检测分析，查找故障部位。磁性金属检屑器装于航空发动机滑油系统回油路，当其磁性金属检屑器上吸附金属屑时，可通过对金属屑的形态、数量、材料进行分析，判断哪些零件可能发生了异常磨损。这种检测方法主要用于判别发动机轴承、齿轮等零件的异常磨损故障，是一种比较准确有效的方法。例如，某直升右发飞行后落地时，金属屑警告灯亮，检查发现带指示器的磁堵上有小片状金属屑，磁性金属检屑器和主滑油滤上也有较多小片金属屑。对收集的小片金属屑进行能谱分析，确定为轴承钢材料，初步分析是轴承磨损。发动机经返厂分解检查，找到了故障部位，是锥齿轮组合后部轴承磨损。

（4）滑油光谱分析法。通过滑油取样分析，可测出滑油中含有的金属元素种类及其含量。也可以根据历次滑油取样的分析结果，计算金属元素含量的增长情况，据此可推断哪类零件有磨损以及磨损速度如何。维护人员可按照维护资料给出的参照标准确定是否需要采取维修措施。这种方法主要适用滑油系统中发现细小粉末金属屑的情况。例如，某直升机右发地面维护检查时，发现滑油颜色变黑，M01 单元体和滑油箱磁性金属检屑器上有黑色油泥，主滑油滤和其他磁性屑末检测器均未发现金属屑。滑油光谱分析 Fe 含量达 16.7 ppm，维护手册规定的告警极限 Fe 含量为 15 ppm。经检查，M05 单元体主动齿轮轴颈及其轴承磨损。

（5）人工检测法。利用仪器，人工检测发动机系统或附件。例如，用三用表检测某一电路的电阻，判断其是否正常，用兆欧表检测电缆的绝缘性能是否良好，用专用检测仪检测某些附件是否正常等。常用人工检测法检查发动机各系统及其成品、附件，如滑油系统、燃油系统、电气系统和监控系统等。

（6）事件法。用相同型号的良好成品、附件串换有疑问的成附件以判断其是否正常。如果串换后系统或发动机恢复正常了，则可判断该可疑件是故障件。这种方法在发动机排故中被广泛采用，特别是对于比较容易拆装的成品、附件，是一种简单而有效的判别方法。

（7）拔插法。电气系统、监控系统和控制系统的某些故障，可通过拔出电气接头或数据接口，检查其状况后复装，看故障现象是否消失。航空发动机在气候比较潮湿或空气污染较重的条件下使用，尤其是停放一段时间后，电气连接部位可能因受潮、腐蚀、脏污等原因产生接触不良的情况。电气系统、监控系统和控制系统有时出现一些令人费解的故障现象，可先用拔插法检查。例如，某直升机右发通电检查时，发动机参数提示有故障，查看故障页面显示故障代码"BUS\\H"，表示直升机数据总线部分有故障。检查并重新安装发动机 EECU 与直升机的数据接口后故障信息不再出现。

外场排故时，故障检查方法并不是一成不变的，可能受条件、环境限制，维护排故人员必须根据当时当地具体情况，灵活运用各种方法，必要时可因地制宜选择一些其他方法来解决问题，但不能违反基本操作规程和安全准则。

4. 排故的注意事项

进行航空发动机维修排故工作时，应熟悉相关机型的结构性能和工作原理，工作中须遵守技术文件的相关规定，同时要注意安全防护。

（1）操作时采取必要的防护措施，操作过程中盖好各种孔口以防外来物进入，注意保持工作场所的清洁。

（2）使用的工具、扳手大小必须合适，不能太大，以免拧坏螺母。力矩扳手的量程要合适。

（3）分解零部件时，注意其安装顺序，必要时在分解过程中对零件做好标签或标记以便正确复装。不得在结合面间打入楔子，或用硬物撬动结合面的方法分解零部件。

（4）拆热部件上的螺钉、螺母时，可喷涂防黏结渗透液，让其渗透 15 ~ 20 min 后再拆分。

（5）清洗时，注意做好防静电、防火等安全措施。

（6）钛合金零件不得使用三氯乙烷等氯化物产品清洗。

（7）装配之前，应对有关零件进行必要的检查，如发现缺陷应及时处理、修复。

（8）装配时，对自锁的螺母、钢丝螺套应检查其锁紧力矩。直径 6 mm 以下的螺母、螺钉可用手感觉阻力矩大小来判断锁紧力矩。

（9）失去自锁作用的螺母或钢丝螺套不能继续使用，不能用敲打变形的方法试图恢复自锁作用。螺钉、螺母安装时螺纹上要涂发动机滑油润滑，并按规定力矩拧紧。

（10）花键、套齿部位安装时要用滑油润滑。

（11）做好劳动保护。处理滑油和其他对身体有害的化工产品时注意采取一定的防护措施。

（12）检查电气设备、使用压力容器类工具设备时，须遵守安全操作规程。

（13）做完维修工作后，要根据清单清点零件、配件、工具、擦布等物品，防止遗留在航空发动机或飞行器上。

（14）有关检查数据和维修工作情况应及时记载在发动机履历本上，如重要数据、维修工作和换件情况等。

2.2 发动机的排故流程

根据发动机的工作阶段，选择发动机的以下故障为例进行说明。

1．启动过程中的故障

（1）按下启动按钮，转速和温度不上升（见图3-2-1）。

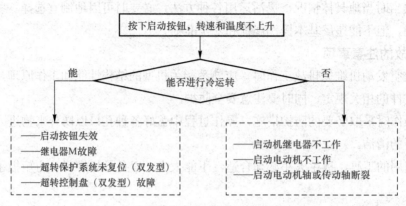

图3-2-1　按下启动按钮，转速和温度不上升

（2）按下启动按钮后，T_4上升不正常（见图3-2-2）。

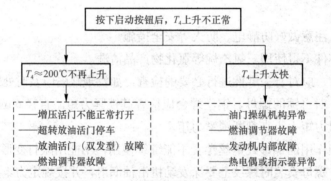

图3-2-2　按下启动按钮后，T_4上升不正常

（3）松开启动按钮后加速故障（见图3-2-3）。

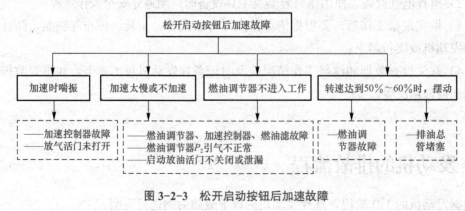

图3-2-3　松开启动按钮后加速故障

294

2. 停车过程中的故障（见图 3-2-4）

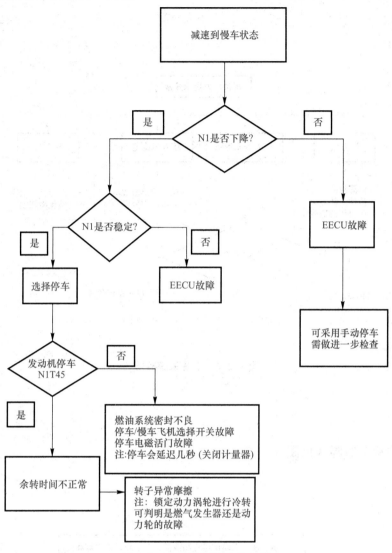

图 3-2-4　停车过程中的故障

3. 冷转故障（见图 3-2-5）

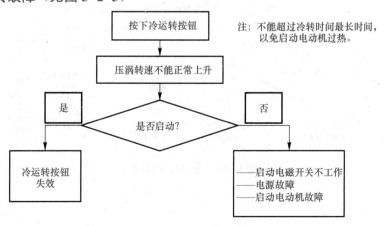

图 3-2-5　冷转故障

4. 滑油系统故障（见图3-2-6）

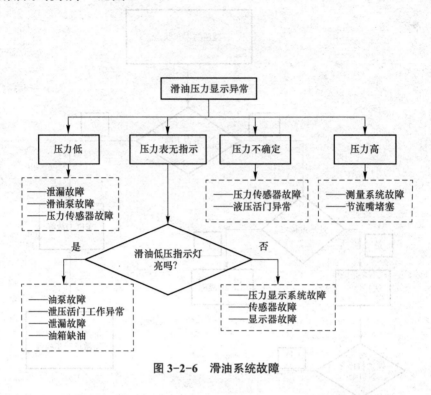

图 3-2-6　滑油系统故障

5. 空中停车故障（见图3-2-7）

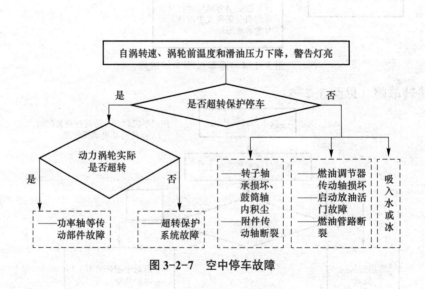

图 3-2-7　空中停车故障

6．运行故障（见图 3-2-8）

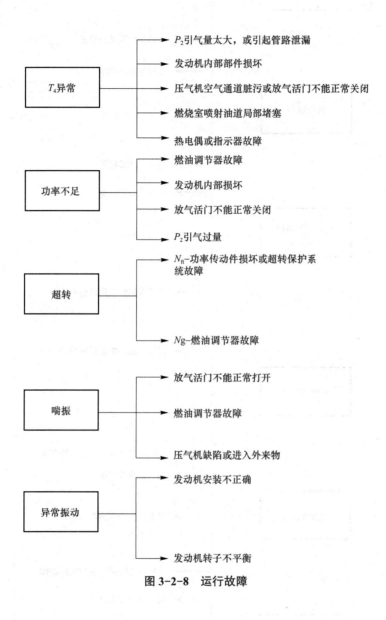

图 3-2-8　运行故障

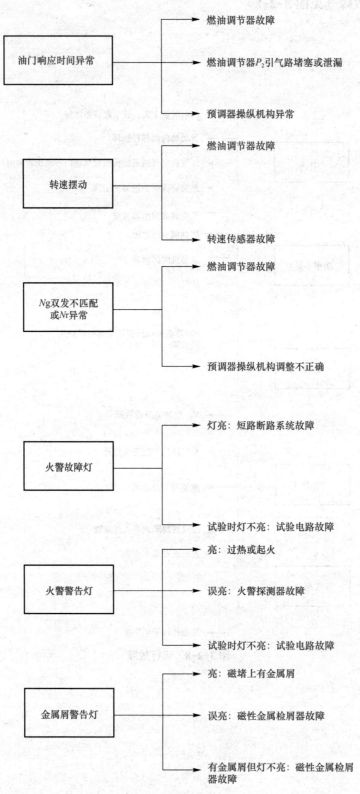

图 3-2-8　运行故障（续）

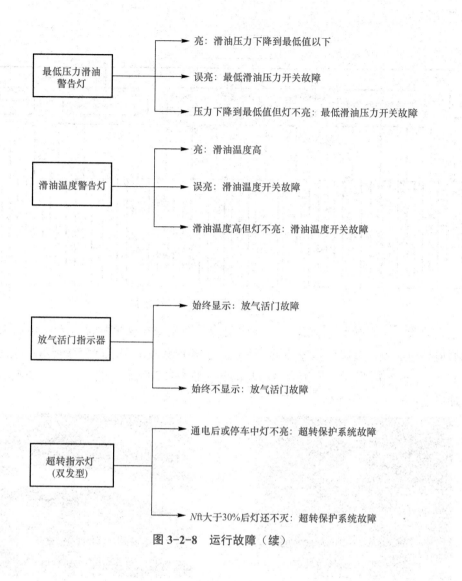

图 3-2-8　运行故障（续）

2.3　发动机典型故障排除案例

2.3.1　故障现象

2019 年，某型飞机进行跨昼夜飞行时，出现"左发减小转速"信号告警。收左发油门到慢车，安全返回。

2.3.2　故障分析

排故团队通过故障检查分析，初步认为："减小转速"故障是金属屑信号器因金属屑导通所致。对该发动机空中出现"减小转速"的故障进行故检，为指导故障排查，针对滑油系统金属屑故障，编制故障树如图 3-2-9 所示。

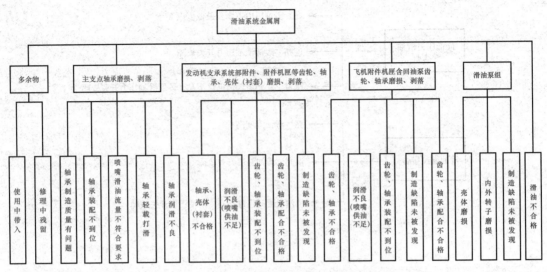

图 3-2-9　滑油系统金属屑故障树

　　根据故检结果，确认了该发动机空中出现的左发减小转速故障，是磁性屑末信号器因金属屑导通所致，金属屑是发动机三支点轴承外钢套滚道和滚珠疲劳剥落产生的，如图3-2-10 ～图 3-2-12 所示。外钢套原材料的碳化物分布和形状不良，导致材料疲劳性能下降，使三支点轴承产生剥落。

图 3-2-10　三支点轴承外钢套滚道剥落

图 3-2-11　三支点轴承滚珠剥落

图 3-2-12　三支点轴承保持架镀银层磨损

　　对该轴承剥落原因的分析表明：轴承外钢套及滚珠的剥落性质为接触疲劳剥落，外圈及滚珠剥落可能与受到较大应力作用有关。检查该发动机近 5 架次飞行参数数据，未见异常。检查该发动机近 5 次滑油光谱分析和自动磨粒检测数据，未见异常。因此分析认为，轴承剥落与振动无相关性。

三支点轴承外钢套装于中央锥壳体上，用于支撑轴承转动。内钢套装在中央锥主动锥齿轮上，用于实现高压压气机转子与附件机匣之间的传动。根据检测结果，滑油滤和磁性屑末信号器上金属屑源于三支点轴承外钢套、滚珠的剥落，以及后续滑油系统内相关部件的磨损。

三支点轴承外钢套滚道和滚珠疲劳剥落产生金属屑。外钢套原材料的碳化物分布和形状不良，导致材料疲劳性能下降，是三支点轴承剥落的原因。首先产生小面积疲劳剥落，疲劳剥落扩展后，引起外钢套疲劳剥落面积逐渐扩大。

经过联系轴承制造厂，该型轴承钢套和滚珠材料为进口 Cr4Mo4V 轴承钢，材料碳化物分布和形状主要受原材料影响，轴承制造厂家目前尚无有效控制手段。正在开展国产替代材料研究工作。

综合以上分析，本台发动机三支点轴承剥落，导致发动机金属屑信号器、发动机附件机匣磁性屑末信号器上有金属屑。其与轴承本身可靠性不足、轴承制造控制有关，是轴承的制造缺陷，无法复现该故障。外圈及钢球的剥落性质为接触疲劳剥落，外圈首先发生接触疲劳剥落，外圈接触疲劳剥落主要与受到较大应力有关，碳化物局部聚集对其疲劳剥落具有一定影响。

2.3.3 修理措施及注意事项

工艺规程要求检查三支点轴承内外钢套、保持架及滚子的表面质量，如剥落、腐蚀、麻点、裂纹、压痕、划伤均有相关规定。对轴承径向游隙、滚子组差、滚子长度差有明确规定。测量轴承时，应确保工艺规定的测量场地温、湿度要求，轴承、标准件、测具温度应一致，测具需定期校检。测量三支点轴承的残余磁性。三支点轴承故检、修理时，应在工艺规定的工作场地，并使用工艺规定的工具。轴承故检、修理、装配和油封时，按要求防锈蚀。轴承存放、转运过程中，注意采取防锈蚀和防磕碰措施。

装配过程严格按照规定对轴承油封、防锈蚀。轴承装配时应加温，装上轴承后检查轴承端面是否与止动位置贴合。按工艺要求的力矩装配轴承锁紧螺母，锁紧锁片。装配完成后，进行冲洗、油封。

2.3.4 预防举措

（1）控制三支点轴承装配力矩。按工艺要求中上限，控制三支点轴承内、外环压紧螺母装配力矩。

（2）控制三支点轴承润滑喷嘴流量。按工艺要求中上限控制三支点轴承润滑喷嘴流量。

（3）增加工厂试车后的轴承检查要求。试车后，三支点轴承增加磁粉探伤工作，检查表面应无裂纹，使用手持放大镜检查轴承滚珠表面应无损伤。

（4）对外场在用的发动机，结合发动机 25 h 定期工作，检查金属屑信号器、滑油滤、磁性屑末信号器等处有无磁性金属屑，有磁性金属屑时送承制、承修单位进行成分分析，如为 Cr4Mo4V 材料，则发动机暂停使用。

（5）发动机一支点轴承与三支点轴承结构基本相同，为预防同类故障发生，一支点轴承的故检、修理、装配、油封和运输等参照三支点轴承要求控制。

【课堂练习】

一、简答题

1. 航空发动机的排故原则是什么？
2. 航空发动机故障的一般处理方法有哪些？
3. 简要介绍航空发动机故障检查的常用方法及其内容。
4. 简述航空发动机排故的注意事项。

二、拓展训练题

1. 画出航空发动机启动不成功故障的排故流程图。
2. 画出航空发动机超转故障的排故流程图。
3. 画出航空发动机喘振的排故流程图。
4. 画出航空发动机转速摆动的排故流程图。
5. 画出航空发动机热悬挂故障的排故流程图。
6. 某发动机经制造装机后的使用情况良好，未曾发生过启动故障。进入寒冬后，部队在某台发动机的使用过程中，多次出现了启动性能故障现象，现场均无法有效彻底地排除，影响了航空装备的正常训练飞行。下文结合外场工作环境和发动机技术状态，对这一特殊故障进行分析，找出故障原因，提出修理和维护对策。

发动机经过一段时间的使用，天气逐渐转冷，启动故障开始显现。某部队在一次执行任务时启动发动机，多次启动未成功。启动过程中从发动机尾喷口处观察的现象：自按下发动机启动按钮 9 s 后尾喷口处有少量的油分子喷出，启动点火供油系统工作，耳听点火电嘴有连续的放电声。时间达 20 s 后发动机尾喷口有大量的燃油喷出，发动机主供油系统工作。达 25 s 时，发动机燃油仍未被点燃，随着转速增高供油量逐渐增大，燃油始终未被点燃，发动机被迫停车。

经过统计多次启动故障的数据，发动机的启动故障与温度的关系见表 3-2-1。

表 3-2-1　发动机的启动故障与温度的关系

场温 /℃	启动的成功率 /%	启动的失败率 /%
0	100	0
-5	90	10
-8	70	30
-10	20	80
-15	0	100
-18	0	100

经初步分析表3-2-1数据，随着启动环境的大气温度逐渐降低，该发动机启动不成功的故障开始显现。气温在零度左右时发动机的启动性能良好，当大气温度降至 −5 ℃～ −8 ℃时发动机就开始出现启动不成功的现象，需要经多次运转和启动发动机方可启动成功。大气温度降至 −15℃以下时，无论多少次运转和启动发动机均启动不成功，而随着大气温度回升到零度左右时，发动机的启动不成功的故障现象随之消失。结合外场工作环境和发动机技术状态，对这一特殊故障进行分析，找出故障原因，提出修理和维护对策。

【素养提升】

阅读案例，思考：对机务工作者，工作前、工作中和工作后进行了安全培训，工作过程设计了必要的安全工作程序以及防范措施，为什么还是避免不了此类事件的发生呢？根据所学知识，剖析事故的发生原因，提出改进措施，并编写一套合理的工作程序。

请勿靠近飞机危险区域

案例1

根据民航资源网综合BBC、Airlive消息，2015年12月，印度航空的一位机务工作人员在孟买机场被吸入发动机。副驾驶员启动发动机之后，机务工作人员就站在发动机附近，如图3-2-13所示。

飞机发动机的地面启动，需要地面机务工作人员和机上试车员达成一致后才启动。航后工作中，如果有发动机相关的维护、修理工作，结尾会在地面启动单发或双发来对发动机做的工作进行检验。最常见的是渗漏检查，此时在发动机运转的状态下需要维护人员到发动机下面观察余油口是否有渗漏，必要时进行记录。通常由两名机务工作者到同一台发动机下做这项工作。一人观察渗漏情况，另一人负责保障在发动机下面的人的安全。飞机机身上专门喷有"吸入危险区"的标识，检查运转的飞机发动机时，应当从航空发动机侧面的非危险区域接近和离开。应当防止检查完发动机后，由于疏忽一转头从发动机前面出来。尤其是夜班工作易于疲惫，发动机周围噪声非常大，戴着耳塞难以通过声音来区别前后左右。

图3-2-13 机务工作人员被吸入发动机

当人在非常疲惫的情况下，人的判断力和意识会下降，注意力会不集中，反应可能变慢。夜班疲劳工作时，从很小的梯子上下来，也可能站不稳。另外，若飞行员存在误解信号的可能，或机务疏忽提供了不正确的信号，也会导致飞机发动机不正确的运转。

案例 2

2015 年，飞行员按照往常一样，在里根号航母的甲板上进行升降训练。按照规定，舰载机起飞时，不相关的人员都必须马上撤离现场。当时，甲板上的一名地勤人员没有在规定时间内撤离，飞行员也没有注意到附近是否有人，就这样开始了自己的操作。舰载机起飞的时候，发动机内产生奇怪的响声，引起了工作人员的注意。

经过检查，发现那名地勤人员已经被吸入发动机，而这台航空发动机也因此报废。其实，舰载机也会存在视觉盲区，在看不到的地方，可能存在潜在的风险。开车之前，一定要事先检查视觉盲区，并通过地面机务人员确认，确保没有人员在发动机危险区域，才能启动发动机。

从上面的案例中，可以得出，机务夜班保障工作需要有合理的休息时间，机务夜班的工作时间、工作负荷等应当更加科学，也需要足够的人力配置。机务工作者应当定期进行安全学习，对相关问题举一反三，避免事故再次发生。发现潜在的风险，一定要及时报告。各方面目标一致，一起努力才能更加全面地保障机务团队的安全，保障飞行安全。

最后，请大家记住，由于有这样的机务工作团队一直在守护着驾驶或乘坐的飞机，无论多晚都得等它回来。当休息时，这些机务工作者依然在检修坐过的飞机，因为第二天，这架飞机又得继续执行其他飞行任务！

任务 3 故障树分析法基础

【学习目标】

【知识目标】

（1）了解故障树分析法；

（2）了解故障树的符号；

（3）熟悉故障树的建立；

（4）理解故障树分析案例。

【能力目标】

（1）能应用故障树分析法；

（2）能应用故障树的符号；

（3）能根据故障建立简单的故障树。

【素质目标】

（1）培养遇事沉着应对、冷静分析和讲究方法的思维；

（2）培养坐"冷板凳、耐得住寂寞"的航空发动机维修事业报国情怀；

（3）树立"锲而不舍、百折不挠"的攻难关精神；

（4）培养综合、全面看待问题的能力；

（5）培养分析现象和解决对策的创造性思维；

（6）培养敢于打破经验思维和惯性思维的理念。

【理论学习】

3.1 故障树分析法概述

故障树分析法是对系统进行安全性、可靠性分析的主要方法之一，是对比较复杂的故障进行诊断的一种有效分析方法，具有自上而下、由果到因、客观形象的演绎式特点。故障树分析也称为事故树分析，它通过分析造成系统故障的各种因素，如硬件、软件、环境、人为因素等，利用布林逻辑组合低阶事件，分析系统中不希望出现的状态。从一个可能的事故开始，自上而下、一层层地寻找顶事件的直接原因和间接原因事件，直到基本原因事件，并用逻辑框图把这些事件之间的逻辑关系表达出来。它从单个的潜在失效模式来识别所有的可能原因，分析系统失误。

这种方法考虑的是相互关联的原因以及独立原因。除了故障树结构和所有的逻辑关联，通常还包括了失效可能性的识别，从而可以从零、部件的可靠性来计算系统可靠性。来确定各种可能的故障原因或故障部位，或是确认某一安全事故或是特定系统失效的发生率，找到最好的方式降低风险。

1．故障树分析法的常用术语

（1）事件：描述系统的状态称为事件。

（2）顶事件：故障树中的结果事件称为顶事件，位于故障树的顶端。

（3）底事件：导致顶事件发生的最基本原因事件称为底事件，位于故障树的底端。

（4）中间事件：位于顶事件和底事件之间的中间结果事件称为中间事件。

2．故障树分析法的常用符号

故障树分析法的常用事件符号和逻辑门符号见表 3-3-1。

表 3-3-1　故障树分析法的常用的事件符号和逻辑门符号

项目	符号	名称	含义
事件符号	⌒	底事件	不能再分解或不必再探究的基本事件
	⊥	顶事件	由其他事件或事件组合所导致的结果事件，位于树顶端
	⊟	中间事件	位于底事件与顶事件之间的结果事件
	◇	省略事件	暂不必或暂不能探明原因的底事件
逻辑门符号	⌂	与门	所有输入事件都发生时，输出事件才发生
	⌂	或门	至少一个输入事件发生时，输出事件才发生

3．建立故障树的步骤

（1）选定要分析的故障模式为顶事件。

（2）找出直接导致顶事件的各种可能因素。

（3）找出上述各个因素的直接原因。

（4）如此逐级向下深入，直至追溯到引起顶事件的全部原因（底事件）。

（5）把各级事件用相应符号和逻辑门与顶事件连接，即形成一棵倒置的树——故障树。画出故障树后，即可对各个底事件进行排查，找出引起顶事件的原因。对于复杂系统的故障树，可能有很多底事件。为了减少排查的工作量，可以将故障树进行简化，再查出引起顶事件的底事件或底事件组合。

3.2 故障案例

3.2.1 金属屑故障

发动机滑油系统中出现金属屑，预示发动机内部零件可能发生了异常磨损。这时需要检查分析，以确定金属屑来源，找出准确的故障部位。

1. 故障现象描述

2019 年 4 月 2 日，某型涡轴发动机，在飞行后落地时金属屑警告灯亮，发动机其他参数和指示灯均正常。地面检查发动机总回油路的带指示器磁性堵头 MPI1 上有小片状金属屑，M01 单元体磁性堵头 BMP 和主滑油滤上也有较多小片状金属屑，后轴承回油路的带指示器磁性堵头 MP2 和 M05 单元体磁性堵头 RMP 上未发现金属屑。

2. 故障树分析

根据图 3-3-1 所示的发动机滑油系统工作原理，画出发动机金属屑故障的故障树，故障树如图 3-3-2 所示，得到 6 个底事件（金属屑来源）。

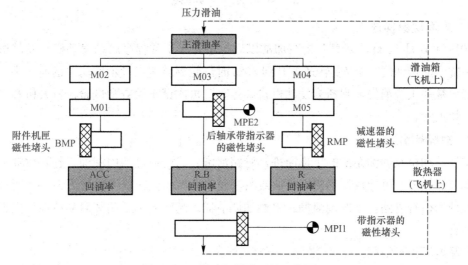

图 3-3-1　发动机滑油系统工作原理

根据上述情况，发动机滑油系统是否受到污染无法确认，先查找发动机方面的原因。发动机 M05 单元体磁性堵头 RMP 和 M03 单元体后轴承回油路的带指示器磁性堵头 MP2 上未发现金属屑，排除了 M04、M05 内部磨损和 M03 后轴承磨损的可能。金属屑应源于发动机 M01 或 M02 单元体内部的齿轮或轴承磨损。

发动机经分解检查，在 M01 单元体内找到了故障部位，是 M01 单元体锥齿轮组合的后部轴承磨损。

3.2.2 自动停车

发动机燃油系统故障很容易导致发动机富油、贫油或断油，甚至造成发动机停车。

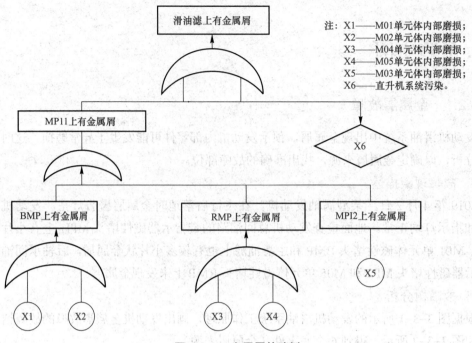

注: X1——M01单元体内部磨损;
X2——M02单元体内部磨损;
X3——M04单元体内部磨损;
X4——M05单元体内部磨损;
X5——M03单元体内部磨损;
X6——直升机系统污染。

图 3-3-2　金属屑故障树

1．故障现象描述

2019 年 6 月 11 日，某直升机在加油以后，按开车正常程序启动发动机，发动机参数指示正常。前推油门，当 Ng 转速上升到 80% 时，旋翼转速表指示摆动并迅速减小，发动机声音异常并很快消失，判断为发动机自动停车。再次试车检查和试验，直升机和发动机工作一切正常。

2．故障树分析

根据发动机及燃油系统的工作原理，管路泄漏、启动放油活门漏油、超转放油漏油和燃油调节器故障，可导致发动机因贫油或断油而停车，相应的故障树如图 3-3-3 所示。

经外场检查管路，未发现泄漏。将燃油调节器、超转放油活门和启动放油活门返回制造厂检查。

产品返厂检查情况:

（1）超转放油活门返回工厂，在试验台上检查合格，分解检查正常；

（2）增压活门返回工厂，在试验台上检查合格，分解检查正常；

（3）启动放油活门返回工厂，在试验台上检查合格，分解检查正常；

（4）燃油调节器返承制厂，在试验台上检查不合格。通过性能复试发现，启动和加速供油量偏小，与发动机 Ng 转速 80% 相对应的实测加速流量为 94.7 ~ 109.7 L/h，合格范围为 100 ~ 119.5 L/h，偏小 5 ~ 10 L/h。

综合分析，先分解燃油调节器旁路活门。活门座封严口上粘着一个长 3 mm，宽 0.025 mm 的鱼钩状异物。为了验证异物对旁路活门工作的影响，进行故障再现试验，故障复现。旁路活门是一个单向活门，其打开压力为 0.005 MPa±0.002 MPa。活门主要由一个直径 8 mm 的钢球，一个孔径为 6 mm 的活门座和一个复位弹簧组成，作用是在发动机启动前向燃油调节器内充油和排气。

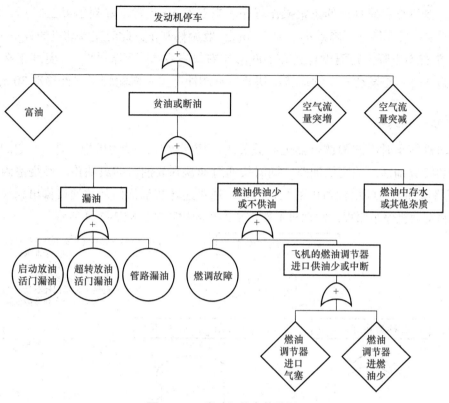

图 3-3-3　发动机停车故障树

发动机停车时，旁路活门在复位弹簧的作用下处于关闭位置。启动增压泵，燃油增压后，经增压泵后出口油滤分为两路：一路直接到达旁路活门，将旁路活门打开，并经发动机启动放油活门回到油箱；另一路到燃油调节器齿轮泵出口。发动机启动以后，燃油调节器出口压力大于旁路活门的打开压力时，钢球压在活门内孔的尖边上，关闭旁路活门，切断回油。

发动机在加速过程中，燃油中有异物时，燃油调节器出口压力大于活门打开压力，钢球在关闭过程中，将燃油内异物压在活门座上，使钢球不能复位，形成缝隙，造成一部分供应给发动机的燃油回到燃油调节器油泵进口。由于加速供油量偏离燃油调节器加速曲线范围，导致发动机贫油熄火停车。

由上面的分析可得出，如果异物在产品出厂前粘在旁路活门内活门座上，产品无法交付。根据记录，燃油调节器在外场已无故障工作 299 h。可以推断出，旁路活门内发现的异物为外来异物，该异物造成了发动机停车。

3.2.3　收油门无法停车

某些情况下，发动机燃油系统故障可能使油路无法切断，导致发动机无法正常停车。

1. 故障现象描述

某直升机在预先机务准备时，发动机地面开车，双发启动正常，发动机各项性能参数正常。运转 5 min 后，正常收油门到地面慢车位置，油门杆在 28°，30 s 后油门收到底停车。按飞行手册规定的正常操作程序，当双发 Ng 正常下降到小于 20% 后，关闭了燃油增压泵；旋翼转速下降到小于 100 r/min，收旋翼刹车。此时左发动机的 Ng 一直保持在 14% 左右不下降，T_4 温度保持在 500 ℃ 左右。右发 Ng 下降到 0，T_4 温度正常。当旋翼转速为 0 时，左发动机继续运转，切断应急燃油开关，涡轮转子惯性移动 30 s 后停止运转。

2. 故障树分析

发动机停车时，燃油调节器主开关关闭，切断供油，发动机熄火停车。当 Ng 降至 40% 时超转放油活门关闭供油路，同时接通甩油盘到放油口的放油路。燃烧室内的剩余 P2 空气将甩油盘、喷射油道内的剩余燃油，通过超转放油活门从放油口排出。根据燃油系统图和发动机停车原理，发动机不能正常停车的故障树如图 3-3-4 所示。

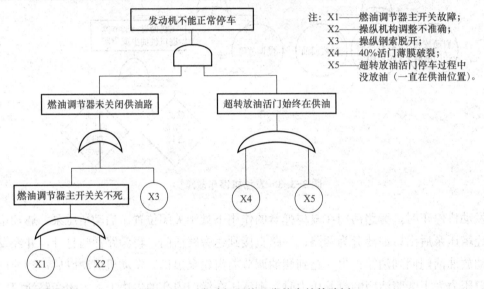

注：X1——燃油调节器主开关故障；
X2——操纵机构调整不准确；
X3——操纵钢索脱开；
X4——40% 活门薄膜破裂；
X5——超转放油活门停车过程中没放油（一直在供油位置）。

图 3-3-4 发动机不能正常停车的故障树

发动机不能正常停车，表明始终有燃油持续进入燃烧室参与燃烧。其必要条件是主油路有持续燃油供应，以及超转放油活门 Ng 为 40% 转速时不放油，或者超转放油活门的 40% 活门薄膜破裂失效。

主油路持续有燃油供应可能与燃调操纵机构脱开或调整错误、燃油调节器未完全关闭等因素有关。通过检查，排除了操纵系统的问题。对燃油调节器和超转放油活门分解检查，发现燃油调节器油门角度关闭不到位，同时超转放油活门的双层薄膜积油，这两个因素的共同作用是发动机不能停车的故障原因。

【课堂练习】

一、简答题

什么是故障树分析法？在航空发动机的排故中的意义是什么？

二、拓展训练题

1. 根据所熟悉的航空发动机机型喘振故障，编写其故障树。
2. 根据所熟悉的航空发动机机型的启动不成功故障，编写启动不成功故障树。
3. 根据所熟悉的航空发动机机型的加力接不通故障，编写加力接不通故障树。

【素养提升】

阅读以下教学案例，结合本任务所学习的专业知识和技能，从国家安全、爱国精神、国防责任感和使命感、钻研精神、爱岗敬业、劳动精神、无私奉献的航空报国思想、精益求精的航空工匠精神、一辈子用心做好一件事、吃苦耐劳的工作作风、"咬定青山不放松"的坚强意志和家国情怀等方面，按照"三全育人"的要求，分析案例中所蕴含的积极元素，思考作为年轻有力的肩膀如何挑起航空发动机维修事业的大梁，肩负起腾飞的重任。并剖析对新时代航空发动机维修事业接班人的启示。

为飞机的"中国心"在崇山峻岭中奋战 30 年

发动机是飞机的"心脏"，是国之重器。刘大响长期从事航空发动设计和研究工作，1960 年北航毕业后，留校攻读研究生，后到 606 所工作。为支援三线建设，他举家搬迁，千里迢迢，从沈阳来到四川江油一个偏僻山沟里工作了整整 30 年。当地条件十分艰苦，有着"山清水秀屋顶漏，鸟语花香厕所臭"的打油诗，也有着"献了青春献终身、献了终身献子孙"的流行语。他从 33 岁"进山"，63 岁出来，人生中最宝贵的青春年华就是在那块热土上度过的。1995 年他当选中国工程院院士，曾任中国燃气涡轮研究院总工程师、总设计师、第一总设计师，现任中国航空工业集团公司科技委副主任，北京航空航天大学教授、博士生导师（见图 3-3-5）。

图 3-3-5 刘大响

在山沟里的主要工作便是修航空发动机高空模拟试车台，这是一种在地面上模拟飞机在整个飞行包线范围内各种飞行状态和环境条件，对全台发动机进行试验的大型地面试验设备群。1974年，刘大响被任命为第11研究室副主任，分工主管高空台的调试和试验工作。在他的带领下，最终完成了高空台加温炉改造、引进数据采集系统等工作。1995年通过国家验收，正式投入使用，1996年被评为"九五全国十大科技成就奖"，1997年荣获"国家科学技术进步奖特等奖"。使我国成为世界上继美国、俄国、英国、法国之后第五个拥有此类大型试验设备的国家，从此中国在这一高科技领域占有了一席之地。

　　刘院士在我国航空发动机高空试车台、高性能推进系统预研、中推预研和推比10航空发动机预研等重大项目中均做出了突出贡献，为推动我国航空发动机的发展做出了重要贡献，具有很高的学术水平和领导能力。刘院士曾获得国家科技进步特等奖1项、二等奖2项、部级科技进步奖7项，以及光华科技一等奖和何梁何利科技进步奖等。

　　刘院士说"青年是祖国的未来，是民族的希望，我国两个最重要的百年，都被你们赶上了，所以，你们是最幸福的一代，但你们肩上的担子也很重，责任重大，使命光荣！"，对于他的人生可以用10个字来概括：诚信、勤奋、创新、团结、奉献。诚信是中国人民的传统美德之一，也是一切事业成功的保证。任何有成就的人都要从点滴做起，"寓伟大于平凡"。创新要靠人才，靠千千万万的优秀人才。刘院士80多岁了，仍在继续发挥余热，继续贡献"中国心"事业。希望所有航空人都能仰望星空，放飞梦想，脚踏实地，努力奋斗，砥砺前行，用拼搏、创新精神实现自己心中的梦想。

参 考 文 献

[1] 王云. 航空发动机原理 [M]. 北京：北京航空航天大学出版社，2009.

[2] 王高潮. 材料科学与工程导论 [M]. 北京：机械工业出版社，2006.

[3] 裴锐. CFM56-7B 发动机大修后台架试车浅析 .https：//www.doc88.com/p-41799960 92753.html?r=1，2019.

[4] 郭发展，邹赫，刘志荣，等. 中国民航维修业的现状与挑战 [J]. 航空工程进展，2015，6（4）:495-501.

[5] 甘晓华，李伟. 现役航空发动机使用寿命确定和控制方法 [J]. 航空工程进展 2010，1（2）:103-106.

[6] 来关军，潘星. 我国民航维修业现状分析与发展趋势研究 [J]. 民用飞机设计与研究，2009（1）:14-17.

[7] 吴超，李雅，张联禾. 航空发动机状态维修技术研究 [J]. 机电信息，2015，（15）:27-28.

[8] 徐斌龙，海雯炯. 航空发动机虚拟维修培训系统设计 [J]. 航空维修与工程，2003（2）:29-30.

[9] 徐可君，江龙平. 军用航空发动机可靠性和寿命管理[J]. 中国工程科学，2003，5（1）:82-88.

[10] 李本威，王秀霞，胡国才，等. 涡喷发动机清洗技术研究[J]. 航空发动机，2000（1），12-16.

[11] 石宏，项松，艾延廷. 无损检测在航空发动机维修中的应用 [J]. 航空制造技术，2008（4）：72-74.

[12] 陈锐，周彤，顾铭企. 某型发动机主燃烧室积炭的排除[J]. 航空发动机，1996（3）：16-20.

[13] 刘君，吴法勇，王娟. 航空发动机转子装配优化技术 [J]. 航空发动机，2014，40（3）:75-78.

[14] 陈律，黄宇生. 飞机故障分析诊断与排除 [M]. 北京：航空工业出版社，2020.

[15] 汪涛，王朝蓬，王俊琦. 涡轴发动机高原启动试验研究 [J]. 现代机械，2016（6）：92-95.

［16］赵安家，孟哲理.某型涡喷发动机断接加力故障探究［J］.飞机设计，2017，37（2），48-52.

［17］付藻群.加力燃烧室火焰稳定器烧蚀故障研究［J］.航空发动机，1999（3）：25-26.

［18］陈晓涛，骆润，南斌斌.浅析某型发动机喷口加力调节器故障原因［J］.航空维修与工程，2017（4）：86-87.

［19］黄宇生，刘肩山，舒毅，等.某型航空发动机液压导管裂纹故障分析［J］.航空维修与工程，2018（11）：53-55.

［20］彭宇馨，张博，宋晶.面向航空装备维修过程的 MRO 系统开发及应用［J］.航空维修与工程，2015（6）：69-72.

［21］周烁，汪俊熙，刘宜胜，等.大型商用航空发动机整机装配工艺浅析［J］.航空制造技术，2014（5）：92-96.

《航空发动机修理技术》
技能训练手册

班级：_____

姓名：_____

学号：_____

技能训练任务 1-4-1　分油盘平面研磨

工卡标题	分油盘平面研磨					
机型	N/A		工种	ME		
机号	N/A		工作区域	研磨实训室		
版本	R1		工时	90 min		
参考文件	航空发动机大修手册					
注意事项	（1）坚持安全、文明生产规范，严格遵守实训室制度和劳动纪律； （2）着装规范（工作服、胶底鞋），不携带与生产无关的物品进入车间； （3）严格、规范地按照研磨工艺规程操作； （4）检查计量量具的合格证、校验日期等，计量结果应客观、准确和真实。					
编写/修订	×××	审核	×××	批准	×××	
日期	×××	日期	×××	日期	×××	

工量具/设备/材料					工作者	检查者
类别	名称	规格型号	单位	数量		
工量具	千分表	0～1 mm	把	1		
	平晶	专用	块	1		
	测量表架	普通	个	1		
设备	研磨平台	300×300×100（mm³）	件	1		
	研磨工作台	专用	个	1		
	分油盘	专用	个	1		
材料	研磨膏	W40	瓶	1		
	抛光膏	W5	瓶	1		
	碳氢清洗剂	DQ212	L	2		
	吸油纸	250×370×500（mm³）	卷	2		

1. 工作任务		
根据技术要求，掌握分油盘平面研磨的基本操作技能和注意事项		
2. 工作准备	工作者	检查者
准备相关工具与耗材： （1）技术资料：工卡1份； （2）到工具房领取工量具；检查工量具情况，检查研磨平台有效期，外表完好无损伤，功能正常； （3）领取耗材，办理好领取手续； （4）工作场地：有良好的照明、通风和消防设施等条件； （5）劳动防护：穿戴劳保用品、工作服、工作鞋。		
3. 操作步骤	工作者	检查者
3.1　研磨准备 （1）测量分油盘两个被研磨平面的尺寸； （2）检查研磨平台表面是否完好，配置或选择研磨膏； （3）清洗研磨平台，将研磨膏均匀地涂敷在整个研磨平台上。		

3.2 研磨施工 （1）选择分油盘的第一个研磨平面，将分油盘的第一个研磨面贴合在研磨平板上进行研磨； （2）沿研磨平台的表面（见图1），采用直线往复式、螺旋线、摆动式及8字形或仿8字形（见图2）等研磨轨迹进行研磨； ★注意：将分油盘研磨平面各处均匀受压研磨一定时间后，需定时将分油盘转动一定角度进行研磨。使分油盘的研磨面各处被均匀研磨。研磨速度过快，可能使零件表面温度超出要求。 （3）研磨一定时间后，在研磨平台上添加新研磨膏进行研磨。 ★注意：研磨零件时，应使研磨平台表面各处均匀磨损，避免将研磨平台研磨出凹坑。		
3.3 测量 （1）使用千分表检查分油盘的平行度。平行度：_____mm； ★注意：使用千分表平行度检查时，注意转动分油盘测量研磨表面的不同部位，观察表盘的最大值和最小值，两值之差为分油盘表面的平行度。 （2）用平面平晶检查分油盘的平面度。平面度：_____mm。 ★注意：平面度检查时，将平晶紧贴在分油盘被检表面上，在单色光照射下，通过观察平晶上的光带，对照平晶平面度检查对照表上相应光带的数值，读取平面度。		
3.4 调整 （1）根据测量结果，选择合理的研磨手法进行研磨优化调整； （2）再次测量，直至分油盘的平行度和平面度达到工艺要求； （3）在另一个研磨平台表面放置细研磨磨料或抛光颗粒，对研磨好的分油盘进行研磨装饰处理； （4）将研磨好的第一个平面作为参考基准，参考上述步骤研磨另一个平面。		
3.5 收尾 （1）"二次"清洗零件； （2）清洗并油封研磨平台。		
4. 结束工作	工作者	检查者
（1）清点工具和设备，数量足够，维护后摆放规范整齐； （2）清扫现场，保持工位文明整洁，符合安全文明生产； （3）归还工具和剩余耗材； （4）在工具室归还登记簿上做好归还记录； （5）提交作品，上交工卡。		

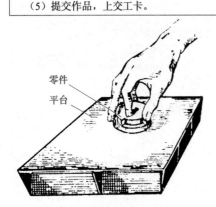

图 1　平面研磨

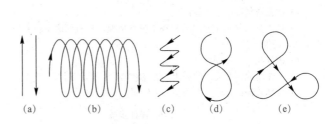

图 2　研磨轨迹

（a）直段往复式；（b）螺旋线；（c）摆动式；（d）8字形；（e）仿8字形

技能训练任务 1-4-2 内圆研磨

工卡标题		内圆研磨			
机型	N/A		工种	内圆研磨	
机号	N/A		工作区域	研磨实训室	
版本	R1		工时	90 min	
参考文件		航空发动机大修手册			
注意事项	（1）坚持安全、文明生产规范，严格遵守实训室制度和劳动纪律； （2）着装规范（工作服、胶底鞋），不携带与生产无关的物品进入车间； （3）严格、规范地按照研磨工艺操作规程操作； （4）检查计量量具的合格证、校验日期等，计量结果应客观、准确和真实。				
编写/修订	×××	审核	×××	批准	×××
日期	×××	日期	×××	日期	×××

工量具/设备/材料					工作者	检查者
类别	名称	规格型号	单位	数量		
工量具	研磨棒	专用	个	1		
	研磨套	专用	个	1		
	敲击工具	专用	个	1		
	内径百分表	10～18 mm	把	1		
设备	研磨机	专用	台	1		
材料	研磨膏	W7	罐	1		
	碳氢清洗剂	DQ212	L	2		
	吸油纸	250×370×500（mm³）	卷	2		

1. 工作任务		
根据技术要求，掌握内圆研磨的基本操作技能和注意事项		

2. 工作准备	工作者	检查者
相关工具与耗材准备： （1）技术资料：工卡 1 份； （2）到工具房领取工量具；工具应外表完好无损伤，功能正常； （3）领取耗材，办理好领取手续； （4）工作场地：有良好的照明、通风和消防设施等条件； （5）劳动防护：穿戴劳保用品、工作服、工作鞋。		

3. 操作步骤	工作者	检查者
3.1 根据工件内圆的尺寸，选择尺寸合适的研磨棒和研磨套。		
3.2 将研磨棒夹持在研磨机夹头上。		
3.3 调节研磨棒中生铁套的直径，在研磨过程中，以保证适当的研磨压力。用工具敲击生铁套，使它沿芯棒左右移动（见图1）。生铁套左移，直径变大，生铁套右移，在其自身弹性力作用下，直径自动缩小。 ★注意：生铁套由于经常受到工具的敲击，容易变形或边缘产生毛刺，划伤工件，使用时必须注意敲击应柔和，力量不能过大。		
3.4 接通电源，按下启动按钮，研磨棒由研磨机带动做旋转运动。		
3.5 将研磨机转速调整至合适的转速。		

5

3.6　正确选用研磨料，并将磨料调成研磨剂均匀地涂敷在研磨棒上。 ★注意：一般来说，粗研磨加工可选择 W40～W20 规格的研磨膏；半精研磨加工可选择 W14～W7 规格的研磨膏；精研磨加工可选择 W5 以下规格的研磨膏。		
3.7　将研磨棒和研磨套配合起来进行研磨，及时消除它们的形状误差，以保障工件的尺寸形状准确。		
3.8　按下停止按钮，待研磨机转速停止。		
3.9　再次调节研磨棒的直径。		
3.10　按下启动按钮，将研磨膏均匀地涂敷在研磨棒上。		
3.11　将工件套在研磨棒上，用手握住工件沿轴线方向做往复运动（见图 2），使磨料均匀地对工件内表面进行磨削。 ★注意：使工件均匀受压研磨一段时间后，应将定时工件调转 90°或 180°再进行研磨，这样能使轴得到更准确的几何形状。同时，研磨套的磨耗比较均匀。		
3.12　研磨一段时间后，将工件用碳氢清洗剂或洗涤汽油清洗干净。		
3.13　使用内径百分表测量工件内径的尺寸，保证工件的尺寸和椭圆度达到工艺要求。 ★注意：测量时，需测量工件内孔两端，摇动量表，观察表盘的最大值和最小值，两值之差就是工件内孔的椭圆度。最后，记录测量的数据。 内径：＿＿＿＿＿mm；椭圆度：＿＿＿＿＿mm		
4．结束工作	工作者	检查者
（1）清点工具和设备，数量足够，维护后摆放规范整齐； （2）清扫现场，保持工位文明整洁，符合安全文明生产； （3）归还工具和剩余耗材； （4）在工具室归还登记簿上做好归还记录； （5）提交作品，上交工卡。		

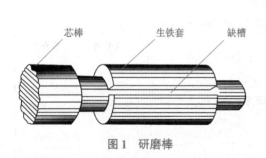

芯棒　　生铁套　　缺槽

图 1　研磨棒

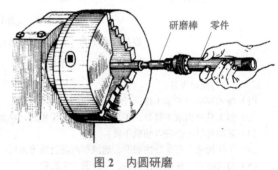

研磨棒　零件

图 2　内圆研磨

技能训练任务 1-4-3　外圆研磨

工卡标题	外圆研磨					
机型	N/A		工种		外圆研磨	
机号	N/A		工作区域		研磨实训室	
版本	R1		工时		90 min	
参考文件	航空发动机大修手册					
注意事项	（1）坚持安全、文明生产规范，严格遵守实训室制度和劳动纪律； （2）着装规范（工作服、胶底鞋），不携带与生产无关的物品进入车间； （3）严格、规范地按照研磨工艺操作规程操作； （4）检查计量用具的校验日期、合格证等，计量结果应客观、准确和真实。					
编写 / 修订	×××	审核	×××	批准		×××
日期	×××	日期	×××	日期		×××

工量具 / 设备 / 材料					工作者	检查者
类别	名称	规格型号	单位	数量		
工量具	外径千分尺	0 ～ 25 mm	把	1		
	研磨棒	专用	个	1		
	研磨套	专用	个	1		
设备	研磨机	专用	台	1		
材料	研磨膏	W7	罐	1		
	碳氢清洗剂	DQ212	L	2		
	吸油纸	250×370×500（mm³）	卷	2		

1．工作任务
根据技术要求，掌握外圆研磨的基本操作技能和注意事项

2．工作准备	工作者	检查者
准备相关工具与耗材： （1）技术资料：工卡 1 份； （2）到工具房领取工量具；工具应外表完好无损伤，功能正常； （3）领取耗材，办理好领取手续； （4）工作场地：有良好的照明、通风和消防设施等条件； （5）劳动防护：穿戴劳保用品、工作服、工作鞋。		

3．操作步骤	工作者	检查者
3.1　根据工件外圆的尺寸，选择尺寸合适的研磨棒和研磨套。		
3.2　将研磨棒夹持在研磨机夹头上。		
3.3　调节研磨套的直径，在研磨过程中，以保证适当的研磨压力。通过拧动研磨套外环上的调整螺钉（见图 1），可以改变生铁套的内径，从而调整研磨压力。		
3.4　接通电源，按下启动按钮，研磨棒由研磨机带动做旋转运动。		
3.5　将研磨机转速调整至合适的转速。		
3.6　正确选用研磨料，并将研磨膏均匀地涂敷在研磨棒上。 ★注意：一般来说，粗研磨加工选择 W40 ～ W20 规格的研磨膏；半精研磨加工选择 W14 ～ W7 规格的研磨膏；精研磨加工选择 W5 以下规格的研磨膏。		

3.7 将研磨棒和研磨套配合起来进行研磨，及时消除它们的形状误差，以保障工件的尺寸形状准确。		
3.8 按下停止按钮，待研磨机转速停止。		
3.9 再次调节研磨套的直径，然后取下研磨棒。		
3.10 将研磨工件夹持在研磨机夹头上。		
3.11 按下启动按钮，将研磨膏均匀地涂敷在工件上。		
3.12 将调整好直径的研磨套套在工件上，用手握住研磨套沿轴线方向做往复运动（见图2），使磨料均匀地对工件表面进行磨削。 ★注意：使工件均匀受压研磨一段时间后，应将工件调转90°或180°再进行研磨，这样能使轴得到更准确的几何形状，同时，研磨套的磨耗也比较均匀。		
3.13 研磨一段时间后，按下停止按钮，将工件从研磨机夹头上取下。		
3.14 将工件用碳氢清洗剂或洗涤汽油清洗干净。		
3.15 使用杠杆千分尺测量工件外径的尺寸，保证工件的尺寸和圆柱度误差应达到工艺要求。 ★注意：测量时，需对工件不同部位进行测量，以保证测量的精度和准确性。观察表盘的最大值和最小值，两值之差就是工件表面的圆柱度。最后，记录测量的数据。 外径：_____mm，圆柱度：_____mm		
4. 结束工作	工作者	检查者
（1）清点工具和设备，数量足够，维护后摆放规范整齐； （2）清扫现场，保持工位文明整洁，符合安全文明生产； （3）归还工具和剩余耗材； （4）在工具室归还登记簿上做好归还记录； （5）提交作品，上交工卡。		

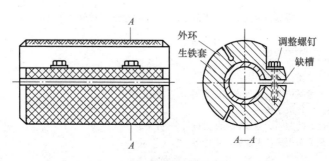

图1 研磨套

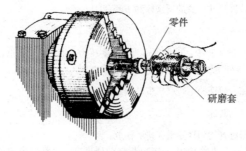

图2 外圆研磨

技能训练任务 2-1-1　某型涡轴发动机自由涡轮异响修理方案

工卡标题	某型涡轴发动机自由涡轮异响修理方案		
机型	某型涡轴发动机	工种	航空发动机修理工
机号	N/A	工作区域	航空发动机维修实训中心
版本	R1	工时	N/A
参考文件	某型涡轴发动机大修手册、某型涡轴发动机修理工艺规程		
注意事项	（1）坚持安全、文明生产规范，严格遵守实训室制度和劳动纪律； （2）检查计量器具的效验日期； （3）操作时应掌握工装、夹具和量具的正确使用方法； （4）认真、仔细检查发动机随身携带的文件资料，对发现的情况详细、清晰记录，必要时拍照存档。		

注意事项：

一、入场验收

经查询发动机随身携带的文件资料：发动机由于自由涡轮异响返厂维修。分解前目视检查损伤情况，并拍照存档，发动机如图 1 所示。

二、分解检查

分解过程中对发现的故障或异常予以拍照，未分解的部件须装堵、装盖及油封，做好防尘、防多余物措施。

（1）分解发动机外部导管和附件，断开自由涡轮组件；

（2）分解自由涡轮部件，分解过程中检查自由涡轮转子各级篦齿及蜂窝有无异常损伤；

（3）检查自由涡轮各级蜂窝有无异常损伤，予以修复或更换；

（4）复查自由涡轮转子叶片径向间隙，分解自由涡轮转子，检查自由涡轮转子各级篦齿有无异常损伤，对故障件予以修复或更换。

三、装配

按工艺要求复原装配发动机，通过相关试验后，按发动机出厂验收试车程序录取发动机性能参数，翻修间隔期按剩余寿命及日历期寿命给定，油封期 4 年。

四、其他

在修理过程中，确保部附件分解后的油封状态。

图 1　某型涡轴发动机

编写 / 修订	×××	审核	×××	批准	×××
日期	×××	日期	×××	日期	×××

项目	工序内容	执行情况	工作者	检查者
1. 工作准备	1.1　技术资料：清点某型涡轴发动机修理相关的工艺文件。			
	1.2　工作场地 / 设备：检查工作现场和设备的运行安全。			
	1.3　工具 / 材料：按工艺文件清点工量具，准备材料。			
	1.4　劳动防护：按实训要求穿戴劳保用品，做好个人安全防护。			
2. 分解				

3. 清洗				
4. 故检				
5. 修理				
6. 装配				
7. 试车				
8. 油封包装				
9. 结束工作				

航空发动机维修方案工卡评分表

航空发动机维修方案工卡		学号		姓名	
序号	考核要求	配分	评分标准	扣分	总分
1	准备工作	10	准备是否充分、完整、及时。		
2	分解	20	是否根据发动机的故障特点，编写分解具体要求、注意的事项和需要完成具体工作。		
3	清洗	15	是否根据发动机的故障特点，编写清洗的具体要求、注意的事项和需要完成具体工作。		
4	修理	15	是否根据发动机的故障特点，编写修理的具体要求、注意的事项和需要完成具体工作。		
5	装配要求	20	是否根据发动机的故障特点，编写装配的具体要求、注意的事项和需要完成具体工作。		
6	试验	10	是否根据发动机的故障特点，编写试验的具体要求、注意的事项和需要完成具体工作。		
7	其他	10	是否根据发动机的故障特点，编写油封的具体要求、注意的事项和需要完成具体工作。是否记录发动机的其他情况。		
8	技术安全与文明生产		现场记录是否完整、及时；违反实训规定扣总分 5 ～ 10 分。		
总分			100		

评分人： 　　　　　　　　　　　　　　　　评分时间： 　　年　　月　　日

技能训练任务 2-2-1 一级导向器分解与装配

工卡标题	一级导向器分解与装配		
机型	N/A	工种	ME
机号	N/A	工作区域	航空发动机维修实训中心
版本	R1	工时	60 min
参考文件	某型航空发动机导向器修理工艺规程		
注意事项	(1) 坚持安全、文明生产规范，严格遵守实训室制度和劳动纪律； (2) 着装规范（工作服、胶底鞋），不携带与生产无关的物品进入车间； (3) 严格、规范地按照研磨工艺规程操作； (4) 检查计量量具的合格证、校验日期等，计量结果应客观、准确和真实。		
编写/修订	×××	审核	×××	批准	×××
日期	×××	日期	×××	日期	×××

工量具/设备/材料					工作者	检查者
类别	名称	规格型号	单位	数量		
工量具	尖嘴钳	普通	把	1		
	錾子	普通	把	1		
	铜棒	普通	把	1		
	钢榔头	普通	把	1		
	套筒扳手	S=11 mm	把	1		
	套筒扳手	20 件套	套	1		
	梅花扳手	9×11	把	1		
	放大镜	10 倍	个	1		
	保险片	专用	个	按需		
	保险片钳	专用	个	1		
	力矩扳手	5～25 N·m	把	1		
设备	工作台	标准	台	1		
	工具车	标准	台	1		
材料	特殊铅笔	专用	支	1		
	吸油纸	250×370×500（mm³）	卷	2		
	记号笔	普通	支	2		
	纸胶带	普通	卷	2		
	自封袋	普通	个	60		

1. 工作任务

根据技术要求，掌握一级导向器分解与装配基本操作技能和注意事项

2. 工作准备	工作者	检查者
（1）到工具库房领取工具； （2）检查工具情况，外表完好无损，功能正常；计量工具在有效期内； （3）领取耗材，耗材应符合标准； （4）办理好领取手续； （5）清理多余物，打扫施工区域卫生。		
3. 操作步骤	**工作者**	**检查者**
3.1　一级导向器的分解工序 （1）将涡轮一级导向器平放到工作台上，检查导向器外观及叶片之间的间隙是否正常； （2）标记一级导向器叶片的序号，确定 1 号叶片位置，并做好标记； （3）用特殊铅笔在导向器内外圈表面靠近 1 号叶片位置，标出叶片的拆卸方向； （4）去除导向器上的所有保险； （5）按上述拆卸方向，将所有导向器叶片的固定螺栓拧松； ★注意：防止零组件掉落，防止机件损伤。 （6）按拆卸顺序依次取下所有导向器叶片内侧板牙、外侧板牙和叶片固定螺栓和锁片，将取下的螺栓、锁片和叶片有序分类放入零件盒或摆放到货架上，将有序号标记的一面朝上。 ★注意：零件之间保持合理距离，报废品和合格品正确摆放。		
3.2　一级导向器的装配工序 （1）按拆卸顺序依次装配所有导向器叶片、内侧板牙、外侧板牙和螺栓，并擦去标记； ★注意：装配螺栓时，应手动拧螺栓，且不宜过紧。 （2）检查并调整导向器叶片间的间隙，使间隙符合装配工艺要求； （3）将导向器叶片外侧螺栓拧紧固定，拧紧力矩值为 15 N·m； （4）将所有导向器叶片内侧上、下部螺栓拧紧固定，拧紧力矩值为 15 N·m； ★注意：拧紧螺钉时，应分多次对称拧紧。 （5）再次检查导向器叶片间的间隙是否符合工艺规定，清除导向器上所有标识，打好所有保险。		
4. 结束工作	**工作者**	**检查者**
（1）清点工具和设备，数量足够； （2）清扫现场； （3）归还工具，耗材； （4）在工具室归还登记簿上做好归还记录。		

——————————工卡结束——————————

技能训练任务 2-2-2　二级导向器分解与装配

工卡标题	二级导向器分解与装配					
机型	N/A		工种	ME		
机号	N/A		工作区域	航空发动机维修实训中心		
版本	R1		工时	120 min		
参考文件	二级导向器分解与装配工艺规程					
注意事项	（1）坚持安全、文明生产规范，严格遵守实训室制度和劳动纪律； （2）着装规范（工作服、胶底鞋），不携带与生产无关的物品进入车间； （3）严格、规范地按照研磨工艺规程操作； （4）检查计量具的合格证、校验日期等，计量结果应客观、准确和真实。					
编写/修订	×××	审核	×××	批准	×××	
日期	×××	日期	×××	日期	×××	

工量具/设备/材料					工作者	检查者
类别	名称	规格型号	单位	数量		
工量具	尖嘴钳	普通	把	1		
	錾子	普通	把	1		
	铜棒	普通	把	1		
	钢榔头	普通	把	1		
	套筒扳手	$S=14$ mm	把	1		
	套筒扳手	20 件套	套	1		
	放大镜	10 倍	个	1		
	保险片	专用	个	若干		
	保险片钳	专用	个	1		
	錾子	普通	个	1		
设备	工作台	标准	台	1		
	工具车	标准	台	1		
材料	特殊铅笔	专用	支	1		
	吸油纸	250×370×500（mm³）	卷	2		
	记号笔	普通	支	2		
	纸胶带	普通	卷	2		
	自封袋	普通	个	60		

1．工作任务		
根据技术要求，掌握二级导向器分解与装配基本操作技能和注意事项		
2．工作准备	工作者	检查者
（1）到工具库房领取工具； （2）检查工具情况，外表完好无损，功能正常；计量工具在有效期内； （3）领取耗材，耗材应符合标准； （4）办理好领取手续。		
3．操作步骤	工作者	检查者
3.1　二级导向器的分解工序 （1）将涡轮二级导向器平放到工作台上，检查导向器外观及叶片之间的间隙是否正常；		

工作前工具清点

（2）标记二级导向器叶片的所有序号，确定 1 号叶片位置，并做好标记；

标记叶片序号

（3）在 1 号叶片位置，用特殊铅笔标出拆卸方向，同时，在导向器内圈表面标记拆卸开始及方向标记；

标出拆卸方向

（4）松掉保险，分解第一片叶片的固定螺栓，取下导向器叶片并按顺序将其整齐摆放工作台或货架上。依次取下其他叶片。

★注意：防止零组件掉落，防止机件损伤，注意合格零件和报废零件的摆放。

| 取下导向器叶片 | 检查叶片缺陷 |

3.2　二级导向器的装配工序

（1）按照分解顺序装配导向器叶片，手动带上螺栓；

（2）将固定螺栓拧紧到一定程度，检查并调整叶片间隙至工艺规定值，将螺栓拧紧到力矩值为 15 N·m；

★注意：拧紧螺钉时应分多次对称拧紧。

安装导向器叶片

（3）再次检查并确认导向器叶片间隙合格后，清除导向器上所有标识，打好保险。

清除标识

4. 结束工作	工作者	检查者

（1）清点工具；

（2）保持工位整洁，清扫工作现场，符合安全文明生产；

（3）填写并上交工作卡。

工作后工具清点

————————— 工卡结束 —————————

15

技能训练任务 2-5-1　第六级压气机叶片分解、称重、排序、装配与测量

工卡标题	第六级压气机叶片分解、称重、排序、装配与测量					
机型	N/A			工种	ME	
机号	N/A			工作区域	航空发动机维修实训中心	
版本	R1			工时	90 min	
参考文件	某型航空发动机压气机装配工艺规程					
注意事项	（1）坚持安全、文明生产规范，严格遵守实训室制度和劳动纪律； （2）着装规范（工作服、胶底鞋），不携带与生产无关的物品进入车间； （3）严格、规范地按照研磨工艺规程操作； （4）检查计量量具的合格证、校验日期等，计量结果应客观、准确和真实。					
编写/修订	×××	审核	×××	批准	×××	
日期	×××	日期	×××	日期	×××	

工量具/设备/材料					工作者	检查者
类别	名称	规格型号	单位	数量		
工量具	电子天平秤	精度（0.01 g）	套	1		
	游标卡尺	0～150 mm	套	1		
	测具	K126018-0002	套	1		
	百分表	0～5 mm	套	1		
	塞尺	普通	把	1		
	什锦锉	普通	把	1		
	铁榔头	普通	把	1		
	铝棒	10～25 mm	根	1		
	叶片箱	自制	个	1		
	放大镜	5倍	个	1		
	工作台	通用	个	1		
设备	叶片装配车架	自制	个	1		
	压气机转子	某型发动机	个	1		
	工作台	专用	个	1		
材料	金属铅笔	专用	支	1		
	签字笔	普通	支	1		
	绢布	普通	块	1		
	铅笔刀	普通	把	1		
	记录表	普通	张	1		
	滑油	HP-8	壶	1		
	碳氢清洗剂	DQ212	瓶	1		

1. 工作任务		
根据技术要求，掌握第六级压气机叶片分解、称排、装配与测量和注意事项		
2. 工作准备	工作者	检查者
（1）检查压气机叶片外观质量； （2）工量具摆放整齐到位； （3）安全防护及消防器材到位； （4）清点工量具，检查量具的有效期。		

3. 操作步骤	工作者	检查者
3.1 电子天平秤操作步骤 （1）接通电源预热，天平处于备用状态； （2）打开天平开关，天平指针处于零位，否则按去皮键； （3）放上器皿，读取数字并记录； （4）调整电子天平处于水平状态； （5）电子天平应按说明书要求预热； （6）保持天平量室内的环境卫生； （7）操作天平不可过载使用，以免损坏天平； （8）放入天平的物体的温度不易太高以免损坏仪器，一般小于等于 70 ℃； （9）称重时周围环境不能有振动及使用电风扇； （10）称重叶片时轻拿轻放； （11）称重后的叶片用金属铅笔（红色金属笔）将其质量写在叶盆处。		
3.2 叶片分解（见图1） （1）用錾子打开大封严圈的固定螺钉锁片，用扳手拧下螺钉，用胶锤或顶丝卸下大封严圈，用卸具卸下小封严圈，中封严圈无故障时不分解； （2）用碳氢清洗剂浸润分解的叶片榫头，手扶叶片用胶木棒轻敲第六级叶片排气边顶部，使叶片松动。用冲子冲下止动销，用卸具卸下卡环； （3）用锤子和铝棒及胶木棒敲打分解叶片榫头的前端面，分下叶片，并装入叶片箱内。 注意：分解前用纸胶带分别堵好鼓筒上的孔，防止外来物进入。		
3.3 叶片故检 （1）叶片外观有无机械损伤、变形； （2）叶片进、排气边有无打伤； （3）榫头部分有无损伤、划伤； （4）用5倍放大镜检查叶片有无裂纹。 注意：轻微划伤可用抛光砂纸打磨。		
3.4 叶片称重与排序 （1）核对第六级叶片数量并签字，检查叶片表面有无机械损伤，叶片应清洁干净。叶片数量：_____片； （2）用电子天平秤称出各叶片的质量，其精确度应为0.1 g，用金属红色铅笔将质量写在叶盆处； （3）将称重后的叶片从左向右，从重到轻依次排列在工作台上； （4）将叶片按图2要求进行排序； （5）用调整轻重叶片的方法补偿第六级盘的不平衡量，补偿范围应在45°弧内，对调叶片的位置如图2中标记"。"处。即第六级对调3片； （6）用红色铅笔在所对换的叶片上分别划上"＃"号，然后按顺序在叶片上编号，提交检验员（实训老师）检查； （7）按叶片编号记录在表1内； （8）顺序将叶片装入叶片箱内。 注意：叶片质量差不得超过3 g，相邻叶片的质量不得超过0.5 g。		
3.5 安装叶片 （1）核对叶片数量是否齐全，装配前各工序是否均已完成； （2）在鼓筒轻点处，按照调重叶片的数量，定出第一个叶片的安装位置，叶片榫槽底涂一层滑油，按规定位置顺序用手将叶片插入槽槽1/3，再用錾子通过铝棒对准叶片榫头端面将叶片轻轻打入； （3）将卡环安装在轮盘的沟槽内，使卡环开口对准轮盘上的止动销孔边。		

3.6 测量 （1）检查每一片叶片榫头端面对轮盘的凹凸度轴和轴向活动量（见图3）：不大于0.6mm。 凸凹度：_____mm；轴向活动量：_____mm； （2）检查每一片叶片切向活动量（见图4）：手持叶片1/3处，百分表压在叶盆尖部5 mm范围内，检查叶片垂直于榫槽中心线方向的活动量。 规定：0～0.8_____mm；实测_____mm		
4．结束工作	工作者	检查者
（1）清点工具和设备，数量足够； （2）清扫现场； （3）归还工具、耗材； （4）在工具室归还登记簿上做好归还记录。		

—————————————— 工卡结束 ——————————————

图1　压气机转子

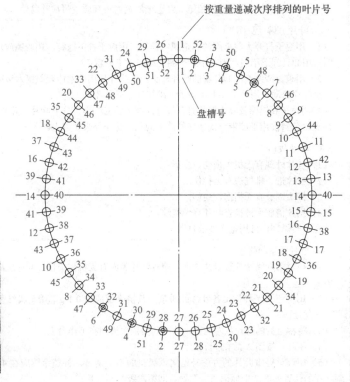

图2　第六级压气机叶片排序

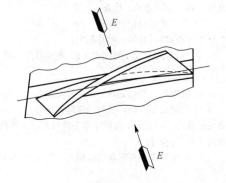

图3　叶片凸凹度和轴向活动量测量

图4　叶片切向活动量测量

18

表 1　第六级压气机叶片排序记录表

序号	叶片质量 /g	序号	叶片质量 /g	序号	叶片质量 /g	序号	叶片质量 /g
1		14		27		40	
2		15		28		41	
3		16		29		42	
4		17		30		43	
5		18		31		44	
6		19		32		45	
7		20		33		46	
8		21		34		47	
9		22		35		48	
10		23		36		49	
11		24		37		50	
12		25		38		51	
13		26		39		52	

工作台号：　　　　　　日期：　　　　　　工作者：　　　　　　得分：

技能训练任务 2-5-2　叶片的静频和静力矩测量

工卡标题	叶片的静频和静力矩测量			
机型	N/A		工种	ME
机号	N/A		工作区域	航空发动机维修实训中心
版本	R1		工时	120 min
参考文件	某型航空发动机压气机修理工艺规程			
注意事项	(1) 坚持安全、文明生产规范，严格遵守实训室制度和劳动纪律； (2) 着装规范（工作服、胶底鞋），不携带与生产无关的物品进入车间； (3) 严格、规范地按照研磨工艺规程操作； (4) 检查计量量具的合格证、校验日期等，计量结果应客观、准确和真实。			
编写 / 修订	×××	审核	×××	批准 ×××
日期	×××	日期	×××	日期 ×××

工量具 / 设备 / 材料					工作者	检查者
类别	名称	规格型号	单位	数量		
工量具	铝棒	普通	根	2		
	榔头	普通	把	2		
设备	激振测频仪	专用	台	1		
	静力矩测量仪	专用	台	1		
材料	签字笔	普通	支	2		
	草稿纸	普通	张	2		

1. 工作任务		
根据技术要求，掌握叶片的静频和静力矩测量基本操作技能和注意事项		

2. 工作准备	工作者	检查者
(1) 技术资料：工卡 1 份； (2) 到工具房领取工量具；工具应外表完好无损伤，功能正常； (3) 领取耗材：办理好领取手续； (4) 工作场地：有良好的照明、通风和消防设施等条件； (5) 劳动防护：穿戴劳保用品、工作服、工作鞋。		

3. 操作步骤	工作者	检查者
3.1　激振测频仪测量 (1) 测量静频，将叶片夹持在标准仪器内； ★注意：夹紧力应大于临界夹紧力，但过紧则会夹伤接触面。 (2) 激振测频仪开机。叶片开始共振，注意控制共振时间和共振振幅； (3) 根据振动节点确定贴应变片的位置，即在所有可能共振的条件下确定最大应力； (4) 测量完后将叶片退磁； (5) 当叶片的一弯静频不符合要求时，故障叶片停修油封保存处理。		

	工作者	检查者
3.2 静力矩测量 （1）使用静力矩测量仪前，须用标准叶片校准测量仪，测得标准叶片的质量值和将显示器调为零； （2）测量工作叶片时，工作叶片的轻重变化使转摆轴转动，伸缩传感器发出信号得到质量值； （3）通过调整配重砝码的位置平衡叶片质量，使显示数为零； （4）工作叶片重心与标准叶片的重心位置发生偏离时，转摆轴绕万向支点转动，摆针跟随转动，摆动传感器就会发出信号，使重心偏离显示器指针偏转，指示出换算好的频率值； （5）根据摆针指示的频率值刻度，得到叶片的自有频率。		
4. 结束工作	工作者	检查者
（1）清点工具和设备，数量足够，维护后摆放规范整齐； （2）清扫现场，保持工位文明整洁，符合安全文明生产； （3）归还工具和剩余耗材； （4）在工具室归还登记簿上做好归还记录。 ————————工卡结束————————		

技能训练任务 2-5-3　可调静子叶片修理

工卡标题	可调静子叶片修理				
机型	N/A		工种	ME	
机号	N/A		工作区域	航空发动机维修实训中心	
版本	R1		工时	120 min	
参考文件	某型航空发动机压气机修理工艺规程				
注意事项	（1）坚持安全、文明生产规范，严格遵守实训室制度和劳动纪律； （2）着装规范（工作服、胶底鞋），不携带与生产无关的物品进入车间； （3）严格、规范地按照可调静子叶片修理工艺规程操作； （4）检查计量具的合格证、校验日期等，计量结果应客观、准确和真实。				
编写/修订	×××	审核	×××	批准	×××
日期	×××	日期	×××	日期	×××

工量具/设备/材料					工作者	检查者
类别	名称	规格型号	单位	数量		
工量具	游标卡尺	0～150 mm	把	1		
	铝棒	普通	支	2		
	榔头	普通	把	2		
设备	研磨平台	400×400（mm^2）	件	1		
	工作台	专用	个	1		
材料	研磨膏	W7	罐	1		
	碳氢清洗剂	DQ212	瓶	1		

1. 工作任务

根据技术要求，掌握可调静子叶片修理的基本操作技能和注意事项

2. 工作准备	工作者	检查者
准备相关工具与耗材： （1）技术资料：工卡 1 份； （2）到工具房领取工量具；工量具应外表完好无损伤、功能正常； （3）领取耗材：办理好领取手续； （4）工作场地：有良好的照明、通风和消防设施等条件； （5）劳动防护：穿戴劳保用品、工作服、工作鞋。		

3. 操作步骤	工作者	检查者
3.1　将拆下的可调静子叶片放在胶垫上检查。		
3.2　轴颈磨损处，对其进行研磨，允许直径在 90°范围减小至一定尺寸。		
3.3　轴颈涂层磨损时，恢复涂层，恢复涂层后轴颈尺寸应不大于规定值。		

3.4 叶背和叶盆表面损伤，打磨抛光圆滑过渡。 ★注意：进排气边的损伤允许打磨，进、排气边边缘和叶尖处弯曲时，校正，校正后探伤无裂纹可用。		
3.5 摇臂轴承内圈旋转不灵活时，可用碳氢清洗剂多次清洗，清洗后若不灵活则更换摇臂。		
3.6 外套圈有串动时，应铆紧；叶片弦长允许减小至一定尺寸。		
3.7 更换不能自由转动的摇臂衬套。		
3.8 对于摇臂压伤、锈蚀和表面防护漆损伤，打磨抛光，重新涂防护漆。		
3.9 摇臂轴线与压气机轴线夹角不合格时，更换叶片或摇臂。		
4. 结束工作	工作者	检查者
（1）清点工具和设备，数量足够，维护后摆放规范整齐； （2）清扫现场，保持工位文明整洁，符合安全文明生产； （3）归还工具和剩余耗材； （4）在工具室归还登记簿上做好归还记录； （5）提交作品，上交工卡。		

技能训练任务 2-6-1　某型涡桨发动机点火器的拆卸与装配

工卡标题	某型涡桨发动机点火器的拆卸与装配			
机型	N/A	工种	ME	
机号	N/A	工作区域	航空发动机维修实训中心	
版本	R1	工时	60 min	
参考文件	某型涡桨发动机外场维护工艺规程			
注意事项	（1）坚持安全、文明生产规范，严格遵守实训室制度和劳动纪律； （2）着装规范（工作服、胶底鞋），不携带与生产无关的物品进入车间； （3）严格、规范地按照研磨工艺规程操作； （4）检查计量量具的合格证、校验日期等，计量结果应客观、准确和真实。			
编写 / 修订	×××　审核　×××　批准　×××			
日期	×××　日期　×××　日期　×××			

工量具 / 设备 / 材料					工作者	检查者
类别	名称	规格型号	单位	数量		
工量具	开口扳手	10 mm×12 mm	把	1		
	套筒扳手	S=8 mm	把	1		
	套筒扳手	S=9 mm	把	1		
	套筒扳手	S=10 mm	把	1		
	尖嘴钳	普通	把	1		
	斜口钳	普通	把	1		
	力矩扳手	5～25 N·m	把	1		
	套筒头	S=9 mm	个	1		
	转接杆	1/4 头	个	1		
	工具盘	普通	个	1		
	废料盒	普通	个	1		
设备	工作台	标准	台	1		
	航空发动机	普通	台	1		
材料	保险丝	ϕ0.8 mm	斤	1		
	标签纸	普通	卷	1		
	签字笔	普通	支	1		

1. 工作任务
根据技术要求，掌握某型涡桨发动机点火器拆装基本技能和注意事项

2. 工作准备	工作者	检查者
（1）到工具库房领取工具； （2）检查工具情况，外表完好无损，功能正常；计量工具在有效期内； （3）领取耗材，耗材应符合标准； （4）办理好领取手续。		
3. 操作步骤	工作者	检查者
3.1　点火器的分解工序 （1）去除保险，取下从点火激励器通往点火器的电缆接头（见图1、图2）； （2）去除保险，取下从燃油泵通往点火器的进油管 RY-001 及管夹 GJ-001（见图1、图3）； （3）拧松取下点火器的固定螺栓、弹簧垫圈、平垫圈（见图4）； （4）从发动机上取下点火器（见图1、图5）。 ★注意：拆卸管路时必须使用双扳手。		
3.2　点火器的装配工序 （1）将点火器按正确的位置安装在发动机上（见图1、图5）； （2）在每个固定螺栓上安装一个弹簧垫圈和一个平垫圈，用固定螺栓把点火器安装到发动机上，拧紧点火器的固定螺栓，注意拧紧顺序，拧紧力矩为 9～15 N·m。实际值：_____N·m（见图1、图4）； （3）安装从燃油泵通往点火器的进油管 RY-001 及管夹 GJ-001，并按要求进行保险（见图1、图3）； （4）安装从点火激励器通往点火器的电缆接头，并按要求进行保险（见图1、图2）。 ★注意：安装管路时必须使用双扳手。		
4. 结束工作	工作者	检查者
（1）清点工具和设备，数量足够； （2）清扫现场； （3）归还工具、耗材； （4）在工具室归还登记簿上做好归还记录。 ————工卡结束————		

图1　点火激励器在发动机的位置

图2　点火器

图3　进油管及管夹

图4　紧固件

图5　点火器

技能训练任务 2-6-2 某型飞机发动机点火线圈的拆装（左发右侧）

工卡标题	某型飞机发动机点火线圈的拆装（左发右侧）					
机型	N/A		工种	ME		
机号	N/A		工作区域	航空发动机维修实训中心		
版本	R1		工时	60 min		
参考文件	航空发动机维修规程					
注意事项	（1）坚持安全、文明生产规范，严格遵守实训室制度和劳动纪律； （2）着装规范（工作服、胶底鞋），不携带与生产无关的物品进入车间； （3）检查计量量具的合格证、校验日期等，计量结果应客观、准确和真实； （4）系统断电，禁止操作发动机，挂好警告牌					
编写 / 修订	×××	审核	×××	批准	×××	
日期	×××	日期	×××	日期	×××	

工量具 / 设备 / 材料					工作者	检查者
类别	名称	规格型号	单位	数量		
工量具	标准工具箱	常规	把	2		
	警告牌	红色	把	1		
	开口扳手	25	把	1		
	插头钳	6″	把	1		
	工具盘	36×27（mm）	把	1		
	辅助线	0.5m	把	1		
设备	LRC 测量表	常规	块	1		
材料	保险丝	ϕ0.5 mm	卷	2		
	清洁布	68×34（cm）	块	2		
	纸胶带	20～30 mm	卷	2		
	记号笔	普通	支	1		

1．工作任务		
根据技术要求，掌握某型飞机发动机点火线圈的拆装的基本操作技能和注意事项		

2．工作准备	工作者	检查者
（1）到工具库房领取工具； （2）检查工具外表、功能；计量工具在有效期内； （3）领取耗材，耗材应符合标准； （4）办理好领取手续。		

3．操作步骤	工作者	检查者
3.1　点火线圈的拆卸工序		
3.1.1 拆卸电缆插头 （1）断开相应发动机点火保险电门，挂上"禁止操作"警告牌； （2）拆除电缆插头上的保险，如图 1 所示； （3）拆下点火线圈的电缆插头，如图 1 所示。 ★注意：先拆下输入端，5 min 后再拆下输出端。		

3.1.2 拆卸点火线圈组件 （1）拆下点火线圈固定螺栓、螺母、平垫片、弹簧垫片，如图2、图3所示； （2）取下点火线圈组件。		
3.1.3 目视检查 检查螺栓螺纹连接件，确保螺纹部分无划伤、无滑丝。 ★注意：若有上述情形发生，需更换螺栓。 目视检查点火线圈的电缆插钉、插孔确信完好无损。		
3.1.4 测量点火线圈的电感 测量图4中点火线圈插座上2个插钉之间的电感量（插头使用辅助线）。实测值： _____。		
3.2 点火线圈的装配工序		
3.2.1 安装点火线圈组件 放置点火线圈组件到安装位。 安装点火线圈的固定螺栓螺母、平垫片、弹簧垫片，如图2、图3所示。		
3.2.2 安装电缆插头 安装点火线圈的电缆插头，如图1所示。 ★注意：先装输出端，后装输入端。 对电缆插头进行保险，如图1所示。		
3.2.3 检查 （1）目视检查点火线圈安装固定情况； （2）目视检查电缆插头的安装情况。		
4. 结束工作	工作者	检查者
（1）清点工具和设备，数量足够； （2）清扫现场； （3）归还工具、耗材； （4）在工具室归还登记簿上做好归还记录。 ————工卡结束————		

图1 电缆插头位置　图2 固定螺栓位置（一）　图3 固定螺栓位置（二）　图4 测试点位置

27

技能训练任务 2-7-1 一级涡轮导向器叶片的表面故障检查与修理

工卡标题		一级涡轮导向器叶片的表面故障检查与修理					
机型		N/A		工种		ME	
机号		N/A		工作区域		航空发动机维修实训中心	
版本		R1		工时		45 min	
参考文件		某型航空发动机一级导向器修理工艺规程					
注意事项		（1）坚持安全、文明生产规范，严格遵守实训室制度和劳动纪律； （2）着装规范（工作服、胶底鞋），不携带与生产无关的物品进入车间； （3）严格、规范地按照研磨工艺规程操作； （4）检查计量量具的合格证、校验日期等，计量结果应客观、准确和真实。					
编写 / 修订	×××	审核	×××	批准		×××	
日期	×××	日期	×××	日期		×××	

工量具 / 设备 / 材料					工作者	检查者
类别	名称	规格型号	单位	数量		
工具	放大镜	10 倍	个	1		
	护目镜	普通	个	1		
设备	工作台	标准	台	1		
	工具车	标准	台	1		
	叶片存放箱	专用	个	1		
材料	砂纸	360 号	张	5		
	细油石	1200 号	块	5		
	研磨膏	W7	盒	1		
	碳氢清洗剂	DQ212	瓶	1		
	特殊铅笔	专用	支	1		
	吸油纸	$250 \times 370 \times 500（mm^3）$	卷	2		
	记号笔	普通	支	1		
	毛刷	普通	个	1		
	纸胶带	普通	卷	2		

1. 工作任务		
根据技术要求，掌握一级涡轮导向器叶片的表面故障检查与修理，以及其注意事项		

2. 工作准备	工作者	检查者
（1）到工具库房领取工具； （2）检查工具的外表和功能；计量工具在有效期内； （3）领取耗材，耗材应符合标准； （4）办理好领取手续。		

3. 操作步骤	工作者	检查者
3.1　一级涡轮导向器的检查工序 （1）将叶片从叶片存放箱拿出，确认叶片在叶片存放箱的存放标记； （2）清洗叶片； （3）使用放大镜检查导向器叶片上是否有缺陷。用特殊铅笔对缺陷进行标记； （4）记录导向器叶片的故障情况； （5）对可修的零件转入修理环节。达到报废标准则进行报废，悬挂报废标签，报废标签上写明报废原因、零件号和发动机号等。		
3.2　一级涡轮导向器的修理工序 （1）对于可修件，修理叶片表面缺陷。修理方法主要有砂纸、油石和研磨膏研磨，微小缺陷用研磨膏或细油石研磨修理； （2）目视检查叶片表面，无明显肉眼可见的缺陷，对叶片进行清洗； （3）放大镜检查导向器叶片修理是否合格； （4）对叶片进行"二次"清洗； （5）将叶片放回叶片存放箱指定位置。		
4. 结束工作	工作者	检查者
（1）清点工具和设备，数量足够； （2）清扫现场； （3）归还工具、耗材； （4）在工具室归还登记簿上做好归还记录。 ————————工卡结束————————		

技能训练任务 2-7-2 导向器通道面积测量与调整

工卡标题	导向器通道面积测量与调整				
机型	N/A		工种		ME
机号	N/A		工作区域		航空发动机维修实训中心
版本	R1		工时		120 min
参考文件	航空发动机大修手册，某型航空发动机导向器修理工艺规程				
注意事项	（1）坚持安全、文明生产规范，严格遵守实训室制度和劳动纪律； （2）着装规范（工作服、胶底鞋），不携带与生产无关的物品进入车间； （3）严格、规范地按照研磨工艺规程操作； （4）检查计量量具的合格证、校验日期等，计量结果应客观、准确和真实。				
编写 / 修订	×××	审核	×××	批准	×××
日期	×××	日期	×××	日期	×××

工量具 / 设备 / 材料					工作者	检查者
类别	名称	规格型号	单位	数量		
工量具	游标卡尺	0～150 mm	把	1		
	偏心块	专用	块	若干		
设备	导向器	专用	级	1		
	测量工作台	专用	个	1		
材料	吸油纸	250×370×500（mm³）	卷	2		
	签字笔	普通	张	1		

1．工作任务

根据技术要求，掌握导向器通道面积测量与调整的基本操作技能和注意事项

2．工作准备	工作者	检查者

准备相关工具与耗材：
（1）技术资料：工卡 1 份；
（2）到工具房领取工量具；工具应外表完好无损伤，功能正常；
（3）领取耗材：办理好领取手续；
（4）工作场地：有良好的照明、通风和消防设施等条件；
（5）劳动防护：穿戴劳保用品、工作服、工作鞋。

3．操作步骤	工作者	检查者

3.1　导向器通道面积测量

（1）测量叶片最小周向距离，将其通道的径向长度上均匀分成 5 个直径，测量每个直径与通道接触的两点之间的周向距离 A，取平均值为其宽 ΔA；

（2）测量内缘外圆柱面到外缘内圆柱面间的径向距离 δ，测量三值，取平均值 $\Delta\delta$ 为其高；

（3）对每个扇形区的流通面积进行计算，单个扇形区的流通面积计算公式 $F_{扇 n}=A_{平均}\cdot\delta_{平均}=\Delta Z$；

（4）算出导向器的总面积，总流通面积计算公式 $F_{总}=F_{扇 1}+F_{扇 2}+F_{扇 3}+\cdots+F_{扇 z}$。

3.2 导向器通道调整		
（1）以定位螺钉为轴，靠固定螺钉和机匣螺孔之间的间隙，改变叶片在机匣上的安装角，调整导向器排气面积； （2）在机匣异型孔安装偏心衬块，偏心衬块按偏心量分组，更换不同偏心量组别的偏心衬块，改变叶片在机匣上的安装角调整导向器排气面积； （3）借助专用夹具或专用扳手及测量工具，改变叶片排气边的弦长，增大或减少导向器排气面积。 注意：不允许来回扳校叶片。另外，排气边有裂纹时，允许锉掉裂纹区域，既排除了裂纹故障，又增大了排气通道面积。		
4. 结束工作	工作者	检查者
（1）清点工具和设备，数量足够，维护后摆放规范整齐； （2）清扫现场，保持工位文明整洁，符合安全文明生产； （3）归还工具和剩余耗材； （4）在工具室归还登记簿上做好归还记录； （5）提交作品，上交工卡。 ————————工卡结束————————		

技能训练任务 2-7-3　后机闸的分解与装配

工卡标题	后机匣的分解与装配					
机型	N/A		工种		ME	
机号	N/A		工作区域		航空发动机维修实训中心	
版本	R1		工时		60 min	
参考文件	某型航空发动机后机匣修理工艺规程					
注意事项	（1）坚持安全、文明生产规范，严格遵守实训室制度和劳动纪律； （2）着装规范（工作服、胶底鞋），不携带与生产无关的物品进入车间； （3）严格、规范地按照研磨工艺规程操作； （4）检查计量量具的合格证、校验日期等，计量结果应客观、准确和真实。					
编写 / 修订	×××	审核	×××	批准	×××	
日期	×××	日期	×××	日期	×××	

工量具 / 设备 / 材料					工作者	检查者
类别	名称	规格型号	单位	数量		
工量具	开口扳手	9 mm×11 mm	把	1		
	开口扳手	14 mm×17 mm	把	2		
	开口扳手	19 mm×22 mm	把	1		
	开口扳手	24 mm×27 mm	把	1		
	套筒扳手	S=9 mm	把	1		
	套筒扳手	S=11 mm	把	1		
设备	工作台	标准	台	1		
	工具车	标准	台	1		
材料	吸油纸	250×370×500（mm^3)	卷	2		
	保险丝	ϕ0.8 mm	卷	1		
	记号笔	普通	支	1		
	纸胶带	普通	卷	1		
	自封袋	普通	个	20		

1．工作任务		
后机匣的分解与装配		
2．工作准备	工作者	检查者
（1）到工具库房领取工具； （2）检查工具，外表完好无损，功能正常；量具在有效期内； （3）领取耗材，耗材应符合标准； （4）办理好领取手续。		

3. 操作步骤	工作者	检查者
3.1 后机匣的分解工序 （1）去除输油圈导管连接螺母的所有保险； （2）拆开启动系统输油导管； ★注意：拆除导管应使用一个固定扳手和一个拆卸扳手，两个扳手同时进行第一次的松卸，以免导管因受力过大而形变断裂。 （3）拧下输油圈卡箍固定螺母，取下卡箍； （4）拆下启动喷嘴和启动输油圈； ★注意：取下输油喷嘴时用抹布接住并及时清理漏出的余油； （5）取下其他的输油喷嘴； ★注意： a. 清点输油喷嘴和导管的数量； b. 做好每个喷嘴和导管的标记并正确摆放方便安装。 （6）去掉保险，拧下左上方的启动喷油点火器固定螺栓，并取下点火器； （7）拆下其他的启动喷油点火器； ★注意：检查点火器的烧蚀情况并按顺序依次标记排列。 （8）从半环和工作喷嘴上拆下主油路导管； ★注意：记录半环方向，方便安装。 （9）拆下主油路的半环； （10）从工作喷嘴上拆下慢车油路导管； （11）去掉保险，拧下第一火焰筒工作喷嘴固定螺栓，并取下喷嘴。将螺盖拧在喷嘴接头上，拆下其余9个工作喷嘴。 ★注意：及时标记，标记清晰，标记位置显眼，摆放整洁有序。		
3.2 后机匣的装配工序 （1）在安装车上将后机匣转成垂直位置，使后安装边向下，彻底检查燃油总管，确信没有故障，如果有则零件与组合件上的故障应当排除，报废后代以新零件； （2）在喷嘴安装座下加垫片，并和在螺栓头下加锁片后，将燃烧室喷嘴安装到后机匣上用螺钉固定； （3）其余的工作喷嘴重复（1）、（2）工作步骤并按工作喷嘴序号顺序安装； （4）在管嘴上安装封严圈，螺纹上涂滑油，然后连接慢车总管各支管； （5）在导管上加装卡箍，并固定在总管上； （6）导管的螺纹处涂滑油，在管嘴下加封严圈后将主燃油总管的各支管与半环连接起来； （7）检查员检查所有管子结合处的拧紧度和工作喷嘴在后机匣上的固定情况，然后锁紧固定喷嘴的螺栓； （8）保持主燃油总管的半环与第二、第三及第八工作的慢车总管各支管之间的间隙不小于 3.5 mm；对其他工作喷嘴保持间隙不小于 2.5 mm，在刚性结合处不小于 0.5 mm 且色迹不合要求或机匣成紧配合时，利用研具与粒度 60～100 的金刚砂粉研磨轴承机匣的安装边； （9）总管的支管与后机匣的其他零件之间无间隙或不能安装固定支管的卡箍时，可用木芯棒与橡皮锤将支管打紧，无须从后机匣上取下支管； （10）按安装座上的色迹检查固定点火器安装座的平面与平台的贴合，安装座至少有 60% 的面积吻合无间断，吻合度不够时研磨安装座，在固定孔下面的 A 和 6 区域上的色迹在 80% 的表面上不小于 4 mm 的宽度上不中断，在其余的表面上，在不小于 1 mm 的宽度上不中断。在固定孔上面的区域，色迹不小于面积的 60%；		

（11）在点火器安装边下加垫片，安装左部和右部点火器，用螺栓固定住；		
（12）在第 10 个管嘴上套好封严圈并用手扭上；		
（13）在喷嘴上套垫片，然后将喷嘴扭入点火器；		
（14）将喷嘴安装到点火器上，在导管上加装卡箍，并固定在总管上；		
（15）用扳手将 4 个喷嘴拧紧；		
（16）完全拧紧管子的链接螺母；		
（17）用卡箍固紧主燃油总管各支管；		
（18）检查总管的支管与其他零件间的间隙，间隙不小于 2 mm；		
（19）用锁片锁紧固定点火器的螺栓，打好各处保险。		
4. 结束工作	工作者	检查者
（1）清点工具和设备，数量足够；		
（2）清扫现场；		
（3）归还工具、耗材；		
（4）在工具室归还登记簿上做好归还记录。		
————工卡结束————		

技能训练任务 2-8-1　加力燃烧室点火器空气进气管的拆卸与装配

工卡标题	加力燃烧室点火器空气进气管的拆卸与装配			
机型	N/A	工种		ME
机号	N/A	工作区域		航空发动机维修实训中心
版本	R1	工时		60 min
参考文件	某型航空发动机维护工艺规程			
注意事项	（1）坚持安全、文明生产规范，严格遵守实训室制度和劳动纪律； （2）着装规范（工作服、胶底鞋），不携带与生产无关的物品进入车间； （3）严格、规范地按照研磨工艺规程操作； （4）检查计量量具的合格证、校验日期等，计量结果应客观、准确和真实。			
编写 / 修订	×××　　审核	×××	批准	×××
日期	×××　　日期	×××	日期	×××

工量具 / 设备 / 材料					工作者	检查者
类别	名称	规格型号	单位	数量		
工量具	开口扳手	9 mm×11 mm	把	1		
	开口扳手	19 mm×22 mm	把	1		
	开口扳手	24 mm×27 mm	把	1		
	套筒扳手	S=9 mm	把	1		
	套筒扳手	S=11 mm	把	1		
	尖嘴钳	普通	把	1		
	斜口钳	普通	把	1		
	塞尺	普通	把	1		
	工具盘	普通	个	1		
	废料盒	普通	个	1		
	钢榔头	普通	把	1		
	錾子	普通	把	1		
	锁片钳	普通	把	1		
	芯棒	普通	根	1		
设备	工作台	标准	台	1		
	航空发动机	某型	台	1		
材料	保险丝	ϕ0.8 mm	卷	1		
	标签纸	普通	卷	1		
	记号笔	普通	支	1		
	锁片	专用	个	按需		

1. 工作任务

根据技术要求，掌握加力燃烧室点火器的空气进气管拆装基本技能和注意事项

2. 工作准备	工作者	检查者
（1）到工具库房领取工具； （2）检查工具外表和功能；计量工具在有效期内； （3）领取耗材，耗材应符合标准； （4）办理好领取手续。		

3. 操作步骤	工作者	检查者
3.1 加力燃烧室点火器空气进气管的分解工序 （1）去除保险，拧松管夹的固定螺栓并取下固定管夹 GJ-01、GJ-02、GJ-03、GJ-04、GJ-05（见图 1、图 2）； （2）去除保险，拧松加力燃烧室点火器的空气进气管与接头及扩散器上转接座的连接螺帽。取下空气进气管（见图 1、图 3）； （3）去除保险，拧松并取下扩散器上转接座及螺栓长的 2 件、短的 2 件、管夹安装支架 1 件、卡环 2 件、四角安装座 1 件（见图 1、图 4）。 ★注意：拆卸管路时必须使用双扳手。		
3.2 加力燃烧室点火器空气进气管的装配工序 （1）用四角安装座 1 件、卡环 2 件、管夹安装支架 1 件、螺栓长的 2 件、短的 2 件将扩散器上转接座安装在扩散器接口上（见图 1、图 4）； （2）均匀地拧紧螺栓至球面接触，检查转接座与安装座的间隙应为 1.00～1.85 mm，四个角处的间隙差不大于 0.20 mm。继续均匀地拧紧螺栓，使导管与安装座的最终间隙为 0.75～1.65 mm，同时四个角处的间隙差不大于 0.20 mm。并要求实施保险； ★注意：拧紧时必须严格按照间隙要求来实施，防止零件损伤。严禁过度拧松螺栓来保证间隙、间隙差和锁紧位置。 （3）安装加力燃烧室点火器空气进气管（见图 1、图 3）； （4）安装管夹，拧紧管夹，并按要求实施保险（见图 1、图 2）； （5）拧紧加力燃烧室点火器空气进气管与扩散器转接座及燃烧室弯管接头的连接螺帽，并按要求实施双丝保险。 ★注意：安装管路时必须使用双扳手。		

4. 结束工作	工作者	检查者
（1）清点工具和设备，数量足够； （2）清扫现场； （3）归还工具、耗材； （4）在工具室归还登记簿上做好归还记录。		

————————工卡结束————————

图 1　加力燃烧室点火器空气进气管相关位置

图 2　管夹

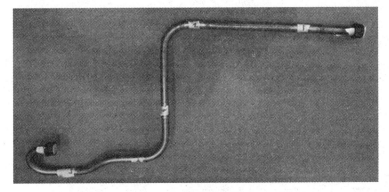

图 3　空气进气管

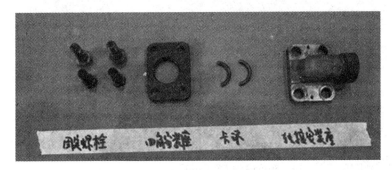

图 4　转接座相关零件

技能训练任务 2-10-1 АИ-24BT 型发动机高压燃油泵拆装

工卡标题	АИ-24BT 型发动机高压燃油泵拆装				
机型	安 26		工种		ME
机号	N/A		工作区域		停机坪
版本	R1		工时		120 min
参考文件	АИ-24BT 型发动机燃油附件修理工艺规程				
注意事项	(1) 坚持安全、文明生产规范，严格遵守实训室制度和劳动纪律； (2) 着装规范（工作服、胶底鞋），不携带与生产无关的物品进入车间； (3) 严格、规范地按照研磨工艺规程操作； (4) 检查计量量具的合格证、校验日期等，计量结果应客观、准确和真实。				
编写 / 修订	×××	审核	×××	批准	×××
日期	×××	日期	×××	日期	×××

工量具 / 设备 / 材料					工作者	检查者
	名称	规格型号	单位	数量		
	开口扳手	5.5 mm×7 mm	把	1		
	开口扳手	12 mm×14 mm	把	1		
	开口扳手	17 mm×19 mm	把	2		
	开口扳手	19 mm×22 mm	把	3		
	开口扳手	24 mm×27 mm	把	1		
	钩针	通用	个	1		
	铝棒	250 mm	根	1		
	延长杆	1/4	根	1		
	延长杆	3/8 150 mm	根	1		
	延长杆	3/8 250 mm	根	1		
工量具	铰接手柄	3/8 250 mm	把	1		
	套筒	7	个	1		
	套筒	8	个	1		
	套筒	9	个	1		
	套筒	10	个	1		
	套筒	11	个	1		
	套筒	12	个	1		
	套筒	17	个	1		
	转接头	1/4 转 3/8	个	1		
	转接头	3/8 转 1/4	个	1		
	开口扳手	14	个	1		
	开口扳手	17	个	1		
	开口扳手	19	个	1		

	开口扳手	22	个	1		
	尖嘴钳	200 mm	把	3		
	斜口钳	200 mm	把	3		
	锁片钳	通用	把	1		
	钢榔头	250 g	把	1		
工量具	工具盘	通用	个	5		
	接油盘	通用	个	2		
	警告牌	通用	个	1		
	肘节式力矩扳手	5～25 N·m	把	1		
	表盘式力矩扳手	5～50 N·m	把	1		
	塞规	2.0～6.0 mm	套	1		
设备	工作台	1500×800（mm）	张	2		
	工作梯	通用	台	2		
	保险丝	φ0.8 mm	m	50		
	锁片	6 mm	个	10		
耗材	保险销	2.5×30	个	10		
	煤油	通用	升	按需		
	滑油	通用	升	按需		
	纸胶带	通用	卷	2		
劳保用品	线手套	通用	双	2		
	胶手套	通用	双	1		

1. 工作任务		
根据技术要求，学习联合漏油收集器的拆卸与装配和注意事项		
2. 工作准备	工作者	检查者
（1）阅读工卡，安排工作任务； （2）清点工具； （3）将工作梯推到施工工位，并放置安全垫； （4）确认发动机启动转换电门在关断位，并悬挂"禁止操作"警告牌； （5）确认防火开关在关断位，并悬挂"禁止操作"警告牌； （6）打开发动机整流罩并固定好开关撑杆（见图1）。		
3. 操作步骤	工作者	检查者
3.1 拆卸高压燃油泵工作步骤 （1）在燃油滤处进行放油，并用油盘收集（见图2）； 警告：不要让燃油进入口、眼睛或沾到皮肤上。不要吸入燃油蒸气。燃油要远离火源和高温。燃油具有毒性和易燃性，能对人员和设备造成损伤。 （2）拆除保险，拆下管夹、软管、余油管［1］［2］［4］［5］［7］［8］［9］和接头［3］［7］（见图3、图4）； （3）松脱管夹，拆下燃油导管［11］和与之相连的软管（见图5）； （4）拆除保险，拆下管夹、导管［11］［12］［13］（见图6）； （5）拆除保险，拆下管夹、导管［14］［15］［16］［17］［18］（见图7）；		

警告：滑油具有毒性，可以被皮肤吸收，不要让滑油沾到皮肤上，并且滑油蒸气会刺激人的呼吸系统。 注意：为防止高压泵传动轴弯曲变形和折断，在泵体没有离位之前，用手托住泵体，再取下高压燃油泵！为防止滑油滴落，拆泵前应在附件齿轮箱下方放接油盘！ （6）拆下高压燃油泵的固定卡环［19］（见图8）； 注意：不要强硬拆卸或强扳燃油泵，防止轴断裂。 （7）取下高压燃油泵［20］，并挂上标识牌（见图8）； （8）取下燃油泵接合面上的密封圈，并按报废处理。		
3.2　安装高压燃油泵 （1）更换燃油泵密封圈； （2）将燃油泵传动轴对正附件齿轮箱内的安装齿套； 注意：高压燃油泵的定位销与定位孔要对正！打完力矩取下接油盘。 （3）安装燃油泵固定卡环； （4）拧紧卡环固定螺栓，力矩值为 $15 \sim 18\,\text{N} \cdot \text{m}$，并用软锤敲击卡环； （5）松开卡环固定螺栓； （6）再次拧紧卡环固定螺栓，力矩值为 $15 \sim 18\,\text{N} \cdot \text{m}$，并用软锤敲击卡环； （7）松开卡环固定螺栓； （8）紧卡环固定螺栓，力矩值为 $13 \sim 15\,\text{N} \cdot \text{m}$； （9）安装连接燃油泵和传感器的软管［1］及管夹（见图3）； （10）安装导管［18］［17］［16］［15］［14］（见图7）管夹；其中导管［16］与燃油调节器连接处的螺母以 $12 \sim 15\,\text{N} \cdot \text{m}$ 的力矩拧紧，并按要求实施［16］号与空气管相连处的一个保险，在［18］号燃油管的管夹上实施止动垫圈（锁片）保险； 说明：未指定力矩值的紧固件用扳手以腕力拧紧。 （11）安装导管［11］［12］［13］及管夹（见图6）；导管［11］与高压燃油泵连接处的螺母以 $15 \sim 17\,\text{N} \cdot \text{m}$ 的力矩拧紧，螺母实际力矩值为 _____ $\text{N} \cdot \text{m}$，并按要求实施［11］号空气管与燃油泵连接处的保险，［13］号燃油管两端的两个保险； （12）安装导管［10］和与之相连的软管及管夹（见图5）； （13）安装余油管［2］［4］［5］［6］［8］［9］和接头［3］［7］及管夹（见图4）；余油管［8］与高压燃油泵连接处的螺母以 $9 \sim 10\,\text{N} \cdot \text{m}$ 的力矩拧紧，并按要求实施［4］［5］号余油管和高压燃油泵接头处两处保险，对［7］号接头上的［6］［8］［9］余油管螺母进行保险，进行［8］号余油管与高压泵连接处的保险； （14）使用塞规检查相关管路与管路之间的间隙不小于 $3\,\text{mm}$。 说明：未指定力矩值的紧固件用扳手以腕力拧紧。		
3.3　高压燃油泵安装后测试（口述）		
4. 结束工作	工作者	检查者
（1）工作完成后进行自检和互检； （2）恢复飞机、发动机至工作前状态； （3）清点工具和设备，数量足够，清扫现场； （4）归还工具、耗材，在工具室归还登记簿上做好归还记录。 ———————————工卡结束———————————		

图 1　发动机整流罩位置

燃油滤　放油活门出油管

图 2　燃油系统放油位置

软管 [1]

图 3　软管位置

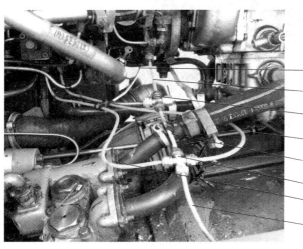

余油管 [9]

余油管 [8]

四通接头 [7]

余油管 [4]

余油管 [6]

四通接头 [3]

余油管 [5]

余油管 [2]

图 4　余油管位置

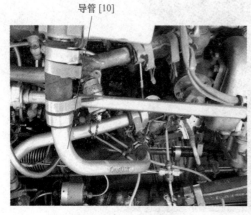

导管 [10]

图 5　燃油导管位置

导管 [11]　导管 [13]　导管 [12]

图 6　导管位置

导管[14]

导管[15]

导管[16]

导管[17]

导管[18]

图 7　导管位置

固定卡环 [19]

高压燃油泵 [20]

图 8　高压燃油泵和固定卡环位置

技能训练任务 2-10-2　油门拉杆的拆装与调整

工卡标题	油门拉杆的拆装与调整		
机型	N/A	工种	ME
机号	N/A	工作区域	航空发动机维修实训中心
版本	R1	工时	60 min
参考文件	某型航空发动机维修规程		
注意事项	（1）坚持安全、文明生产规范，严格遵守实训室制度和劳动纪律； （2）着装规范（工作服、胶底鞋），不携带与生产无关的物品进入车间； （3）严格、规范地按照研磨工艺规程操作； （4）检查计量量具的合格证、校验日期等，计量结果应客观、准确和真实。		
编写 / 修订	×××	审核　　×××	批准　　×××
日期	×××	日期　　×××	日期　　×××

工量具 / 设备 / 材料					工作者	检查者
类别	名称	规格型号	单位	数量		
工量具	开口扳手	9 mm×11 mm	把	2		
	开口扳手	10 mm×12 mm	把	1		
	开口扳手	12 mm×14 mm	把	1		
	套筒扳手	S=9 mm	把	1		
	钢板尺	200	把	1		
	尖嘴钳	普通	把	1		
	斜口钳	普通	把	1		
	钢榔头	普通	把	1		
	錾子	普通	把	1		
	工具盘	200×400（mm^2）	个	1		
设备	模拟试车台	标准	台	1		
	航空发动机	某型	台	1		
材料	保险销	1.0 mm×25 mm	个	10		
	保险丝	ϕ0.8 mm	卷	2		
	标签纸	普通	卷	1		
	记号笔	普通	支	1		

1．工作任务

根据技术要求，掌握油门拉杆的拆装与调整的基本操作技能和注意事项

2．工作准备	工作者	检查者
（1）到工具库房领取工具； （2）检查工具外表、功能；计量工具在有效期内； （3）领取耗材，耗材应符合标准； （4）办理好领取手续。		

3．操作步骤	工作者	检查者
3.1 油门拉杆的拆卸工序 （1）拆去状态操纵盒端（图中右端）开口销保险 11（见图 1）； （2）拧下状态端的螺母 10（见图 1、图 2）； （3）取下垫片 9（见图 1、图 2）； （4）取下拉杆接头 12（见图 1、图 2）； （5）再取下另一垫片 9（见图 1、图 2）； （6）取下拉杆接头固定螺栓（见图 1、图 2）； （7）拆去主泵端（图中左端）开口销 11（见图 1）； （8）重复（2）～（5）工序取下拉杆，拉杆两边万向轴用棉线捆扎（见图 1、图 2）。		
3.2 油门拉杆的装配工序 （1）在主泵的杠杆 B 上半径 $R \approx 48\ mm$ 处装上螺栓和垫片 2（见图 1、图 2、图 3）； （2）装上垫片 9 和拉接头 16，垫片球面要朝拉杆接头； （3）拧上槽型螺母 10（见图 1、图 2、图 3）； （4）在状态操纵盒的杠杆 A 处用螺栓 1、花螺母 10、垫圈 9 件固定拉杆，垫片球面都要朝拉杆接头（见图 1、图 2、图 3）。		
3.3 油门拉杆的调整		
3.3.1 调整拉杆的方向和要求： （1）通过拧动拉杆接头来改变拉杆的长度，但不允许露出拉杆上的孔 H； （2）改变杠杆 B 上拉杆固定的螺栓（滑块）的位置（及改变半径 R）； （3）严禁用力拉拽，导致拉杆或杠杆 B 变形（见图 3）。		
3.3.2 转动杠杆 A，使刻度盘 0° 对准操纵盒壳体上的标线，同时调整拉杆使杠杆 B 上的指示 K 顶住限动销 C，表示"停车"（见图 1、图 3）。		
3.3.3 转动杠杆 A，使刻度盘 63°～64° 对准操纵盒壳体上的标线，这时杠杆 B 上指标 K 的刃口应对准第 6 标线，表示"最大状态"不合格时，在杠杆 A 和杠杆 B 都处于"停车"位置的状态下，重新调整尺寸 R 或拉杆长度（见图 1、图 3）。		
3.3.4 转动杠杆 A，使刻度盘 112°～113° 对准操纵盒壳体上的标线 T 应顶住限动销 Q，这时杠杆 B 上的刃口应位于第 7 标线外，允许杠杆 B 返回行程（见图 1、图 3）。		
3.3.5 在拉杆调整好后装上开口销保险，为保证保险需要，允许在两端固定拉杆的花螺母下装平垫圈。		
3.3.6 拧紧固定螺母 13 和 15 并打好保险（见图 1）。		
3.3.7 任意转动，检查全行程的灵活性，并检查杠杆 B 处于任何位置时示标 K 和限动销 M 的间隙不小于 2 mm，检查杠杆、拉杆与附近缆线的距离不小于 15 mm。 ★注意：操纵拉杆上的 H 孔不可以通过孔看到对面。		
4．结束工作	工作者	检查者
（1）清点工具和设备，数量足够； （2）清扫现场； （3）归还工具、耗材； （4）在工具室归还登记簿上做好归还记录。		

————————工卡结束————————

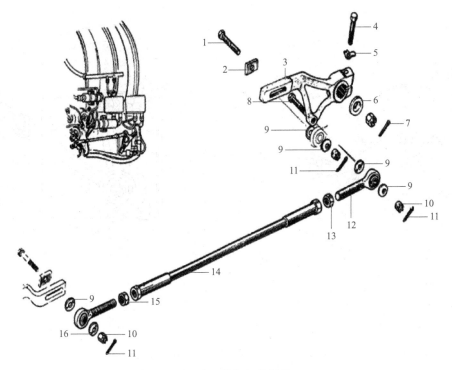

图 1　油门拉杆相关零件

1，4，8—螺栓；2，9—垫片；3，14—拉杆；5—止动垫圈；6—垫圈；7，11—开口销；
10—槽形螺母；12，16—拉杆接头；13，15—螺母

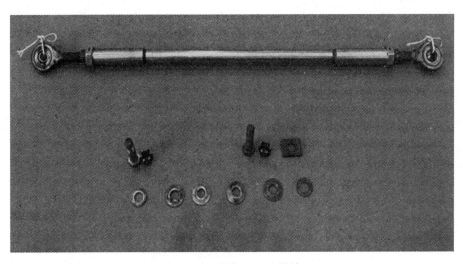

图 2　油门拉杆及固定零件

45

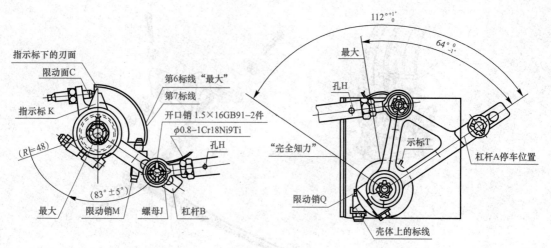

图 3　调整参数

技能训练任务 2-12-1　CFM56-3 发动机区域标准线路施工

工卡标题	CFM56-3 发动机区域标准线路施工				
机型	B737-300		工种	ME	
机号	B-4052		工作区域	航空发动机外场实训中心	
版本	R1		工时	120 min	
参考文件	B737-300 飞机 WDM 手册、SWPM 手册、AMM 手册				
注意事项	（1）坚持安全、文明生产规范，严格遵守实训室制度和劳动纪律； （2）着装规范（工作服、胶底鞋），不携带与生产无关的物品进入车间； （3）严格、规范地按照标准线路施工规程操作； （4）检查计量量具的合格证、校验日期等，计量结果应客观、准确和真实。				
编写/修订	×××	审核	×××	批准	×××
日期 Date	×××	日期	×××	日期	×××

工量具/设备/材料					工作者	检查者
类别	名称	规格型号	单位	数量		
工量具	导线束	N/A	个	1		
	万用表	通用	块	1		
	兆欧表	通用	块	1		
	热风枪	通用	把	1		
	不锈钢盘	通用	块	1		
设备	工作台	标准	台	1		
	工具车	标准	台	1		
材料	导线	通用	卷	1		
	接线片	通用	个	1		
	拼接管	BACT12C20	块	1		
	绝缘带	P-421	双	1		
	热缩管	通用	个	1		
	异丙醇	TT-I-735 Grade A	个	1		
	擦布	BMS15-5 Class A	块	按需		
	插头/座	BACC63CM2842PN	个	2		
	插钉	BACC47CP2S	个	2		
	密封塞	AM48816PFA	个	2		
	保险丝	MS20995C20	卷	1		
	平垫片	通用	个	2		
	捆扎绳	BMS13-54 Type Ⅲ Finish C	卷	1		

1. 工作任务		
B-4052 飞机 1 号发动机的燃油流量指示有故障，现已确定燃油流量传感器正常，故障出现在发动机防火墙与燃油流量传感器之间的线缆，请查找并排除故障，确保工作正常。 注意：此次工作在工作台上完成所有施工，但所有施工要求按照发动机上的施工标准。		

2. 工作准备	工作者	检查者
（1）到工具库房领取工具； （2）检查工具外观和功能；计量工具在有效期内； （3）领取耗材，耗材应符合标准； （4）办理好领取手续。		

3. 操作步骤	工作者	检查者
3.1　查询与测量 （1）基本信息查询。 查询相关手册，查询 1 号发动机燃油流量传感器与防火墙插头的相关信息，填入查询记录单。 （2）线缆测量。 测量线缆，确认线缆之间是否存在短路、断路等故障，并描述测量结果。		
3.2　线缆维修（导线修理，不需要更换整根导线） （1）拆下导线束捆扎绳，结合测量结果，检查 1 号发动机的防火墙插头和燃油流量传感器等设备之间的线缆，确定线缆故障的位置，根据损坏程度制定线缆的修理施工方案，并将线缆修理的完整查找步骤填入查询记录单； （2）查询相关手册，确定施工所需主要工具、耗材件号，将耗材的件号填入桌面的领料单并到指定位置领取耗材； （3）按标准施工程序进行维修。 说明：经过仪器测量，该区域属于燃油蒸气区。		
3.3　线缆终端维修 （1）拆下燃油流量传感器插头和防火墙插头上的尾夹，然后检查两个插头，并结合第 2 部分线缆测量结果和第 3 部分线缆维修的需要，制定修理施工方案，将插头修理的完整查找步骤填入查询记录单； （2）查询相关手册，确定施工所需主要工具、耗材件号，并将耗材的件号填入桌面的领料单并到指定位置领取耗材； （3）按标准施工程序进行维修； 说明：插头的后壳只是用手上紧，可以直接用手拧下后壳，在安装后壳的时候也只需用手上紧即可。后壳是否拆下取决于施工需要，这里不设置扣分项。插钉安装后，按要求测试检查插钉是否安装到位。 （4）故障排除后，确保线路畅通； （5）检查插头的密封情况，如需密封，将插头密封完好； 说明：如果有空钉孔需要密封，主要考核是否会使用密封塞，不用考虑飞机的区域。 （6）恢复插头尾部结构； （7）确定线缆全部故障已排除后，将插头尾部后尾夹进行保险固定。		
3.4　线缆恢复 （1）查询相关手册，确定施工所需耗材件号和施工内容，并按要求填写查询记录单；将耗材的件号填入桌面的领料单并到指定位置领取耗材； （2）按图 1 及下面要求对导线束进行捆扎。 分线束 1 中的导线有： （1）功率管理计算机连出的导线； （2）可调放气活门电磁阀连出的导线；		

（3）发动机滑油量补偿器及油箱组件连出的导线。

分线束 2 中的导线有：

（1）液压释压活门连出的导线；

（2）左点火激励器连出的导线；

（3）滑油滤旁通电门连出的导线；

（4）恒速驱动装置过热传感器连出的导线。

说明：

（1）依据手册测量出每个分线束所需要的导线完成捆扎；

（2）每个导线捆扎结所用捆扎绳长度不超过 12 in；^①

（3）在导线上的标签 1，2，…，17 是实训指导老师打分所用，学员不用理会，但不要将标签拿下。

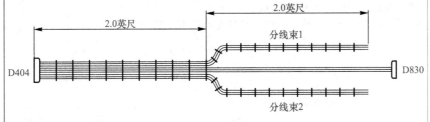

图 1　线束捆扎

说明：

（1）每段捆扎尺寸根据捆扎需要大概在 2.0 英尺，但误差不能超过 2 in；

（2）捆扎方法符合要求。

4. 结束工作	工作者	检查者
（1）清点工具和设备，数量足够； （2）清扫现场； （3）归还工具、耗材； （4）在工具室归还登记簿上做好归还记录。 ――――――――工卡结束――――――――		

① 1 in = 2.54 cm。

技能训练任务 2-12-2　轴承的清洗、检查与维护

工卡标题	轴承的清洗、检查与维护		
机型	N/A	工种	ME
机号	N/A	工作区域	航空发动机维修实训中心
版本	R1	工时	90 min
参考文件	航空发动机轴承清洗规范，某型航空发动机转子轴承清洗工艺		
注意事项	（1）坚持安全、文明生产规范，严格遵守实训室制度和劳动纪律； （2）着装规范（工作服、胶底鞋），不携带与生产无关的物品进入车间； （3）严格、规范地按照研磨工艺规程操作； （4）检查计量量具的合格证、校验日期等，计量结果应客观、准确和真实。		
编写/修订	×××	审核 ×××	批准 ×××
日期	×××	日期 ×××	日期 ×××

工量具/设备/材料					工作者	检查者
类别	名称	规格型号	单位	数量		
工量具	毛刷	普通	个	1		
	护目镜	专用	个	1		
	零件盒	200×400×100（mm³）	个	2		
设备	工作台	标准	台	1		
	工具车	标准	台	1		
	轴承游隙测量仪	标准	台	1		
材料	碳氢清洗剂	DQ212	升	5		
	油封油	专用	桶	1		
	吸油纸	250×370×500（mm³）	卷	2		
	橡胶手套	普通	双	2		
	自封袋	普通	个	10		

1. 工作任务		
根据技术要求，掌握轴承的清洗、检查与维护基本操作技能和注意事项		

2. 工作准备	工作者	检查者
（1）到工具库房领取工具； （2）检查工具外表、功能；计量工具在有效期内； （3）领取耗材，耗材应符合标准； （4）办理好领取手续。		

3．操作步骤	工作者	检查者
3.1　轴承的清洗、检查工序 （1）准备清洗剂和轴承； ★注意：拿轴承时防止轴承滚动体掉落。 （2）用碳氢清洗剂清洗轴承，去掉润滑脂和杂质； ★注意：第一次清洗时，滚动体的转动可能导致杂质损伤轴承工作面。二次清洗时，可将轴承在干净的清洗剂中一边旋转，一边仔细清洗。 （3）将轴承晾干； ★注意：发动机转子上的轴承不能吹干。 （4）目视检查轴承表面上是否有缺陷，并记录检查情况； （5）检查轴承转动灵活性； （6）使用轴承游隙测量仪测量轴承的游隙； （7）检查轴承的转动噪声。		
3.2　轴承的维护工序 （1）将合格的轴承放入滑油中，浸泡几分钟； （2）将浸泡过的轴承沥干，放入自封袋中封口，或者用油封纸包裹沥干的轴承，再放入用自封袋中，或直接将轴承于滑油中保存； ★注意：保存方法根据实际需要选择。 （3）将油封的轴承放到通风干燥处存放。		

4．结束工作	工作者	检查者
（1）清点工具和设备，数量足够； （2）清扫现场； （3）归还工具、耗材； （4）在工具室归还登记簿上做好归还记录。 ————————————工卡结束————————————		

技能训练任务 2-12-3 补充放气电磁活门的拆卸与装配

工卡标题	补充放气电磁活门的拆卸与装配					
机型	N/A			工种	ME	
机号	N/A			工作区域	航空发动机维修实训中心	
版本	R1			工时	60 min	
参考文件	某型航空发动机维护工艺规程					
注意事项	（1）坚持安全、文明生产规范，严格遵守实训室制度和劳动纪律； （2）着装规范（工作服、胶底鞋），不携带与生产无关的物品进入车间； （3）严格、规范地按照研磨工艺规程操作； （4）检查计量量具的合格证、校验日期等，计量结果应客观、准确和真实。					
编写/修订	×××	审核	×××	批准	×××	
日期	×××	日期	×××	日期	×××	

工量具/设备/材料					工作者	检查者
类别	名称	规格型号	单位	数量		
工量具	开口扳手	9 mm×11 mm	把	1		
	开口扳手	10 mm×12 mm	把	1		
	开口扳手	17 mm×19 mm	把	2		
	开口扳手	22 mm×24 mm	把	2		
	套筒扳手	S=9 mm	把	1		
	插头钳	普通	把	1		
	尖嘴钳	普通	把	1		
	斜口钳	普通	把	1		
	钢榔头	普通	把	1		
	錾子	普通	把	1		
	锁片钳	普通	把	1		
	芯棒	普通	把	1		
	工具盘	200×400（mm²）	把	1		
设备	工作台	标准	台	1		
	航空发动机	某型	台	1		
材料	锁片	专用	个	40		
	保险丝	ϕ0.8 mm	卷	1		
	标签纸	普通	卷	1		
	记号笔	普通	支	1		
1. 工作任务						
根据技术要求，掌握补充放气电磁活门的拆卸与装配基本操作技能和注意事项						

2. 工作准备	工作者	检查者
（1）到工具库房领取工具； （2）检查工具外表、功能；计量工具在有效期内； （3）领取耗材，耗材应符合标准； （4）办理好领取手续。		

3. 操作步骤	工作者	检查者
3.1 补充放气电磁活门的分解工序 （1）取下通往总电缆的电缆接头（见图1）； （2）去除保险，取下连接补充放气电磁活门 RDK-8"出口"的接头另一端装有气嘴及外加螺母通气导管 TQ-001 及管夹 GJ-001、GJ-002（见图1～图3）； （3）去除保险，取下通往加力燃油泵落压比调节器的进气管 TQ-002 及连接补充放气电磁活门的转接头（见图1、图2）； （4）去除保险，取下补充放气电磁活门的固定卡箍的固定螺栓，取下补充放气电磁活门及固定卡箍（见图4）。 ★注意：拆卸管路时必须使用双扳手。		
3.2 补充放气电磁活门的装配工序 （1）使用固定螺栓将固定卡箍和补充放气电磁活门安装到发动机附件传动机匣的固定支架上（见图1、图4）； ★注意：先不拧紧。 （2）安装通往加力燃油泵落压比调节器的进气管 TQ-002 及连接补充放气电磁活门的转接头（见图1、图2）； （3）安装连接补充放气电磁活门 RDK-8"出口"的接头，另一端装有气嘴及外加螺母通气导管 TQ-001 及管夹 GJ-001、GJ-002（见图1～图3）； （4）拧紧补充放气电磁活门卡箍的固定螺栓及各管路的连接螺帽和管夹的固定螺栓，并按要求进行保险（见图1）； （5）安装通往总电缆的电缆接头（见图1）。 ★注意：安装管路时必须使用双扳手。		

4. 结束工作	工作者	检查者
（1）清点工具和设备，数量足够； （2）清扫现场； （3）归还工具、耗材； （4）在工具室归还登记簿上做好归还记录。		
————————工卡结束————————		

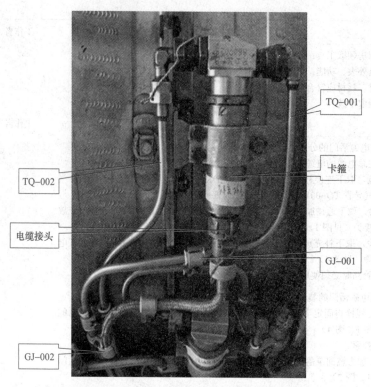

图 1　补充放气电磁活门相关零件位置

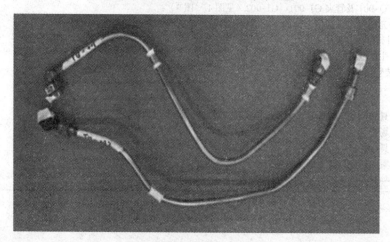

图 2　导管 TQ001 和 TQ002

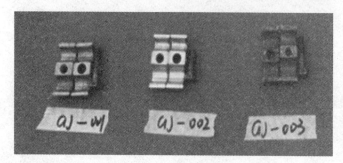

图 3　管夹

图 4　电磁活门及固定夹

技能训练任务 2-13-1　某型航空发动机卸荷腔压力调整

工卡标题		某型航空发动机卸荷腔压力调整				
机型		N/A		工种		ME
机号		N/A		工作区域		航空发动机虚拟试车实训中心
版本		R1		工时		90 min
参考文件		某型航空发动机修理手册，某型航空发动机试车工艺规程				
注意事项		（1）试车前，充分熟悉试车程序； （2）试车前，充分理解可能产生事故的事项； （3）试车团队应分工明确，职责清晰。				
编写/修订		×××	审核	×××	批准	×××
日期		×××	日期	×××	日期	×××

工量具/设备/材料					工作者	检查者
类别	名称	规格型号	单位	数量		
工量具	秒表	常规	个	1		
	开口扳手	27 mm×30 mm	把	1		
	开口扳手	19 mm×22 mm	把	1		
	开口扳手	14 mm×17 mm	把	2		
	开口扳手	10 mm×12 mm	把	1		
	开口扳手	9 mm×11 mm	把	1		
	开口扳手	5 mm×7 mm	把	1		
	套筒扳手	S=11 mm	把	1		
	一字螺钉旋具	150 mm	把	1		
	斜口钳	普通	根	1		
	尖嘴钳	普通	把	1		
设备	模拟试车台	教学专用	张	1		
	航空发动机	涡喷	台	1		
材料	铅封片	常规	片	5		
	保险丝	ϕ0.8 mm	卷	2		
	锁片	专用	片	40		
	试车记录单	专用	份	2		
	签字笔	普通	支	2		
	卸荷腔隔板	专用	块	1		

1．工作任务
某型航空发动机卸荷腔压力调整

2. 工作准备	工作者	检查者
（1）到工具房领取工量具，检查并清点工具，外表完好无损伤，功能正常； （2）领取耗材，办理好领用手续； （3）将发动机装在试车台架上，连接所有导管、附件和传感器，将所有开关、按钮接通，检查发动机的安装； （4）在发动机的滑油箱内加注滑油，打开供油开关； （5）检查发动机压气机及涡轮叶片； （6）检查发动机滑油位，必要时复加滑油； （7）将发动机提交给检验员，发动机、工具和现场检验合格后，可以启动发动机； （8）开启计算机，进入试车界面； （9）试车前对油封的发动机进行启封； （10）启封后，通过冷运转吹除残余油液，防止下次启动时温度上升过快。		

3. 操作步骤	工作者	检查者
3.1　分析以下现象，找出故障，拟订排除方案。 （1）规定值：0.049 0 MPa； （2）实测值：0.049 2 MPa。		
3.2　卸荷腔隔板在发动机左侧或右侧：_____侧。		
3.3　调整方案：隔板换大或换小，_____mm。		
3.4　依据隔板变化量计算出调整量：拆下隔板_____mm；安装_____mm。		
3.5　在发动机上实施调整。 （1）拆卸卸荷腔相关保险； （2）用套筒扳手拆除卸荷腔工艺引气管固定螺钉并取下； （3）用扳手拆除卸荷腔测量导管并取下隔板； （4）按照调整方案更换隔板：拆下隔板；安装隔板； （5）安装卸荷腔隔板、测量导管及引气管； （6）清点工具。		
3.6　在试车界面上调整。 （1）鼠标单击"其他调整"按钮； （2）弹出调整界面对话框，单击"卸荷腔压力调整"按钮； （3）按调整方案更换隔板。 原隔板直径：_____mm；直径更换为：_____mm，单击"确定"按钮。		
3.7　在试车界面上调整。 （1）选择试车步骤，自动启动； （2）接通总电源、控制电源； （3）接通启动发动机吹风、启动燃油、启动补油、大流量整流器； （4）启动转换开关置于整流器； （5）油封转换开关置于启动位置； （6）油门操纵手柄于慢车位置； （7）依次按下电铃、启动按钮，发动机即可开始启动。		
3.8　通过自动起启动，检查调整情况，发动机启动并记录以下参数。 （1）滑油压力出现时间（要求：不大于20 s）； （2）启动机脱开（TQ）协动转速（要求：n_2=32%）； （3）启动机断开（QD）协动转速（要求：n_2=48±2）； （4）左放气活门关闭转速［要求：n_2=（47～5）%］； （5）右放气活门关闭转速［要求：n_2=（47～5）%］； （6）转速达n_1=29.5%的时间（要求：不大于55 s）； （7）涡轮后排气温度T最高峰值（要求：不大于700 ℃）。 注意：涡轮后排气温度有超温趋势要立即停车。		

3.9　慢车，发动机温度上升，记录参数。 （1）低压转子转速（要求：记录实测值）； （2）高压转子转速（要求：记录实测值）； （3）滑油压力（要求：不小于 0.098 MPa）； （4）涡轮后排气温度（要求：记录实测值）； （5）检查慢车副油路压力（要求：2.06 MPa±0.1 MPa）。		
3.10　81.5%±1% 状态，发动机加温，记录参数。 （1）低压转子转速（要求：记录实测值）； （2）高压转子转速（要求：记录实测值）； （3）滑油压力（要求：不小于 0.343 MPa）； （4）涡轮后排气温度（要求：记录实测值）。		
3.11　以 1.5～2 s 迅速推油门手柄到最大状态，检查更换隔板后的工作情况。 （1）平稳推油门手柄到最大状态（64°）（要求：按曲线求出）； （2）稳定工作 3 min 后检查卸荷腔压力； （3）低压转子转速（要求：不大于 101.5%）； （4）高压转子转速（要求：记录实测值）； （5）卸荷腔压力（要求：0.049～0.088 MPa）； （6）涡轮后排气温度（要求：不大于 800 ℃）。		
3.12　81.5%±1% 状态，发动机冷却，记录参数。 （1）低压转子转速（要求：记录实测值）； （2）高压转子转速（要求：记录实测值）； （3）滑油压力（要求：记录实测值）； （4）涡轮后排气温度（要求：记录实测值）。		
3.13　慢车，发动机冷却，记录参数，记录完参数后，单击试车步骤"停车"。 （1）低压转子转（要求：记录实测值）； （2）高压转子转（要求：记录实测值）； （3）滑油压力（要求：不小于 0.098 MPa）； （4）涡轮后排气温度（要求：记录实测值）。		
3.14　停车，油门手柄收到停车位置发动机就停车，记录参数。 （1）低压转子转速惯性时间（要求：不小于 150 s）； （2）高压转子转速惯性时间（要求：不小于 30 s）。		
3.15　根据试车情况，做出试车结论。 结论：合格 / 返厂排故。		
3.16　停车。 （1）拆下卸荷腔引气管，然后拆下测量导管； （2）拆卸卸荷腔相关保险。 ★注意：拆卸测量导管需使用双扳手。		
4. 结束工作	工作者	检查者
（1）清点工具和设备，数量足够； （2）清扫现场； （3）归还工具，回收余料； （4）在工具室归还登记簿上做好归还记录。 ————————工卡结束————————		

技能训练任务 2-13-2　某型航空发动机启动喘振故障排除

工卡标题	某型航空发动机启动喘振故障排除		
机型	N/A	工种	ME
机号	N/A	工作区域	航空发动机虚拟试车实训中心
版本	R1	工时	90 min
参考文件	某型航空发动机修理手册，某型航空发动机试车工艺规程		
注意事项	(1) 试车前，充分熟悉试车程序； (2) 试车前，充分理解可能产生事故的事项； (3) 试车团队应分工明确，职责清晰。		
编写 / 修订	×××　审核　×××　批准　×××		
日期	×××　日期　×××　日期　×××		

工量具 / 设备 / 材料					工作者	检查者
类别	名称	规格型号	单位	数量		
工量具	秒表	常规	个	1		
	开口扳手	27 mm×30 mm	把	1		
	开口扳手	19 mm×22 mm	把	1		
	开口扳手	14 mm×17 mm	把	2		
	开口扳手	10 mm×12 mm	把	1		
	开口扳手	9 mm×11 mm	把	1		
	开口扳手	5 mm×7 mm	把	1		
	套筒扳手	S=11 mm	把	1		
	一字螺钉旋具	150 mm	把	1		
	斜口钳	普通	根	1		
	尖嘴钳	普通	把	1		
设备	模拟试车台	教学专用	张	1		
	航空发动机	涡喷	台	1		
材料	铅封片	常规	片	5		
	保险丝	ϕ0.8 mm	卷	2		
	锁片	专用	片	40		
	试车记录单	专用	份	2		
	签字笔	普通	支	2		

1. 工作任务

排除航空发动机启动喘振故障

2. 工作准备	工作者	检查者
（1）到工具房领取工量具，检查并清点工具，外表完好无损伤，功能正常； （2）领取耗材，办理好领取手续； （3）将发动机装在试车台架上，连接所有导管、附件和传感器，将所有开关、按钮接通，检查发动机的安装； （4）在发动机的滑油箱内加注滑油，打开供油开关； （5）检查发动机压气机及涡轮叶片； （6）检查发动机滑油位，必要时复加滑油； （7）将发动机提交给检验员，发动机、工具和现场检验合格后，可以启动发动机； （8）开启计算机，进入试车界面； （9）试车前对油封的发动机进行启封； （10）启封后，通过冷运转吹除残余油液，防止下次启动时温度上升过快。		

3. 操作步骤	工作者	检查者
3.1　分析以下现象，找出故障，拟定排除方案。 （1）脱开启动（TQ）转速 33%； （2）断开启动（QD）转速 48%； （3）左放气协动转速 28%； （4）右放气协动转速 27.5%； （5）排气温度 T_4 急增 650 ℃。		
3.2　简述航空发动机喘振的一般特征：转速_____；温度_____；声音_____。		
3.3　通过上述参数分析启动喘振的初步原因是_____。		
3.4　依据调整变化量分别计算出所需调整量。 左放气活门：调整方向_____；调整量_____； 右放气活门：调整方向_____；调整量_____。		
3.5　在发动机主机上实施调整。 （1）分别拆除左右放气活门固定螺钉保险并取下螺钉； （2）松开锁紧筒帽并取下； （3）调整： 左放气活门：调整方向_____；调整量_____圈；单击"确定"按钮。 右放气活门：调整方向_____；调整量_____圈；单击"确定"按钮。		
3.6　启动发动机检查调整结果。 （1）选择试车步骤，自动启动； （2）接通：总电源、控制电源； （3）接通：启动发动机吹风、启动燃油、启动补油、大流量、整流器； （4）启动转换开关转置：整流器； （5）油封转换开关置于：启动； （6）油门操纵手柄置于：慢车； （7）依次按下：电铃、启动按钮，发动机即可开始启动。		
3.7　通过自动启动，检查调整情况，发动机启动并记录以下参数。 （1）滑油压力出现时间（要求：不大于 20 s）； （2）启动机脱开（TQ）协动转速（要求：n_2=32%）； （3）启动机断开（QD）协动转速（要求：n_2=48±2）； （4）左放气活门关闭转速（要求：n_2=47%-5%）； （5）右放气活门关闭转速（要求：n_2=47%-5%）； （6）转速达 n_1=29.5% 的时间（要求：不大于 55 s）； （7）涡轮后排气温度最高峰值（要求：不大于 700 ℃）。 注意：启动过程中发动机喘振应及时停车。		

3.8 慢车，发动机温度上升，记录参数。 （1）低压转子转速（要求：记录实测值）； （2）高压转子转速（要求：记录实测值）； （3）滑油压力（要求：不小于 0.098 MPa）； （4）涡轮后排气温度（要求：记录实测值）； （5）检查慢车副油路压力（要求：2.06 MPa±0.1 MPa）。		
3.9 81.5%±1% 状态，发动机加温，记录参数。 （1）低压转子转速（要求：记录实测值）； （2）高压转子转速（要求：记录实测值）； （3）滑油压力（要求：不小于 0.343 MPa）； （4）涡轮后排气温度（要求：记录实测值）。		
3.10 以 1.5～2 s 迅速推油门手柄到最大状态，检查发动机加速性。 （1）低压转子转速 n_1=99% 的时间（要求：按曲线求出）； （2）低压转子转速急增最高值（要求：不大于 101.5%）； （3）涡轮后排气温度急增最高峰值（要求：不大于 800 ℃）。		
3.11 81.5%±1% 状态，发动机冷却，记录参数。 （1）低压转子转速（要求：记录实测值）； （2）高压转子转速（要求：记录实测值）； （3）滑油压力（要求：记录实测值）； （4）涡轮后排气温度（要求：记录实测值）。		
3.12 慢车，发动机冷却，记录参数，记录完参数后，单击试车步骤"停车"。 （1）低压转子转速（要求：记录实测值）； （2）高压转子转速（要求：记录实测值）； （3）滑油压力（要求：不小于 0.098 MPa）； （4）涡轮后排气温度（要求：记录实测值）。		
3.13 停车，油门手柄收到停车位置发动机就停车，记录参数。 （1）低压转子转速惯性时间（要求：不小于 150 s）； （2）高压转子转速惯性时间（要求：不小于 30 s）。		
3.14 停车后。 （1）将左放气活门锁紧筒帽打好保险并铅封； （2）将右放气活门锁紧筒帽打好保险并铅封。		
3.15 根据试车情况，做出试车结论。 结论：合格 / 返厂排故。		
4. 结束工作	工作者	检查者
（1）清点工具和设备，数量足够； （2）清扫现场； （3）归还工具，回收余料； （4）在工具室归还登记簿上做好归还记录。 ————————工卡结束————————		

学习总结

ISBN 978-7-5763-1717-6

9 787576 317176

定价：59.00元
（含训练手册）